普通高等教育"十一五"国家级规划教材

中国石油和化学工业优秀教材一等奖

无机材料科学基础教程

（第二版）

胡志强　主编

化学工业出版社

·北京·

本书论述了无机非金属材料的物理和化学的基础理论问题。主要内容有晶体几何基础、晶体化学基础、晶体结构、晶体结构缺陷、固溶体、熔体和非晶态固体、固体表面与界面、浆体的胶体化学原理、热力学应用、相平衡、扩散、相变、固相反应、烧结。每章后附有习题。

　　本书为无机非金属材料科学与工程专业教材，亦可作为相关专业的教学参考书。同时也适于从事无机非金属材料的研制和生产的科技人员参考。

图书在版编目（CIP）数据

无机材料科学基础教程/胡志强主编．—2 版．—北京：化学工业出版社，2011.6 （2025.2重印）
普通高等教育"十一五"国家级规划教材
中国石油和化学工业优秀教材一等奖
ISBN 978-7-122-11900-1

Ⅰ．无…　Ⅱ．胡…　Ⅲ. 无机材料-材料科学-高等学校-教材　Ⅳ.TB321

中国版本图书馆 CIP 数据核字（2011）第 144112 号

责任编辑：杨　菁　　　　　　　　　文字编辑：李　玥
责任校对：宋　夏　　　　　　　　　装帧设计：张　辉

出版发行：化学工业出版社（北京市东城区青年湖南街 13 号　邮政编码 100011）
印　　装：河北延风印务有限公司
787mm×1092mm　1/16　印张 19¼　字数 507 千字　2025 年 2 月北京第 2 版第 14 次印刷

购书咨询：010-64518888　　　售后服务：010-64518899
网　　址：http://www.cip.com.cn
凡购买本书，如有缺损质量问题，本社销售中心负责调换。

定　　价：45.00 元

第二版前言

本书根据普通高等教育"十一五"国家级规划教材的要求，在第一版的基础上总结了使用过程中的经验和不足，进行了认真的修订。

本书第一版教材立足于无机非金属材料专业需要，结合同类专业方向各院校的特点编写而成。它主要介绍无机非金属材料领域内的各种材料及其制品的基础共性规律，是研究无机非金属材料的组分、结构与性能之间相互关系和分析理论的一部专业基础教材。自出版以来，以其实用性、科学性广受使用者的欢迎。本书是在第一版多年教学基础上，总结了教与学的经验和教训，对众多使用者提出的意见和建议进行认真研究，进一步对国内外同类教材进行了对比分析，重新进行修订。对第一版的错误进行了修改，并根据各校使用过程中提出的要求补充了一些内容。

本书面向的专业方向为无机非金属材料。主要包含陶瓷、玻璃、水泥和耐火材料以及氧化物、氮化物、薄膜材料、纤维材料等高温、高强、电子、光学等新型无机非金属材料。书中融合了物理化学、结构化学、结晶化学的基本理论，阐述无机非金属材料的结构与性能的规律性，为专业学习和未来的材料研究与制备奠定理论基础。本书立足于无机非金属材料专业方向的特色，坚持深广度适中、适用为先的原则，力求重点突出、通俗易懂、简明扼要。不仅可以作为高校教材，也适合于材料学者自学。

本书由大连工业大学无机材料教研室胡志强教授主编。陕西科技大学朱振峰教授、江苏盐城工学院陈建华教授、沈阳建工学院王晴副教授为副主编。具体编写分工为：

大连工业大学胡志强教授，第六章，第七章，第八章，第十四章，附录；

陕西科技大学朱振峰教授，第十章的第一节~第十节；

江苏盐城工学院陈建华教授，第二章；

沈阳建工大学王晴教授，第四章，第五章；

江苏盐城工学院潘群雄教授，第三章；

沈阳工业大学乔瑞庆教授，第一章；

景德镇陶瓷学院范学运教授，第九章，第十章的第十一节、第十二节、第十三节；

大连工业大学刘敬肖、马铁成教授，第十一章，第十二章，第十三章。

限于编者水平，书中错误和疏漏之处在所难免，敬请教师、学生、读者同行给予指正。

编 者

2011 年 6 月

第一版前言

无机材料科学基础是无机非金属材料科学与工程专业的一门重要基础理论课程。主要介绍无机非金属材料领域内的各种材料及其制品的基础共性规律，是研究无机非金属材料的组分、结构与性能之间相互关系和分析理论的一门应用基础科学。专业方向为陶瓷、玻璃、水泥和耐火材料，以及不含硅的氧化物、氮化物、薄膜材料、纤维材料等，高温、高强、电子、光学及激光、铁电、压电等新型无机非金属材料。书中融合了物理化学、结构化学、结晶化学的基本理论，阐述了无机非金属材料的结构与性能规律性。为专业学习和未来的材料研究与制备奠定理论基础。

本书在多年教学基础上，总结了教与学的经验和教训，对国内外同类教材进行了对比研究，吸收了优秀同类教材的精华。根据当前国内外无机非金属材料研究及发展形势，编写而成。本书立足于无机非金属材料专业方向的特色，在内容上深广度适中，以适用为先，既能反映本学科的近代水平，又能适合专业基础课教学。力求重点突出、通俗易懂、简明扼要、便于自学。为便于学生复习和考研，另行出版与本书相适应的习题解答和考研题解。

本书由大连轻工业学院无机材料教研室胡志强教授主编，陕西科技大学朱振峰教授、江苏盐城工学院陈建华教授、沈阳建工学院王晴副教授为副主编。具体编写分工如下。

大连轻工业学院胡志强教授，第六章，第七章，第八章，第十四章，附录；

陕西科技大学朱振峰教授，第十章；

江苏盐城工学院陈建华教授，第二章；

沈阳建工学院王晴副教授，第四章，第五章；

江苏盐城工学院潘群雄教授，第三章；

沈阳工业大学乔瑞庆副教授，第一章；

景德镇陶瓷学院范学运副教授，第九章，第十章的第十一节、第十二节、第十三节；

大连轻工业学院刘敬肖教授、马铁成教授，第十一章，第十二章，第十三章。

感谢大连轻工业学院教材建设基金对本教材的资助。

限于编者水平，书中错误和疏漏之处在所难免，敬请教师、学生、读者同行给予指正。

编　者

2003 年 10 月

目　录

第一章　晶体几何基础 ………………………………………………………………… 1
第一节　晶体的概述 ………………………………………………………………… 1
第二节　晶体的对称与分类 ………………………………………………………… 3
第三节　晶体的理想形态 …………………………………………………………… 10
第四节　晶体定向与晶面指数 ……………………………………………………… 12
第五节　晶体结构的基本特征 ……………………………………………………… 14
第六节　空间群 ……………………………………………………………………… 16
习题 …………………………………………………………………………………… 16

第二章　晶体化学基础 ……………………………………………………………… 18
第一节　晶体结构的键合 …………………………………………………………… 18
第二节　球体的紧密堆积原理 ……………………………………………………… 19
第三节　影响离子晶体结构的因素 ………………………………………………… 22
第四节　同质多晶 …………………………………………………………………… 25
第五节　鲍林规则 …………………………………………………………………… 26
第六节　晶体场理论和配位场理论 ………………………………………………… 28
习题 …………………………………………………………………………………… 34

第三章　晶体结构 …………………………………………………………………… 35
第一节　原子晶体、分子晶体和金属晶体结构概述 ……………………………… 35
第二节　典型无机化合物晶体结构 ………………………………………………… 36
第三节　硅酸盐晶体结构 …………………………………………………………… 45
习题 …………………………………………………………………………………… 54

第四章　晶体结构缺陷 ……………………………………………………………… 56
第一节　晶体结构缺陷的类型 ……………………………………………………… 56
第二节　缺陷化学反应表示法 ……………………………………………………… 58
第三节　热缺陷浓度的计算 ………………………………………………………… 62
第四节　非化学计量化合物 ………………………………………………………… 64
第五节　位错 ………………………………………………………………………… 67
第六节　面缺陷 ……………………………………………………………………… 69
习题 …………………………………………………………………………………… 71

第五章　固溶体 ·· 73
　第一节　固溶体的分类 ·· 74
　第二节　置换型固溶体 ·· 75
　第三节　间隙型固溶体 ·· 78
　第四节　固溶体的性质 ·· 78
　第五节　固溶体的研究方法 ·· 81
　习题 ··· 83

第六章　熔体和非晶态固体 ··· 84
　第一节　熔体的结构 ·· 84
　第二节　熔体的性质 ·· 86
　第三节　玻璃的通性 ·· 90
　第四节　非晶态固体形成 ··· 92
　第五节　玻璃的结构 ·· 99
　第六节　玻璃实例 ·· 102
　习题 ··· 106

第七章　固体表面与界面 ··· 108
　第一节　固体的表面 ··· 108
　第二节　固体界面 ·· 114
　第三节　晶界 ··· 122
　第四节　陶瓷的界面结构 ··· 128
　第五节　复合材料的界面 ··· 131
　习题 ··· 132

第八章　浆体的胶体化学原理 ··· 134
　第一节　黏土-水浆体的流变性质 ·· 134
　第二节　非黏土的泥浆体 ··· 145
　习题 ··· 148

第九章　热力学应用 ··· 150
　第一节　凝聚态的热力学特点 ·· 150
　第二节　凝聚态热力学计算 ·· 151
　第三节　凝聚态热力学应用 ·· 153
　第四节　相图热力学基本原理 ·· 156
　习题 ··· 161

第十章　相平衡 ··· 162
　第一节　相平衡的基本概念、相律 ·· 162
　第二节　相平衡的研究方法 ·· 164
　第三节　单元系统相图 ··· 166

第四节　单元系统相图应用 …………………………………………… 168

第五节　二元系统相图类型和重要规则 ……………………………… 171

第六节　二元相图及应用 ……………………………………………… 178

第七节　三元系统相律及组成表示 …………………………………… 182

第八节　三元系统相图规则 …………………………………………… 183

第九节　三元相图类型 ………………………………………………… 185

第十节　三元系统相图应用 …………………………………………… 194

第十一节　交互三元系统相图概念 …………………………………… 203

第十二节　交互三元系统相图常见类型及应用 ……………………… 205

第十三节　四元系统相图简介 ………………………………………… 207

习题 ……………………………………………………………………… 212

第十一章　扩散 ……………………………………………………… 214

第一节　扩散的基本特点及扩散方程 ………………………………… 214

第二节　扩散的推动力 ………………………………………………… 218

第三节　扩散机制和扩散系数 ………………………………………… 219

第四节　固体中的扩散 ………………………………………………… 222

第五节　影响扩散的因素 ……………………………………………… 225

习题 ……………………………………………………………………… 227

第十二章　相变 ……………………………………………………… 229

第一节　相变的分类 …………………………………………………… 229

第二节　液固相变 ……………………………………………………… 232

第三节　液液相变 ……………………………………………………… 240

第四节　固固相变 ……………………………………………………… 242

第五节　气固相变 ……………………………………………………… 244

习题 ……………………………………………………………………… 244

第十三章　固相反应 ………………………………………………… 246

第一节　固相反应类型 ………………………………………………… 246

第二节　固相反应机理 ………………………………………………… 247

第三节　固相反应动力学 ……………………………………………… 248

第四节　固相反应应用 ………………………………………………… 255

第五节　影响固相反应的因素 ………………………………………… 256

习题 ……………………………………………………………………… 259

第十四章　烧结 ……………………………………………………… 261

第一节　烧结概论 ……………………………………………………… 261

第二节　固态烧结 ……………………………………………………… 264

第三节　液态烧结 ……………………………………………………… 270

第四节　晶粒生长与二次再结晶 ……………………………………… 276

第五节　影响烧结的因素 ⋯⋯⋯⋯⋯⋯⋯⋯⋯⋯⋯⋯⋯⋯⋯⋯⋯⋯⋯⋯⋯⋯⋯⋯⋯⋯ 281

第六节　特种烧结简介 ⋯⋯⋯⋯⋯⋯⋯⋯⋯⋯⋯⋯⋯⋯⋯⋯⋯⋯⋯⋯⋯⋯⋯⋯⋯⋯⋯ 284

习题 ⋯⋯⋯⋯⋯⋯⋯⋯⋯⋯⋯⋯⋯⋯⋯⋯⋯⋯⋯⋯⋯⋯⋯⋯⋯⋯⋯⋯⋯⋯⋯⋯⋯⋯⋯⋯ 287

附录 ⋯⋯⋯⋯⋯⋯⋯⋯⋯⋯⋯⋯⋯⋯⋯⋯⋯⋯⋯⋯⋯⋯⋯⋯⋯⋯⋯⋯⋯⋯⋯⋯⋯⋯⋯ 288

附录一　146 种结晶学单形 ⋯⋯⋯⋯⋯⋯⋯⋯⋯⋯⋯⋯⋯⋯⋯⋯⋯⋯⋯⋯⋯⋯⋯⋯⋯⋯ 288

附录二　晶体的 230 种空间群 ⋯⋯⋯⋯⋯⋯⋯⋯⋯⋯⋯⋯⋯⋯⋯⋯⋯⋯⋯⋯⋯⋯⋯⋯ 290

附录三　原子和离子半径 ⋯⋯⋯⋯⋯⋯⋯⋯⋯⋯⋯⋯⋯⋯⋯⋯⋯⋯⋯⋯⋯⋯⋯⋯⋯⋯ 293

附录四　单位换算和基本物理常数 ⋯⋯⋯⋯⋯⋯⋯⋯⋯⋯⋯⋯⋯⋯⋯⋯⋯⋯⋯⋯⋯⋯ 296

附录五　国际单位制（SI）中基本常数的值 ⋯⋯⋯⋯⋯⋯⋯⋯⋯⋯⋯⋯⋯⋯⋯⋯⋯⋯ 297

参考文献 ⋯⋯⋯⋯⋯⋯⋯⋯⋯⋯⋯⋯⋯⋯⋯⋯⋯⋯⋯⋯⋯⋯⋯⋯⋯⋯⋯⋯⋯⋯⋯⋯ 298

第一章

晶体几何基础

组成材料的固态物质按其原子（分子）的聚集状态可分为晶体和非晶体。金属和陶瓷等很大一部分材料主要是由晶体组成的晶质材料。在晶质材料中，晶体本身的性质是影响材料性质的最主要因素之一。例如，构成耐火材料的主晶相一般具有较高的熔点，氮化铝陶瓷良好的导热性是因为氮化铝晶粒具有高的热导率等。一般来讲，一种晶体具有一定的物质组成和一定的内部结构（内部质点的排列方式），物质组成确定后，晶体的性质主要与其内部结构有关。例如，金刚石和石墨都是由碳构成的，由于碳的排列方式（内部结构）不同，金刚石具有很高的硬度，而石墨则较软。当然，不同的物质成分，也可具有相同的排列方式。本章就是关于晶体内部质点排列规律性及由此决定的晶体宏观形态规律性的认识。

第一节 晶体的概述

一、晶体的定义

自然界中的许多晶体呈现出规则的外形。例如，呈立方体的食盐、菱面体的方解石、八面体的萤石等。人们起初将晶体定义为天然的呈几何多面体的固体。实际上，任何晶体物质在适宜的生长条件下都有生长为一个具有对称形态的规则多面体的可能性，这是晶体的一个基本特征。但这并不是晶体的本质特征，它只是晶体本质特征的反映。因为，如果生长条件和环境不佳，它们就不能形成规则的多面体外形。例如，在多晶材料中，由于晶体受其生长空间、时间和其他物理化学条件的限制，多数情况下不能形成规则的外形，而呈不规则的颗粒状，称为晶粒。

有关晶体的本质认识直到 20 世纪初（1912 年）应用 X 射线对晶体的内部结构研究后才开始。研究发现，一切晶体不论外形如何，它的内部质点（原子、离子或分子）都是规则排列的，即晶体内部相同质点在三维空间均呈周期性重复排列。而非晶体的内部质点的排列则不具这种周期性。

晶体定义：内部质点在三维空间呈周期性重复排列的固体。

二、晶体内部质点周期性重复排列的表示——空间格子

空间格子是表明晶体结构中质点排列规律的几何图形，它是探讨晶体结构规律性的基础。下面以食盐（NaCl）的晶体结构模型为例来引出空间格子的概念。

在 NaCl 结构（图 1-1）中，所有的 Na^+ 的前后、左右、上下相同的距离上（0.2814nm）都是 Cl^-，所有 Cl^- 的前后、左右、上下相同的距离上（0.2814nm）都是 Na^+。换句话说，在 NaCl 晶体结构中所有 Na^+ 在同一取向上所处的几何环境和物质环境皆相同；所有 Cl^- 在同一取向上所处的几何环境和物质环境皆相同；但在同一取向上，Na^+ 的环境和 Cl^- 的环境都不同。晶体结构中在同一取向上几何环境和物质环境皆相同的点称为等

同点。在 NaCl 晶体结构中，Na^+ 所在的点是一类等同点，Cl^- 所在的点是另一类等同点。仔细考虑一下，我们将发现，在 NaCl 晶体结构中，Na^+ 和 Cl^- 以外的点，如 Na^+ 和 Cl^- 之间的中点其所处的环境皆相同，是又一类等同点。在同一 NaCl 晶体结构中，我们可以找出无穷多类等同点，但每一类等同点集合而成的图形都呈现如图 1-2 所示的相同图形。因此，图 1-2 所示图形是 NaCl 晶体结构中各类等同点所共有的几何图像。这种概括地表示晶体结构中等同点排列规律的几何图形称为空间点阵。空间点阵中的点称为结点。同一直线方向上的结点构成一个行列。同一平面上的结点构成一个面网。空间点阵可用不同平面三个方向的直线沿结点连接成空间格子，将空间点阵划分成许多平行六面体（图 1-3）。当然，空间格子连接方法可以有多种多样，在晶体研究中，一般采用能够反映晶体结构特征的连接方式，这将在后面讲述。

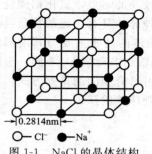

$\bigcirc$—Cl^-　$\bullet$—Na^+

图 1-1　NaCl 的晶体结构

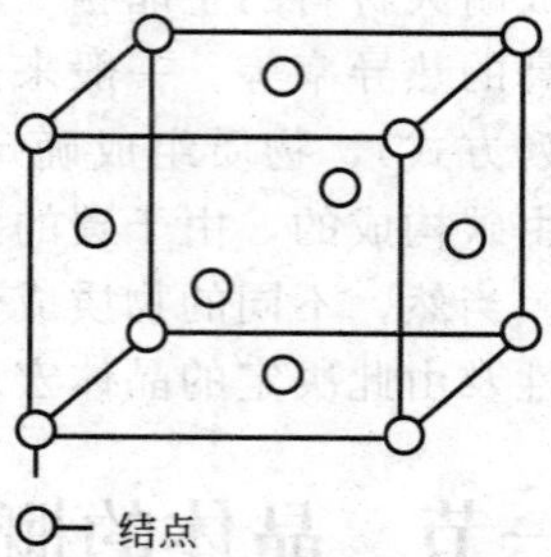

$\bigcirc$—结点

图 1-2　NaCl 晶体结构结点分布

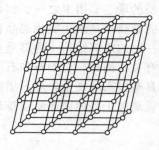

图 1-3　空间格子

空间格子表明了晶体的质点在三维空间作周期性重复排列这一根本的性质，因此，晶体也可定义为具有格子构造的固体。

三、晶体与非晶体在宏观性质上的区别

晶体与非晶体相比较，在宏观性质上有以下几点区别。

1. 自限性

晶体在适当的条件下可以自发形成几何多面体的外形。晶体多为平的晶面所包围。晶面相交为直的晶棱，晶棱又可会聚成角顶。

晶体的多面体形态是其格子构造在外形上的反映。因此，晶面、晶棱与角顶分别与格子构造中的面网、行列及结点相对应。

2. 均一性和异向性

由于内部质点周期性重复排列，晶体中的任何一部分在结构上是相同的。因此，晶体的任何部分的性质都是一样的，这是晶体的均一性。在同一晶体中的不同方向上，质点排列一般是不同的，因而表现出不同的性质。这种晶体性质随方向而异的性质称为晶体的异向性。例如，一块石英单晶的弹性系数和弹性模量在各个测试方向上具有不同的数值。

3. 对称性

晶体的对称性是指晶体的相同部分有规律的重复，既包括其几何要素，也包括其物理性质。晶体虽具有异向性，但这并不排斥它在特定方向上所表现出的对称性。这与晶体内部质点排列的对称性密切相关。

4. 最小内能和最大稳定性

在相同的热力学条件下，较之同种化学成分的气体、液体及非晶质体，晶体的内能最小。这是因为规则排列质点间的引力和斥力达到平衡之故。在这种情况下，无论使质点间距离增大或减小，都将导致质点的相对势能的增大。

晶体的稳定性是指，对于化学组成相同但处于不同物态下的物体而言，以晶体最为稳定。自然界的非晶质体可以自发地向晶体转变，但晶体不可能自发地转变为其他物态。

第二节　晶体的对称与分类

晶体结构中内部质点的分布规律，除上面所述由空间点阵表征的周期性外，最主要的是它的对称性。由于晶体结构的规律性，一切晶体都是对称的。我们可根据晶体不同的对称特点对晶体进行分类，即划分成不同的晶类。这里，晶体的对称性既指晶体内部质点分布的对称性——晶体内部结构的对称，同时也指由此决定的晶体外形的对称性——晶体多面体的对称。

一、对称的概念

对称是指物体相同部分作有规律的重复。

对称含有两个要素：其一是物体必须有两个以上相同图形。其二是物体中相同的图形通过一定的对称操作有规律的重复。图1-4是不同形式放置的两个全等三角形。图1-4(a)中两个全等三角形不作有规律的重复，呈不对称关系；而图1-4(b)中两个全等三角形可以通过中间直线 P 互成镜像而重复，呈对称关系。

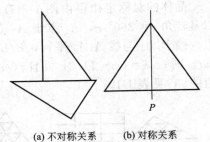

(a) 不对称关系　　　(b) 对称关系

图1-4　不同形式放置的
两个全等三角形

晶体中的内部质点呈规律性重复排列，呈对称分布，具有对称性。由此决定的晶体多面体上的晶面、晶棱及角顶皆作有规律的排列，因此晶体又具有宏观对称性。但晶体的对称是有限的，只有符合格子构造的对称才能在晶体上表现出来，晶体共有32种点群和230种空间群。

二、对称操作及对称要素

使晶体相同部分有规律地重复所进行的操作（反映、旋转、反伸、平移等）叫对称操作，进行对称操作时所借助的几何要素（点、线、面）称为对称要素。

不同的晶体由于其对称程度不同，表现出的对称要素及数目也不同。在晶体中可能存在的对称要素及操作如下。

1. 对称面（P）

对称面是一个假想平面，它将晶体分成互为镜像的两个部分。对称面的对称操作就是对此平面的反映。如图1-5所示。

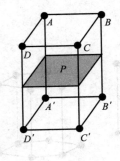

图1-5　对称面

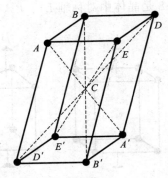

图1-6　对称中心

3

2. 对称中心（C）

对称中心是晶体内一个假想的点，过此点作任意直线，则在此直线上距对称中心等距离的两端上必定可以出现晶体的相同部分。如图 1-6 所示。

3. 对称轴（L^n）

对称轴是通过晶体的一条假想的直线，晶体绕此直线旋转一定角度后，可使晶体相同部分重复。旋转一周重复的次数称为轴次（n），此轴称为 n 次对称轴，用 L^n 表示。重复时所旋转的最小角度称为基转角（α）。两者之间的关系为：$n = 360°/\alpha$。

在晶体中，只可能出现轴次为一次、二次、三次、四次和六次的对称轴，而不可能存在五次和高于六次的对称轴，这称为晶体对称定律。

晶体的对称定律可由图 1-7(i) 证明。设点 A_1、A_2、A_3、A_4 间距为 a，以 a 为半径，以基转角 $\alpha = 360°/n$，A_1 点绕 A_2 点顺时针转动到 B_1 点，A_4 点绕 A_3 点逆时针转动到 B_2 点。线 B_1B_2 与线 A_1A_4 平行，B_1B_2 线段须是 a 的整数倍，设为 ma，可得：$a + 2a\cos\alpha = ma$，则 $\cos\alpha = (m-1)/2$，并且 $|(m-1)/2| \leqslant 1$，按照这一个公式的限制条件可得不同的 m 值的 α，见表 1-1。

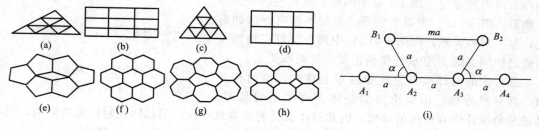

图 1-7　晶体对称定律

表 1-1　m 和 α

m	3	2	1	0	-1
$\cos\alpha$	1	1/2	0	-1/2	-1
α	0°	60°	90°	120°	180°

满足 m 值的 α 只能是 0°、60°、90°、120°、180°。由此证明了在晶体中只可能出现轴次为一次、二次、三次、四次和六次的对称轴，而不可能存在五次和高于六次的对称轴。图 1-7(e)、(g)、(h) 中，呈五次及高于六次的对称的图形出现了中空的部位，这不符合晶体内部质点排列的结构特征，因而不可能存在。

图 1-8 是晶体中对称轴 L^2、L^3、L^4 和 L^6 的实例。

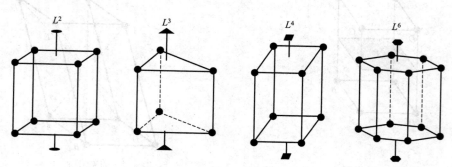

图 1-8　晶体中的各种对称轴

4

4. 旋转反伸轴（L_i^n）

旋转反伸轴（又称倒转轴）是一根假想的直线，晶体围绕此直线旋转一定的角度，再通过此直线上一点反伸，可使晶体复原。此对称操作包含两种操作——旋转和反伸，两个操作步骤完成后对称图形才可复原。也可以理解为：绕此直线旋转一定的角度，再通过晶体中心并垂直此直线上的平面反映的使晶体复原的操作。与对称轴一样，旋转反伸轴有 1 次、2 次、3 次、4 次和 6 次，基转角分别为 360°、180°、120°、90°、60°，分别用 L_i^1、L_i^2、L_i^3、L_i^4、L_i^6 表示。如图 1-9 所示。

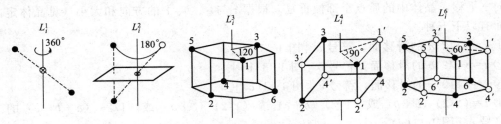

图 1-9 晶体结构中的旋转反伸轴

L_i^1 为旋转 360°后再反伸，等于单纯的反伸，因此 $L_i^1 = C$。同理可得，在 5 个旋转反伸轴中，$L_i^2 = P$，$L_i^3 = L^3 + C$，$L_i^6 = L^3 + P$。只有 L_i^4 不能被其他的对称要素或其组合代替。通常只考虑 L_i^4 和 L_i^6。L_i^4 是独立的对称要素，L_i^6 代替 $L^3 + P$ 的联合。

对称面、对称中心、对称轴、旋转反伸轴等几种对称要素不含有平移对称操作，在晶体多面体及晶体结构中均可能存在。下列两种对称要素含有平移操作，只能出现在被看做无限范围的晶体结构图形中。

5. 螺旋轴

螺旋轴为晶体结构中一条假想的直线，当晶体围绕此直线旋转一定的角度，并沿此直线移动一定的距离后晶体中的每一种质点仍然占据相同的位置，即晶体复原。旋转时可能的基转角分别为 360°、180°、120°、90°、60°。每一种螺旋轴的平移距离 t 与平行该轴的结点间距 T 的相对大小分为一种或几种：一次轴实际上是沿螺旋轴方向行列

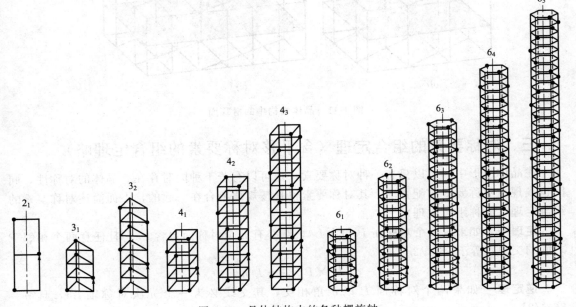

图 1-10 晶体结构中的各种螺旋轴

的平移；二次轴只有一种，$t=1/2T$，用 2_1 表示；三次轴有两种，$t=1/3T$、$t=2/3T$，表示为 3_1、3_2；四次轴有三种，$t=1/4T$、$t=2/4T$、$t=3/4T$，表示为 4_1、4_2、4_3；六次轴有五种，$t=1/6T$、$t=2/6T$、$t=3/6T$、$t=4/6T$、$t=5/6T$，表示为 6_1、6_2、6_3、6_4、6_5。如图 1-10 所示。

6. 滑移面

滑移面是晶体结构中的一个假想平面，凭借此平面反映之后，再沿平行反映面的某一行列方向 τ 平移，晶体中的质点全部被重复。根据 τ 与 a、b、c 的方向和大小（见晶体定向），滑移面有以下五种。

① $t=(1/2)a$ 的滑移面，符号 a ［图 1-11(a)］。

② $t=(1/2)b$ 的滑移面，符号 b ［图 1-11(b)］。

③ $t=(1/2)c$ 的滑移面，符号 c ［图 1-11(c)］。

④ $t=(1/2)(a+b)$ 或 $(1/2)(b+c)$ 或 $(1/2)(c+a)$ 或 $(1/2)(a+b+c)$ 的滑移面，符号 n ［图 1-11(d)］。

⑤ $t=(1/4)(a+b)$ 或 $(1/4)(b+c)$ 或 $(1/4)(c+a)$ 或 $(1/4)(a+b+c)$ 的滑移面，符号 d ［图 1-11(e)］。

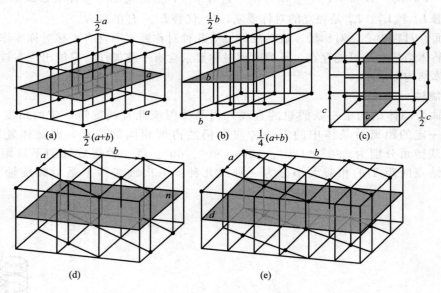

图 1-11　晶体结构中的滑移面

三、对称要素的组合定理（含平移对称要素的组合定理略）

在晶体图形中，可以只有一种对称要素，也可以有若干种同时存在。晶体的对称性，同时也表现在对称要素的配置上，其对称要素也是按规律组合在一起的，下面简述对称要素的组合定理（简称组合定理）。

定理一　如果有一个对称面 P 包含 L^n，则必有 n 个对称面包含 L^n，且任意两个相邻 P 之间的交角 δ 等于 $360°/2n$。

$$L^n \times P_{/\!/} \longrightarrow L^n np$$

逆定理　如果两个对称面 P 以 δ 角相交，其交线必为一个 n 次对称轴 L^n，且 $n=360°/2\delta$。

6

定理二　如果有一个二次对称轴 L^2 垂直 L^n，则必有 n 个 L^2 垂直 L^n，且任意两个相邻 L^2 之间的交角 $\delta = 360°/2n$。

$$L^n \times L^2_\perp = L^n n L^2$$

逆定理　如果有相邻的 L^2 以 δ 角相交，则过两个 L^2 交点的公共垂线必为一个 n 次对称轴 L^n，且 $n = 360°/2\delta$。

定理三　如果有一个偶次对称轴 L^n 垂直对称面 P，其交点必为对称中心 C。

$$L^n \times P_\perp \longrightarrow L^n P_\perp C \text{（} n \text{ 为偶数）}$$

逆定理一　如果有一个对称面和对称中心组合，必有一个垂直于对称面的偶次对称轴。

$$P \times C \longrightarrow L^n P_\perp C \text{（} n \text{ 为偶数）}$$

逆定理二　如果有一个偶次轴 L^n 和对称中心 C 组合，必产生垂直该 L^n 的对称面 P。

$$L^n \times C \longrightarrow L^n P_\perp C \text{（} n \text{ 为偶数）}$$

定理四　如果有一个二次对称轴 L^2 垂直 L^n_i（或者有一个对称面 P 包含 L^n_i），当 n 为偶数时，则必有 $n/2$ 个 L^2 垂直 L^n_i 和 $n/2$ 个 P 包含 L^n_i；当 n 为奇数时，则必有 n 个 L^2 垂直 L^n_i 和 n 个 P 包含 L^n_i，而且对称面 P 的法线与相邻 L^2 之间的交角 δ 均为 $360°/2n$。

$$L^n_i \times L^2_\perp = L^n_i \times P_{/\!/} \longrightarrow L^n_i \frac{n}{2} L^2_\perp \frac{n}{2} P_{/\!/} \text{（} n \text{ 为偶数）}$$

$$L^n_i \times L^2_\perp = L^n_i \times P_{/\!/} \longrightarrow L^n_i n L^2_\perp n P_{/\!/} \text{（} n \text{ 为奇数）}$$

逆定理　如果有一个 L^2 与一个 P 斜交，P 的法线与 L^2 的交角为 δ，则包含 P 且垂直于 L^2 的直线必为一个 n 旋转反伸轴，$n = 360°/2\delta$。

四、对称型

晶体结构中所有点对称要素（对称面、对称中心、对称轴和旋转反伸轴）的集合称为对称型，也称点群。根据晶体中可能出现的点对称要素种类及对称要素的组合规律，从数学上可以推导出，在晶体中，总共只有 32 种不同的对称要素组合方式，即 32 种对称型。

在这里，采用比较形象和直观但不严格的方式，即采用晶体中可能存在的那些对称要素，并以其中的某些对称要素为基础，然后依次以其他可能的对称要素与之进行组合，来导出晶体的 32 种对称型。

定义一次、二次轴为低次轴，三次、四次和六次轴为高次轴。

首先考虑高次轴不多于一个的情况。

单独一个对称轴 L^n，称为原始式；如果是单独一个倒转轴 L^n_i，就是倒转原始式；在 L^n 和 L^n_i 的基础上增加 C 时，即得出中心式；增加垂直 L^n 的 L^2 或包含 L^n 的 P 时，将分别得出轴式和面式；当在 L^n 上增加包含它的 P 则得到倒转面式；如果在 L^n 上同时增加包含 L^n 的 P 及垂直 L^n 的 L^2，则为面轴式。根据对称要素组合定理，可得出 27 种不同的对称要素的集合，即 27 种对称型（表 1-2）。

在高次轴多于一个时，实际上可以把 $3L^2 4L^3$ 作为高次轴多于一个时的原始形式，在此基础上再增加对称中心、对称轴、对称面等其他可能的对称要素与它组合，结果将得到 5 种新的对称型，它们分别是原始式、中心式、轴式、面式和面轴式（表 1-2）。这里不再详细讨论。这样，就得到晶体中一切可能的 32 种对称型。

表 1-2 晶体的 32 种对称型

名　称	原始式	倒转原始式	中心式	轴式	面式	倒转面式	面轴式
对称要素组合方式	L^n	L_i^n	$L^n \times C$	$L^n \times L_\perp^2$	$L^n \times P_{/\!/}$	$L_i^n \times P_{/\!/}$	$L^n \times P_{/\!/} \times L_\perp^2$
对称要素综合的共同式	L^n	L_i^n	$L^n C$ ① $L^n PC$ ②	$L^n n L^2$	$L^n n P$	$L_i^n \dfrac{n}{2} L^2 \dfrac{n}{2} P$ ②	$L^n n L^2 n P C$ ① $L^n n L^2 (n+1) P C$ ②
$n=1$	L^1		C				
				L^2	P		$L^2 P C$
$n=2$	(L^2)		$(L^2 PC)$				
				$3L^2$	$L^2 2P$		$3L^2 3PC$
$n=3$	L^3		$L^3 C$	$L^3 3L^2$	$L^3 3P$		$L^3 3L^2 3PC$
$n=4$	L^4	L_i^4	$L^4 PC$	$L^4 4L^2$	$L^4 4P$	$L_i^4 2L^2 2P$	$L^4 4L^2 5PC$
$n=6$	L^6	L_i^6	$L^6 PC$	$L^6 6L^2$	$L^6 6P$	$L_i^6 3L^2 3P$	$L^6 6L^2 7PC$
	$3L^2 4L^3$		$3L^2 4L^3 3PC$	$3L^4 4L^3 6L^2$	$3L_i^4 L^3 6P$		$3L^4 4L^3 6L^2 9PC$

① 表示 n 为奇数。

② 表示 n 为偶数。

五、晶体的对称分类

前面已经讲过，对称是晶体共有的基本属性，任何晶体的对称形式都包含在有限的 32 种对称型中，因此，可以根据晶体的对称型对晶体进行分类。首先，将对称型相同的晶体归为一类，称为晶类。晶体共有 32 个晶类。这 32 个晶类，按其对称型中有无高次轴和高次轴的多少分为三个晶族。对称型中无高次轴的为低级晶族，对称型中只有一个高次轴的为中级晶族，对称型中高次轴多于一个的为高级晶族。

在各晶族中，根据其对称特点划分为 7 个晶系。

低级晶族中，根据有无 L^2 或 P，以及 L^2 或 P 是否多于一个划分为三个晶系：三斜晶系（无 L^2 或 P）、单斜晶系（L^2 或 P 不多于一个）、斜方晶系（L^2 或 P 多于一个）。

根据唯一的高次轴的轴次，中级晶族分为三个晶系：三方晶系（一个 L^3）、四方晶系（有一个 L^4 或 L_i^4）、六方晶系（有一个 L^6 或 L_i^6）。

高级晶族（四个 L^3）不再进一步划分，称为等轴晶系。晶体的分类见表 1-3。

表 1-3 晶体的分类及晶体定向

晶族	晶系	对称特点	对称型种类	国际符号	晶体定向：晶轴的选择及安置	晶体定向：晶体常数特点
低级晶族	三斜	无 L^2，无 P	L^1 C	1 $\bar{1}$	三个主要的晶棱为 X、Y、Z 轴。Z 轴向上，Y 轴向右下方，X 轴向前下方	$a \neq b \neq c$ $\alpha \neq \gamma \neq \beta \neq 90°$
	单斜	L^2 或 P 不多于 1 个	L^2 P $L^2 PC$	2 m $2/m$	L^2 或 P 法线为 Y 轴，两个垂直 Y 轴的晶棱为 X、Z 轴，X 轴向正向前下倾	$a \neq b \neq c$ $\alpha = \gamma = 90°$ $\beta \neq 90°$
	斜方	L^2 或 P 多于 1 个	$3L^2$ $L^2 2P$ $3L^2 3PC$	222 $mm(mm2)$ mmm	以三个 L^2 为 X、Y、Z 轴，或以 L^2 为 Z 轴，2 个 P 的法线为 X、Y 轴	$a \neq b \neq c$ $\alpha = \beta = \gamma = 90°$

晶族	晶系	对称特点	对称型种类	国际符号	晶体定向	
					晶轴的选择及安置	晶体常数特点
中级晶族	三方	有一个 L^3	L^3 $L^3 3L^2$ $L^3 3P$ $L^3 C$ $L^3 3L^2 3PC$	3 32 $3m$ $\bar{3}$ $\bar{3}m$	以 L^3 为 Z 轴直立向上；三个 L^2 或 P 的法线或晶棱的方向为 X、Y、U 轴，在水平方向互成 $120°$	$a=b\neq c$ $\alpha=\beta=90°$ $\gamma=120°$
	四方	有一个 L^4 或 L_i^4	L^4 $L^4 4L^2$ $L^4 PC$ $L^4 4P$ $L^4 4L^2 5PC$ L_i^4 $L_i^4 2L^2 2P$	4 42(422) $4/m$ $4mm$ $4/mmm$ $\bar{4}$ $\bar{4}2m$	以 L^4 或 L_i^4 为 Z 轴直立向上；两个 L^2 或 P 的法线或晶棱的方向为 X、Y 轴	$a=b\neq c$ $\alpha=\beta=\gamma=90°$
	六方	有一个 L^6 或 L_i^6	L_i^6 $L_i^6 3L^2 3P$ L^6 $L^6 6L^2$ $L^6 PC$ $L^6 6P$ $L^6 6L^2 7PC$	$\bar{6}$ $\bar{6}2m$ 6 62(622) $6/m$ $6mm$ $6/mmm$	以 L^6 或 L_i^6 为 Z 轴直立向上；三个 L^2 或 P 的法线或晶棱的方向为 X、Y、U 轴，在水平方向互成 $120°$	$a=b\neq c$ $\alpha=\beta=90°$ $\gamma=120°$
高级晶族	等轴	有 4 个 L^3	$3L^2 4L^3$ $3L^2 4L^3 3PC$ $3L_i^4 L^3 6P$ $3L^4 4L^3 6L^2$ $3L^4 4L^3 6L^2 9PC$	23 $m3$ $\bar{4}3m$ 43 $m3m$	三个相互垂直的 L^4、L_i^4 或 L^2 为 X、Y、Z 轴	$a=b=c$ $\alpha=\beta=\gamma=90°$

六、对称型的国际符号

1. 对称型中对称要素的国际符号

对称型国际符号所采用的对称要素为对称面、对称轴和旋转反伸轴，对应符号如下。

对称面：m；

一次、二次、三次、四次和六次旋转轴分别为：1、2、3、4、6；

一次、二次、三次、四次和六次旋转反伸轴分别为：$\bar{1}$、$\bar{2}$、$\bar{3}$、$\bar{4}$、$\bar{6}$。

由于 $L_i^1=C$，$L_i^2=P$，在国际符号中用 $\bar{1}$ 表示对称中心 C，用 m 表示 L_i^2。旋转反伸轴国际符号的读法为：先读旋转轴次，再读"一横"。例如 $\bar{4}$ 读成"四，一横"。

2. 对称型国际符号的表示方法

对称型的国际符号不超过三位，书写顺序有严格规定，随晶系的不同而不同，具体顺序见表 1-4。国际符号的书写方法就是按表中要求的顺序写出各方向所含的对称要素符号。对

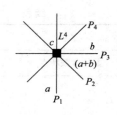

图 1-12 $L^4 4P$ 对称
要素方位

称面的方向是其法线的方向。当轴向与对称面法线处同一方向时用分式表示，轴次作分子，对称面作分母。例如四次轴和对称面法线方向一致，此方向的国际符号写成 $4/m$。下面以对称型 $L^4 4P$ 为例来说明国际符号的书写方法。

$L^4 4P$ 对称要素的配置如图 1-12 所示，此对称型属四方晶系，其国际符号的第一位为 c（或 Z）方向，此方向的对称要素是 L^4，其国际符号为 4；第二位为 a（或 X）方向，此方向是对称面 P_3 法线的方向，国际符号为 m；第三位为 $(a+b)$ 方向（X 轴和 Y 轴角平分线方向），此方向是对称面 P_4 法线的方向，国际符号为 m。因此，此对称型的国际符号可写成 $4mm$。

表 1-4 对称型国际符号中三个位的取向

晶　系	第 I 方向	第 II 方向	第 III 方向	说　　明
等轴	c	$(a+b+c)$	$(a+b)$	（1）a、b、c 分别代表 X、Y、Z 轴方向；$(a+b)$ 代表 X 轴与 Y 轴角平分线方向；$(a+b+c)$ 代表 X、Y、Z 三轴对角线方向 （2）三方晶系和六方晶系均按四轴定向
四方	c	a	$(a+b)$	
三方、六方	c	a	$(2a+b)$	
斜方	a	b	c	
单斜	b			
三斜	C(或任意)			

第三节　晶体的理想形态

晶体的理想形态是指晶体在理想情况下发育时，晶体外形所可能具有的几何形态。晶体的理想形态有两类：单形和聚形。

一、单形

单形是由一组同形等大的晶面所组成，这些晶面可以借助其所属对称型的对称要素彼此实现重复。也就是说，单形是由对称要素联系起来的一组晶面的集合。图 1-14 列出了对称型 $L^2 2P$（图 1-13）中对称要素与晶面所有可能位置关系中的 5 种单形，各单形中的晶面都可通过三个对称要素彼此重复。

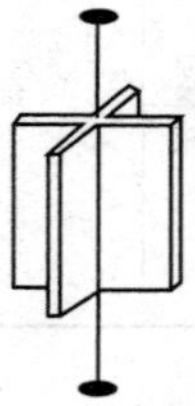

图 1-13　$L^2 2P$
对称要素分布

上面是对称型 $L^2 2P$ 所对应的 5 种单形，实际上，每一晶类（对称型）都对应一定数量的单形，32 个晶类所有可能的单形共 146 种（附录一）。在 146 种单形中，单就几何形态讲，它们有些是相同的。例如单面在中、低级晶族中 10 个对称型中出现，立

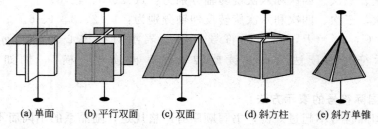

(a) 单面　　(b) 平行双面　　(c) 双面　　(d) 斜方柱　　(e) 斜方单锥

图 1-14　对称型 $L^2 2P$ 中 5 种单形的推导

方体在高级晶族的 5 个对称型中都出现。尽管相同形状的几何体出现在不同的对称型中，但所具有的对称型是不同的，它们仍是不同的单形。但是为了研究上的方便，共归纳出几何形态不同的单形共 47 种，称为几何单形（图 1-15）。

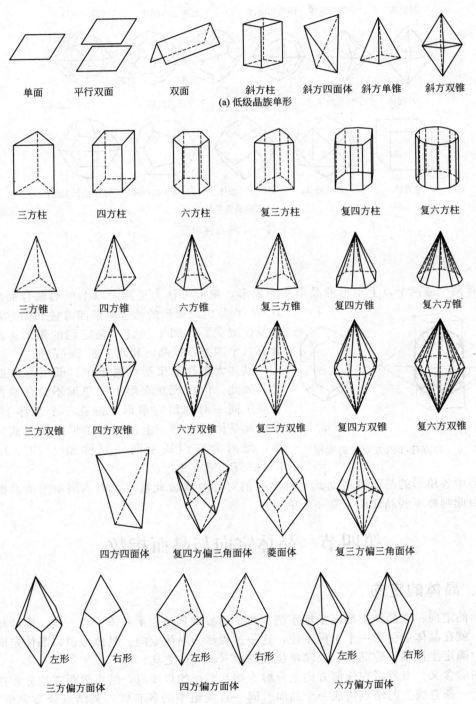

单面　　平行双面　　双面　　斜方柱　斜方四面体　斜方单锥　斜方双锥

(a) 低级晶族单形

三方柱　　四方柱　　六方柱　　复三方柱　　复四方柱　　复六方柱

三方锥　　四方锥　　六方锥　　复三方锥　　复四方锥　　复六方锥

三方双锥　四方双锥　六方双锥　复三方双锥　复四方双锥　复六方双锥

四方四面体　复四方偏三角面体　菱面体　复三方偏三角面体

左形　右形　　　左形　右形　　　左形　右形

三方偏方面体　　四方偏方面体　　六方偏方面体

(b) 中级晶族单形

图 1-15

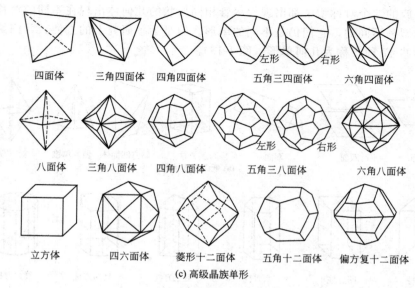

四面体　三角四面体　四角四面体　五角三四面体（左形 右形）　六角四面体

八面体　三角八面体　四角八面体　五角三八面体（左形 右形）　六角八面体

立方体　四六面体　菱形十二面体　五角十二面体　偏方复十二面体

(c) 高级晶族单形

图 1-15　47 种几何单形

二、聚形

含有两个或两个以上单形的晶形称为聚形，聚形可认为是两个以上单形聚合而成。图 1-16(a) 是组成聚形的两个单形四方柱和四方双锥形状及位置关系，图 1-16(b) 是它们的聚形。此聚形含有八个四方双锥晶面和四个四方柱晶面。

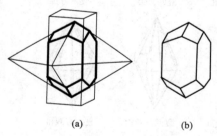

(a)　　　　　(b)

图 1-16　四方柱和四方双锥的聚形

晶体大多数呈聚形，属于中、低级晶族的晶体尤其如此。但出现在聚形上的单形不是任意的，只有属于同一对称型的单形才能在一个晶体上出现，形成此晶体的聚形。上述两种单形之所以能形成聚形，是因为它们属于同一对称型 L^4PC、L^44L^2、L^44L^25PC 或 $L_i^4L^22P$。

聚形中各单形的晶面可借助其对称型中的对称要素彼此重复，而不同单形的晶面则不能，可由此判断哪些晶面属于哪一个单形。

第四节　晶体定向与晶面指数

一、晶体的定向

晶体的定向：在晶体中确定坐标系统。为了用数字具体表示晶体中点、线、面的相对位置关系，就在晶体中引入一个坐标系统，这一过程称为晶体定向。具体地说，晶体定向就是在晶体中确定坐标轴（称晶轴）及轴单位或轴率（轴单位之比）。

晶向的含义：点阵可在任何方向上分解为相互平行的直线组，结点等距离地分布在直线上。位于一条直线上的结点构成一个晶向。同一直线组中的各直线，其结点分布完全相同，故其中任何一直线，都可作为直线组的代表。不同方向的直线组，其质点分布不尽相同。

任一方向上所有平行晶向可包含晶体中所有结点，任一结点也可以处于所有晶向上。

　　晶轴的选择：对称是晶体的基本属性，各种图形在晶体中呈对称分布，为了便于表示和计算晶体中这些呈对称关系的图形，晶轴一般选择在对称要素所在方向上。同时，晶轴也应处在晶体格子构造的行列方向上。除三方晶系和六方晶系因其特殊的对称特点一般采用四轴定向（图 1-17）外，其余晶系则采用三轴定向。在三轴定向中，Z 轴（或 c 轴）直立向上，上正下负；Y 轴（或 b 轴）置于左右方向，左负右正；X 轴（或 a 轴）前后方向，前正后负。而在四轴定向中，Z 轴和 Y 轴与三轴定向规定相同，X 轴正端则向左偏转 $30°$，增加的 U 轴正端处于 X 轴负端和 Y 轴负端中间，X、Y、U 三轴正方向互成 $120°$。

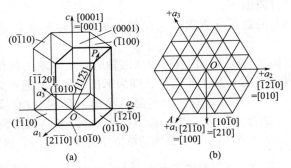

图 1-17　四轴定向

　　轴角：晶轴间的夹角称为轴角。一般以 α 表示 Y 轴和 Z 轴的夹角，β 表示 X 轴和 Z 轴的夹角，γ 表示 X 轴和 Y 轴的夹角。

　　轴单位：X、Y、Z 轴所在行列的结点间距，就是该晶轴的轴单位。分别用 a_0、b_0、c_0 表示。轴单位可通过 X 射线分析测定。

　　轴率：用几何结晶学方法求得的轴长比率，用 $a_0 : b_0 : c_0$ 表示。

　　高级晶族（等轴晶系）：$a_0 = b_0 = c_0$；中级晶族（三方、四方、六方晶系）：$a_0 = b_0 \neq c_0$；低级晶族（三斜、单斜、斜方晶系）：$a_0 \neq b_0 \neq c_0$。

　　每一个晶体的轴单位 a_0、b_0、c_0 和轴角 α、β、γ 称为晶体常数。不同的晶体具有不同的晶体常数。

　　各晶系中晶轴的选择及晶体常数特点见表 1-3。

　　晶向指数 $[uvw]$：晶向矢量在参考坐标系 X、Y、Z 轴上的矢量分量经等比例化简的三个整数 u、v、w 放入方括号 $[uvw]$（图 1-18）。

　　晶向指数求法：

　　① 确定坐标系。

　　② 过坐标原点 O，作直线 OP 与待求晶向平行。

　　③ 在该直线上任取一点，并确定该点的坐标 (uvw)。

　　④ 将此值化成最小整数并加以方括号 $[uvw]$（代表一组互相平行、方向一致的晶向）。

　　晶带：交棱相互平行的一组晶面的组合，称为一个晶带。这组晶棱的符号就是此晶带轴的符号。

　　晶带定律：晶体上任一晶面至少属于两个晶带，这就是晶带定律。

　　根据这一规律，可以由若干已知晶面或晶带推导出晶体上一切可能的晶面的位置。被广泛运用于晶体定向、投影和运算中。晶带定律阐述了晶面和晶棱相互依存的几何关系。

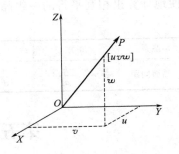

图 1-18　晶向指数

二、晶面指数

在晶体中，处于同一面网上的质点构成一个晶面，晶体定向后，可用晶面指数表示晶体中不同的晶面。通常采用的是 1839 年英国学者米勒尔（Miller）创立的米氏符号表示。

米氏符号 (hkl)：晶面在三个晶轴上的截距的倒数的互质整数比。用符号表示：三轴坐标时为 (hkl)，四轴坐标时为 $(hkil)$。

确定方法如下：

① 确定晶体的轴单位或轴率。

② 用晶面在各晶轴上的截距分别除以对应的轴单位或轴率系数，得到晶面在各晶轴的截距系数。

③ 按 X、Y、Z（三轴时）或 X、Y、U、Z（四轴时）顺序求出截距系数的倒数之比，并化简成简单的整数比，去掉比号，加上小括号，即为米氏符号，其通式为 (hkl) 或 $(hkil)$。

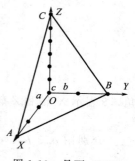

图 1-19　晶面（231）
的坐标

例如，有一单斜晶系晶体的晶面 ABC 在 X、Y、Z 轴上的截距分别为 $3a$、$2b$、$6c$（图 1-19）。其晶面指数求解过程如下。

X、Y、Z 三晶轴的单位分别为 a、b、c，因此其截距系数分别为 3、2、6，其倒数比为 $\frac{1}{3}:\frac{1}{2}:\frac{1}{6}=2:3:1$，因此其晶面指数为（231）。

对于三方晶系和六方晶系的四轴定向中的晶面指数的求法与三轴相同，只是在其晶面指数 $(hkil)$ 中，由于 X、Y、U 轴同处于一个平面上，故此三轴与晶面的截距是相关的三个量，一个量可用另外两个量表示。具体表现在晶面指数上为 $h+k+i=0$。

需要注意的是：选定坐标轴不要与晶面重合。因为这会使某一轴上的截距是零，零的倒数是无穷大而变得无意义了。选定坐标轴与晶面平行是可以的，截距是无穷大，倒数是零可以作为指数因子。

三、晶向符号和晶面符号的关系

通过坐标原点而与晶面 (hkl) 平行的晶棱方向 $[uvw]$ 必然包含在晶面内，一定满足关系式：$hu+kv+lw=0$。应用这个关系式可以已知晶面求晶向或者已知晶向求晶面。

在立方晶系中，同指数的晶面和晶向之间有严格的对应关系，即同指数的晶向与晶面相互垂直，也就是说，$[hkl]$ 晶向是 (hkl) 晶面的法向。

四、晶面间距与晶面指数的关系

晶面间距是现代测试中一个重要的参数。在简单点阵中，通过晶面指数 (hkl) 可以方便地计算出相互平行的一组晶面之间的距离 d。计算公式见表 1-5。

表 1-5　不同晶系的晶面间距

晶系	立方	正方	六方	斜方
晶面间距	$\frac{1}{d^2}=\frac{h^2+k^2+l^2}{a^2}$	$\frac{1}{d^2}=\frac{h^2+k^2}{a^2}+\frac{l^2}{c^2}$	$\frac{1}{d^2}=\frac{4}{3}\left(\frac{h^2+hk+k^2}{a^2}\right)+\frac{l^2}{c^2}$	$\frac{1}{d^2}=\frac{h^2}{a^2}+\frac{k^2}{b^2}+\frac{l^2}{c^2}$

第五节　晶体结构的基本特征

晶体是内部质点在三维空间作周期性重复排列的固体。这种排列方式可用空间点阵来表示。晶体结构的另一基本特征是它的对称性，也即晶体的内部质点呈对称分布。因此，从空间点阵所划分出的空间格子应反映出晶体空间点阵对称性这一基本特征。另外，划分出的空间格子的平行六面体还应遵循以下原则：①在不违反对称性的条件下，棱与棱之间直角关系应最多；②在不违反前述条件下，所选平行六面体体积应最小；③当对称性规定棱间的交角不为直角时，在满足以上条件下，应选择结点间距小的行列作为平行六面体的棱，且棱间的交角接近于直角。下面以二维结点平面说明。

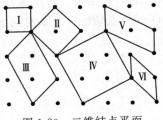

图 1-20 二维结点平面
格子的划分方式

图 1-20 是具 $L^4 4P$ 对称型、垂直 L^4 方向的二维结点平面。按照上述划分格子的原则，只有格子 I 符合 $L^4 4P$ 对称特点，即棱之间呈直角、面积最小等要求，故格子 I 应是划分这一二维点阵的基本单位。

法国学者 A. 布拉菲根据晶体结构的最高点群对称和平移群（所有平移轴的组合）对称及以上原则，将所有晶体结构的空间点阵划分成 14 种类型的空间格子，称 14 种空间格子或布拉菲格子（图 1-21）。

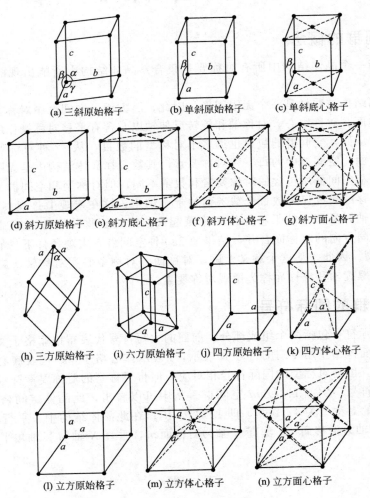

(a) 三斜原始格子　(b) 单斜原始格子　(c) 单斜底心格子

(d) 斜方原始格子　(e) 斜方底心格子　(f) 斜方体心格子　(g) 斜方面心格子

(h) 三方原始格子　(i) 六方原始格子　(j) 四方原始格子　(k) 四方体心格子

(l) 立方原始格子　(m) 立方体心格子　(n) 立方面心格子

图 1-21　14 种布拉菲格子

任何晶体都对应一种布拉菲格子，因此任何晶体都可划分出与此种布拉菲格子平行六面体相对应的部分，这一部分晶体就称为晶胞。晶胞是能够反映晶体结构特征的最小单位，并由一组具体的晶胞参数——晶体常数来表征 $[a、b、c、\alpha(b \wedge c)、\beta(a \wedge c)、\gamma(a \wedge b)]$，例如 NaCl 晶体的晶胞，对应的是立方面心格子，$a=b=c=0.5628$nm，$\alpha=\beta=\gamma=90°$（图 1-22）。许许多多该晶胞在三维空间无间隙的排列就构成了 NaCl 晶体。

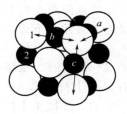

图 1-22　NaCl 晶胞

1—Cl^-；2—Na^+；$\alpha=\beta=\gamma=90°$；$a=b=c=0.5628$nm

第六节　空　间　群

一、空间群的概念

空间群是指一个晶体结构中所有对称要素集合。晶体结构中所能出现的空间群总共有 230 种。

晶体的空间结构被看做是一个无限图形。因此，一方面，空间群中对称要素同时包括点对称要素的对称面、对称中心、对称轴和旋转反伸轴以及含有平移对称操作的螺旋轴和象移面等对称要素。从而，空间群的数目也远多于对称型的数目，从 32 种对称型增加到 230 种空间群。另一方面，空间群中的每一种对称要素，其数量在晶体结构中是无限的。

尽管对称型和空间群所包含的对称要素和数量不同，但对称型和空间群又是统一的。因为平移操作中平移的长度仅为数百个纳米到数十个纳米，这在宏观上是观察不到的。因此，在宏观上，螺旋轴和象移面的平移操作将隐藏起来，螺旋轴将与同方向同轴次的旋转轴合并，象移面将与同方向的对称面合并，结果使 230 种空间群在宏观条件下只能表现出在晶形上的 32 种对称型。因此，从这个意义上讲，对称面、对称中心、对称轴、旋转反伸轴称为宏观对称要素，螺旋轴和象移面称为微观对称要素。

二、空间群的国际符号

空间群的国际符号包括两个组成部分。前面的大写符号代表布拉菲格子类型，P 代表原始格子，三方菱面体格子用专门的符号 R 表示，I 表示体心格子，C 代表底心格子，F 代表面心格子。后面三位与对称型的国际符号相对应，但将对称型的对称要素符号换成了含平移操作的对称要素符号。例如 $I4_1/amd$ 空间群。从中可以看出，此晶体空间格子属于四方体心格子；它对应的对称型为 $4/mmm$，即 $L^4 4L^2 5PC$；在此晶体结构中，平行 Z 轴方向为螺旋轴 4_1，垂直 Z 轴为滑移面 a，垂直 X 轴为对称面 m，垂直 X 轴与 Y 轴角平分线则为滑移面 d。

习　　题

1-1　**解释概念**：等同点、结点、空间点阵、晶体、对称、对称型、晶类、晶体定向、空间群、布拉菲格子、晶胞、晶胞参数。

1-2　晶体结构的两个基本特征是什么？哪种几何图形可表示晶体的基本特征？

1-3　晶体中有哪些对称要素，用国际符号表示。

1-4　图 1-23 中两晶形是对称型为 L^4PC 的理想形态，判断其是单形还是聚形，并说明对称要素如何将其联系起来的。

1-5　一个四方晶系晶体的晶面，在上的截距分别为 $3a$、$4b$、$6c$，求该晶面的晶面指数。

1-6　试解释对称型 $4/m$ 及 $\bar{3}2/m$ 所表示的意义。

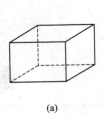
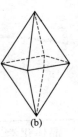

(a)　　　　　　(b)

图 1-23　对称型为 L^4PC 的理想形态

第二章
晶体化学基础

晶体化学，又称结晶化学，是研究晶体结构与化学组成及其性质之间相互关系和规律的一门学科。晶体的性质是由晶体的化学组成和结构所决定的。而晶体的化学组成与结构之间又存在着密切的内在关系。研究晶体结构中质点的几何关系、质点间的物理化学作用，可以预测、判断晶体的结构和性质。

第一节　晶体结构的键合

在各种晶体结构中，原子都是借助化学键的作用而形成晶体的。依靠静电相互作用和电子相互作用的化学键称为化学键合。原子间相互作用力较强时形成的化学键，主要有离子键、共价键和金属键。此外，晶体结构中还有一些较弱的键合，如氢键和范德华键。一种晶体中可以同时存在几种化学键合，一种化学键合中也可能同时存在两种性质的化学键。

一、离子键

离子键是由电负性相差较大的两种原子（如碱金属元素与卤素元素的原子）之间形成的化学键合。其中电负性较小的原子失去电子成为阳离子，电负性较大的原子得到电子成为阴离子，两种离子靠静电作用结合在一起而形成离子键。

得到或失去电子后形成的离子，其电荷分布一般是球形对称的，在各个方向上都可以与带相反电荷的离子结合，因此离子键没有方向性。并且离子可以同时与几个异号离子相结合（可以直接键合的异号离子数与阴、阳离子半径比值有关），所以离子键也没有饱和性。离子键的键强遵从静电作用定律，它对化合物的许多性质如熔点、沸点、硬度等有显著的影响。离子晶体往往具有较高的配位数、较大的硬度、较高的熔点，熔融后能够导电。

二、共价键

共价键指原子间借共用电子对结合而形成的化学键合。当电负性相近或相同的两个原子化合时，各自提供一定数目的电子形成共用电子对。这些共用电子对同时围绕这两个原子核运动，即共用电子同时被两个原子核所吸引，从而把两个原子结合起来。由于形成共价键时，两个原子的电子云必须沿着电子云密度最大的方向上彼此接近，发生最大重叠，才能形成稳定的共价键，因此共价键具有方向性。并且由于每个原子只能提供一定数量的电子与另外的原子形成共用电子对，所以共价键还具有饱和性。因此，共价键晶体中原子配位数较小，晶体的硬度和熔点一般比离子晶体高。

三、范德华键

范德华键又称分子间力，是分子与分子接近时所显示出来的相互作用力。范德华键的本质是分子接近时由于取向作用、诱导作用或色散作用而极化，因此形成的微弱的静电引力。

范德华键是所有键合中最弱的，也是最普遍存在的。范德华键一般表现为引力，只有当分子间距离很近时，才表现为斥力。

四、氢键

氢键是一种特殊的键合。化合物的分子通过其中的氢原子与同一分子或另一分子中电负性较大的原子间产生吸引作用。氢键发生于一些极性分子之间，具有方向性。氢键比范德华键要强得多，但比其他化学键弱。例如，在高岭石中层与层之间以氢键结合，结合力较强；而滑石中层与层之间以范德华键结合，结合力较弱，所以滑石更容易沿层间解理。

五、金属键

金属原子的最外层电子少，容易失去。当金属原子相互接近时，其外层价电子脱离原子成为自由电子；自由电子在整个晶体中运动，形成电子气。这种由金属离子和自由电子相互作用而形成的化学键合称为金属键。金属键没有方向性和饱和性，一般按紧密堆积原理进行堆积，因此金属的晶体结构大多具有高对称性。在金属中，当原子面发生相对位移时，由于自由电子的作用，使滑移到一个新的位置的原子面重新键合起来，因而金属表现出良好的延展性和塑性。另外，由于这些自由电子的作用，金属还具有的良好的导电、导热性质。

六、极性共价键

两种原子的电负性差值较大时形成离子键（极性键），电负性差值较小时形成共价键，电负性差值居中时，所形成的化学键同时具有离子键和共价键的性质，称之为极性共价键。极性共价键中离子键性的强度与电负性差值相关。实际上，由金属元素和非金属元素形成的化学键很多具有过渡类型的键，属于极性共价键，最典型的是 Si—O 键，离子键和共价键性各占 50% 左右。SiO_2 是典型的玻璃形成体氧化物。

七、半金属共价键

所谓半金属共价键指金属键向共价键过渡的混合键。在金属中加入场强大的半金属离子（B^{3+}、Si^{4+}、P^{5+} 等）或过渡元素时，它们对金属原子产生强烈的极化作用，从而形成 spd 或 spdf 杂化轨道，使半金属离子或过渡元素与金属原子产生化学键合。具有半金属共价键是形成金属玻璃的重要条件。

第二节 球体的紧密堆积原理

离子或原子一般都具有球形对称的电子分布，且都有一定的有效半径，因而可以把离子或原子看成球体。由于离子键和金属键没有方向性和饱和性，在晶体中离子或原子之间的相互结合，可以看做刚性球体的相互堆积。晶体中离子或原子的相互结合都要遵循内能最小的原则。从球体堆积角度来看，球体的堆积密度越大，系统的内能就越小，此即球体紧密堆积原理。因此，在没有其他因素影响时，原子在离子晶体或金属晶体中的排列应该服从紧密堆积原理。

球体的紧密堆积分为等径球体和不等径球体两种情况。如果晶体由一种元素构成，如 Cu、Ag、Au 等单质，晶体为等径球体紧密堆积；如果由两种以上元素构成，如 NaCl、MgO 等化合物，则大多为不等径球体紧密堆积。

一、等径球体紧密堆积

等径球体在平面上进行紧密排列的方式只有一种［图 2-1(a)］，每个球周围与 6 个球直接相邻，每三个球围成一个空隙（三角形），其中一半是尖角向后的 B 空隙，一半是尖角向前的 C 空隙，两种空隙相间分布，形成密排层。当紧密排列从平面向空间发展时，可以看做将一层层密排层依次叠加起来。由于叠加的方式不同，有六方和面心立方紧密堆积两种不同的形式。

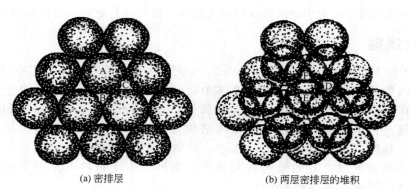

(a) 密排层　　　　　　　　　　　(b) 两层密排层的堆积

图 2-1　等径球体的密排层及两层密排层堆积方式

第二层球体全部落在第一层球体的空隙上时，两层之间存在两种空隙。一种是连续穿透两层的 D 空隙，由上下两个密排层的 B 和 C 空隙上下叠加而成，由 6 个球包围而成，球体的中心连线形成正八面体，称为八面体空隙。另一种是未穿透两层的空隙，由某一层中组成 B 或 C 空隙的 3 个球与另一层中正好在这些空隙上（或下）与这 3 个球直接相邻的 1 个球构成，即由 4 个球包围而成，球体的中心连线形成正四面体，称为四面体空隙。为便于叙述，尖角朝向上一层的四面体空隙记为 E 空隙，尖角朝向下一层的四面体空隙记为 F 空隙［图 2-1(b)］。

叠加第三层球体时，有两种完全不同的方式。若将第三层的球体落在 E 空隙上，从垂直于图面的方向上观察时，第三层球体正好与第一层球体重复。此后继续堆积时，第四层与第二层重复，第五层与第三层重复等，即按 ABABAB…的顺序进行堆积。将第一、三层球体的球心连接起来，便形成了六方底心格子，即可以在这种堆积中找出六方晶胞，所以称为六方紧密堆积。其中构成六方紧密堆积的密排层与（0001）面平行［图 2-2(a)］。

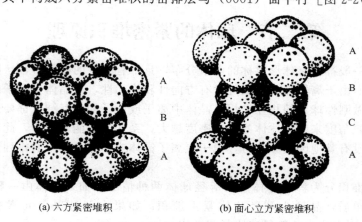

(a) 六方紧密堆积　　　　　　　　(b) 面心立方紧密堆积

图 2-2　六方和面心立方紧密堆积

　　第三层球的另一种放法是将第三层的球体放在连续穿透第一、二层的 D 空隙上，这样第三层与第一、二层都不重复，在叠放第四层时，才与第一层重复。此后第五层与第二层重复，第六层与第三层重复，……，即按 ABCABCABC… 的顺序进行堆积［图 2-2(b)］。由于在这种堆积方式中可以找出面心立方的晶胞（单位晶胞含 4 个球），其球体在空间的分布与面心立方格子相同，所以称为面心立方紧密堆积［图 2-3(a)］。从图 2-3(b) 中可见，在面心立方紧密堆积中，密排层与立方体中三次对称轴相垂直，即与 (111) 面相平行。在离子或金属晶体中，半径较大的离子或原子大多按（或近似按）六方或面心立方紧密堆积。

　　六方紧密堆积的空隙位置和数量可以根据图 2-1(b) 分析。以图 2-1(b) 中第二个密排层最中央的（即标"F"的）一个球体为例，它的正下方有 1 个四面体空隙，在其前方、左后方和右后方与第一层又各形成 1 个四面体空隙，在其左前方、右前方和后方各有 1 个八面体空隙。由于六方紧密堆积的第一、三层是重复排列（相对于第二层对称的），所以这个球体上面与第三层之间也同样

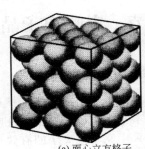 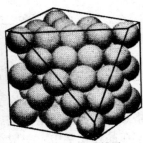

(a) 面心立方格子　　　　　(b) (111) 密排层

图 2-3　面心立方紧密堆积的 (111) 密排层

有 4 个四面体空隙和 3 个八面体空隙。因此，由这一个球参与构成的空隙合计为四面体空隙 8 个、八面体空隙 6 个。由于每个四面体空隙由 4 个球体构成，每个八面体空隙由 6 个球体构成，真正属于这一个球体的空隙只有 $8 \times 1/4 = 2$ 个四面体空隙和 $6 \times 1/6 = 1$ 个八面体空隙。因此，若有 n 个等径球体作六方紧密堆积，必定有 n 个八面体空隙和 $2n$ 个四面体空隙。对于面心立方紧密堆积也能得到同样的结论。

　　利用简单的几何关系很容易证明，六方和面心立方紧密堆积的空隙率相同，均为 25.95%，并且每个球体都同时与周围 12 个球体直接相邻。

　　等径球体堆积除了六方、面心立方紧密堆积外，还有一种体心立方结构［图 2-4(a)］的堆积方式。虽然不是紧密的，但却是比较简单、高对称性的，是金属中常见的三种原子堆积方式之一。在平面上每个球体与 4 个球紧密相邻，形成近似密排面［图 2-4(b)］。近似密排面平行于 (110) 面作 ABAB… 堆积［图 2-4(c)］。其单位晶胞中含 2 个球，每个球体同时与周围 8 个球体直接相邻，空隙率为 31.98%。

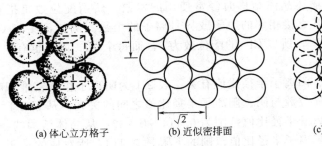

(a) 体心立方格子　　　(b) 近似密排面　　　(c) 近似密排面的堆积

图 2-4　体心立方结构

二、不等径球体紧密堆积

　　不等径球体紧密堆积时，可以看成由大球按等径球体紧密堆积后，小球按其大小分别填充到其空隙中，稍大的小球填充八面体空隙，稍小的小球填充四面体空隙，形成不

等径球体的紧密堆积。如果小球过大，空隙填不下时，将把空隙略微撑开或者使大球的堆积方式发生改变，以产生较大的空隙；如果小球过小，不是刚好填满空隙（与组成空隙的几个大球同时接触）时，小球将在空隙中位移。小球与大球的半径比决定了小球应该填充何种空隙。

在离子晶体结构中，半径较大的阴离子通常作紧密堆积或近似紧密堆积，半径较小的阳离子则填充在其空隙中。阳离子填充的空隙位置除了与阴、阳离子半径比有关外，还与其键性、电子构型以及极化性能有关。

第三节　影响离子晶体结构的因素

一、原子半径和离子半径

根据波动力学，在原子或离子中，围绕原子核运动的电子在空间形成一个球形电磁场。严格意义上的原子半径或离子半径应该是这个核外电子作用范围球体的半径。

在晶体化学中，一般都采用原子或离子的有效半径。所谓有效半径指原子或离子在晶体结构中相接触时的半径。在这种状态下，原子或离子相互间的静电吸引和排斥作用达到平衡。对于离子晶体，相邻的一对阴、阳离子的中心距即为该阴、阳离子的离子半径之和，对于共价晶体，两个相邻键合原子的中心距即为这两个原子的共价半径之和；对于金属晶体，两个相邻原子的中心距即为这两个金属原子的原子半径之和。如果能够确定化合物中某一元素的原子半径或离子半径，可以根据两个相邻原子或离子的中心距推算出其他元素的原子半径或离子半径。附录 3 为 Shannon 于 1976 年得到的各种元素与氟或氧结合时，在不同价态、不同配位情况下的有效离子半径。

原子半径或离子半径是晶体化学中一个非常重要的基本参数，常常作为衡量键性、键强、配位情况、极化情况的重要数据，对离子的结合状态和晶体性质都有很大的影响。但是，应当注意，离子半径这个概念并不十分严格。由于极化的影响，电子云往往向阳离子方向移动，所以阳离子的作用范围比附录 3 所列的数值要大一些，而阴离子作用范围则要小一些。

二、配位数和配位多面体

配位数和配位多面体是描述晶体结构时经常使用的术语。所谓配位数是指在晶体结构中，一个原子或离子周围与其直接相邻的原子或异号离子的个数。例如，在 NaCl 晶体结构中，每个 Cl^- 周围有 6 个 Na^+，所以 Cl^- 的配位数为 6；而每个 Na^+ 周围也有 6 个 Cl^-，所以 Na^+ 的配位数也为 6。

离子的配位数主要与阴、阳离子半径比值有关。表 2-1 为阴离子作紧密堆积时，根据其几何关系计算出来的阳离子配位数与阴、阳离子半径比值之间的关系。从表 2-1 可见，对于八面体配位，对应的阴、阳离子半径比值范围为 0.414～0.732。从晶体结构的稳定性考虑，八面体配位稳定存在的阴、阳离子半径比值范围的下限是 0.414，所对应的是阴、阳离子之间正好相互接触，阴离子之间也正好相互接触这种状态。若比值小于 0.414，则阴离子之间相互接触，而阴、阳离子之间不相互接触，导致晶体结构不稳定，使阳离子配位数下降。若比值大于 0.414，将使阴、阳离子之间仍然相互接触，但阴离子之间逐渐脱离接触，从结构稳定性出发，阳离子将尽可能地吸引更多的阴离子与其配位，从而使其配位数上升。当其比值大于 0.732 时，阳离子配位数将为 8。所以，0.732 是八面体配位的阴、阳离子半径比值的上限。

表 2-1　阳、阴离子半径比值（r_+/r_-）与阳离子配位数

r_+/r_-	0	0.155	0.225	0.414	0.732	1	1
阳离子配位数	2	3	4	6	8	12	12
配位多面体形状	哑铃状	正三角形	四面体	八面体	立方体	截角立方体（立方最紧密堆积）	截顶两个三方双锥的聚形（六方紧密堆积）
实例	干冰 CO_2	B_2O_3	闪锌矿 β-ZnS	石盐 NaCl	萤石 CaF_2	铜 Cu	锇 Os

　　配位多面体指在晶体结构中，与某一个阳离子直接相邻，形成配位关系的各个阴离子的中心连线所构成的多面体。阳离子位于配位多面体的中心，各个配位阴离子（或原子）处于配位多面体的顶角上。图 2-5 给出阳离子常见配位方式及其配位多面体。

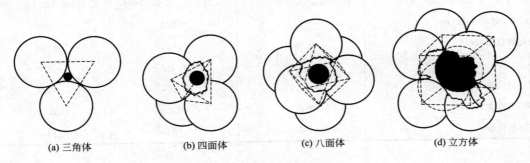

(a) 三角体　　　　(b) 四面体　　　　(c) 八面体　　　　(d) 立方体

图 2-5　常见配位多面体

三、离子的极化

　　在研究离子晶体结构时，为了方便起见，往往把离子看做一个球体，把离子作为点电荷来处理，并且认为离子的正、负电荷中心是重合的，且位于离子中心。但是实际上，在外电场的作用下，离子的正、负电荷中心不再重合，产生偶极距，离子的形状和大小将发生改变，这种现象称为离子的极化。

　　在离子晶体中，每个阴、阳离子都具有自身被极化和极化周围离子的双重作用。一个离子在其他离子电场作用下发生的极化称为被极化。被极化程度可以用极化率 α 表示：

$$\alpha = \mu/F \tag{2-1}$$

　　式中，F 为离子所在位置的有效电场强度；μ 为诱导偶极矩，与极化后正、负电荷中心的距离成正比。

　　一个离子的电场作用于周围离子，使其发生极化称为主极化。主极化能力用极化力 β 来表示：

$$\beta = W/r^2 \tag{2-2}$$

　　式中，W 为离子电价，r 为离子半径。

　　一般，阳离子的离子半径小、电价高，主要表现为主极化。阴离子则相反，主要表现为被极化，半径大、电价低的阴离子如 I^-、Br^- 的极化率特别大。因此，考虑离子间相互作用时，一般只考虑阳离子对阴离子的极化作用。但是当阳离子最外层为 18 或 18+2 电子构型时（如 Cu^+、Ag^+、Pb^{2+}、Cd^{2+} 等）极化率也较大，应该考虑阳离子的被极化。表 2-2

给出了部分离子的离子半径与极化率。

表 2-2　一些离子的离子半径 r 与极化率 α

离子	Li^+	Na^+	K^+	Ca^{2+}	Sr^{2+}	Ba^{2+}	B^{3+}	Al^{3+}	Si^{4+}	F^-	Cl^-	Br^-	I^-	O^{2-}	S^{2-}
r/nm	0.059	0.099	0.137	0.100	0.118	0.135	0.011	0.039	0.026	0.133	0.181	0.196	0.220	0.140	0.184
$\alpha \times 10^{-3}/nm^3$	0.031	0.179	0.83	0.47	0.86	1.55	0.003	0.052	0.0165	1.04	3.66	4.77	7.10	3.88	10.20

离子极化对晶体结构具有重要的影响。在离子晶体中，由于离子极化，电子云相互重叠，缩短了阴、阳离子之间的距离，使离子的配位数降低，离子键性减少，晶体结构类型和性质也将发生变化，从表 2-3 所示极化对卤化银晶体结构的影响可以清楚地看到这一点。

表 2-3　离子极化对卤化银晶体结构的影响

卤化银	AgCl	AgBr	AgI
Ag^+ 与 X^- 半径之和/nm	0.296(0.115+0.181)	0.311(0.115+0.196)	0.335(0.115+0.220)
Ag^+ 与 X^- 中心距/nm	0.227	0.288	0.299
极化靠近值/nm	0.019	0.023	0.036
r_+/r_-	0.635	0.587	0.523
理论结构类型	NaCl	NaCl	NaCl
实际结构类型	NaCl	NaCl	立方 ZnS
实际配位数	6	6	4

四、电负性

电负性是各种元素的原子在形成价键时吸引电子的能力，用来表示其形成负离子倾向的大小。元素的电负性值越大，越易得到电子，即越容易成为负离子。从表 2-4 可以看出，金属元素的电负性较低，非金属元素的电负性较高。两种元素的电负性差值越大，形成的化学键合的离子键性就越强；反之，共价键性就越强。电负性差值较小的两个元素形成化合物时，主要为非极性共价键或半金属共价键。图 2-6 所示为电负性差值与离子键分数的关系。大多数硅酸盐晶体都是介于离子键与共价键之间的混合键。

表 2-4　元素的电负性值（X）

												B 2.0	C 2.5	N 3.0	O 3.5	F 4.0
Li 1.0	Be 1.5															
Na 0.9	Mg 1.2											Al 1.5	Si 1.8	P 2.1	S 2.5	Cl 3.0
K 0.8	Ca 1.0	Sc 1.3	Ti 1.5	V 1.6	Cr 1.6	Mn 1.5	Fe 1.8	Co 1.8	Ni 1.8	Cu 1.9	Zn 1.6	Ga 1.6	Ge 1.8	As 2.0	Se 2.4	Br 2.8
Rb 0.8	Sr 1.0	Y 1.2	Zr 1.4	Nb 1.6	Mo 1.8	Tc 1.9	Ru 2.2	Rh 2.2	Pd 2.2	Ag 1.9	Cd 1.7	In 1.7	Sn 1.8	Sb 1.9	Te 2.1	I 2.5
Cs 0.7	Ba 0.9	La~Lu 1.1~1.2	Hf 1.3	Ta 1.5	W 1.7	Re 1.9	Os 2.2	Ir 2.2	Pt 2.2	Au 2.4	Hg 1.9	Tl 1.8	Pb 1.8	Bi 1.9	Po 2.0	At 2.2
Fr 0.7	Ra 0.9	Ac 1.1	Th 1.3	Pa 1.5	U 1.7	Np~No 1.3										

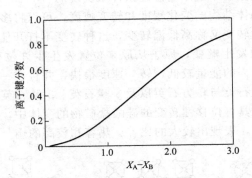

图 2-6 离子键分数与电负性差值（$X_A - X_B$）的关系

五、结晶化学定律

哥希密特（Goldschmidt）在系统研究离子晶体结构后，总结出了结晶化学定律，即"晶体的结构取决于其组成质点的数量关系、大小关系与极化性能"。结晶化学定律定性地概括了影响离子晶体结构的三个主要因素。对于离子晶体的晶体结构一般可按化学式的类型 AX、AX_2、A_2X_3 等来讨论。化学式类型不同，则意味着组成晶体的质点之间的数量关系不同，因而晶体结构也不相同。例如，TiO_2 和 Ti_2O_3 中阳离子和 O^{2-} 的数量关系分别为 1：2 和 2：3，前者为 AX_2 型化合物，具有金红石型结构；后者则为 A_2X_3 型化合物；具有刚玉型结构。

另外，我们已经知道，晶体中组成质点的大小不同，即阳、阴离子半径比值（r_+/r_-）不同，配位数和晶体结构也不相同。并且，晶体中组成质点的极化性能也会影响配位数和晶体结构类型。实际上，组成晶体结构的质点的数量关系、大小关系与极化性能，决定于晶体的化学组成，即组成质点的种类和数量关系。

第四节 同质多晶

不同化学组成的晶体具有不同的晶体结构和不同的物理、化学性质。但是，相同的化学组成，在不同的热力学条件下却能形成不同的晶体结构，表现出不同的物理、化学性质。我们把同一化学组成在不同外界条件下（温度、压力、pH 值等），结晶成为两种以上不同结构的晶体的这一现象称为同质多晶或同质多象，由此而产生的化学组成相同、结构不同的晶体称为变体。

金刚石和石墨，化学组成都是碳，但晶体结构和物理性质差异很大。金刚石是在较高的温度和极大的静压力下形成的，属于立方晶系 $Fd3m$ 空间群，配位数为 4，呈四面体配位，碳原子之间形成共价键。金刚石是目前已知硬度最高的材料，并且具有极好的导热性，还具有半导体性。石墨却属于六方晶系 $P6_3/mmc$ 空间群，配位数为 3，具有平面三角形配位，同一层中的碳原子之间形成共价键，而层与层之间的碳原子以范氏键结合。石墨硬度低，熔点高，导电性良好，并且有润滑性。

再如 SiO_2 在不同条件下会形成 α-石英、β-石英、α-鳞石英、β-鳞石英、γ-鳞石英、α-方石英和 β-方石英 7 种变体（其中 α 表示高温稳定的变体，β、γ 依次表示低温稳定的变体）。

每种变体都有自己的热力学稳定范围。因此，当外界条件改变到一定程度时，各种变体之间就可能发生结构转变。从一种变体转变成为另一种变体，这种现象称为多晶转变。对于无机材料而言，多晶转变主要通过改变温度条件来实现的。

根据多晶转变前后晶体结构的变化程度和转变速度，可以将多晶转变分为位移性转变和重建性转变两类。位移性转变又称高低温转变，这种转变不打开任何键，也不改变原子最邻近的配位数，仅仅使结构发生畸变，原子从原来位置发生少许位移，使次级配位有所改变〔图 2-7(a)〕。这类转变所需的能量较低，转变速度很快，并且在一个确定的温度下完成。例如 α-石英与 β-石英，α-方石英与 β-方石英以及 α-鳞石英、β-鳞石英与 γ-鳞石英之间所发生的转变都是位移性转变。在具有位移性转变的硅酸盐矿物的变体中，高温型变体常常具有较高的对称性、较疏松的结构，表现出较大的比容、热容和较高的熵。

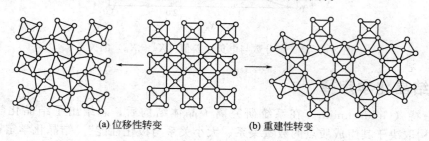

(a) 位移性转变   (b) 重建性转变

图 2-7 两类多晶转变

重建性转变是破坏原有原子间化学键，改变原子最邻近配位数，使晶体结构完全改变原样的一种多晶转变形式〔图 2-7(b)〕。重建性转变需要先破坏原来的化学键，因而所需的能量较高，转变速度较慢。如果冷却速度过快的话，高温型变体经常以介稳态保留到低温而不发生这种转变。α-石英、α-鳞石英与 α-方石英之间的转变属于重建性转变。

根据多晶转变的方向可以分为可逆转变与不可逆转变两类。可逆转变又称双向转变，指在一定温度下，同质多晶变体可以相互转变，即当温度高于或低于转变点时，两种变体可以反复瞬时转变，位移性转变都属于可逆转变。不可逆转变又称单向转变，指在转变温度下，一种变体可以转变为另一种变体，而反向转变却几乎不可能。少数重建性转变是不可逆转变。例如，α-石英在温度超过 870℃并有矿化剂存在时，可转变成 α-鳞石英。但 α-鳞石英冷却到 870℃以下却不转变为 α-石英，而转变为 β-鳞石英、γ-鳞石英。又如 β-C_2S（β-2CaO·SiO_2）在 500℃以下可以转变成 γ-C_2S。但重新升温后，γ-C_2S 却不能转变为 β-C_2S，需要先在较高温度下转变成 α-C_2S，然后通过快速冷却才能再转变为 β-C_2S。在无机材料制备过程中，利用多晶转变的不可逆性，可以得到一些有用的介稳晶体。

第五节 鲍 林 规 则

鲍林（Pauling）根据离子晶体的晶体化学原理，通过对一些较简单的离子晶体结构进行分析，总结归纳出五条规则。

第一规则，又称配位体规则。围绕每个阳离子，形成一个阴离子配位多面体。阴、阳离子的距离决定于它们的半径之和，阳离子的配位数取决于它们的半径比值，与电价无关。

必须指出，实际晶体结构往往受多种因素影响，并不完全符合这一规则，会出现一些例外情况。当 r_+/r_- 值处于临界值（如 0.414、0.732 等）附近时，在不同的晶体中同一阳离子的配位数不同，如 Al^{3+} 与 O^{2-} 配位时，既可以形成铝氧四面体，又可以形成铝氧八面体。表 2-5 列出了一些常见阳离子与 O^{2-} 的配位数，大多数阳离子的配位数在 4 至 8 之间。其次，当阴离子不是紧密堆积时，可能出现 5、7、9、11 等配位数。另外，当阴、阳离子产生明显极化时，也会使阳离子配位数降低。

表 2-5 氧离子对一些常见离子的配位数

配位数	阳 离 子
3	B^{3+}, C^{4+}, N^{5+}
4	Be^{2+}, Mn^{2+}, Zn^{2+}, B^{3+}, Al^{3+}, Si^{4+}, Ge^{4+}, P^{5+}, As^{5+}, V^{5+}, S^{6+}, Se^{6+}, Cr^{6+}, Cl^{7+}, Ga^{3+}
6	Li^+, Mg^{2+}, Mn^{2+}, Fe^{2+}, Co^{2+}, Ni^{2+}, Cu^{2+}, Zn^{2+}, Al^{3+}, Ga^{3+}, Cr^{3+}, Fe^{3+}, Se^{3+}, Ti^{4+}, Sn^{4+}, Nb^{5+}, Ta^{5+}
6~8	Na^+, Ca^{2+}, Ba^{2+}, Sr^{2+}, Cd^{2+}, Y^{3+}, $Sm^{3+} \sim Lu^{3+}$, Zr^{4+}, Ce^{4+}, Hf^{4+}, Th^{4+}, U^{4+}
8~12	Na^+, K^+, Rb^+, Ca^{2+}, Sr^{2+}, Cs^{2+}, Ba^{2+}, Pb^{2+}, La^{3+}, $Ce^{3+} \sim Sm^{3+}$

第二规则，又称静电价规则。在一个稳定的离子化合物结构中，每一个阴离子的电价等于或近似等于相邻阳离子分配给这个阴离子的静电价强度总和。即使是稳定性较差的结构，偏差一般也不超过 1/4 价。对于一个规则的配位多面体而言，中心阳离子分配给每一个配位阴离子的静电价强度 S 等于该阳离子的电价 Z 除以它的配位数 n，即 $S=Z/n$。以 NaCl 晶体为例，每一个 Na^+ 处在 6 个 Cl^- 所形成的配位体中，所以其静电强度为 $S=1/6$；而每一个 Cl^- 同时与 6 个 Na^+ 相配位，Cl^- 得到的阳离子静电价强度总和等于 $6\times1/6=1$，正好等于 Cl^- 的电价，所以 NaCl 晶体结构是稳定的。

离子静电价的饱和对于晶体结构的稳定性是相当重要的。它不仅可以保证晶体在宏观上的电中性，还能在微观上使阴、阳离子的电价得到满足，使配位体和整个晶体结构稳定。静电价规则对于了解和分析硅酸盐晶体结构是非常重要的。这一规则可以用于判断某种晶体结构是否稳定，还可以用于确定共用同一质点（即同一个阴离子）的配位多面体的数目。例如，在 [SiO_4] 四面体中，Si^{4+} 位于由四个 O^{2-} 构成的四面体的中央。根据静电价规则，从 Si^{4+} 分配至每一个 O^{2-} 的静电键强度为 $4/4=1$，而 O^{2-} 的电价为 2，所以这样的 O^{2-} 还可以和其他的 Si^{4+} 或金属离子相配位。若在 [AlO_6] 八面体中，从 Al^{3+} 分配至每一个 O^{2-} 的静电键强度为 $1/2$，而在 [MgO_6] 八面体中，从 Mg^{2+} 分配至每一个 O^{2-} 的静电键强度则为 $1/3$。因此，[SiO_4] 四面体中的每个 O^{2-} 还可同时与另一个 [SiO_4] 四面体中的 Si^{4+} 相配位，或同时与两个 [AlO_6] 八面体中的 Al^{3+} 相配位，或同时与三个 [MgO_6] 八面体中的 Mg^{2+} 相配位（即这个 [SiO_4] 四面体中的一个 O^{2-} 可以同时与另外一个、两个或三个配位多面体共用），使 [SiO_4] 四面体中的每个 O^{2-} 的电价得到饱和。

第三规则，即阴离子配位多面体的共顶、共棱和共面规则。在一个配位结构中，两个阴离子配位多面体共棱，特别是共面时，结构的稳定性会降低。对于电价高、配位数小的阳离子，这个效应特别显著。并且当阴、阳离子半径比值接近于该配位多面体的稳定的下限值时，这个效应更加显著。

这个规则说明了为什么 [SiO_4] 四面体在相互连接时，两个四面体一般只共用一个顶点（共顶），而 [AlO_6] 八面体却可以共棱，在特殊情况下，两个 [AlO_6] 八面体还可以共面。事实上，在硅酸盐矿物中，只发现 [SiO_4] 共顶相连，没有共棱、共面相连的。

表 2-6 表示几种配位多面体分别以共顶、共棱、共面相连时，两个中心离子的距离的变化情况。可以看出，随着多面体之间共用顶点数的增加，两个多面体中心阳离子之间的距离将缩短，阳离子之间的斥力将显著地增加，并且阳离子配位数越小，这种斥力越显著，这样的晶体结构是不稳定的。

表 2-6　配位多面体以不同方式相连时两个中心阳离子的距离变化

连接方式	共用顶点数	配位三角形	配位四面体	配位八面体	配位立方体
共顶	1	1	1	1	1
共棱	2	0.5	0.58	0.71	0.82
共面	3 或 4	—	0.33	0.58	0.58

第四规则：在一个含有不同阳离子的晶体结构中，电价高、配位数小的阳离子，趋向于不相互共享配位多面体要素。

所谓共享配位多面体要素，是指配位多面体之间共顶、共棱或共面相连。第四规则实际上是第三规则的延伸。在一个稳定的晶体结构中，若有多种阳离子，则电价高、配位数小的阳离子的配位多面体趋向于尽可能不相互连接，而通过其他阳离子的配位多面体分隔开来，最多也只能共顶相连。如具有岛状结构的硅酸盐矿物镁橄榄石（Mg_2SiO_4）中的 Si^{4+} 之间斥力较大，$[SiO_4]$ 四面体之间互不结合而孤立存在，但是 Si^{4+} 和 Mg^{2+} 之间的斥力较小，故 $[SiO_4]$ 四面体和 $[MgO_6]$ 八面体之间共顶或共棱相连，这样形成较稳定的结构。

第五规则，又称节约规则。在同一个晶体结构中，本质上不同的结构单元的数目趋向于最少。例如，含有氧、硅及其他阳离子的晶体中，不会同时出现 $[SiO_4]$ 四面体、$[Si_2O_7]$ 双四面体等不同组成的离子团（结构单元），尽管这两种配位体都符合静电价规则。又如，在石榴石 $Ca_3Al_2Si_3O_{12}$ 中，Ca^{2+}、Al^{3+} 和 Si^{4+} 的配位数分别为 8、6 和 4。根据静电价规则，1 个 O^{2-} 可以同时与 2 个 Ca^{2+}、1 个 Al^{3+} 和 1 个 Si^{4+} 配位，也可以与 2 个 Al^{3+} 和 1 个 Si^{4+} 配位或 4 个 Ca^{2+} 和 1 个 Si^{4+} 配位。但后一种情况不符合节约规则，实际晶体中都是以前一种方式配位的。

必须指出，鲍林规则仅适用于带有不明显共价键性的离子晶体，而且还有少数例外情况。例如，链状硅酸盐矿物透辉石，硅氧链上的活性氧得到的阳离子静电价强度总和为 23/12 或 19/12（小于 2），而硅氧链上的非活性氧得到的阳离子静电价强度总和为 5/2（大于 2），不符合静电价规则，但仍然能在自然界中稳定存在。

第六节　晶体场理论和配位场理论

配位场理论包括两个组成部分，即晶体场理论和配合物的分子轨道理论。这个理论可以圆满解释许多过渡元素化合物中用经典的静电理论所无法解释的许多现象，如尖晶石型化合物的晶体结构、玻璃中离子着色机理等。

一、晶体场理论原理

晶体场理论认为，晶体结构中的每个阳离子都处于一个晶体场之中，中心阳离子与周围配位体之间只存在纯粹的静电作用（吸引或排斥），因而将中心阳离子与配位体间的化学键看成类似于晶体中的价键，并且把配位体都作为点电荷来看待。所谓晶体场是指晶格中中心阳离子周围的配位体（与阳离子配位的阴离子或负极朝向中心阳离子的偶极分子）所形成的一个静电势场，中心阳离子就处于该势场之中。

我们已经知道过渡元素离子的核外电子排布为：

$$\cdots ns^2 np^6 (n-1)d^{0\sim10}$$

其特点是一般具有未填满的 d 电子层。d 电子层中的五个 d 轨道，它们的电子云在空间的分布如图 2-8 所示，其中 $d_{x^2-y^2}$ 和 d_{z^2} 轨道沿坐标轴方向伸展，d_{xy}、d_{yz} 和 d_{xz} 轨道则沿坐标轴

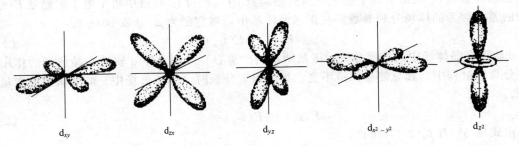

d_{xy}　　　　d_{zx}　　　　d_{yz}　　　　$d_{x^2-y^2}$　　　　d_{z^2}

图 2-8　d 轨道空间分布

的对角线方向伸展。每个 d 轨道都可容纳自旋相反的一对电子。当一个过渡元素离子处于球形对称的势场中时，五个 d 轨道具有相同的能量，即所谓五重简并，电子占据任一轨道的概率相同。

　　但是，当一个过渡元素离子处于一个晶体场中时，会与周围配位体相互发生静电作用。一方面，过渡元素离子本身的电子层结构将受到配位体的影响而发生变化，使得原来能级相同的五个 d 轨道发生分裂，部分 d 轨道的能级降低而另一部分 d 轨道的能级增高，具体能级分裂的情况随晶体场性质（配位多面体的种类和形状）的不同而不同。另一方面，配位多面体的配置也受到中心（过渡元素）离子的影响而发生变化，引起配位多面体的畸变。一般而言，配位体对中心离子的影响是主要的，中心离子对配位体的影响只有某些离子才较为显著。

二、d 轨道在晶体场中的能级分裂

　　首先考虑一个过渡元素离子在正八面体晶体场中的 d 轨道能级分裂情况。当六个带负电荷的配位体（例如 O^{2-} 等阴离子或者 H_2O 等偶极分子的负端）分别沿三个坐标轴 $\pm x$、$\pm y$ 和 $\pm z$ 向中心过渡元素阳离子接近，形成正八面体配合体时，中心离子中沿坐标轴方向伸展的 $d_{x^2-y^2}$ 和 d_{z^2} 轨道与配位体处于迎头相碰的位置，这两个轨道上的电子将受到配位体所带负电荷的排斥作用，能级增高；而沿着坐标轴对角线方向伸展的 d_{xy}、d_{yz} 和 d_{zx} 轨道，正好插在配位体的间隙之中，受到配位体电子云的排斥作用较弱，因而能级较低。这样，原来能级相等的五个 d 轨道，在晶体场中便分裂成为两组：一组是能级较高的 $d_{x^2-y^2}$ 和 d_{z^2} 轨道组，称为 e_g 组轨道；另一组是能级较低的 d_{xy}、d_{yz} 和 d_{zx} 轨道组，称为 t_{2g} 组轨道 [图 2-9（a）]。过渡元素离子中原来五重简并的 d 轨道，在晶体场中发生能量上的变化而分裂的现象，称为晶体场分裂。

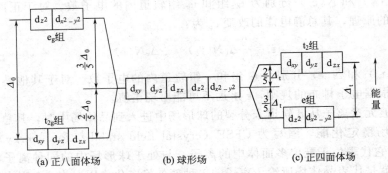

（a）正八面体场　　　　（b）球形场　　　　（c）正四面体场

图 2-9　d 轨道能级在晶体场中分裂的示意图

能级分裂后 e_g 轨道中每个电子所具有的能量 $E(e_g)$ 与 t_{2g} 轨道中每个电子的能量 $E(t_{2g})$ 之间的差，称为晶体场分裂参数。在正八面体场中，将它记为 Δ_0（或 $10D_g$）。

$$\Delta_0 = E(e_g) - E(t_{2g}) \tag{2-3}$$

d 轨道在晶体场中的能级分裂，服从所谓的"重心"规则。即 d 轨道在晶体场的作用下发生分裂的过程中，其总能量保持不变。如果以未分裂时（即球形场中）的 d 轨道的能量为 0，则：

$$4E(e_g) + 6E(t_{2g}) = 0 \tag{2-4}$$

由式(2-3) 和式(2-4) 可得：

$$E(e_g) = \frac{3}{5}\Delta_0, E(t_{2g}) = -\frac{2}{5}\Delta_0 \tag{2-5}$$

如果过渡元素离子在一个四面体配位的晶体场中，此时 $d_{x^2-y^2}$ 和 d_{z^2} 轨道恰好插入在配位体的间隙之中，而 d_{xy}、d_{yz} 和 d_{xz} 轨道与配位体靠得较近，结果产生了正好与正八面体晶体场中相反的能级分裂情况，即 d_{xy}、d_{yz} 和 d_{xz} 三个轨道（此时称为 t_2 组轨道）的能级增高，而 $d_{x^2-y^2}$ 和 d_{z^2} 两个轨道（称为 e 组轨道）的能级降低［图 2-9(c)］。相应的晶体场分裂参数记为 Δ_t。设 $E(t_2)$ 和 $E(e)$ 分别为 t_2 组轨道和 e 组轨道中电子的能量，则：

$$\Delta_t = E(t_2) - E(e) \tag{2-6}$$

并且根据"重心"规则，可得：

$$E(e) = -\frac{3}{5}\Delta_t, E(t_2) = \frac{2}{5}\Delta_t \tag{2-7}$$

计算表明，当配位体相同并且配位体与中心离子的距离也相同时，在正四面体场中 d 轨道能级的分裂参数 Δ_t 仅为正八面体场中的 $4/9$，即

$$\Delta_t = \frac{4}{9}\Delta_0 = 4.45D_g \tag{2-8}$$

三、晶体场稳定化能

从式(2-5) 可知，与处于球形场中的离子相比，在正八面体晶体场中，t_{2g} 组轨道中的每一个电子将使离子的总静电能降低 $2/5\Delta_0$，而 e_g 组轨道中的每一个电子，使离子的总能量增高 $3/5\Delta_0$。因此，当一个过渡元素离子从球形场进入到八面体配位体中时，它的总静电能 ε_0 为：

$$\varepsilon_0 = -\frac{2}{5}\Delta_0 N(t_{2g}) + \frac{3}{5}\Delta_0 N(e_g) \tag{2-9}$$

式中，$N(t_{2g})$ 和 $N(e_g)$ 分别为 t_{2g} 组和 e_g 组轨道内的电子数。对于正四面体场来说，基于完全相同的原理，其总静电能的改变 ε_t 为：

$$\varepsilon_t = \frac{2}{5}\Delta_t N(t_2) - \frac{3}{5}\Delta_t N(e) \tag{2-10}$$

式中，$N(t_2)$ 和 $N(e)$ 分别为 t_2 组和 e 组轨道内的电子数。对于其他晶体场，都可按此原理类推。根据电子排布的规则，ε 永远不可能出现正值。

我们把过渡元素离子从 d 轨道未分裂的球形场中进入到晶体场中时，其总静电能改变的负值称为晶体场稳定化能，缩写为 CFSE（crystal field stabilization energy）。在数值上，CFSE=$|\varepsilon|$。它代表位于配位多面体中的离子，与处于球形场中的同种离子相比，在能量上的降低，也就是代表晶体场所给予离子的一种额外稳定化作用。表 2-7 列出了过渡元素离子在晶体场中的电子排布和晶体场稳定化能 CFSE，表中 CFSE 取绝对值。

表 2-7 过渡元素离子在晶体场中的电子排布和晶体场稳定化能 CFSE

3d电子数	离子	八面体配位				四面体配位			
		弱场(低自旋)		强场(高自旋)		弱场(低自旋)		强场(高自旋)	
		电子排布	CFSE	电子排布	CFSE	电子排布	CFSE	电子排布	CFSE
0	Sc^{3+},Ti^{4+}	$(t_{2g})^0(e_g)^0$	0	$(t_{2g})^0(e_g)^0$	0	$(e)^0(t_2)^0$	0	$(e)^0(t_2)^0$	0
1	Ti^{3+}	$(t_{2g})^1(e_g)^0$	$0.4\Delta_0$	$(t_{2g})^1(e_g)^0$	$0.4\Delta_0$	$(e)^1(t_2)^0$	$0.6\Delta_t$	$(e)^1(t_2)^0$	$0.6\Delta_t$
2	V^{3+}	$(t_{2g})^2(e_g)^0$	$0.8\Delta_0$	$(t_{2g})^2(e_g)^0$	$0.8\Delta_0$	$(e)^2(t_2)^0$	$1.2\Delta_t$	$(e)^2(t_2)^0$	$1.2\Delta_t$
3	V^{2+},Cr^{3+}	$(t_{2g})^3(e_g)^0$	$1.2\Delta_0$	$(t_{2g})^3(e_g)^0$	$1.2\Delta_0$	$(e)^2(t_2)^1$	$0.8\Delta_t$	$(e)^3(t_2)^0$	$1.8\Delta_t$
4	Cr^{2+},Mn^{3+}	$(t_{2g})^3(e_g)^1$	$0.6\Delta_0$	$(t_{2g})^4(e_g)^0$	$1.6\Delta_0$	$(e)^2(t_2)^2$	$0.4\Delta_t$	$(e)^4(t_2)^0$	$2.4\Delta_t$
5	Mn^{2+},Fe^{3+}	$(t_{2g})^3(e_g)^2$	0	$(t_{2g})^5(e_g)^0$	$2\Delta_0$	$(e)^2(t_2)^3$	0	$(e)^4(t_2)^1$	$2\Delta_t$
6	Fe^{2+},Co^{3+}	$(t_{2g})^4(e_g)^2$	$0.4\Delta_0$	$(t_{2g})^6(e_g)^0$	$2.4\Delta_0$	$(e)^3(t_2)^3$	$0.6\Delta_t$	$(e)^4(t_2)^2$	$1.6\Delta_t$
7	Co^{2+}	$(t_{2g})^5(e_g)^2$	$0.8\Delta_0$	$(t_{2g})^6(e_g)^1$	$1.8\Delta_0$	$(e)^4(t_2)^3$	$1.2\Delta_t$	$(e)^4(t_2)^3$	$1.2\Delta_t$
8	Ni^{2+}	$(t_{2g})^6(e_g)^2$	$1.2\Delta_0$	$(t_{2g})^6(e_g)^2$	$1.2\Delta_0$	$(e)^4(t_2)^4$	$0.8\Delta_t$	$(e)^4(t_2)^4$	$0.8\Delta_t$
9	Cu^{2+}	$(t_{2g})^6(e_g)^3$	$0.6\Delta_0$	$(t_{2g})^6(e_g)^3$	$0.6\Delta_0$	$(e)^4(t_2)^5$	$0.4\Delta_t$	$(e)^4(t_2)^5$	$0.4\Delta_t$
10	Zn^{2+}	$(t_{2g})^6(e_g)^4$	0	$(t_{2g})^6(e_g)^4$	0	$(e)^4(t_2)^6$	0	$(e)^4(t_2)^6$	0

  一个过渡元素离子在给定晶体场中的晶体稳定化能的具体数值，主要取决于两个因素，一是离子本身的电子构型，二是晶体场分裂参数 Δ 的大小。过渡元素离子在电子构型上的差别，主要表现在 d 电子的数目及其排布方式的不同。对于某一个过渡元素离子而言，d 电子数是确定的，但 d 电子的排布方式在不同的晶体场中可能不同。当离子处于球形场中时，其 d 电子的排布遵循洪特规则，将尽可能多地分别占据空的轨道，且自旋平行；只有当五个 d 轨道全为半满后，才开始自旋成对地填充。当两个电子处于同一轨道中时，静电斥力将增大，因此，要使第二个电子填充到同一个轨道中，必须给予一定的能量，来克服所这种静电斥力，这种能量称为电子成对能，记为 P。

  当离子处于一个晶体场中，例如在八面体场中时，d 轨道便分裂成能量差为 Δ_0 的 t_{2g} 和 e_g 两组轨道。这时，d 电子的排布将受到两种相反的影响。为了尽可能地降低体系的总能量，Δ_0 的影响要求电子尽先填充能量较低的 t_{2g} 轨道；但 P 的影响则要求电子尽可能多地分占空轨道。当 $\Delta_0 < P$ 时，为弱场条件，电子只有在自旋平行地分占了全部五个 d 轨道之后，才开始在能级较低的 t_{2g} 轨道中再次填充而形成自旋成对，因而离子具有尽可能多的自旋平行的不成对电子，处于所谓的高自旋状态。反之，在强场条件下，$\Delta_0 > P$；电子只有在 t_{2g} 轨道全被自旋成对的电子填满之后，才开始填充 e_g 轨道，此时，离子处于所谓的低自旋状态。

  例如，Fe^{2+}($3d^6$) 处于八面体场中时，在弱场条件下，其 6 个 d 电子中首先有 3 个电子分占 t_{2g} 组的三个轨道，且自旋平行。然后因 $\Delta_0 < P$，故又有 2 个电子自旋平行地分占 e_g 组的两个轨道，从而使 d 轨道达到半满。最后的 1 个电子才再填充 t_{2g} 组中的一个轨道而自旋成对，从而构成高自旋态的 $(t_{2g})^4(e_g)^2$ 的电子排布。按式(2-9)计算，其 CFSE 为 $\frac{2}{5}\Delta_0$。如果在八面体场的强场条件下，Fe^{2+} 当 t_{2g} 组的三个轨道半满后，由于 $\Delta_0 > P$，故接着不是填充 e_g 组轨道，而是再次填充 t_{2g} 组轨道，使之自旋成对地达到全满，构成低自旋态的 $(t_{2g})^6(e_g)^0$ 的 d 电子排布，此时相应的 CFSE 为 $\frac{12}{5}\Delta_0$。

  对于四面体而言，在弱场条件下 Fe^{2+} 的 6 个 d 电子的填充顺序应当是：e 组半满，然后 t_2 组半满，最后填充 e 组，电子排布为 $(e)^3(t_2)^3$，其 CFSE 为 $\frac{3}{5}\Delta_t$。强场条件下的顺序则是：e 组半满；然后 e 组全满，最后填充 t_2 组，电子排布为 $(e)^4(t_2)^2$，其 CFSE 为 $\frac{8}{5}\Delta_t$。

常见的过渡元素离子在硫化物中一般都是低自旋的，在氧化物和硅酸盐中，除 Co^{3+} 和 Ni^{3+} 外，都是高自旋的。适用于氧化物和硅酸盐的一些 CFSE 值列于表 2-7 中。

四、八面体择位能

通过测定离子的吸收光谱可以求得的 Δ 值，再乘以相应的系数，即可得出离子的晶体场稳定化能 CFSE 的具体数值。表 2-8 所示为 McClure 测定计算出的氧化物中过渡元素离子的晶体场稳定化能 CFSE。可以看到，对于任意一个过渡元素离子，其在正八面体场中的晶体场稳定化能总是比在正四面体场中时大。把某一过渡元素离子在这两种晶体场中的 CFSE 的差值，称为该离子的八面体择位能（OSPE）。它代表了该离子位于八面体晶体场中时，与处于四面体晶体场中时相比，在能量上降低的程度，或者说稳定性提高的程度。显然，离子的 OSPE 值越大，它进入八面体配位位置的趋势便越强。在尖晶石型矿物中，八面体择位能越大的过渡元素离子越容易进入八面体空隙。

表 2-8   氧化物中过渡元素离子的晶体场稳定化能 CFSE 和八面体择位能 OSPE

3d 电子数	离子	CFSE/(J/mol)		OSPE/(J/mol)
		八面体场	四面体场	
0	Sc^{3+}	0	0	0
1	Ti^{3+}	96.72	64.48	32.24
2	V^{3+}	128.54	120.17	8.37
3	Cr^{3+}	251.22	55.69	195.53
4	Mn^{3+}	150.31	44.38	105.93
5	Mn^{2+}, Fe^{3+}	0	0	0
6	Fe^{2+}	47.73	31.40	16.33
7	Co^{2+}	71.6	62.81	8.79
8	Ni^{2+}	122.68	27.22	95.46
9	Cu^{2+}	92.95	27.63	65.32
10	Zn^{2+}			0

五、姜-泰勒效应

在研究过渡元素离子水化热与 3d 电子数关系时发现，表 2-8 中 OSPE 分别为极大值的 $3d^3$ 和 $3d^8$ 的水化热并不是最大，而是其后面的 $3d^4$ 和 $3d^9$。进一步研究发现，由于 d^9 和 d^4 离子 d 电子云的空间分布不符合理想的正八面体对称，它们在正八面体配位中是不稳定的，从而将导致 d 轨道的进一步分裂，并使正八面体配位发生畸变，从而使中心离子稳定。这种由于中心过渡元素离子的 d 电子云分布的对称性与配位体的几何构型不相协调，因而导致中心阳离子 d 轨道能级进一步分裂，并使配位体发生畸变，以便达到稳定的效应，称为姜-泰勒（Jahn-Teller）效应。

姜-泰勒效应可以用 $Cu^{2+}(3d^9)$ 离子为例来说明，如图 2-10 所示。Cu^{2+} 在八面体晶体场中的电子构型为 $(t_{2g})^6(e_g)^3$，但 $(e_g)^3$ 在八面体场中还有两种排布方式，即 $(d_{x^2-y^2})^2(d_{z^2})^1$ 或 $(d_{x^2-y^2})^1(d_{z^2})^2$，$(e_g)^3$ 的能级是双重简并的，但实际并非如此。若为 $(d_{x^2-y^2})^1(d_{z^2})^2$ 时，与符合理想正八面体构型的 d^{10} 离子的电子云密度相比，d^9 离子在 xy 平面内的电子云密度要小一些，有效正电荷对位于 xy 平面内的四个带负电荷的配位体的吸引力大于对 z 轴上的两个配位体的吸引力，从而形成 xy 平面内的四个短键和 z 轴方向上的两个长键，使配位正八面体畸变成沿 z 轴拉长了的配位四方双锥体。原来是双重简并的 e_g 轨道，便将分裂为两个能级；同时，三重简并的 t_{2g} 轨道也将发生相应的进一步分裂。此时，由于能级最高的 $d_{x^2-y^2}$ 轨道中只有一个电子，因而与在正八面体场中的情况相比，中心阳离子将额外得到 $\frac{1}{2}\beta$ 的稳定化能，从而得以在此畸变了的尖四方双锥体配位位置中稳定下来。若为 $(d_{x^2-y^2})^2(d_{z^2})^1$ 电子构型时，则畸变的结果将形成由四个长键和两个短键所构成的扁四方双锥体配位。发生姜-泰勒效应将使系统的总能量下降，稳定化能增加，因而 $3d^4$ 和 $3d^9$ 的水化热有最大值。

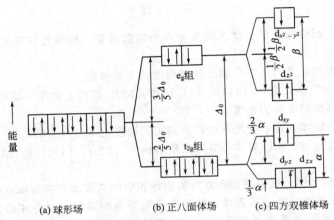

<table>
<tr><td>(a) 球形场</td><td>(b) 正八面体场</td><td>(c) 四方双锥体场</td></tr>
</table>

图 2-10 Cu^{2+} 由于姜-泰勒效应使 d 轨道能级进一步分裂的示意图

六、配位场理论基础

晶体场理论认为在中心阳离子与配位体之间形成的是离子键，不存在电子轨道的重叠，亦即没有共价键的形成，同时，配位体当作点电荷来处理。因此，对于共价性较强的化合物，例如硫化物、含硫盐等，需要应用配位场理论。

配位场理论除了考虑到由配位体所引起的纯静电效应以外，还考虑了共价成键的效应。它应用分子轨道理论来考虑中心原子与配位体原子之间的轨道重叠对于配合物能级的影响，但基本上仍采用晶体场理论的计算方式。

在处理配合物时，分子轨道理论用中心离子的原子轨道和配位体的原子轨道的线性组合来构成分子轨道，然后将电子一次两个地按能量增大的次序填充到这些分子轨道中。分子轨道理论强调分子是一个整体，所有电子都属于整个分子。分子中电子的运动状态用分子轨道来描述。分子轨道组合的具体方式取决于中心离子的原子轨道和配位体的原子轨道的空间分布其及对称性质。

过渡元素原子参与组成分子轨道的有五个 3d 轨道、一个 4s 轨道及三个 4p 轨道。其中沿坐标轴方向伸展的 $d_{x^2-y^2}$ 和 d_{z^2}（e_g 组）以及 s、p_x、p_y、p_z 六个轨道，与处在八面体配位位置上的六个配位体的 σ 轨道发生重叠，共同组成六个成键 σ 分子轨道和六个反键 σ* 分子轨道。成键分子轨道代表了发生重叠的两个原子轨道相加，其能量比两者单独存在时的能量都要低，因而电子填充到成键分子轨道可使分子趋于稳定。反键分子轨道则代表了原子轨道间的相减，其能量比两者单独存在时要高，因而不如组成它的原子轨道稳定。t_{2g} 组的 d_{xy}、d_{yz} 和 d_{zx} 轨道不能与配位体的 σ 轨道成键，因而有可能保持非键状态，或者与配位体的 π 轨道组成能级较低的 π′ 分子轨道。

金属原子的 t_{2g} 轨道与配位体的 π 轨道发生重叠而形成 π' 分子轨道时，它参与组成 t_{2g}^b 成键和 t_{2g}^* 反键两组能级不同的分子轨道。当配位体为 S、Se、Te、P、As、Sb 等原子时，配位体的 π 轨道是空的，且不如金属原子的 t_{2g}^b 轨道稳定。此时 π' 分子轨道的形成使成键的 t_{2g}^b 轨道的能量比非键时下降，所以大多数硫化物、砷化物等晶体中的配位场都是强场，属于低自旋电子构型。相反，当配位体为 O、F 时，它们的 π 轨道是满的，且比金属原子的 t_{2g}^b 轨道稳定，此时 π' 键的形成将使能量比 t_{2g}^b 轨道为非键状态时有所降低，因而氧化物、氟化物晶体的配位场是弱场，属于高自旋电子构型。

习　题

2-1　名词解释：配位数与配位体、同质多晶与多晶转变、位移性转变与重建性转变、晶体场理论与配位场理论。

2-2　面排列密度的定义为：在平面上球体所占的面积分数。

① 画出 MgO（NaCl 型）晶体（111）、（110）和（100）晶面上的原子排布图；

② 计算这三个晶面的面排列密度。

2-3　试证明等径球体六方紧密堆积的六方晶胞的轴径比 $c/a \approx 1.633$。

2-4　设原子半径为 R，试计算体心立方堆积结构的（100）、（110）和（111）面的面排列密度和晶面族的面间距。

2-5　以 NaCl 晶胞为例，试说明面心立方紧密堆积中的八面体和四面体空隙的位置和数量。

2-6　临界半径比的定义是：紧密堆积的阴离子恰好互相接触，并与中心的阳离子也恰好接触的条件下，阳离子半径与阴离子半径之比。即每种配位体的阳、阴离子半径比的下限。计算下列配位的临界半径比：①立方体配位；②八面体配位；③四面体配位；④三角形配位。

2-7　一个面心立方紧密堆积的金属晶体，其相对原子质量为 M，密度是 8.94g/cm^3。试计算其晶格常数和原子间距。

2-8　试根据原子半径 R 计算面心立方晶胞、六方晶胞、体心立方晶胞的体积。

2-9　MgO 具有 NaCl 结构。根据 O^{2-} 半径为 0.140nm 和 Mg^{2+} 半径为 0.072nm，计算球状离子所占据的体积分数和计算 MgO 的密度。并说明为什么其体积分数小于 74.05%。

2-10　半径为 R 的球，相互接触排列成体心立方结构，试计算能填入其空隙中的最大小球半径 r。体心立方结构晶胞中最大的空隙的坐标为（0，1/2，1/4）。

2-11　纯铁在 912℃由体心立方结构转变成面心立方，体积随之减小 1.06%。根据面心立方结构的原子半径 $R_{面心}$ 计算体心立方结构的原子半径 $R_{体心}$。

第三章

晶体结构

材料的性质是晶体内部结构的反映，人们可以通过材料组成、结构、性质关系的研究揭示材料的光、电、磁、热及其他宏观性质产生的机理。从而通过改变其内部结构和组织状态，达到改变材料的性能，实现材料在更广泛领域中应用的目的。固体材料在高温条件下的物理化学过程，如晶体结构的缺陷、扩散、相变、固相反应和烧结，是晶体结构中质点通过扩散、迁移完成的，其动力学过程与晶体结构有关。晶体结构也是研究晶体生长及新材料的制备的重要基础。晶体按化学键分为金属晶体、离子晶体、共价晶体、原子晶体和分子晶体，下面对晶体结构的主要类型作讨论。

第一节　原子晶体、分子晶体和金属晶体结构概述

一、原子晶体结构

惰性气体以单原子分子形式存在，其单原子为满电子层结构，因而它们之间并不形成化学键，且具有球形对称结构，所以可以把在平衡时原子之间的配置认为是具有一定半径大小的"刚球"的堆积。低温时，除氦以外，所有惰性气体都能通过范德华键凝聚成晶体（氦在－272.2℃，26MPa下凝聚成晶体），因范德华键无方向性、饱和性，一个"刚球"周围尽量排满同种"刚球"，因此惰性气体的晶体结构为面心立方或六方紧密堆积结构。

二、分子晶体结构

分子晶体是指构成晶体的结构单元是分子，分子内的原子靠共价键结合，而分子与分子之间靠范德华力结合的晶体。例如α-硫（图3-1），8个S原子通过共价键形成环状分子，以这种环状分子为结构单元通过范德华力连接起来形成硫晶体结构。对于白磷（图3-2），是4个磷原子分子为晶体中一个组成单位。范德华力很弱，所以分子晶体在比较低的温度下即熔融或升华，分解成分子单位，但分子自身的离解则需要很高的温度。

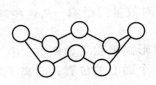

图 3-1　α-硫分子结构

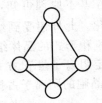

图 3-2　白磷分子结构

三、金属晶体

在金属晶体结构中，一般将金属原子视为"刚性"球，金属晶体结构看成"刚性"球体

堆积。典型的金属晶体结构有如下四种类型。

1. A_1 结构

在该结构中，金属原子按面心立方排列，即金属原子分布于晶胞的八个角顶和六个面心。属于 A_1 结构的金属有 γ-Fe、Al、Cu、Ni、Ag、Au 等。

2. A_2 结构

在 A_2 结构中，金属原子按体心立方形式排列，属于体心立方结构的金属有：α-Fe、Cr、V、Mo、W 等。

铁碳合金是工程材料中最重要、研究最深入、应用最广泛的材料。铁碳合金中各相的结构如表 3-1 所示。

表 3-1　铁碳合金中各相结构

相的名称	合金结构	合金形成
渗碳体（Fe_3C）	正交	铁碳化合物
奥氏体（γ）	面心立方	碳溶于铁中的固溶体
铁素体（α）	体心立方	碳溶于铁中的固溶体
δ-固溶体（δ）	体心立方	碳溶于高温铁中的固溶体
马氏体（M）	体心四方	奥氏体相变产物

3. A_3 结构

在 A_3 结构中，金属原子按六方紧密堆积，Mg、Zn、α-Ti、α-Co 属于该类型的结构。

4. A_4 结构

在 A_4 结构中，金属原子在晶胞中的排列方式与金刚石型结构中碳原子的分布方式相同。属于 A_4 结构的金属有 α-Sn。

第二节　典型无机化合物晶体结构

典型无机化合物晶体结构，按化学式可分为 AX 型、AX_2 型、A_2X_3 型、ABO_3 型、AB_2O_4 型。晶体结构可以通过晶胞的大小、形状、原子（离子）的紧密堆积方式、原子（离子）填充空隙的类型及位置、配位数及配位多面体的配置方式及其他需要的信息来描述，最常用的方法有：坐标系法、密堆积法和配位多面体配置法。本节讨论的方法以密堆积法为主，辅之以坐标系法、配位多面体配置法。晶体结构类型十分众多，这里仅讨论与无机非金属材料专业有关的典型的无机化合物晶体结构。

一、面心立方紧密堆积

由晶体化学基本原理可知，决定晶体结构的主要因素为：球体紧密堆积方式、r_+/r_- 值、离子的极化。此外还受到组成晶体质点的种类和相对数量的影响。从这些基本因素出发，具有紧密堆积形式的晶体结构分析步骤如下。

首先，确定阴离子堆积方式。若阴离子以面心立方形式堆积（如图 3-3 中 NaCl 中的 Cl^-），则构成晶胞的阴离子占据立方体的八个角顶和六个面心的位置。阴离子的坐标是：000，$\frac{1}{2}\frac{1}{2}0$，$\frac{1}{2}0\frac{1}{2}$，$0\frac{1}{2}\frac{1}{2}$。这里只列出了位于 000 处的一个角顶的阴离子，由于其他七个顶点的阴离子 100，110 等都是等效的，故不一一列出。同样，每对相对的面，例如 $\frac{1}{2}\frac{1}{2}0$ 和 $\frac{1}{2}\frac{1}{2}1$，只选其中之一，因为另一个是等效的。在晶胞中，存在四面体与八面体两种类型的空隙（图 3-3），四面体空隙由相交于一个顶角的三个面的面心和该顶角围成，共八个，在八个顶角的部位。四面体空隙的坐标为：$\frac{3}{4}\frac{1}{4}\frac{1}{4}$，

$\frac{1}{4}\frac{3}{4}\frac{1}{4}$，$\frac{1}{4}\frac{1}{4}\frac{3}{4}$，$\frac{3}{4}\frac{3}{4}\frac{3}{4}$，$\frac{1}{4}\frac{1}{4}\frac{1}{4}$，$\frac{1}{4}\frac{3}{4}\frac{3}{4}$，$\frac{3}{4}\frac{1}{4}\frac{3}{4}$。八面体空隙有两种类型：

一种是由六个面的面心围成，其坐标为 $\frac{1}{2}\frac{1}{2}\frac{1}{2}$；另一种是由垂直且相交于一条棱的两个平面的相邻四个面心和该棱的两个顶点围成，其中心位置在晶胞 12 条棱的中心，其坐标为 $\frac{1}{2}00$、$0\frac{1}{2}0$、$00\frac{1}{2}$，其余位置是等效的。四面体和八面体空隙

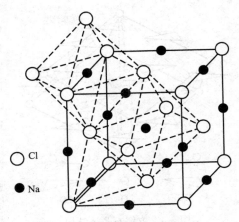

图 3-3 NaCl 晶体结构及四面体、八面体空隙在晶胞中的分布

全部或部分为阳离子所填充。

其次，根据 r_+/r_- 值，确定阳离子的配位数。若比值在 $0.225\sim0.414$ 之间，阳离子的配位数为 4，则阳离子填充于四面体空隙；若比值在 $0.414\sim0.732$ 之间，阳离子的配位数为 6，则阳离子填充于八面体空隙。对于一般化学式为 A_mX_n 的结构，阳、阴离子的配位数有下述关系：$m \cdot CN_A = n \cdot CN_X$。如果组成晶体质点极化影响显著，则考虑极化对配位数的影响。

最后，计算阳离子在四面体或八面体空隙中的填充率（P）。在面心立方晶胞中，四面体或八面体空隙的位置是固定的，阳离子填充于这些空隙之中。因此通过填充率的讨论，能够确定阳离子在晶胞中的位置。下面以化学式为 AX 型时的晶体结构为例加以讨论。对于系统为 n 个 AX 分子的晶体而言，化学式可写成 A_nX_n，在 n 个 X 球堆积系统，四面体空隙为 $2n$ 个，八面体空隙为 n 个。若 A 填充于八面体空隙，填充率为 1，则 A 填充于全部八面体空隙之中，即 A 分布于晶胞的体心与 12 条棱的中心；若 A 填充于四面体空隙中，则填充率为 $1/2$，即 A 分布于晶胞八个顶角部位的四面体空隙的四个位置。

1. NaCl 型结构

NaCl 的晶体结构为立方晶系 $Fm3m$ 空间群。$a_0 = 0.563nm$。在 NaCl 晶体中，Cl^- 按面心立方排列，即 Cl^- 分布于晶胞的八个角顶和六个面心；$r_+/r_- = 0.639$，Na^+ 的配位数为 6，Na^+ 填充于八面体空隙之中。在 n 个 Cl^- 面心立方密堆积系统中，八面体空隙为 n 个，以 n 个 Na^+ 填充八面体空隙，$P=1$，Na^+ 填充全部八面体空隙，即 Na^+ 分布于晶胞的体心及 12 条棱的中心（图 3-3）。因为离子在面心立方晶胞的顶角、棱、面心和体心时，属于这个晶胞的离子分别为 1/8、1/4、1/2 和 1 个，所以，每个 NaCl 晶胞中，分子数 $Z=4$。

具有 NaCl 晶体结构的有 MgO、CaO、SrO、MnO、FeO、CoO、NiO 等晶体。死烧 MgO、CaO 因工艺或操作不当会出现于水泥熟料中，由于它们的水化速度很慢，若分布不均，含量超过一定限度，将造成水泥安全性不良。由于 Ca^{2+} 的半径比 Mg^{2+} 的半径大得多，因而在 CaO 结构中，O^{2-} 被"撑开"，这样，CaO 的结构不如 MgO 的结构稳定，游离的 CaO 水化速度比游离 MgO 要快些。游离的 CaO 加热即可水化，而游离的 MgO 经压蒸才能水化。MgO 的熔点达 2800℃，是碱性耐火材料镁砖的主要晶相。镁砖可用作炼钢高炉耐火材料。

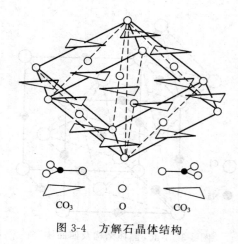

CO₃   O   CO₃

图 3-4　方解石晶体结构

水泥原料石灰石的主要晶相为方解石（$CaCO_3$），图 3-4 是方解石晶胞结构，其结构可看成变了形的 NaCl 结构形式。只要将 NaCl 的三次轴竖立并加压，使棱的夹角由 90°变至 101°55′，然后以 Ca^{2+} 代替 Na^+，CO_3^{2-} 代替 Cl^-。CO_3^{2-} 中的 C^{4+} 在中心，三个 O^{2-} 围绕 C 在同一平面上成一等边三角形。Ca^{2+} 的配位数为 6。

在研究晶体结构时，常常讨论晶胞常数 a_0 和理论密度 D_0。对于一般稳定晶体结构，r_+/r_- 并不处于临界状态。因此阳、阴离子配置关系为阳、阴离子密切接触，阴离子之间不接触。对于 NaCl 型晶体结构，晶胞常数 $a_0 = 2(r_+ + r_-)$。其密度通过下式计算：

$$D_0 = nM/(N \cdot a_0^3) \tag{3-1}$$

式中，n 为每个晶胞中化合物的分子数；M 为化合物的相对分子质量；N 为阿伏伽德罗常数。

2. β-ZnS（闪锌矿）型结构

闪锌矿晶体结构为立方晶系 $F\overline{4}3m$ 空间群，$a_0 = 0.540nm$，$Z = 4$。在闪锌矿中 S^{2-} 按面心立方排列，即 S^{2-} 分布于八个角顶，六个面心。$r_+/r_- = 0.436$，理论上 Zn^{2+} 的配位数为 6，由于 Zn^{2+} 具有 18 电子构型，而 S^{2-} 半径大，易于变形，Zn—S 键经常有相当程度的共价性质。因此，Zn^{2+} 的实际配位数为 4，即 Zn^{2+} 填充于四面体空隙。Zn^{2+} 的填充率 $P = 1/2$，分别占据面心立方晶胞八个顶角部位的四个四面体空隙，其坐标为：$\frac{1}{4} \frac{1}{4} \frac{1}{4}$，$\frac{3}{4} \frac{3}{4} \frac{1}{4}$，$\frac{3}{4} \frac{1}{4} \frac{3}{4}$，$\frac{1}{4} \frac{3}{4} \frac{3}{4}$。图 3-5（a）为 β-ZnS 晶胞结构图；图 3-5（b）为晶胞的投影图；图 3-5（c）为 [ZnS₄] 多面体配置图。

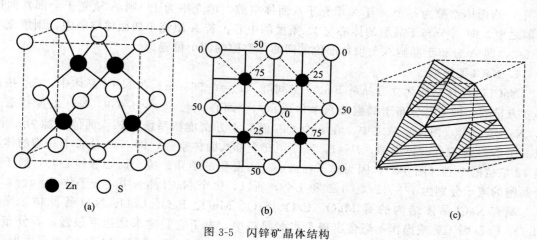

● Zn　○ S

(a)   (b)   (c)

图 3-5　闪锌矿晶体结构

具有 β-ZnS 型结构的还有 β-SiC，Be、Cd、Hg 的硫化物、硒化物、碲化物及 CuCl 等。β-SiC 由于质点间的键为较强的原子键，故晶体硬度大、熔点高、热稳定性好。

3. CaF₂（萤石）型结构

萤石晶体结构为立方晶系 $Fm3m$ 空间群，$a_0 = 0.545nm$，$Z = 4$。CaF_2 型晶体结构中

[图 3-6(a)]，Ca^{2+} 按面心立方分布，即 Ca^{2+} 占据晶胞的八个角顶和六个面心。$r_+/r_- = 0.975$，Ca^{2+} 的配位数为 8，Ca^{2+} 位于 F^- 构成的立方体中心。据通式 $CN_A \cdot m = CN_B \cdot n$，求得 F^- 的配位数为 4，F^- 填充于 Ca^{2+} 构成的全部四面体空隙之中，F^- 占据晶胞全部四面体空隙。如图 3-6(b) 所示。若把晶胞看成是 $[CaF_8]$ 多面体的堆积，由图 3-6(c) 可以看出，晶胞中仅一半立方体空隙被 Ca^{2+} 所填充，这些立方体空隙为 F^- 以间隙扩散的方式进行扩散提供了空间，并且所有的 Ca^{2+} 堆积成的八面体空隙都没有被离子填充，因此，在 CaF_2 晶体中，F^- 的弗伦克尔缺陷形成能较低，存在阴离子间隙扩散机制。

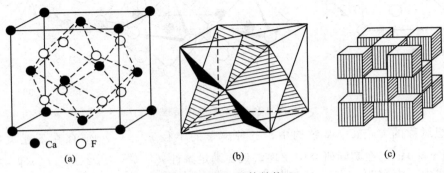

图 3-6　萤石晶体结构

属于萤石型结构的晶体有 ThO_2、CeO_2、VO_2、ZrO_2 等。萤石在水泥、玻璃、陶瓷等工业生产中作矿化剂和助熔剂。萤石晶胞中，存在面心立方格子 Ca^{2+} 一套，F^- 两套，因此存在沿（111）面的解理。

低温型 ZrO_2（单斜晶系）结构类似于萤石结构。ZrO_2 的熔点很高（2680℃），是一种优良的耐火材料。氧化锆又是一种高温固体电解质，利用其氧空位的电导性能，可以制备氧敏传感器元件。利用 ZrO_2 晶形转变时的体积变化，可对陶瓷材料进行相变增韧。

在 CaF_2 型晶体结构中，根据 Ca^{2+} 与 F^- 密切接触，Ca^{2+} 之间不接触，F^- 位于 Ca^{2+} 四面体空隙的配置关系，其晶胞常数 a_0 由式（3-2）计算：

$$a_0 = 2\sqrt{2}(r_+ + r_-)\sin(109°28'/2) \tag{3-2}$$

碱金属氧化物 Li_2O、Na_2O、K_2O、Rb_2O 的结构属于反萤石型结构，它们的阳离子和阴离子的位置与 CaF_2 型结构完全相反，即碱金属离子占据 F^- 的位置，O^{2-} 占据 Ca^{2+} 的位置。一些碱金属的硫化物、硒化物和碲化物也具有反萤石型结构。

4. $CaTiO_3$（钙钛矿）型结构

钙钛矿结构的通式为 ABO_3 型，其中 A 代表二价或一价阳离子，B 代表四价或五价阳离子。

钙钛矿有立方晶系和正交晶系两种变体，在 600℃ 发生多晶转变。高温时为立方晶系 $Pm3m$ 空间群，$a_0 = 0.385nm$，$Z = 1$；600℃ 以下为正交晶系 $PCmm$ 空间群，$a_0 = 0.537nm$，$b_0 = 0.764nm$，$c_0 = 0.544nm$，$Z = 4$。$CaTiO_3$ 晶胞中 [图 3-7(a)]，因 O^{2-} 和 Ca^{2+} 的半径相近，共同构成面心立方堆积，Ca^{2+} 占据晶胞 8 个顶角的位置，O^{2-} 占据 6 个面心的位置。$r_{Ti}/r_O = 0.522$，Ti^{4+} 配位数为 6，Ti^{4+} 填充于八面体空隙。在 n 个 $CaTiO_3$ 分子的结构中，其化学式可写成 $Ca_nTi_nO_{3n}$，因 Ca^{2+} 与 O^{2-} 共同构成面心立方紧密堆积，则八面体空隙数为 $4n$ 个，以 n 个 Ti^{4+} 填充 $4n$ 个八面体空隙，则填充率 $P = 1/4$，面心立方晶胞中八面体空隙数为 4 个，遵循宏观对称关系，Ti^{4+} 位于晶胞的体心。$r_{Ca}/r_O = 1.08$，Ca^{2+} 的配位数为 12[图 3-7(b)]、（c)]。据阳、阴离子的配位关系式可知，4 个 Ca^{2+}、2 个

Ti^{4+} 与 O^{2-} 相配位。

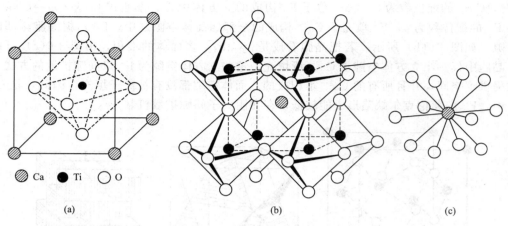

$$\boxed{\text{\hspace{0.3cm}}}\ Ca \quad \bullet\ Ti \quad \bigcirc\ O$$

图 3-7　钙钛矿晶体结构

在理想对称的 $CaTiO_3$ 型结构中，三种离子的半径 r_A、r_B、r_O 存在下述关系：$r_A + r_O = \sqrt{2}(r_B + r_O)$；但在实际研究中发现，只要满足条件 $r_A + r_O = t\sqrt{2}(r_B + r_O)$ 即可得到钙钛矿结构。式中 t 为容许因子，其值约在 $0.77 \sim 1.10$ 范围；A 是大离子，半径在 $0.10 \sim 0.14nm$ 范围内；B 是小离子，因为它们的半径必须与 O^{2-} 的 6 配位相适应，半径在 $0.045 \sim 0.075nm$ 范围内。A 与 B 离子的电价不仅限于 2 价与 4 价，任意一对阳离子半径适合于配位条件，且其原子价之和为 6，那么它们就可能取这种结构。因此，钙钛矿型晶体结构十分丰富，钙钛矿型晶体主要化合物如表 3-2 所列。

表 3-2　主要的钙钛矿型结构晶体

氧化物(1+5)	氧化物(2+4)			氧化物(3+3)	氧化物(1+2)
$NaNbO_3$	$CaTiO_3$	$SrZrO_3$	$CaCeO_3$	$YAlO_3$	$KMgF_3$
$KNbO_3$	$SrTiO_3$	$BaZrO_3$	$BaCeO_3$	$LaAlO_3$	$KNiF_3$
$NaWO_3$	$BaTiO_3$	$PbZrO_3$	$PbCeO_3$	$LaCrO_3$	$KZnF_3$
	$PbTiO_3$	$CaSnO_3$	$BaPrO_3$	$LaMnO_3$	
	$CaZrO_3$	$BaSnO_3$	$BaHfO_3$	$LaFeO_3$	

一些铁电、压电材料属于钙钛矿型结构，$BaTiO_3$ 结构与性能研究得比较早也比较深入。现已发现在居里温度以下，$BaTiO_3$ 晶体不仅是良好的铁电材料，而且是一种很好的用于光存信息的光折变材料。超导材料 YBaCuO 体系具有钙钛矿型结构，钙钛矿结构的研究对揭示这类材料的超导机理有重要的作用。

5. $MgAl_2O_4$（尖晶石）型结构

尖晶石型晶体结构属于立方晶系 $Fd3m$ 空间群，$a = 0.808nm$，$Z = 8$。$MgAl_2O_4$ 型结构属 AB_2O_4 型结构，通式中 A 为二价阳离子，B 为三价阳离子。$MgAl_2O_4$ 晶体的基本结构基元为 A、B 块 [图 3-8(a)]，单位晶胞由 4 个 A、B 块拼合而成 [图 3-8(b)]。在 $MgAl_2O_4$ 晶胞中，O^{2-} 作面心立方紧密排列；Mg^{2+} 进入四面体空隙，占有四面体空隙的 1/8；Al^{3+} 进入八面体空隙，占有八面体空隙的 1/2。不论是四面体空隙还是八面体空隙都没有填满。按照阴、阳离子半径比与配位数的关系，Al^{3+} 与 Mg^{2+} 的配位数都为 6，都填入八面体空隙。但根据鲍林第三规则，高电价离子填充于低配位的四面体空隙中，排斥力要比填充在八面体空隙中大，稳定性要差，所以 Al^{3+} 填充了八面体空隙，而 Mg^{2+} 填入了四面体空隙。尖晶石晶胞中有八个"分子"，即 $Mg_8Al_{16}O_{32}$，有 64 个四面体空隙，Mg^{2+} 只占有 8 个，有

32 个八面体空隙，Al^{3+} 只占有 16 个。

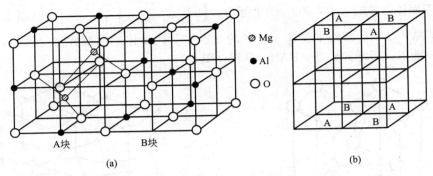

图 3-8　尖晶石（$MgAl_2O_4$）晶体结构

二价阳离子 A 填充于四面体空隙，三价阳离子 B 填充于八面体空隙的叫正尖晶石。如果二价阳离子 A 分布在八面体空隙中，而三价阳离子 B 一半填充于四面体空隙，另一半在八面体空隙中称为反尖晶石型。许多过渡金属离子填充空隙的规律并不完全服从阳、阴离子半径比与配位数的关系，而是由晶体场中的择位能来决定的。许多重要氧化物磁性材料都是反尖晶石型结构，例如 Fe^{3+}（$Mg^{2+}Fe^{2+}$）O_4、Fe^{3+}（$Fe^{2+}Fe^{3+}$）O_4。

表 3-3　尖晶石型结构晶体举例

氟、氧化合物	氧化物				硫化物
$BeLi_2F_4$	$TiMg_2O_4$	$ZnCr_2O_4$	$ZnFe_2O_4$	$MgAl_2O_4$	$MnCr_2S_4$
$MoNa_2F_4$	VMg_2O_4	$CdCr_2O_4$	$CuCo_2O_4$	$MnAl_2O_4$	$CoCr_2S_4$
$ZnK_2(CN)_4$	MgV_2O_4	$ZnMn_2O_4$	$FeNi_2O_4$	$FeAl_2O_4$	$FeCr_2S_4$
$CdK_2(CN)_4$	ZnV_2O_4	$MnMn_2O_4$	$GeNi_2O_4$	$MgGa_2O_4$	$CoCr_2S_4$
$MgK_2(CN)_4$	$MgCr_2O_4$	$MgFe_2O_4$	$TiZn_2O_4$	$CaCa_2O_4$	$FeNi_2S_4$
	$FeCr_2O_4$	$FeFe_2O_4$	$SnZn_2O_4$	$MgIn_2O_4$	
	$NiCr_2O_4$	$CoFe_2O_4$		$FeIn_2O_4$	

氧化物磁性材料称为铁氧体，作为磁性介质又被称为铁氧体磁性材料。高频无线电新技术要求材料既具有铁磁性而又有很高的电阻，根据晶体场理论中的择位能，控制阳离子在 A 和 B 位置上的分布，从而使尖晶石型晶体满足这类性能要求。尖晶石型晶体有一百余种，表 3-3 列出了一些主要的尖晶石型晶体结构。

二、六方紧密堆积系列

六方紧密堆积系列晶体结构分析步骤与面心立方紧密堆积系列相同。为分析方便，这里简单介绍一下在六方紧密堆积结构中四面体空隙、八面体空隙分布方式。在 ABAB…堆积系列中的 AB 层之间，四面体空隙有两种类型：一种是 B 层球填充到空隙位置，它是由 A 层的三个球与 B 层的一个球围成，其球心连成的正四面体顶角指上；另一种由 A 层的一个球与 B 层的三个球围成，其球心连成的正四面体顶角指下。B 层球未填充的空隙位置为八面体空隙位置所在，它是由 A 层三个球与 B 层三个球围成（图 3-9），四面体空隙与八面体空隙相间分布。

1. α-ZnS（纤锌矿）型结构

纤锌矿晶体结构为六方晶系 $P6_3mc$ 空间群，晶胞参数 $a_0 = 0.382nm$，$c_0 = 0.625nm$，$Z = 6$。S^{2-} 按六方密堆积形式分布，S^{2-} 的坐标为：$(0, 0, 0)$、$\left(\dfrac{2}{3}, \dfrac{1}{3}, \dfrac{1}{2}\right)$。$r_+/r_- =$

0.436，因极化影响，Zn^{2+} 的配位数降低为 4，Zn^{2+} 填充四面体空隙。填充率 $P=1/2$，Zn^{2+} 占据四面体空隙的一半，Zn^{2+} 的坐标为：$\left(0,0,\dfrac{5}{8}\right)$、$\left(\dfrac{2}{3},\dfrac{1}{3},\dfrac{1}{8}\right)$（图 3-10）。闪锌矿与纤锌矿晶体结构的区别主要在于二者的 $[ZnS_4]$ 四面体层的配置情况不同，闪锌矿是 ABCABC…堆积，而纤锌矿是 ABAB…堆积（图 3-11）。

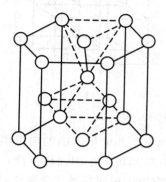

图 3-9　六方紧密堆积中的空隙

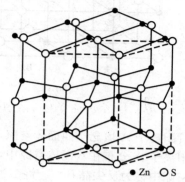

● Zn ○ S

图 3-10　纤锌矿晶体结构

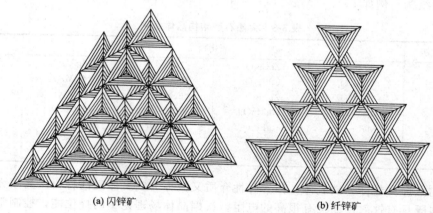

(a) 闪锌矿　　　　　　　　　　(b) 纤锌矿

图 3-11　闪锌矿与纤锌矿中 $[ZnS_4]$ 层的不同配置情况

属于纤锌矿结构的晶体有 BeO、ZnO 和 AlN 等。

2. TiO₂（金红石）型结构

金红石结构为四方晶系 $P4_2/mnm$ 空间群。$a_0=0.459\text{nm}$，$c_0=0.296\text{nm}$，$Z=2$。在 TiO_2 晶体结构中，由于与 Ti^{4+} 配位的 4 个 O^{2-} 键长为 0.1944nm，而与 Ti^{4+} 配位的 2 个 O^{2-} 键长为 0.1988nm，所以 O^{2-} 作畸变的六方紧密堆积排列 [图 3-12(b)]。$r_+/r_-=0.522$，Ti^{4+} 的配位数为 6，Ti^{4+} 填充于八面体空隙之中。在 n 个 TiO_2 分子的堆积系统，Ti^{4+} 填充率 $P=1/2$，Ti^{4+} 填充八面体空隙的一半，从图 3-12 中可以看出，八面体空隙的中心可连成四方格子，Ti^{4+} 交替地占据四方格子 0、50 高度的四顶角与面心的八面体空隙位置。在 Ti^{4+} 构成的四方格子的结构中[图 3-12(a)]，有二套四方格子，八个顶角 Ti^{4+} 组成一套，晶胞中心的 Ti^{4+} 又组成一套，Ti^{4+} 的坐标为 $(0,0,0)$、$\left(\dfrac{1}{2},\dfrac{1}{2},\dfrac{1}{2}\right)$；$O^{2-}$ 的坐标为：$(u,u,0)$、$[(1-u),(1-u),0]$、$\left[\left(\dfrac{1}{2}+u\right),\left(\dfrac{1}{2}-u\right),\dfrac{1}{2}\right]$、$\left[\left(\dfrac{1}{2}-u\right),\left(\dfrac{1}{2}+u\right),\dfrac{1}{2}\right]$，其中 $u=0.31$。配位多面体配置方式如图 3-12(a) 所示，$[TiO_6]$ 以共棱的方式排成链状，

链与链之间〔TiO₆〕以共顶相连。

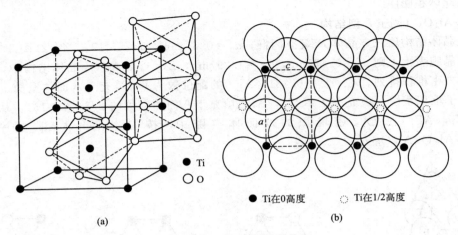

图 3-12　金红石晶体结构

属于金红石型结构的晶体有 GeO_2、SnO_2、PbO、MnO_2、MoO_2、NbO_2、WO_2、CoO_2、MnF_2、MgF_2 等。

3. CdI₂（碘化镉）结构

CdI_2 晶体结构属于三方晶系 $P3m$ 空间群，$a_0 = 0.424nm$，$C_0 = 0.684nm$，$Z = 1$。在 CdI_2 晶体结构中，I^- 作六方密堆积排列〔图 3-13(b)〕。$r_+/r_- = 0.483$，Cd^{2+} 的配位数为 6，即填充于八面体空隙之中，I^- 的配位数为 3。在 n 个 CdI_2 分子堆积系统，Cd^{2+} 的填充率 $P = 1/2$，即 Cd^{2+} 填充八面体空隙的一半。如图 3-13(a) 所示，在 O 高度，Cd^{2+} 填满全部八面体空隙，在 50 高度，所有八面体空隙未被 Cd^{2+} 占据。将 0、100 高度填充于八面体空隙中 Cd^{2+} 连起来，Cd^{2+} 构成六方原始格子，I^- 交替地分布于三个 Cd^{2+} 连成的三角形重心的上方和下方。若以两层 I^- 中间夹一层 Cd^{2+} 称为一片，那么，CdI_2 晶胞由两片构成，片内由于极化作用，Cd—I 之间为具有离子键性质的共价键，键力较强，片与片之间由范德华力相连，范德华力较弱，因此，存在平行（0001）的解理。

属于 CdI_2 型结构的晶体有 $Ca(OH)_2$、$Mg(OH)_2$、CaI_2、MgI_2 等。$Ca(OH)_2$、

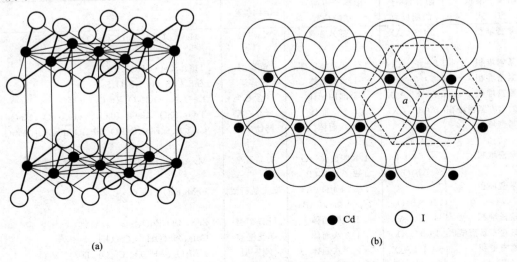

图 3-13　碘化镉晶体结构

$Mg(OH)_2$是水泥熟料中游离 CaO、MgO 的水化产物，由于前者较后者体积空旷得多，因此水化时引起体积膨胀。

4. α-Al₂O₃（刚玉）型结构

刚玉晶体结构属三方晶体 $R3C$ 空间群，$a_0 = 0.514nm$，$\alpha = 55°17'$，$Z = 2$（图3-14）。若用六方大晶胞表示，则 $a_0 = 0.475nm$，$C_0 = 1.297nm$，$Z = 6$。α-Al₂O₃ 晶体结构中，O^{2-} 近似地作六方密堆积排列。$r_+/r_- = 0.431$，Al^{3+} 的配位数为6，填充于八面体空隙。在 n 个 Al_2O_3 分子堆积系统，填充率 $P = 2/3$，Al^{3+} 填充于八面体空隙的 2/3（图3-15）。从图中也可以看出，Al^{3+} 在 O^{2-} 密堆积的八面体空隙中，按 Al_D、Al_E、Al_F 层序排列：$O_A Al_D O_B Al_E O_A Al_F O_B\cdots$

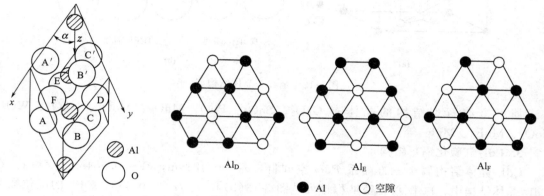

图3-14　α-Al₂O₃ 晶体结构　　　图3-15　α-Al₂O₃ 中 Al^{3+} 的三种不同排列方式

属于刚玉型结构的有 α-Fe₂O₃、Cr₂O₃、Ti₂O₃、V₂O₃、FeTiO₃、LiNbO₃。刚玉可作陶瓷、磨料、催化载体、激光基质材料。α-Al₂O₃ 晶体结构的研究对白宝石、红宝石的生长有一定指导意义，也有助于我们对铁电、压电材料 LiNbO₃ 晶体结构的理解。

以上讨论的是典型无机化合物的晶体结构，依据阴离子的堆积方式，阳、阴离子的配位关系等列于表3-4。

表3-4　阴离子堆积方式与晶体结构类型

阴离子堆积方式	阳、阴离子的配位数	阳离子占据的空隙位置	结构类型	实　例
立方紧密堆积	6:6　AX	全部八面体	NaCl 型	MgO、CaO、SrO、BaO、MnO、FeO、CoO、NiO、NaCl
立方紧密堆积	8:8　AX₂	1/2 立方体空隙	萤石型	ThO₂、CeO₂、UO₂、ZrO₂
立方紧密堆积	4:4　AX	1/2 四面体	闪锌矿	ZnS、CdS、HgS、BeO、SiC
立方紧密堆积	4:8　A₂X	全部四面体	反萤石型	Li₂O、Na₂O、K₂O、Rb₂O
扭曲的六方紧密堆积	6:3　AX₂	1/2 八面体	金红石型	TiO₂、SnO₂、GeO₂、PbO₂、VO₂、NbO₂、MnO₂
立方紧密堆积	12:6:6　ABO₃	1/4 八面体(B)	钙钛矿型	CaTiO₃、SrTiO₃、BaTiO₃、PbTiO₃、PbZrO₃、SrZrO₃
立方紧密堆积	4:6:4　AB₂O₄	1/8 四面体(A)　1/2 八面体(B)	尖晶石型	MgAl₂O₄、FeAl₂O₄、ZnAl₂O₄、FeCr₂O₄
立方紧密堆积	4:6:4　B(AB)O₄	1/8 四面体(A)　1/2 八面体(AB)	反尖晶石型	FeMgFeO₄、Fe₃O₄
六方紧密堆积	4:4　AX	1/2 四面体	纤锌矿型	ZnS、BeO、ZnO、SiC
扭曲的六方紧密堆积	6:3　AX₂	1/2 八面体	碘化镉型	CdI₂、Mg(OH)₂、Ca(OH)₂
六方紧密堆积	6:4　A₂X₃	2/3 八面体	刚玉型	α-Al₂O₃、α-Fe₂O₃、Cr₂O₃、Ti₂O₃、V₂O₃
简单立方	8:8　AX	全部立方体空隙	CsCl 型	CsCl、CsBr、CsI

三、其他晶体结构

1. 金刚石结构

金刚石的晶体结构为立方晶系 $Fd3m$ 空间群，$a_0 = 0.356$nm。从图 3-16 可以看出，金刚石的结构是面心立方格子，碳原子分布于八个角顶和六个面心。在晶胞内部，有四个碳原子交叉地位于 4 条体对角线的 1/4、3/4 处。每个碳原子周围都有四个碳原子，碳原子之间形成共价键，一个碳原子位于正四面体的中心，另外四个与之共价的碳原子在正四面体的顶角上。

与金刚石结构相同的有 Si、Ge、α-Sn 和人工合成的氮化硼（BN）等。

金刚石是硬度最高的材料，纯净的金刚石具有极好的导热性，金刚石还具有半导体性。因此，金刚石可作为高硬度切割材料、磨料及钻井用钻头、集成电路中的散热片和高温半导体材料。

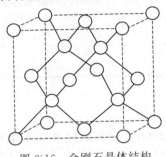

图 3-16　金刚石晶体结构

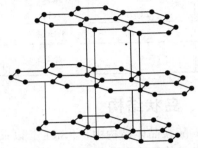

图 3-17　石墨晶体结构

2. 石墨结构

石墨的晶体结构为六方晶系，$P6_3/mmc$ 空间群，$a_0 = 0.146$nm，$C_0 = 0.670$nm。图 3-17 为石墨晶体结构，碳原子为层状排列，同一层中，碳原子连成六边环状，每个碳原子与相邻三个碳原子之间的距离相等，都为 0.142nm，但层与层之间碳原子的距离为 0.335nm，同一层内碳原子之间为共价键，而层与层之间的碳原子以范德华键相连。碳原子的四个外层电子在层内形成三个共价键，多余的一个电子可以在层内部移动，与金属中自由电子类似，因此，在平行碳原子层的方向上具有良好的导电性。

石墨硬度低，易加工，熔点高，有润滑感，导电性良好。可以用于制作高温坩埚、发热体和电极，机械工业上可做润滑剂。人工合成的六方氮化硼与石墨的结构相同。

第三节　硅酸盐晶体结构

硅酸盐矿物是水泥、陶瓷、玻璃、耐火材料等硅酸盐工业的主要原料及成品的主要结晶相，在自然界也十分丰富。

硅酸盐矿物的化学式有两种写法，一是把构成硅酸盐晶体的氧化物按 1 价、2 价、3 价的金属氧化物最后是 SiO_2 的顺序，按比例写出。例如，钾长石的化学式写为 $K_2O \cdot Al_2O_3 \cdot 6SiO_2$。另一种是无机络盐的写法，先是 1 价、2 价的金属离子，其次是 Al^{3+} 和 Si^{4+}，最后是 O^{2-}，按一定的离子数的比例写出来，如钾长石为 $K[AlSi_3O_8]$。

硅酸盐晶体结构比较复杂，其结构有以下特点。

① $[SiO_4]$ 是硅酸盐晶体结构的基础；

② 硅酸盐结构中的 Si^{4+} 之间不存在直接的键而是通过 O^{2-} 来实现键的连接；

③ $[SiO_4]$ 的每一个顶点（即 O^{2-}）最多只能为两个 $[SiO_4]$ 所共用；

④ 两个相邻的［SiO₄］之间可以共顶，但不可以共棱、共面连接。

根据［SiO₄］在结构中排列结合的方式，硅酸盐晶体结构可以分为五类：岛状、组群状、链状、层状和架状。硅酸盐晶体结构和组成上的特征如表 3-5 所示。

表 3-5　硅酸盐晶体的结构类型

结构类型	［SiO₄］共用 O^{2-} 数	形　状	络阴离子团	Si：O	实　　例
岛状	0	四面体	$[SiO_4]^{4-}$	1：4	镁橄榄石 $Mg_2[SiO_4]$
	1	双四面体	$[Si_2O_7]^{6-}$	2：7	硅钙石 $Ca_3[Si_2O_7]$
组群状	2	三节环	$[Si_3O_9]^{6-}$	1：3	蓝锥矿 $BaTi[Si_3O_9]$
		四节环	$[Si_4O_{12}]^{8-}$		
		六节环	$[Si_6O_{18}]^{12-}$		绿宝石 $Be_3Al_2[Si_6O_{18}]$
链状	2	单链	$[Si_2O_6]^{4-}$	1：3	透辉石 $CaMg[Si_2O_6]$
	2、3	双链	$[Si_4O_{11}]^{6-}$	4：11	透闪石 $Ca_2Mg_5[Si_4O_{11}]_2(OH)_2$
层状	3	平面层	$[Si_4O_{10}]^{4-}$	4：10	滑石 $Mg_3[Si_4O_{10}](OH)_2$
架状	4	骨架	$[SiO_4]^{4-}$ $[(Al_xSi_{4-x})O_8]^{x-}$	1：2	石英 SiO_2 钠长石 $Na[AlSi_3O_8]$

一、岛状结构

在硅酸盐晶体结构中，［SiO₄］以孤立状态存在，［SiO₄］之间通过其他阳离子连接起来，这种结构称为岛状结构。现以镁橄榄石为例加以讨论。

镁橄榄石的化学式为 Mg_2SiO_4，其晶体结构属于正交晶系 $P6mm$ 空间群。$a_0 = 0.476nm$，$b_0 = 1.021nm$，$c_0 = 0.598nm$，$Z = 4$。其晶体结构如图 3-18 所示。从（100）面投影图可以看出，氧离子近似六方紧密堆积排列，其高度为 25、75、125；硅离子填充于四面体空隙之中，填充率为 1/8；镁离子填充于八面体空隙之中，填充率为 1/2；Si^{4+}、Mg^{2+} 的高度为 0、50。［SiO₄］是以孤立状态存在，它们之间通过 Mg^{2+} 连接起来。在该结构中，与 O^{2-} 相连接的是三个 Mg^{2+} 和一个 Si^{4+}，电价是平衡的。

若镁橄榄石结构中 Mg^{2+} 被 Ca^{2+} 所置换，即为水泥熟料中 $\gamma\text{-}Ca_2SiO_4$ 的结构。由于它的结构是稳定的，所以在常温下不能与水反应。水泥中另一种熟料矿物 $\beta\text{-}Ca_2SiO_4$ 虽为岛状结构，但与 Mg_2SiO_4 结构不同，结构中 Ca^{2+} 的配位数有 8 和 6 两种。由于 Ca^{2+} 的配位不规则，因此 $\beta\text{-}Ca_2SiO_4$ 具有水化物活性和胶凝性能。

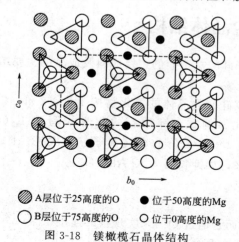

　　◤A层位于25高度的O　　●位于50高度的Mg

　　○B层位于75高度的O　　○位于0高度的Mg

图 3-18　镁橄榄石晶体结构

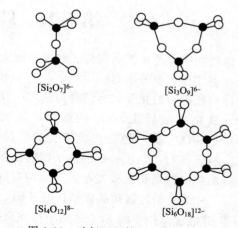

$[Si_2O_7]^{6-}$　　$[Si_3O_9]^{6-}$

$[Si_4O_{12}]^{8-}$　　$[Si_6O_{18}]^{12-}$

图 3-19　硅氧四面体群的不同形状

二、组群状结构

这类结构是由两个、三个、四个或六个 $[SiO_4]$ 通过共用氧相连的硅氧四面体群体，分别称为双四面体、三节环、四节环、六节环（图 3-19），这些群体在结构中单独存在，由其他阳离子连接起来。在群体内，$[SiO_4]$ 中 O^{2-} 的作用分为两类：若 $[SiO_4]$ 之间的共用 O^{2-} 电价已经饱和，一般不和其他阳离子相配位，该 O^{2-} 称为非活性氧或桥氧；若 $[SiO_4]$ 中 O^{2-} 仅与一个 Si^{4+} 相连，尚有剩余的电价与其他阳离子相配位，这样的 O^{2-} 称为活性氧或非桥氧。绿宝石络阴离子为 $[Si_6O_{18}]^{12-}$，为组群状中的一个类型，下面加以讨论。

绿宝石的化学式是 $Be_3Al_2[Si_6O_{18}]$。其晶体结构属于六方晶系，$P6/mcc$ 空间群，$a_0 = 0.921nm$，$c_0 = 0.917nm$，$Z = 2$。绿宝石结构在 (0001) 面上的投影图如图 3-20 所示，沿 C 轴方向画出了一半晶胞，从图中可以看出：50 高度的六节环中，6 个 Si^{4+}、6 个桥氧的高度一致为 50，与六节环中每一个 Si^{4+} 键合的两个非桥氧的高度分别为 35、75；100 高度的六节环中，6 个 Si^{4+}、6 个桥氧的高度为 100，与每一个 Si^{4+} 键合的两个非桥氧的高度分别为 85、115。50 与 100 高度的六节环错开 30°。75 高度的 5 个 Be^{2+}、2 个 Al^{3+} 通过非桥氧把 50、100 高度各四个六节环连起来，Be^{2+} 连接 2 个 85、2 个 65 高度的非桥氧，构成 $[BeO_4]$；Al^{3+} 连接 3 个 85、3 个 65 高度的非桥氧，构成 $[AlO_6]$。上下叠置的六节环内形成了一个空腔，既可以成为离子迁移的通道，也可以使存在于腔内的离子受热后振幅增大又不发生明显的膨胀。具有这种结构的材料往往有显著的离子电导，较大的介质损耗和较小的膨胀系数。

董青石 $Mg_2Al_3[AlSi_5O_{18}]$ 具有绿宝石结构，通过（$3Al^{3+}+2Mg^{2+}$）置换（$3Be^{2+}+2Al^{3+}$）的方式以保持电荷平衡。因其膨胀系数小，受热而不易开裂，电工陶瓷以其为主要结晶相；又因其在高频下使用介质损耗太大，不宜做无线电陶瓷。

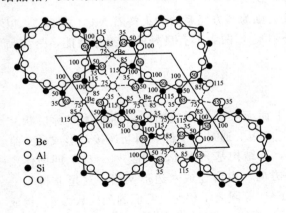

○ Be
○ Al
● Si
○ O

图 3-20 绿宝石晶体结构

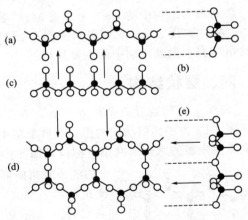

图 3-21 硅氧四面体构成的链

三、链状结构

$[SiO_4]$ 之间通过桥氧相连，在一维方向无限延伸的链状结构称单链。在单链中，每个 $[SiO_4]$ 中有两个 O^{2-} 为桥氧，结构基元为 $[Si_2O_6]^{4-}$，单链可看做 $[Si_2O_6]^{4-}$ 结构基元在一维方向的无限重复，单链的化学式可写成 $[Si_2O_6]_n^{4n-}$。两条相同的单链通过尚未共用的氧连起来向一维方向延伸的带状结构称双链。双链结构中，一半 $[SiO_4]$ 有两个桥氧，一半 $[SiO_4]$ 有三个桥氧。双链以结构基元为 $[Si_4O_{11}]^{6-}$ 在一维方向的无限重复，其化学式

写成 $[Si_4O_{11}]_n^{6n-}$（图 3-21）。现以透辉石为例加以介绍。

透辉石的化学式是 $CaMg[Si_2O_6]$，单斜晶系 $C2/c$ 空间群。$a_0 = 0.9746nm$，$b_0 = 0.8899nm$，$c_0 = 0.5250nm$，$\beta = 105°37'$，$Z = 4$。图 3-22（a）为透辉石结构，单链沿 C 轴伸展，$[SiO_4]$ 的顶角一左一右更迭排列，相邻两条单链略有偏离，且 $[SiO_4]$ 的顶角指向正好相反，链之间则由 Ca^{2+} 和 Mg^{2+} 相连，Ca^{2+} 的配位数为 8，与 4 个桥氧和 4 个非桥氧相连；Mg^{2+} 的配位数为 6，与 6 个非桥氧相连。图 3-22（b）画出了阳离子配位关系。根据 Mg^{2+} 和 Ca^{2+} 的这种配位形式，Ca^{2+}、Mg^{2+} 分配给 O^{2-} 的静电键强度不等于氧的 -2 价，但总体电价仍然平衡，尽管不符合鲍林静电价规则，但这种晶体结构仍然是稳定的。

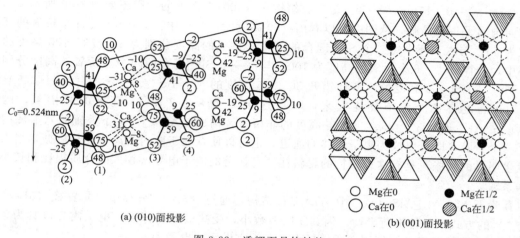

(a) (010)面投影

○ Mg在0 ● Mg在1/2
○ Ca在0 ◍ Ca在1/2

(b) (001)面投影

图 3-22　透辉石晶体结构

将透辉石结构中的 Ca^{2+} 全部被 Mg^{2+} 替代，则为斜方晶系的顽火辉石 $Mg_2[Si_2O_6]$；以 $Li^+ + Al^{3+}$ 取代 $2Ca^{2+}$，则得到锂辉石 $LiAl[Si_2O_6]$，两者都有良好的电绝缘性能，是高频无线电陶瓷和微晶玻璃中的主要晶相。

四、层状结构

$[SiO_4]$ 之间通过三个桥氧相连，在二维平面无限延伸构成的硅氧四面体层称层状结构。图 3-23 为平面层状结构图，在硅氧层中，$[SiO_4]$ 通过三个桥氧相互连接，形成向二维方向无限发展的六边形网络，称硅氧四面体层，其结构基元为 $[Si_4O_{10}]^{4-}$。硅氧四面体层

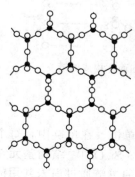

图 3-23　硅氧四面体层状结构

中的非桥氧指向同一方向，也可连成六边形网络。这里非桥氧一般由 Al^{3+}、Mg^{2+}、Fe^{2+} 等阳离子相连。它们的配位数为 6，构成 $[AlO_6]$、$[MgO_6]$ 等，形成铝氧八面体层或镁氧八面体层。硅氧四面体和铝氧或镁氧八面体层的连接方式有两种：一种是由一层四面体层和一层八面体层相连，称为 1:1 型、两层型或单网层结构，见图 3-24（a）；另一种是由两层四面体层中间夹一层八面体层构成，称为 2:1 型、三层型或复网层结构，见图 3-24（b）。不论是两层型还是三层型，层结构中电荷已经平衡。因此，两层与两层之间或三层与三层之间只能以微弱的分子键或氢键来联系。但是如果在 $[SiO_4]$ 层中，部分 Si^{4+} 被 Al^{3+} 代替，或在 $[AlO_6]$ 层中，部分 Al^{3+} 被 Mg^{2+}、Fe^{2+} 代替时，则结构单元中出现多余的

负电价，这时，结构中就可以进入一些电价低而离子半径大的水化阳离子（如 K^+、Na^+ 等水化阳离子）来平衡多余的负电荷。如果结构中取代主要发生在 $[AlO_6]$ 层中，进入层间的阳离子与层的结合并不很牢固，在一定条件下可以被其他阳离子交换，可交换量的大小称为阳离子交换容量。如果取代发生在 $[SiO_4]$ 中，且量较多时，进入层间的阳离子与层之间有离子键作用，则结合较牢固。

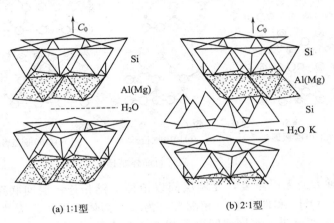

(a) 1:1型   (b) 2:1型

图 3-24 层状硅酸盐晶体中硅氧四面体与铝氧或镁氧八面体的连接方式

在硅氧四面体层中，非桥氧形成六边形网络和与其等高在网络中心的 OH^- 一起近似地看做是密堆积的 A 层，在其上一个高度的 OH^- 或 O^{2-} 构成密堆积的 B 层，阳离子 Al^{3+}、Mg^{2+}、Fe^{2+} 等填充于其间的八面体空隙之中。若有 2/3 的八面体空隙被阳离子所填充称二八面体型结构，若全部的八面体空隙被阳离子所填充称三八面体型结构。每一个非桥氧周围有三个八面体空隙，尚有剩余一价可与阳离子相连。对于三价阳离子，静电键强度为 1/2，从电荷平衡考虑，每个非桥氧只能与两个三价阳离子相连，即三价阳离子填充于三个八面体空隙中的两个；对于二价阳离子，静电键强度为 1/3，则每个非桥氧可与三个二价阳离子相连，即三价阳离子填充于全部三个八面体空隙中（图 3-25）。

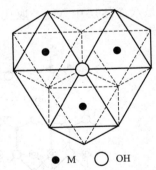

● M   ○ OH

图 3-25 三八面体结构

1. 高岭石结构

高岭石的化学式为 $Al_4[Si_4O_{10}](OH)_8$，结构为三斜晶系 C_1 空间群，$a_0 = 0.5139nm$，$b_0 = 0.8932nm$，$c_0 = 0.737nm$，$\alpha = 91°36'$，$\beta = 104°48'$，$\gamma = 89°54'$，$Z = 1$。如图 3-26 所示，高岭石的结构为 1:1 型，晶体结构由一层四面体层与一层八面体层沿 C 轴方向无限重复而成。在八面体层中，Al^{3+} 的配位数为 6，与四个 OH^- 和两个 O^{2-} 相连，Al^{3+} 填充了八面体空隙的 2/3，八面体层称二八面体型。单网层与单网层之间以氢键相连，层间结合力较弱，因此高岭石易成碎片。但氢键又强于范德华键，水化阳离子不易进入层间，因此可交换的阳离子容量也较小。

2. 蒙脱石结构

蒙脱石的化学式为 $(M_x nH_2O)(Al_{2-x}Mg_x)[Si_4O_{10}](OH)_8$。单斜晶系 $C2/m$ 空间群，$a_0 = 0.523nm$，$b_0 = 0.906nm$，C 轴视层间水及水化阳离子的含量变化于 $0.96 \sim 2.14nm$ 之间，$Z = 2$。蒙脱层为 2:1 型（图 3-27）结构，由两层硅氧四面体层夹一层铝氧八面体层

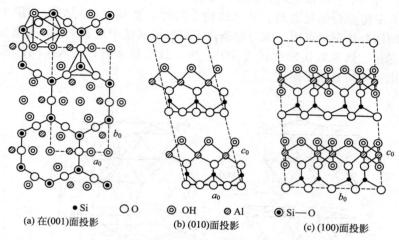

(a) 在(001)面投影   (b) (010)面投影   (c) (100)面投影

● Si   ○ O   ◎ OH   ⊘ Al   ◉ Si—O

图 3-26 高岭石晶体结构

构成，复网层沿 C 轴方向无限重复，复网层间以范德华键相连，层间联系较弱。在铝氧八面体层中，铝与两个 OH^- 和四个 O^{2-} 相配位，为二八面体型结构，大约有 1/3 的 Al^{3+} 被 Mg^{2+} 所取代，水化阳离子进入复网层间以平衡多余的负电荷。由于上述原因，蒙脱石中可交换的阳离子容量大。像这种 Mg^{2+} 取代八面体层中的 Al^{3+} 或 Al^{3+} 取代硅氧四面层中的 Si^{4+} 称同晶取代。在蒙脱石中，硅氧四面体层中的 Si^{4+} 很少被取代，水化阳离子与硅氧四面体层中的 O^{2-} 的作用力较弱。

滑石的化学式为 $Mg_3[Si_4O_{10}](OH)_2$，属单斜晶系 $C2/c$ 空间群，$a_0 = 0.526nm$，$b_0 = 0.910nm$，$c_0 = 1.881nm$，$\beta = 100°$。如图 3-28 所示，滑石的结构与蒙脱石结构相似，可看成是八面体层中 Mg^{2+} 取代 Al^{3+} 的 2:1 型结构，Mg^{2+} 为二价，八面体层为三八面体型结构。

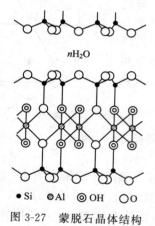

● Si   ⊘ Al   ◎ OH   ○ O

图 3-27 蒙脱石晶体结构

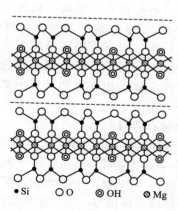

● Si   ○ O   ◎ OH   ⊘ Mg

图 3-28 滑石晶体结构

伊利石的化学式为 $K_{1\sim1.5}Al_4[Si_{7\sim6.5}Al_{1\sim1.5}O_{20}](OH)_4$，单斜晶系 $C2/c$ 空间群，$a_0 = 0.520nm$，$b_0 = 0.900nm$，$c_0 = 1.000nm$，β 无确定值，$Z = 2$。伊利石结构可视为在蒙脱石结构中，硅氧四面体中约 1/6 的 Si^{4+} 被 Al^{3+} 所取代，$1\sim1.5$ 个 K^+ 进入复网层间以平衡多余的负电荷。K^+ 位于上下两层硅氧层的六边形网络的中心，构成 $[KO_{12}]$，与硅氧层结合力较牢，因此这种阳离子不易被交换。

白云母的化学式为 $KAl_2[AlSi_3O_{10}](OH)_2$，单斜晶系 $C2/c$ 空间群，$a_0=0.519nm$，$b_0=0.900nm$，$c_0=2.000nm$，$\beta=95°47'$，$Z=2$。白云母的结构与伊利石结构相似，如图 3-29所示，在硅氧四面体层中约有 1/4 的 Si^{4+} 被 Al^{3+} 所取代，平衡的负电荷的 K^+ 量也增多，从伊利石的 1～1.5 上升到 2.0。由于 K^+ 增多，复网层之间结合力也增强，但较 Si—O、Al—O 键弱许多，因此，云母易从层间解理成片状。

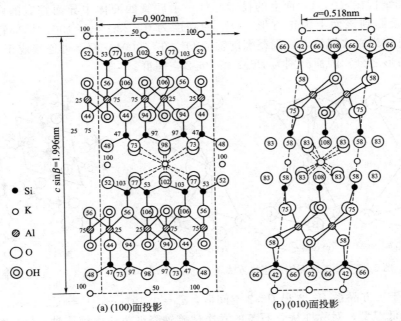

(a) (100)面投影   (b) (010)面投影

图 3-29　白云母晶体结构

五、架状结构

硅氧四面体之间通过四个顶角的桥氧连起来，向三维空间无限发展的骨架状结构称为架状结构。

若硅氧四面体中的 Si^{4+} 不被其他阳离子取代，Si/O=1∶2，其结构是电中性的，石英族属于这种类型，称架状硅酸盐矿物。若出现 $R^+ + Al^{3+} \rightarrow Si^{4+}$、$R^{2+} + 2Al^{3+} \rightarrow 2Si^{4+}$ 的取代，R 为 K^+、Na^+、Ca^{2+}、Ba^{2+}，(Si+Al)∶O=1∶2，长石族属于这一类型，称架状铝硅酸盐矿物。

1. 石英晶体结构

化学组成相同的物质在不同的热力学条件下有不同的结构的现象称为同质多晶转变，一组结构不同的晶体称为这个化学组成的变体。在常压下，石英共有 7 种变体（图 3-30）。

上述变体中，横向系列晶形之间的转变称一级转变或重建型转变，晶形转变发生时，原化学键被破坏，形成新化学键，所需能量大，转变速度慢。纵向系列晶形之间的转变称二级转变或位移型转变，晶形转变时，化学键不破坏，只是键角位移，因此所需能量小，转变迅速。

石英主要变体在结构上的差别在于硅氧

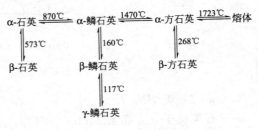

图 3-30　石英的变体

四面体连接方式不同（图 3-31），在 α-方石英中，桥氧为对称中心；在 α-鳞石英中，以共顶相连的硅氧四面体之间桥氧位置为对称面；而 α-石英，Si—O—Si 键角为 150°，若拉直，使键角为 180°，则与 α-方石英的结构相同。二级转变则为高对称型向低对称型的转变。

（1）α-石英结构

α-石英为六方晶系 $P6_42$ 或 $P6_22$ 空间群，$a_0 = 0.501nm$，$c_0 = 0.547nm$，$Z = 3$。图 3-32 是以 α-石英的结构在（0001）面上的投影。每一个硅氧四面体中异面垂直的两条棱平行于（0001）面，投影到该面上为正方形。O^{2-} 的高度为 0、33、66、100，局部存在三次螺旋轴；结构的总体为六次螺旋轴，围绕螺旋轴的 O^{2-} 在（0001）面上可连接成正六边形。α-石英有左形和右形之分，因而分别为 $P6_42$ 和 $P6_22$ 空间群。

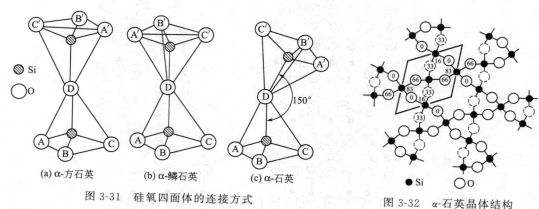

图 3-31　硅氧四面体的连接方式

图 3-32　α-石英晶体结构

β-石英属于三方晶系 $P3_12$ 和 $P3_22$ 空间群，$a_0 = 0.491nm$，$c_0 = 0.540nm$，$Z = 3$。β-石英是 α-石英的低温型，对称性从 α-石英的六次螺旋轴降低为三次螺旋轴，O^{2-} 在（0001）面上的投影不是正六边形，而是复三方形（图 3-33）。β-石英也有左形和右形之分。

（2）α-鳞石英结构

α-鳞石英为六方晶系 $P6_3/mmc$ 空间群，$a_0 = 0.504nm$，$c_0 = 0.825nm$，$Z = 4$。α-鳞石英结构可与 α-ZnS 结构类比，若将 Si^{4+} 全部取代 α-ZnS 结构中 Zn^{2+}、S^{2-} 的位置，且 O^{2-} 位于 Si^{4+} 与 Si^{4+} 之间（图 3-34），则为鳞石英结构。

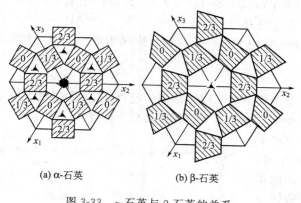

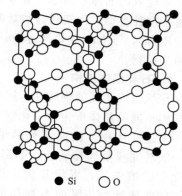

图 3-33　α-石英与 β-石英的关系

图 3-34　α-鳞石英晶体结构

（3）α-方石英结构

α-方石英属于立方晶系 $Fd3m$ 空间群，$a_0 = 0.713nm$，$Z = 8$。α-方石英结构可与 β-ZnS 结构类比，若将 Si^{4+} 占据全部的 β-ZnS 结构中 Zn^{2+}、S^{2-} 的位置，且 O^{2-} 位于 Si^{4+} 与 Si^{4+}

连线中间，则为 α-方石英结构（图 3-35）。沿三次轴的方向，α-方石英中［SiO₄］配置关系如图 3-36 所示。α-方石英和 α-鳞石英中硅氧四面体的不同连接方式如图 3-37 所示。

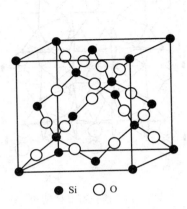

● Si　○ O

图 3-35　α-方石英晶体结构

图 3-36　α-方石英中硅氧
四面体连接方式

石英是玻璃、水泥、耐火材料的重要工业原料。石英的硅氧四面体中的硅与氧为共价键，键力较强，不易被其他离子所取代。高纯的石英称水晶，是宝石的原料。β-石英不具有对称中心，因此高纯的 β-石英能用作压电材料。

2. 长石晶体结构

若按 1 价及 2 价阳离子分类，长石分为钾长石 K［AlSi₃O₈］、钠长石 Na［AlSi₃O₈］、钙长石 Ca［Al₂Si₂O₈］、钡长石 Ba［Al₂Si₂O₈］。由于钠、钾离子半径分别为 0.095nm 和 0.133nm，钾长石和钠长石在高温时形成连续固溶体，在低温时为有限固溶体，这些固溶体为碱性长石。钙离子半径为 0.099nm，与

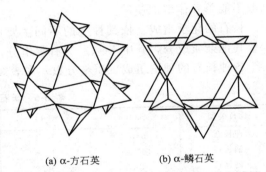

(a) α-方石英　　　(b) α-鳞石英

图 3-37　α-方石英和 α-鳞石
英中硅氧四面体的不同连接方式

钠离子相近，通过 $Na^+ + Si^{4+}$ 与 $Ca^{2+} + Al^{3+}$ 的置换形成连续固溶体，这种固溶体称为斜长石系列。

按其化学组成可分为三个亚族：正长石亚族、斜长石亚族、钡长石亚族。正长石亚族：主要是钾钠长石系列的矿物；斜长石亚族：是由钠长石和钙长石及它们的中间矿物组成的类质同象系列的总称。

在碱性长石中，当钠长石在固溶体中的摩尔分数达 0%～67% 时，晶体结构为单斜晶系，称为透长石，它是长石族晶体结构中对称性最高的。下面通过透长石结构的介绍来了解长石结构。

透长石化学式为 K［AlSi₃O₈］，单斜晶系 $C2/m$ 空间群，$a_0 = 0.856$nm，$b_0 = 1.303$nm，$c_0 = 0.718$nm，$\alpha = 90°$，$\beta = 115°59'$，$\gamma = 90°$，$Z = 4$。透长石结构的基本单位是四个四面体相互共顶形成一个四联环，四联环之间又通过共顶相连，成为平行于 a 轴的曲轴状的链，链间以桥氧相连，形成三维结构（图 3-38）。链与链之间，由于键的密度降低，结合力减弱，

存在较大的空腔，Al^{3+} 取代 Si^{4+} 时，K^+ 进入该空腔以平衡负电荷（图 3-39）。

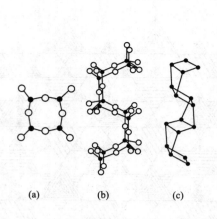

图 3-38　长石中的四联环和曲轴状链

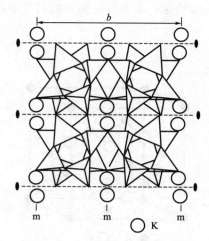

图 3-39　透长石晶体结构

长石的物理性质：长石的相对密度为 $2.56 \sim 3.37$，硬度为 $6 \sim 6.5$，熔点为 $1100 \sim 1715℃$。颜色有无色、白色、灰白色、浅黄、肉红色。长石是重要的陶瓷和和玻璃原料。生产中常用的长石为：钾长石、微斜长石、钠长石及斜长石中富含钠的长石。钙长石和钡长石一般不能单独作熔剂使用。

长石的化学组成：依其种类的不同主要成分为 SiO_2、Al_2O_3、K_2O、Na_2O、CaO 并含少量其他杂质成分，其中 Fe_2O_3 为有害组分。

各种长石的理论组成（质量分数）如表 3-6 所示。

表 3-6　长石主要成分含量　　　　　　　　　　　　　　　单位：%

长石类型	SiO_2	Al_2O_3	K_2O	Na_2O	CaO
钾长石	64.7	18.4	16.9	—	—
钠长石	68.6	19.6	—	11.8	—
钙长石	43.0	36.9	—	—	20.1

表 3-7 列出了工业中所用长石的一般质量标准。

表 3-7　工业中所用的长石一般质量标准　　　　　　　　单位：%

SiO_2	Fe_2O_3	MgO	TiO_2	Al_2O_3	K_2O+Na_2O	CaO	烧失
$63\sim67$	<0.5	<0.5	微量	$18\sim22$	>12	<1.0	<1.0

根据长石中氧化铁的含量将其分为三个级别。

一级品：三氧化二铁小于 0.2%。

二级品：三氧化二铁小于 0.3%。

三级品：三氧化二铁小于 0.5%。

长石的工业技术应用除一般质量要求外，对长石矿石还要求表面无铁化，含铁质的黑色矿物和云母片含量应小于 8%，$1130℃$ 煅烧后应熔融成白色透明具光泽的玻璃体。

习　　题

3-1　名词解释

① 萤石型和反萤石型；

② 类质同晶和同质多晶；

③ 二八面体型与三八面体型；

④ 同晶取代与阳离子交换；

⑤ 尖晶石与反尖晶石。

3-2 ①在氧离子面心立方密堆积的晶胞中,画出适合氧离子位置的间隙类型及位置,八面体间隙位置数与氧离子数之比为多少? 四面体间隙位置数与氧离子数之比又为多少?

② 在氧离子面心立方密堆积结构中,对于获得稳定结构各需何种价离子,并对每一种堆积方式举一晶体实例说明之。其中：

① 所有八面体间隙位置均填满；

② 所有四面体间隙位置均填满；

③ 填满一半八面体间隙位置；

④ 填满一半四面体间隙位置。

3-3 MgO 晶体结构, Mg^{2+} 半径为 0.072nm, O^{2-} 半径为 0.140nm, 计算 MgO 晶体中离子堆积系数 (球状离子所占据晶胞的体积分数)；计算 MgO 的密度。

3-4 Li_2O 晶体, Li^+ 的半径为 0.074nm, O^{2-} 的半径为 0.140nm, 其密度为 1.646g/cm³, 求晶胞常数 a_0；晶胞中 Li_2O 的分子数。

3-5 试解释

① 在 AX 型晶体结构中, NaCl 型结构最多。

② $MgAl_2O_4$ 晶体结构中, 按 r_+/r_- 与 CN 关系, Mg^{2+}、Al^{3+} 都填充八面体空隙, 但在该结构中 Mg^{2+} 进入四面体空隙, Al^{3+} 填充八面体空隙；而在 $MgFe_2O_4$ 结构中, Mg^{2+} 填充八面体空隙, 而一半 Fe^{3+} 填充四面体空隙。

③ 绿宝石和透辉石中 Si：O 都为 1：3, 前者为环状结构, 后者为链状结构。

3-6 叙述硅酸盐晶体结构分类原则及各种类型的特点, 并举一例说明之。

3-7 董青石与绿宝石有相同结构, 分析其有显著的离子电导、较小的热膨胀系数的原因。

3-8 ①什么叫阳离子交换?

② 从结构上说明高岭石、蒙脱石阳离子交换容量差异的原因。

③ 比较蒙脱石、伊利石同晶取代的不同, 说明在平衡负电荷时为什么前者以水化阳离子形式进入结构单元层, 而后者以配位阳离子形式进入结构单元层。

3-9 在透辉石 $CaMg[Si_2O_6]$ 晶体结构中, O^{2-} 与阳离子 Ca^{2+}、Mg^{2+}、Si^{4+} 配位形式有哪几种, 符合鲍林静电价规则吗? 为什么?

3-10 同为碱土金属阳离子 Be^{2+}、Mg^{2+}、Ca^{2+}, 其卤化物 BeF_2 和 SiO_2 结构相同, MgF_2 与 TiO_2 (金红石型) 结构相同, CaF_2 则有萤石型结构, 分析其原因。

3-11 金刚石结构中 C 原子按面心立方排列, 为什么其堆积系数仅为 34%?

第四章

晶体结构缺陷

在前章讨论晶体结构时，都是认为整个晶体中所有的原子都按照理想的晶格点阵排列。实际上，在真实晶体中，在高于0K的任何温度下，都或多或少地存在着对这种理想晶体结构的偏离，即存在着结构缺陷。

结构缺陷的存在及其运动规律与高温过程中的扩散、晶粒生长、相变、固相反应、烧结等机理以及材料的物理化学性能都密切相关。晶体缺陷对晶体的某些性质甚至有着决定性的影响。如半导体的导电性质几乎完全是由外来的杂质原子和缺陷存在所决定，还有一些离子晶体的颜色都是来自缺陷。对于缺陷的研究可以帮助我们寻找排除缺陷的方法，从而提高材料的质量和性能的稳定性，可以帮助我们理解高温过程的微观机制。因而，掌握晶体结构缺陷的知识有助于学生掌握材料科学的基础知识。

第一节 晶体结构缺陷的类型

晶体结构缺陷一般按几何形态特征来划分，可以分为点缺陷、线缺陷和面缺陷三大类型。

点缺陷：其特点是在三维方向上的尺寸都很小，缺陷的尺寸处在一两个原子大小的级别，又称零维缺陷。如空位、间隙原子和杂质原子等。

线缺陷：其特点是仅在一维方向上的尺寸较大，而另外二维方向上的尺寸都很小，故也称一维缺陷，通常是指位错。

面缺陷：其特点是仅在二维方向上的尺寸较大，而另外一维方向上的尺寸很小，故也称二维缺陷，如晶体表面、晶界和相界面等。

晶体结构缺陷的主要类型如表4-1所示。这三类缺陷中，点缺陷在无机材料中是最基本也是最重要的，所以本节着重讨论点缺陷的类型。点缺陷主要有以下两种分类方法。

表 4-1　晶体结构缺陷的主要类型

种类	类型	种类	类型
点缺陷	空位	面缺陷	晶体表面
	间隙原子		晶界
	杂质原子		相界面
线缺陷	位错		

一、根据其对理想晶格偏离的几何位置及成分来划分

在点缺陷中，根据其对理想晶格偏离的几何位置及成分来划分，可以分为间隙原子、空位和杂质原子三种类型，如图4-1所示。

1. 间隙原子

原子进入晶格中正常结点之间的间隙位置，称为间隙原子或填隙原子。

2. 空位

正常结点没有被原子或离子所占据，成为空结点，称为空位。

3. 杂质原子

外来原子进入晶格，成为晶体中的杂质。

这种杂质原子可能取代原来晶格中的原子而进入正常结点的位置，成为置换式杂质原子；也可能进入本来就没有原子的间隙位置，成为间隙式杂质原子。这类缺陷统称为杂质缺陷。

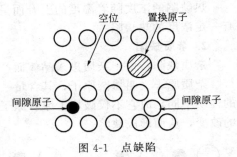

图 4-1　点缺陷

杂质进入晶体可以看做是一个溶解的过程，原晶体看做溶剂，杂质看做溶质，我们把这种溶解了杂质原子的晶体称为固体溶液（简称固溶体）。由于杂质进入晶体之后，使原有晶体的晶格发生局部的变化，性能也相应地发生变化。如果杂质原子的离子价与被取代原子的价数不同，还会引起空位或离子价态的变化。在陶瓷材料及耐火材料中，往往有意地添加杂质形成杂质缺陷以获得某些特定性能的材料或改变材料的某些性能。

二、根据产生缺陷的原因来划分

在点缺陷中，根据产生缺陷的原因来划分，可以分为下列三种类型。

1. 热缺陷

在没有外来原子时，当晶体的热力学温度高于 0K 时，由于晶格内原子热振动，使一部分能量较大的原子离开正常的平衡位置，造成缺陷，这种由于原子热振动而产生的缺陷称为热缺陷。热缺陷有两种基本形式：弗伦克尔缺陷和肖特基缺陷。

在晶格内原子热振动时，一些能量足够大的原子离开平衡位置后，进入晶格点的间隙位置，变成间隙原子，而在原来的位置上形成一个空位，这种缺陷称为弗伦克尔缺陷，如图 4-2(a) 所示。

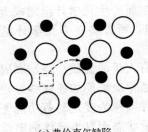

(a) 弗伦克尔缺陷

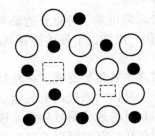

(b) 肖特基缺陷

图 4-2　热缺陷

如果正常格点上的原子，热起伏过程中获得能量离开平衡位置，跳跃到晶体的表面，在原正常格点上留下空位，这种缺陷称为肖特基缺陷，如图 4-2(b) 所示。

离子晶体形成肖特基缺陷时，为了保持晶体电中性，正离子空位和负离子空位是同时成对产生的，同时伴随着晶体体积的增加，这是肖特基缺陷的特点。例如在 NaCl 晶体中，产生一个 Na^+ 空位，同时要产生一个 Cl^- 空位。如晶体形成弗伦克尔缺陷时，间隙原子与空位是成对产生的，晶体的体积不发生改变。在晶体中，两种缺陷可以同时存在，但通常有一种是主要的。一般说，正负离子半径相差不大时，肖特基缺陷是主要的。两种离子半径相差大时，弗伦克尔缺陷是主要的。

热缺陷的浓度随着温度的上升而呈指数上升，对于某一种特定材料，在一定温度下，都有一定浓度的热缺陷。

2. 杂质缺陷

杂质缺陷：由于杂质进入晶体而产生的缺陷。

杂质原子又叫掺杂原子，其含量一般少于 0.1%，进入晶体后，因杂质原子和原有原子的性质不同，故它不仅破坏了原有原子规则的排列，而且还引起了杂质原子周围的周期势场的改变，从而形成缺陷。

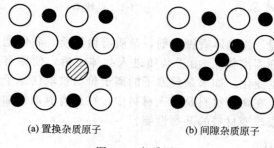

(a) 置换杂质原子　　(b) 间隙杂质原子

图 4-3　杂质原子

杂质原子可分为置换杂质原子和间隙杂质原子两种。前者是杂质原子替代原有晶格中的原子；后者是杂质原子进入原有晶格的间隙位置（图 4-3）。如果晶体中杂质原子含量在未超过其固溶度时，杂质缺陷的浓度与温度无关。即当杂质含量一定而且在极限之内，温度变化，杂质缺陷的浓度并不发生变化，这是与热缺陷的不同之处。

3. 非化学计量结构缺陷

非化学计量结构缺陷：由于化学组成明显地随着周围气氛的性质和压力的大小的变化而变化，使组成偏离化学计量而产生的缺陷，称为非化学计量结构缺陷。

有一些易变价的化合物，在外界条件的影响下，很容易形成空位和间隙原子，造成组成上的非化学计量化，这主要是因为它们能够比较容易地通过自身的变价来平衡由组成的非化学计量化而引起的电荷不中性。这种由组成的非化学计量化造成的空位、间隙原子以及电荷转移引起了晶体内势场的畸变，使晶体的完整性遭到破坏，也即产生非化学计量结构缺陷。它是生成 n 型或 p 型半导体的重要基础。例如，TiO_2 在还原气氛下形成 $TiO_{2-x}(x=0\sim1)$，这是一种 n 型半导体。

非化学计量缺陷也是一种重要的缺陷类型。虽然所产生化学计量组成上的偏离很少超过 1%，但是对催化、烧结、半导体等领域有重大影响，所以将在非化学计量化合物一节详细讨论。

点缺陷在实践中有重要意义。在材料工艺中，有大量的烧成、烧结和固相反应过程，这些过程是和原子在晶体内或表面上的运动有关的，通常缺陷能加速这些过程。研究点缺陷的生成规律，达到有目的地控制材料中某种点缺陷的种类和浓度是制备功能无机非金属材料的关键。点缺陷的存在，有时可以通过改变电子的能量状态而对半导体的电学性能产生重要影响。此外，点缺陷的存在，有时由于缺陷与光子发生作用，还可使某些晶体产生颜色。间隙离子能阻止晶格面相互间的滑移，使晶体的强度增加。正是这些点缺陷的存在给材料带来一些性质上的变化，从而赋予材料某种新的功能。

第二节　缺陷化学反应表示法

凡从理论上定性定量地把材料中的点缺陷看做化学物质，并用化学热力学的原理来研究缺陷的产生、平衡及其浓度等问题的一门学科称为缺陷化学。

缺陷化学所研究的对象主要是晶体缺陷中的点缺陷。点缺陷既然被看做为化学物质，就可以像原子、分子一样，在一定的条件下发生一系列类似化学反应的缺陷化学反应。固体材料中可能同时存在各种点缺陷，为了便于讨论缺陷反应，就需要有一整套的符号来表示各种点缺陷。在缺陷化学发展史上，很多学者采用过多种不同的符号系统，目前广泛采用克罗格-明克的点缺陷符号。

一、克罗格-明克缺陷符号

在克罗格-明克符号系统中，用一个主要符号来表示缺陷的种类，而用一个下标来表示这个缺陷所在的位置，用一个上标来表示缺陷所带的电荷。如用上标点"·"表示正电荷，用撇"′"表示负电荷，有时用"×"表示中性。一"撇"或一"点"表示一价，两"撇"或两"点"表示二价，以此类推。下面以 MX 离子晶体（M 为二价阳离子、X 为二价阴离子）为例来说明缺陷化学符号的具体表示方法。

1. 空位

当出现空位时，对于 M 原子空位和 X 原子空位分别用 V_M 和 V_X 表示，V 表示这种缺陷是空位，下标 M、X 表示空位分别位于 M 和 X 原子的位置上。而对于像 NaCl 那样的离子晶体，V_{Na} 的意思是当 Na^+ 被取走时，一个电子同时被取走，留下一个不带电的 Na 原子空位；同样 V_{Cl} 表示缺了一个 Cl^-，同时增加一个电子，留下一个不带电的 Cl 原子空位。

2. 间隙原子

当原子 M 和 X 处在间隙位置上，分别用 M_i 和 X_i 表示。例如，Na 原子填隙在 KCl 晶格中，可以写成 Na_i。

3. 置换原子

L_M 表示 M 位置上的原子被 L 原子所置换，S_X 表示 X 位置上的原子被 S 原子所置换。例如 NaCl 进入 KCl 晶格中，K 被 Na 所置换写成 Na_K。

4. 自由电子及电子空穴

在强离子性材料中，通常电子是位于特定的原子位置上，这可以用离子价来表示。但在有些情况下，电子可能不位于某一个特定的原子位置上，它们在某种光、电、热的作用下，可以在晶体中运动，可用 e' 来表示这些自由电子。同样，不局限于特定位置的电子空穴用 $h^·$ 表示。自由电子和电子空穴都不属于某一个特定位置的原子。

5. 带电缺陷

包括离子空位以及由于不等价离子之间的替代而产生的带电缺陷。如离子空位 V_M'' 和 $V_X^{··}$，分别表示带二价电荷的正离子和负离子空位，如图 4-4(a) 所示。例如，在 KCl 离子晶体中，如果从正常晶格位置上取走一个带正电的 K^+，这和取走一个钾原子相比，少取了一个钾电子，因此，剩下的空位必伴随着一个带有负电荷的过剩电子，过剩电子记作 e'，如果这个过剩电子被局限于空位，这时空位写成 V_K'。同样，如果取走一个带负电的 Cl^-，即相当于取走一个氯原子和一个电子，剩下的那个空位必然伴随着一个正的电子空穴，记作 $h^·$，如果这个过剩的正电荷被局限于空位，这时空位写成 $V_{Cl}^·$。用缺陷反应式表示为：

$$V_k' \longrightarrow V_K + e' \tag{4-1}$$
$$V_{Cl}^· \longrightarrow V_{Cl} + h^· \tag{4-2}$$

用 $M_i^{··}$ 和 X_i'' 分别表示 M 及 X 离子处在间隙位置上，如图 4-4(b) 所示。

若是离子之间由于不等价取代而产生了带电缺陷，如一个三价的 Al^{3+} 替代在镁位置上的一个 Mg^{2+} 时，由于 Al^{3+} 比 Mg^{2+} 高一价，因此与这个位置原有的电价相比，它高出一个单位正电荷，写成 $Al_{Mg}^·$。如果 Ca^{2+} 取代了 ZrO_2 晶体中的 Zr^{4+} 则写成 Ca_{Zr}''，表示 Ca^{2+} 在 Zr^{4+} 位置上同时带有两个单位负电荷。这里应该注意的是上标"＋"和"－"是用来表示

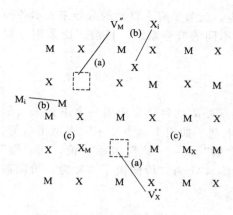

图 4-4　MX 化合物基本点缺陷

(a) M 离子空位——V''_M；X 离子空位——$V^{··}_X$；

(b) M 离子间隙——$M^{··}_i$；X 离子间隙——X''_i；

(c) M 原子错位——M_X；X 原子错位——X_M

实际的带电离子，而上标 " · " 和 " ' " 则表示相对于基质晶格位置上的有效的正、负电荷。

6. 错位原子

当 M 原子被错放在 X 位置上用 M_X 表示，下标总是指晶格中某个特定的原子位置。这种缺陷一般很少出现，如图 4-4(c) 所示。

7. 缔合中心

一个带电的点缺陷也可能与另一个带有相反符号的点缺陷相互缔合成一组或一群，这种缺陷把发生缔合的缺陷放在括号内来表示。例如 V''_M 和 $V^{··}_X$ 发生缔合，可以记为（$V''_M V^{··}_X$），类似的还可以有（$M^{··}_i X''_i$）。在存在肖特基缺陷和弗伦克尔缺陷的晶体中，有效电荷符号相反的点缺陷之间，存在着一种库仑力，当它们靠得足够近时，在库仑力作用下，就会产生一种缔合作用。例如，在 MgO 晶体中，最邻近的镁离子空位和氧离子空位就可能缔合成空位对，形成缔合中心，可以用反应式表示如下：

$$V''_{Mg} + V^{··}_O \Longrightarrow (V''_{Mg} V^{··}_O) \qquad (4\text{-}3)$$

以 $M^{2+} X^{2-}$ 离子晶体为例、克罗格-明克符号表示的点缺陷如表 4-2 所示。

表 4-2　克罗格-明克缺陷符号（以 $M^{2+} X^{2-}$ 为例）

缺陷类型	符　号	缺陷类型	符　号
M^{2+} 在正常格点上	M_M	M 原子在 X 位置	M_X
X^{2-} 在正常格点上	X_X	X 原子在 M 位置	X_M
M 原子空位	V_M	L^{2+} 溶质置换 M^{2+}	L_M
X 原子空位	V_X	L^{+} 溶质置换 M^{2+}	L'_M
阳离子空位	V''_M	L^{3+} 溶质置换 M^{2+}	$L^{·}_M$
阴离子空位	$V^{··}_X$	L 原子在间隙	L_i
M 原子在间隙位	M_i	自由电子	e'
X 原子在间隙位	X_i	电子空穴	$h^{·}$
阳离子间隙	$M^{··}_i$	缔合中心	$(V''_M V^{··}_X)$
阴离子间隙	X''_i	无缺陷状态	0

为了能把缺陷的形成原因、形成缺陷的类型用简便的方法明确地表达出来，可采用缺陷反应方程式。在离子晶体中，每个缺陷如果看做化学物质，那么材料中的缺陷及其浓度就可以和一般的化学反应一样用热力学函数如反应热效应来描述，也可以把质量作用定律和平衡常数之类概念应用于缺陷反应。这对于掌握在材料制备过程中缺陷的产生和相互作用等是很重要和很方便的。

二、缺陷反应方程式书写规则

在写缺陷反应方程式时，也与化学反应式一样，必须遵守一些基本原则，缺陷反应方程式应满足以下几个规则。

1. 位置关系

在化合物 $M_a X_b$ 中，M 位置的数量必须永远与 X 位置的数量保持 $a:b$ 的比例关系。例如，在 MgO 中，Mg：O＝1：1，在 Al_2O_3 中，Al：O＝2：3。只要保持比例不变，每一种类型的位置总数可以改变。如果在实际晶体中，M 与 X 的比例不符合位置的比例关系，表明晶体中存在缺陷。例如，在 TiO_2 中，$Ti：O=1：2$，而实际上当它在还原气氛中，由于晶体中氧不足而形成 TiO_{2-x}，此时在晶体中生成氧空位，因而 Ti 与 O 之比由原来的 $1：2$ 变为 $1：(2-x)$。

2. 位置增殖

当缺陷发生变化时，有可能引入 M 空位 V_M，也有可能把 V_M 消除。当引入空位或消除空位时，相当于增加或减少 M 的点阵位置数。但发生这种变化时，要服从位置关系。能引起位置增殖的缺陷有 V_M、V_X、M_M、M_X、X_M、X_X 等。不发生位置增殖的缺陷有 e'、$h^{\cdot}$、M_i、X_i 等。例如，发生肖特基缺陷时，晶格中原子迁移到晶体表面，在晶体内留下空位时，增加了位置的数目。当表面原子迁移到晶体内部填补空位时，减少了位置的数目。在离子晶体中这种增殖是成对出现的，因此它是服从位置关系的。

3. 质量平衡

和在化学反应中一样，缺陷方程的两边必须保持质量平衡，必须注意的是缺陷符号的下标只是表示缺陷的位置，对质量平衡没有作用。如 V_M 为 M 位置上的空位，它不存在质量。

4. 电中性

在缺陷反应前后晶体必须保持电中性。电中性的条件要求缺陷反应式两边必须具有相同数目的总有效电荷，但不必等于零。例如，TiO_2 在还原气氛下失去部分氧，生成 TiO_{2-x} 的反应可写为：

$$2Ti_{Ti}O_2 - \frac{1}{2}O_2 \uparrow \longrightarrow 2Ti'_{Ti} + V_O^{\cdot\cdot} + 3O_O \tag{4-4}$$

$$2TiO_2 \longrightarrow 2Ti'_{Ti} + V_O^{\cdot\cdot} + 3O_O + \frac{1}{2}O_2 \uparrow \tag{4-5}$$

$$2Ti_{Ti} + 4O_O \longrightarrow 2Ti'_{Ti} + V_O^{\cdot\cdot} + 3O_O + \frac{1}{2}O_2 \uparrow \tag{4-6}$$

方程表示，晶体中的氧气以电中性的氧分子的形式从 TiO_2 中逸出，同时，在晶体内产生带正电荷的氧空位和与其符号相反的带负电荷的 Ti'_{Ti} 来保持电中性，方程两边总有效电荷都等于零。Ti'_{Ti} 可以看成是 Ti^{4+} 被还原为 Ti^{3+}，三价 Ti 占据了四价 Ti 的位置，因而带一个有效负电荷。而两个 Ti^{3+} 替代了两个 Ti^{4+}，由原来 2：4 变为 2：3，因而晶体中出现一个氧空位。

5. 表面位置

当一个 M 原子从晶体内部迁移到表面时，用符号 M_S 表示，下标表示表面位置，在缺陷化学反应中表面位置一般不用特别表示。

缺陷化学反应式在描述固溶体的生成和非化学计量化合物的反应中都是很重要的，为了加深对上述规则的理解，掌握其在缺陷反应中的应用，现举例说明如下。

(1) $CaCl_2$ 溶质溶解到 KCl 溶剂中的固溶过程　当引入一个 $CaCl_2$ 分子到 KCl 中时，同时带进两个 Cl^- 和一个 Ca^{2+}。考虑置换杂质的情况，一个 Ca^{2+} 置换一个 K^+，Cl 处在 Cl 的位置上。由于引入两个 Cl^-，但作为基体的 KCl 中，$K：Cl=1：1$，因此，根据位置关系，为保持原有晶格，必然出现一个 K 离子空位。

$$CaCl_2 \xrightarrow{KCl} Ca_K^{\cdot} + V_K' + 2Cl_{Cl} \tag{4-7}$$

第二种可能是一个 Ca^{2+} 置换一个 K^+，而多出的一个 Cl 离子进入间隙位置。

$$CaCl_2 \xrightarrow{KCl} Ca_K^{\cdot} + Cl_i' + Cl_{Cl} \tag{4-8}$$

第三种可能是 Ca^{2+} 进入间隙位置，Cl 仍然在 Cl 位置，为了保持电中性和位置关系，必须同时产生两个 K 离子空位。

$$CaCl_2 \xrightarrow{KCl} Ca_i^{\cdot\cdot} + 2V_k' + 2Cl_{Cl} \tag{4-9}$$

在上面三个缺陷反应式中，→号上面的 KCl 表示溶剂，溶质 $CaCl_2$ 进入 KCl 晶格，写在箭头左边。以上三个缺陷反应式都符合缺陷反应方程的规则，反应式两边保持电中性、质量平衡和正确的位置关系。它们中究竟哪一种是实际存在的缺陷反应式呢？正确判断它们是否合理还需根据固溶体的生成条件及固溶体研究方法并用实验进一步验证。但是可以根据离子晶体结构的一些基本知识，粗略地分析判断它们的正确性。式(4-9) 的不合理性在于离子晶体是以负离子作紧密堆积，正离子位于紧密堆积所形成的空隙内。既然有两个钾离子空位存在，一般 Ca^{2+} 首先应填充到空位中，而不会挤到间隙位置，增加晶体的不稳定因素。式(4-8) 由于氯离子半径大，离子晶体的紧密堆积中一般不可能挤进间隙离子，因而上面三个反应式以式(4-7) 最合理。

（2）MgO 溶质溶解到 Al_2O_3 溶剂中的固溶过程　固溶过程有两种可能，两个反应式如下：

$$2MgO \xrightarrow{Al_2O_3} 2Mg_{Al}' + V_O^{\cdot\cdot} + 2O_O \tag{4-10}$$

$$3MgO \xrightarrow{Al_2O_3} 2Mg_{Al}' + Mg_i^{\cdot\cdot} + 3O_O \tag{4-11}$$

两个方程分别表示，2 个 Mg^{2+} 置换了 2 个 Al^{3+}，Mg 占据了 Al 的位置，由于价数不同产生了 2 个负的有效电荷，为了保持正常晶格的位置关系 Al：O＝2：3，可能出现一个 O^{2-} 空位或多余的一个 Mg^{2+} 进入间隙位置两种情况，都产生 2 个正的有效电荷，等式两边有效电荷相等，保持了电中性，而且质量平衡，位置关系正确。说明两个反应方程式都符合缺陷反应规则。根据离子晶体结构的基本知识，可以分析出式(4-10) 更为合理，因为在 NaCl 型的离子晶体中，Mg^{2+} 进入晶格间隙位置这种情况不易发生。

（3）ZrO_2 掺入 Y_2O_3 形成缺陷　Zr^{4+} 置换了 Y^{3+}，Zr 占据了 Y 的位置，由于价数不同产生了一个正的有效电荷，有一部分 O^{2-} 进入了间隙位置，产生了两个负的有效电荷，正常晶格的位置保持 2：3，质量是平衡的，在等式两边都是两个 ZrO_2，等式两边有效电荷相等。说明反应方程式符合缺陷规则。实际是否能按此方程进行，还需进一步实验验证。

$$2ZrO_2 \xrightarrow{Y_2O_3} 2Zr_Y^{\cdot} + 3O_O + O_i'' \tag{4-12}$$

对缺陷反应方程进行适量处理和分析，可以找到影响缺陷种类和浓度的诸因素，从而为制备某种功能性材料提供理论上的指导作用。

第三节　热缺陷浓度的计算

在纯的化学计量的晶体中，热缺陷是一种最基本的缺陷。在任何高于热力学零度的温度下，晶体中由于晶格的热振动而产生的缺陷和复合处于一种平衡的状态。因此，也可以用化学反应平衡的质量作用定律来处理。以弗伦克尔缺陷的生成为例来说明。弗伦克尔缺陷可以看做是正常格点离子和间隙位置反应生成间隙离子和空位的过程：

（正常格点离子）+（未被占据的间隙位置）$\longrightarrow$（间隙离子）+（空位）

弗伦克尔缺陷反应可以写成：

$$M_M + V_i \Longleftrightarrow M_i^{\cdot\cdot} + V_M'' \tag{4-13}$$

式中，M_M 表示 M 在 M 位置上；V_i 表示未被占据的间隙即空间隙；$M_i^{\cdot\cdot}$ 表示 M 在间隙位置，并带二价正电荷；V_M'' 表示 M 离子空位，带二价负电荷。

平衡常数

$$K_F = \frac{[M_i^{\cdot\cdot}][V_M'']}{[M_M][V_i]} \qquad (4\text{-}14)$$

在 AgBr 中，弗伦克尔缺陷的生成可写成：

$$Ag_{Ag} + V_i \Longrightarrow Ag_i^{\cdot} + V_{Ag}' \qquad (4\text{-}15)$$

根据质量作用定律可知：

$$K_F = \frac{[Ag_i^{\cdot}][V_{Ag}']}{[Ag_{Ag}][V_i]} \qquad (4\text{-}16)$$

令：N——在单位体积中正常格点总数；

N_i——在单位体积中可能的间隙位置总数；

n_i——在单位体积中平衡的间隙离子的数目；

n_v——在单位体积中平衡的空位的数目。

则式(4-16)可以写为：

$$K_F = \frac{n_i n_v}{(N - n_v)(N_i - n_i)} \qquad (4\text{-}17)$$

在弗伦克尔缺陷中，间隙离子和空位数量相等，因此 $n_i = n_v$。如果缺陷的数目很小，那么 $n_i \ll N$、N_i，因而，$n_i^2 = N \cdot N_i K_F$。如果 ΔG_F 为生成弗伦克尔缺陷的形成自由焓，并且在反应过程中体积不变，根据热力学原理，则有：

$$K_F = \exp\left(-\frac{\Delta G_F}{2kT}\right) \qquad (4\text{-}18)$$

式中，k 为玻耳兹曼常数；T 为热力学温度。由此可得：

$$n_i = \sqrt{(NN_i)}K_F = \sqrt{(NN_i)}\exp\left(-\frac{\Delta G_F}{2kT}\right) \qquad (4\text{-}19)$$

在六方和立方紧密堆积的晶体中，n 个球体堆积产生 n 个八面体空隙，如果离子进入的是八面体空隙，则 $N \approx N_i$，式(4-19)可改写为：

$$\frac{n_i}{N} = \exp\left(-\frac{\Delta G_F}{2kT}\right) \qquad (4\text{-}20)$$

式中，$\dfrac{n_i}{N}$ 为弗伦克尔缺陷的浓度。此式表示了弗伦克尔缺陷的浓度与缺陷的形成自由焓及温度的关系。

对于肖特基缺陷，假设正离子和负离子与表面上"假定"的位置反应，生成空位和表面上的离子对，在表面上有反应能力的结点数目和每单位表面积上的离子对数目平衡。若 MO 氧化物形成肖特基缺陷，例如 BeO、MgO、CaO 等，空位用 V_M 和 V_O 表示，则有：

$$0 \Longrightarrow V_M'' + V_O^{\cdot\cdot} \qquad (4\text{-}21)$$

因此，肖特基缺陷的平衡常数是：

$$K_S = [V_M''][V_O^{\cdot\cdot}] \qquad (4\text{-}22)$$

$$K_S^{1/2} = [V_M''] = [V_O^{\cdot\cdot}] = \exp\left(-\frac{\Delta G_S}{2kT}\right) \qquad (4\text{-}23)$$

式中，ΔG_S 是肖特基缺陷形成自由焓，表示同时生成一个正离子和一个负离子空位所需要的能量。

对于 MgO，镁离子和氧离子必须离开各自的位置，迁移到表面或晶面上，反应如下：

$$Mg_{Mg} + O_O \Longrightarrow V_{Mg}'' + V_O^{\cdot\cdot} + Mg_{Mg(表面)} + O_{O(表面)} \qquad (4\text{-}24)$$

方程(4-24)左边表示离子都在正常的位置上，是没有缺陷的，反应之后，变成表面离子和内部的空位。因为从晶体内部迁移到表面上的镁离子和氧离子，是在表面生成一个新的离子层，这一层和原来的表面离子层并没有本质的差别，因此对肖特基缺陷反应方程（4-24）可以写成：

$$0 \rightleftharpoons V''_{Mg} + V_O^{\cdot\cdot} \tag{4-25}$$

根据式（4-22）MgO 中肖特基缺陷平衡可以写成：

$$K_S = [V''_{Mg}][V_O^{\cdot\cdot}] \tag{4-26}$$

根据质量作用定律可得：

$$\frac{n_v N_S}{(N-n_v)N_S} = \exp\left(-\frac{\Delta G_S}{2kT}\right) \tag{4-27}$$

式中　　n_v——空位对数；

　　　　N——晶体中离子对数。

当缺陷浓度不大时，$n_v \ll N$，得：

$$\frac{n_v}{N} = \exp\left(-\frac{\Delta G_S}{2kT}\right) \tag{4-28}$$

比较式（4-20）和式（4-28）可见，弗伦克尔缺陷和肖特基缺陷的浓度公式具有相同的形式。因此可以把热缺陷的浓度与缺陷形成自由焓及温度的关系归纳为：

$$\frac{n}{N} = \exp\left(-\frac{\Delta G}{2kT}\right) \tag{4-29}$$

第四节　非化学计量化合物

在普通化学中所介绍的化合物其化学式符合定比定律。也就是说，构成化合物的各个组成，其含量相互间是成比例的，而且是固定的。但是实际的化合物中，有一些化合物如 $Fe_{1-x}O$、TiO_{2-x} 就并不符合定比定律，正、负离子的比例并不是一个简单的固定比例关系，这些化合物称为非化学计量化合物。这是一种由于在化学组成上偏离化学计量而产生的缺陷。

严格地说，所有晶体都或多或少偏离理想的化学计量。但有较大偏差的非化学计量化合物却不是很多。例如，具有稳定价态的阳离子形成的化合物中要产生明显的非化学计量是困难的。在具有比较容易变价的阳离子形成的化合物中则比较容易出现明显的非化学计量，比如含有过渡金属和稀土金属化合物。这种晶体缺陷可分为四种类型。

一、由于负离子缺位，使金属离子过剩

TiO_2、ZrO_2 就会产生这种缺陷，分子式可以写为 TiO_{2-x}、ZrO_{2-x}。从化学计量的观点看，在 TiO_2 晶体中，正离子与负离子的比例是 Ti：O=1：2，但由于环境中氧离子不足，晶体中的氧可以逸出到大气中，这时晶体中出现氧空位，使得金属离子与化学式比较起来显得过剩。从化学的观点来看，缺氧的 TiO_2 可以看做是四价钛和三价钛氧化物的固溶体，即 Ti_2O_3 在 TiO_2 中的固溶体。也可以把它看做是为了保持电中性，部分 Ti^{4+} 降价为 Ti^{3+}。其缺陷反应如下：

$$2Ti_{Ti} + 4O_O \longrightarrow 2Ti'_{Ti} + V_O^{\cdot\cdot} + 3O_O + \frac{1}{2}O_2 \uparrow \tag{4-30}$$

式中，Ti'_{Ti} 是三价钛位于四价钛位置，这种离子变价的现象总是和电子相联系的，也就是说 Ti^{4+} 是由于获得电子变成 Ti^{3+} 的。但这个电子并不是固定在一个特定的钛离子上，而

是容易从一个位置迁移到另一个位置。更确切地说，可把它看做是在负离子空位的周围，束缚了过剩电子，以保持电中性，如图 4-5 所示。因为氧空位是带正电的，在氧空位上束缚了两个自由电子，这种电子如果与附近的 Ti^{4+} 相联系，Ti^{4+} 就变成 Ti^{3+}。但这些电子并不属于某一个具体固定的 Ti^{4+}，在电场的作用下，它可以从这个 Ti^{4+} 迁移到邻近的另一个 Ti^{4+} 上，而形成电子导电，所以具有这种缺陷的材料，是一种 n 型半导体。

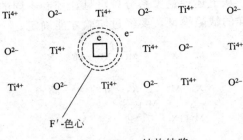

图 4-5　TiO_{2-x} 结构缺陷

凡是自由电子陷落在阴离子缺位中而形成的一种缺陷又称为 F'-色心。它是由一个负离子空位和一个在此位置上的电子组成的，也即捕获了电子的负离子空位。由于陷落电子能吸收一定波长的光，因而使晶体着色而得名。例如，TiO_2 在还原气氛下由黄色变成灰黑色，NaCl 在 Na 蒸气中加热呈黄棕色等。

反应式(4-6) 又能简化为下列形式：

$$O_O \longrightarrow V_O^{\cdot\cdot} + 2e' + \frac{1}{2}O_2 \uparrow \tag{4-31}$$

式中，$e' = Ti'_{Ti}$。根据质量作用定律，平衡时：

$$K = \frac{[V_O^{\cdot\cdot}][P_{O_2}]^{\frac{1}{2}}[e']^2}{[O_O]} \tag{4-32}$$

如果晶体中氧离子的浓度基本不变，而过剩电子的浓度比氧空位大两倍，即 $[e'] = 2[V_O^{\cdot\cdot}]$，则可简化为：

$$[V_O^{\cdot\cdot}] \propto [P_{O_2}]^{-\frac{1}{6}} \tag{4-33}$$

这说明氧空位的浓度和氧分压的 1/6 次方成反比。所以 TiO_2 的非化学计量材料对氧压力是十分敏感的，在烧结含有 TiO_2 的陶瓷时，要注意氧的压力。

二、由于间隙正离子，使金属离子过剩

具有这种缺陷的结构如图 4-6 所示。$Zn_{1+x}O$ 和 $Cd_{1+x}O$ 属于这种类型。过剩的金属离子进入间隙位置，它是带正电的，为了保持电中性，等价的电子被束缚在间隙正离子周围，这也是一种色心。例如：ZnO 在锌蒸气中加热，锌蒸气中一部分锌原子会进入到 ZnO 晶格的间隙位置，成为 $Zn_{1+x}O$。缺陷反应式可以表示如下：

$$ZnO \Longrightarrow Zn_i^{\cdot\cdot} + 2e' + \frac{1}{2}O_2 \uparrow \tag{4-34}$$

或

$$Zn(g) \Longrightarrow Zn_i^{\cdot\cdot} + 2e' \tag{4-35}$$

根据质量作用定律：

$$K = \frac{[Zn_i^{\cdot\cdot}][e']^2}{[P_{Zn}]} \tag{4-36}$$

间隙锌离子的浓度与锌蒸气压的关系为：

$$[Zn_i^{\cdot\cdot}] \propto [P_{Zn}]^{\frac{1}{3}} \tag{4-37}$$

如果锌离子化程度不足，可以有：

$$Zn(g) \Longrightarrow Zn_i^{\cdot} + e' \tag{4-38}$$

得

$$[Zn_i^{\cdot}] \propto [P_{Zn}]^{\frac{1}{2}} \tag{4-39}$$

从上述理论关系分析可见，控制不同的锌蒸气压可以获得不同的缺陷形式，究竟属于什么样的缺陷模型，要经过实验才能确定。

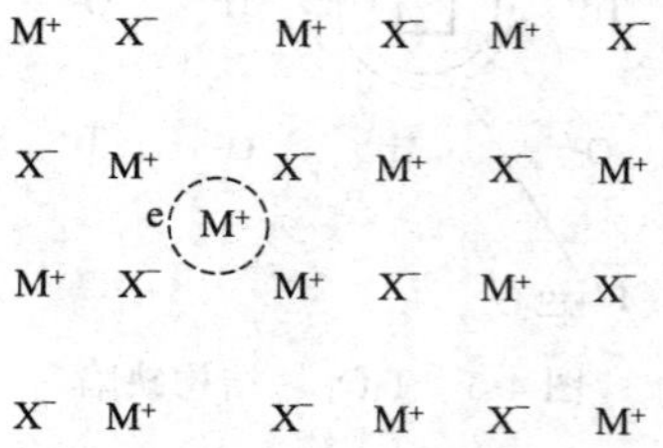

图 4-6　由于间隙正离子，使金属离子过剩型结构缺陷

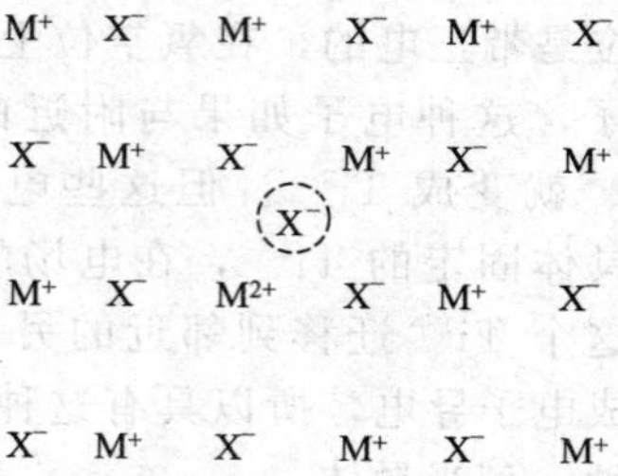

图 4-7　由于间隙负离子，使负离子过剩型缺陷

三、由于存在间隙负离子，使负离子过剩

具有这种缺陷的结构如图 4-7 所示。目前只发现 UO_{2+x} 具有这样的缺陷。它可以看做是 U_3O_8 在 UO_2 中的固溶体。当在晶格中存在间隙负离子时，为了保持结构的电中性，结构中必然要引入电子空穴，相应的正离子升价。电子空穴也不局限于特定的正离子，它在电场作用下会运动。因此，这种材料为 p 型半导体。对于 UO_{2+x} 中缺陷反应可以表示为：

$$\frac{1}{2}O_2 \longrightarrow O_i'' + 2h^{\cdot} \tag{4-40}$$

由上式可得：

$$[O_i''] \propto [P_{O_2}]^{\frac{1}{6}} \tag{4-41}$$

随着氧压力的增大，间隙氧浓度增大。

四、由于正离子空位的存在，引起负离子过剩

图 4-8 为这种缺陷的示意图。由于存在正离子空位，为了保持电中性，在正离子空位的周围捕获电子空穴。因此，它也是 p 型半导体。如 $Cu_{2-x}O$ 和 $Fe_{1-x}O$ 属于这种类型的缺陷。以 FeO 为例，可以写成 $Fe_{1-x}O$，在 FeO 中，由于 V_{Fe}'' 的存在，O^{2-} 过剩，每缺少一个 Fe^{2+}，就出现一个 V_{Fe}''，为了保持电中性，要有两个 Fe^{2+} 转变成 Fe^{3+} 来保持电中性。从化学观点看，$Fe_{1-x}O$ 可以看做是 Fe_2O_3 在 FeO 中的固溶体，为了保持电中性，三个 Fe^{2+} 被两个 Fe^{3+} 和一个空位所代替。从缺陷的生成反应可以看出缺陷浓度也和气氛有关：

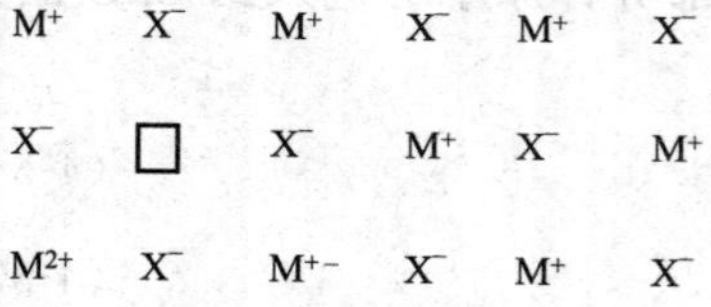

图 4-8　由于正离子空位，使负离子过剩型缺陷

$$2Fe_{Fe} + \frac{1}{2}O_2(g) \longrightarrow 2Fe_{Fe}^{\cdot} + V_{Fe}'' + O_O \tag{4-42}$$

$$\frac{1}{2}O_2(g) \longrightarrow O_O + V_{Fe}'' + 2h^{\cdot} \tag{4-43}$$

从方程（4-43）可见，铁离子空位带负电，为了保持电中性，两个电子空穴被吸引到铁离子空位周围，形成一种 V-色心。

根据质量作用定律可得：

$$K = \frac{[O_O][V_{Fe}''][h^{\cdot}]^2}{[P_{O_2}]^{\frac{1}{2}}} \tag{4-44}$$

由此可得：

$$[h^{\cdot}] \propto [P_{O_2}]^{\frac{1}{6}} \tag{4-45}$$

随着氧分压增大，电子空穴的浓度增大，电导率也相应增大。

由上述可见，非化学计量化合物的产生及其缺陷的浓度与气氛的性质及气压的大小有密切的关系，这是它与其他缺陷的最大不同之处。非化学计量化合物是由于不等价置换使化学计量的化合物变成了非化学计量，而这种不等价置换是发生在同一种离子中的高价态与低价态之间的相互置换。因此非化学计量化合物往往是发生在具有变价元素的化合物中，而且缺陷的浓度随气氛的改变而变化。

第五节　位　　错

位错是晶体中存在的非常重要的晶体缺陷，属于线位错。位错的特点是在一维方向上缺陷的尺寸较长，在另外二维方向上尺寸很小，从宏观看缺陷是线状的，从微观角度看是管状的。位错模型最开始是为了解释材料的强度性质提出来的。经过近半个世纪的理论研究和实验观察，人们认识到位错的存在不仅影响晶体的强度性质，而且与晶体生长、表面吸附、催化、扩散、晶体的电学、光学性质等均有密切关系。了解位错的结构及性质，对于了解陶瓷多晶体中晶界的性质和烧结机理，也是不可缺少的。

一、位错的概念

实际晶体在结晶时受到杂质、温度变化或振动产生的应力作用，或由于晶体受到打击、切削、研磨等机械应力的作用，使晶体内部质点排列变形、原子行列间相互滑移，不再符合理想晶格的有秩序的排列而形成线状的缺陷，称为位错。

位错的概念提出于 1934 年，但直到 20 世纪 50 年代，随着透射电子显微镜的发展，可直接观察到位错的存在，这一概念才为广大学者所接受，并得到深入的研究和发展。迄今，位错在晶体的塑性、强度、断裂、相变以及其他结构敏感性的问题中均扮演着重要角色。其理论亦成为材料科学中的基础理论之一。

早在位错作为一种晶体缺陷被提出之前，人们对晶体的塑性变形的规律做了广泛的研究，并指出塑性变形是通过晶体的滑移来实现的，滑移总是沿着晶体中原子排列较紧密的晶面和晶向进行。这些晶面称为滑移面，晶向称为滑移方向。一个滑移面和其面上的一个滑移方向组成一个滑移系。当外界应力的切应力分量达到某一临界值时，晶体在滑移系上才发生滑移，使晶体产生宏观的变形，将这个切应力称为临界切应力。为了从理论上解释滑移现象，1926 年弗伦克尔从刚体模型出发，对晶体的切变屈服强度进行估算。结果发现，计算得到的理论切变强度比实际晶体的切变强度大了 3～4 个数量级。

理论切变强度与实际切变强度之间的巨大差异，使人们认识到实际晶体的结构并非理想完整，晶体的滑移也并非刚性、同步。因此设想在晶体规则排列的基础上，局部地区存在着偏离正常排列的原子机构，即某种缺陷，它处于过渡的状态，能在较小的应力作用下发生运动。也就是说，晶体的滑移首先从这些缺陷处开始，滑移的继续也是依靠这些缺陷的逐步传递，亦即逐步滑移，而最后导致晶面间的滑移。因此，使得晶面间滑移所需的临界分切应力大为减小。这种特殊的原子排列状态称为位错，以后的实验也完全证实了这样的位错模型。

二、位错的基本类型和特征

位错最重要、基本的形态有刃型位错和螺型位错两种，也有介于它们之间的混合型位错。

1. 刃型位错

图 4-9(a) 表示一块单晶体，受到压缩作用后 ABFE 上部的晶体相对于下部晶体向左滑移了一个原子间距，其中 ABDC 为滑移面，ABFE 为已滑移区，EFDC 为未滑移区。发生局部滑移后，在晶体内部出现了一个多余半原子面。EF 是已滑移区和未滑移区的交界线，其周围的原子排列状态如图 4-9(b) 所示，在 EF 线周围出现原子间距离疏密不均匀的现象，产生了缺陷，这就是位错，EF 便是位错线。位错的特点之一是具有柏格斯矢量 **b**，它的方向表示滑移方向，其大小一般是一个原子间距。这种位错在晶体中有一个刀刃状的多余半原子面，所以称为刃型位错。

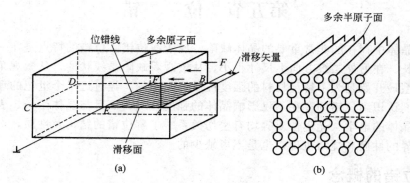

图 4-9　刃型位错

刃型位错的结构有以下特点。

① 柏格斯矢量 **b** 与刃型位错线垂直。

② 刃型位错有正负之分，把多余半原子面在滑移面上边的刃型位错，称为正刃型位错，用符号"⊥"表示；而把多余半原子面在滑移面下边的刃型位错，称为负刃型位错，用符号"⊤"表示。

③ 在位错的周围引起晶体的畸变，在多余半原子面的这一边，晶体受挤压缩变形，原子间距缩小；而另一边的晶体则受张拉膨胀变形，原子间距增大，从而使位错周围产生弹性应变，形成应力场。

④ 位错在晶体中引起的畸变在位错线处最大，离位错线越远晶格畸变越小。原子严重错排的区域只有几个原子间距，因此位错是沿位错线为中心的一个狭长管道。

2. 螺型位错

晶体以图 4-10(a) 所示方式，上下两部分晶体相对滑移一个原子间距，ABDC 滑移面，EF 线以右为已滑移区，以左为未滑移区，EF 线为位错线。EF 线附近的原子排列如图 4-10(b) 所示。EF 线周围的原子失去正常的排列，沿位错线原子面呈螺旋形，每绕轴一周，原子面上升一个原子间距，构成了一个以 EF 为轴的螺旋面，这种晶体缺陷称为螺型位错。

螺型位错结构的特点有以下方面。

① 柏格斯矢量 **b** 与螺型位错线平行。

② 螺形位错分为左旋和右旋。根据螺旋面旋转方向，符合右手法则（即以右手拇指代表螺旋面前进方向，其他四指代表螺旋面的旋转方向）的称为右旋螺形位错，符合左手法则的称为左旋螺形位错。图 4-10 中所示的是右旋螺形位错。

③ 螺型位错只引起剪切畸变，而不引起体积膨胀和收缩。因为存在晶体畸变，所以在位错线附近也形成应力场。

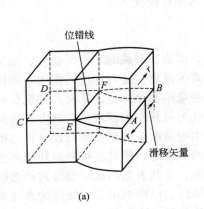

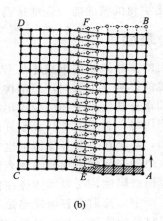

(a)

(b)

图 4-10 螺型位错

④ 同样，离位错线距离越远，晶格畸变越小。螺型位错也是只包含几个原子宽度的线缺陷。

3. 混合型位错

如果局部滑移从晶体的一角开始，然后逐步扩大滑移范围，如图 4-11(a) 所示。滑移区和未滑移区的交界为曲线 EF。由图 4-11(b) 可见，在 E 处位错线与滑移方向平行，原子排列与图 4-10(b) 相同，是纯螺型位错。在 F 处位错线与滑移方向垂直，是纯刃型位错，而在 EF 线上的其他各点，位错线与滑移方向既不平行又不垂直，原子排列介于螺型位错和刃型位错之间，所以称为混合型位错。

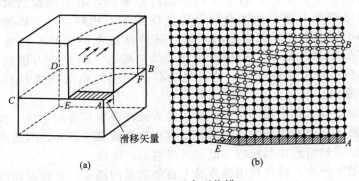

(a)

(b)

图 4-11 混合型位错

因此，混合型位错的结构特点是在位错线两点之间，柏格斯矢量 **b** 既不平行于位错线又不垂直于位错线。

位错是晶体中常见的一种结构缺陷，对晶体的性质有很大的影响。位错的存在使晶体结构发生畸变，活化了晶格，使质点易于移动。位错和杂质质点的相互作用，使杂质质点容易在位错周围聚集，故位错的存在影响着杂质在晶格中的扩散过程。晶体的生长过程也可以用位错理论进行解释。因此对于晶体中位错的观察和研究已经得到广泛的重视。

第六节 面 缺 陷

晶体的面缺陷，顾名思义是指在晶面的两侧原子的排列不同。晶体的表面和晶界、亚晶、相界面等都属于面缺陷，这类缺陷的特点是在薄层内原子的排列偏离平衡位置，因此它们的物理、化学和机械性能与规则排列的晶体内部有很大区别。

一、外表面

陶瓷材料的多晶体同理想晶体是有差别的，因为在形成时，会受温度、压力、浓度及杂质等外界环境的影响，出现同理想结构发生偏离的现象。这种现象若发生在固体表面则形成表面缺陷，如常有高低不平和微裂纹出现，这些缺陷都会降低固体材料的机械强度。当固体材料受外力作用时，破裂常常从表面开始，实际上是从有表面缺陷的地方开始的，即使表面缺陷非常微小，甚至在一般显微镜下也分辨不出的微细缺陷，都足以使材料的机械强度大大降低。另外，由于表面的微细缺陷和表面原子的高能态，使其也极易与环境其他侵蚀性物质发生化学反应而被腐蚀，所以固体往往都在表面，尤其表面凸起或裂缝缺陷部位首先产生腐蚀现象。在生产中，要消除表面缺陷是十分困难的，但可以用表面处理的办法来减少缺陷的暴露，如陶瓷材料的施釉、金属材料的镀层、热处理、涂层等，关于表面结构及其特性将在第七章详细介绍。

二、晶界

晶界是晶粒间界的简称，晶界是多晶体中由于晶粒取向不同而形成的，它是多晶体中最常见的面缺陷。陶瓷是多晶体，由许多晶粒组成，因此它对于陶瓷材料具有特别重要的意义。

在晶界上由于质点间排列不规则而使质点距离疏密不均，从而形成微观的机械应力，这就是晶界应力。它将吸引空位、杂质和一些气孔，因此晶界上是缺陷较多的区域，也是应力比较集中的部位。此外，对单相的多晶材料来说，由于晶粒的取向不同，相邻晶粒在同一方向的热膨胀系数、弹性模量等物理性质都不相同。对于固溶体来说，各晶粒间化学组成上的不同也会形成性能上的差异。这些性能上的差异，在陶瓷烧成后的冷却过程中，都会在晶界上产生很大的晶界应力。晶粒越大，晶界应力也越大。这种晶界应力甚至可以使晶粒出现贯穿性断裂，这就是为什么粗晶结构的陶瓷材料的机械强度和介电性能都较差的原因。

由于晶界的原子处于不平衡的位置，所以晶界处存在有较多的空位、位错等缺陷，使得原子沿晶界的扩散比在晶粒内部快，杂质原子也更容易富集于晶界，因而固态相变首先发生于晶界，还使得晶界的熔点比晶粒内部低，并且容易被腐蚀。

在陶瓷材料的生产中，常常利用晶界易于富集杂质的现象，有意识地加入一些杂质到瓷料中，使其集中分布在晶界上，以达到改善陶瓷材料的性能，并达到为陶瓷材料寻找新用途的目的。例如，在陶瓷生产中，控制晶粒的大小是很重要的，这需要想办法限制晶粒的长大，特别是防止二次再结晶。在工艺上除了严格控制烧成制度，如烧成温度、冷却及冷却方式等外，常常是通过掺杂来加以控制。在刚玉瓷的生产中，可掺入少量的 MgO，使之在 α-Al_2O_3 晶粒之间的晶界上形成镁铝尖晶石薄层，包围了 α-Al_2O_3 晶粒，防止了晶粒的长大，成为细晶结构。

晶界的存在，还影响着陶瓷材料的介电性能。因为晶体在外电场的作用下，会发生极化现象。陶瓷材料是一个典型的不均匀的多相系统，晶粒没有确定取向而各晶界的介电性能也就不可能相同。在电场的作用下，这些介电性能不同区域内的自由电荷的积聚造成了松弛极化，称为夹层极化。由于内部电场分布不均匀，有时可能会使一部分介质内部的电场强度达到很高的数值，这现象就称为高压极化。夹层极化和高压极化都是由于介质的不均匀性（如晶界、相界等）所引起的。此外，由于正负离子激活能的区别，在晶界及表面上肖特基缺陷浓度不一样，而产生某一种符号电荷过量，这种过量电荷也将由相反符号的空间电荷来补偿。以上所述的现象都会对材料的介电性能产生较大的影响。

晶界的存在，除对材料的机械性能和介电性能有较大的影响外，还将对晶体中的电子和晶格振动的声子起散射作用，使得自由电子迁移率降低，对某些性能的传输或耦合产生阻力，例如，对机电耦合不利，对光波也会产生反射或散射，从而使材料的应用受到限制。

三、相界面

所谓相，是指物理、化学性质均匀一致的体系。相界面则是指两相体系之间的分界面。

类似于晶界，相界面的存在也同样影响着材料的物理力学性能。如由晶粒细化有利于提高材料的强度和硬度可以推知，相界面变小和增多，也有利于改善材料的物理力学性能，这已在金属基、陶瓷基、水泥基和高聚物基复合材料中得到证实。减小和增多相界面，可明显提高材料的强度和韧性，但是由于组成相界面的各相、化学组成和结构有较大的差异，其性能上的差异要比单相多晶体间的差异大得多，因而在相界面上，界面应力也更加显著。

复合材料是目前很有发展前途的一种多相材料，其性能优于其中任一组原材料的单独性能，但很重要的一条就是要避免产生过大的界面应力。为此，弥散强化和纤维增强是目前采用的主要复合手段。弥散强化的复合材料结构是由基体和在基体中均匀分布的、直径在 $0.01\mu m$ 到几十毫米，含量从 $1\%\sim70\%$ 或更多的球体或块状体组成。如 ZrO_2 增韧、Al_2O_3 材料、水泥基混凝土材料就属此类。纤维增强复合材料有平行取向和紊乱取向两种，纤维的直径一般在 $1\mu m$ 到几百微米之间波动，水泥基混凝土材料内的增强纤维则是从 $1\mu m$ 的玻璃纤维到几十毫米的钢筋。复合材料的基体通常有高分子基、金属基、陶瓷及水泥基等。常用的纤维有无机材料类如石墨、Al_2O_3、ZrO_2、Si_3N_4 和玻璃，金属材料类如钢纤维和有机高分子材料类，这些材料具有很好的力学性能，它们掺入复合材料中还可以充分保持其原有性能。

习　题

4-1　名词解释

① 弗伦克尔缺陷与肖特基缺陷；

② 刃型位错和螺型位错。

4-2　试述晶体结构中点缺陷的类型。以通用的表示法写出晶体中各种点缺陷的表示符号。试举例写出 $CaCl_2$ 中 Ca^{2+} 置换 KCl 中 K^+ 或进入到 KCl 间隙中去的两种点缺陷反应方程式。

4-3　在缺陷反应方程式中，所谓位置平衡、电中性、质量平衡是指什么？

4-4　① 在 MgO 晶体中，肖特基缺陷的生成能为 6eV（$1eV = 1.6022 \times 10^{-19}$ J），计算在 25℃ 和 1600℃ 时热缺陷的浓度。

② 如果 MgO 晶体中，含有 0.01mol 的 Al_2O_3 杂质，则在 1600℃ 时，MgO 晶体中是热缺陷占优势还是杂质缺陷占优势？说明原因。

4-5　对某晶体的缺陷测定生成能为 84kJ/mol，计算该晶体在 1000K 和 1500K 时的缺陷浓度。

4-6　试写出在下列两种情况中，生成什么缺陷？缺陷浓度是多少？

① 在 Al_2O_3 中，添加 0.01mol% 的 Cr_2O_3，生成淡红宝石。

② 在 Al_2O_3 中，添加 0.5mol% 的 NiO，生成黄宝石。

4-7　非化学计量缺陷的浓度与周围气氛的性质、压力大小相关，如果增大周围氧气的分压，非化学计量化合物 $Fe_{1-x}O$ 及 $Zn_{1-x}O$ 的密度将发生怎样变化？是增大还是减少？为什么？

4-8　非化学计量化合物 Fe_xO 中，$Fe^{3+}/Fe^{2+}=0.1$（离子比），求 Fe_xO 中的空位浓度及 x 值。

4-9　非化学计量氧化物 TiO_{2-x} 的制备强烈依赖于氧分压和温度：

① 试列出其缺陷反应式。

② 求其缺陷浓度表达式。

4-10　试比较刃型位错和螺型位错的异同点。

第五章
固 溶 体

液体有纯净液体和含有溶质的液体之分。固体中也有纯晶体和含有外来杂质原子的固体溶液之分，这样类比就可以把含有外来杂质原子的晶体称为固体溶液，简称固溶体。

为了便于理解，可以把原有的晶体看做溶剂，把外来原子看做溶质，这样可以把生成固溶体的过程看成是个溶解过程。如果原始晶体为 AC 和 BC，生成固溶体之后，分子式可以写成 $(A_xB_y)C$。例如，MgO 和 CoO 生成固溶体，可以写成 $(Mg_{1-x}Co_x)O$。在固溶体中不同组分的结构基元之间是以原子尺度相互混合的，这种混合并不破坏原有晶体的结构。以 Al_2O_3 晶体中溶入 Cr_2O_3 为例，Al_2O_3 为溶剂，Cr^{3+} 溶解在 Al_2O_3 中以后，并不破坏 Al_2O_3 原有晶格构造。少量 Cr^{3+}［约 0.5％～2％（质量分数）］溶入 Al_2O_3 中，由于 Cr^{3+} 能产生受激辐射，使原来没有激光性能的白宝石（α-Al_2O_3）变为有激光性能的红宝石。

固溶体普遍存在于无机固体材料中，材料的物理化学性质随着固溶程度的不同可在一个较大的范围内变化。现代材料研究经常采用生成固溶体来提高和改善材料性能。在功能材料、结构材料中都离不开它。例如，$PbTiO_3$ 与 $PbZrO_3$ 生成锆钛酸铅压电陶瓷 $Pb(Zr_xTi_{1-x})O_3$ 结构，广泛应用于电子、无损检测、医疗等技术领域；Si_3N_4 与 Al_2O_3 之间形成固溶体（塞龙）是新型的高温结构材料；在耐火材料的生产和使用过程中难免会遇到各种杂质，这些杂质究竟是固溶到主晶相中还是在基质中形成液相，对耐火材料性能有重大影响，因此需要了解固溶体的基本知识和变化规律。

固溶体可以在晶体生长过程中进行，也可以从溶液或熔体中析晶时形成，还可以通过烧结过程由原子扩散而形成。固溶体、机械混合物和化合物三者之间是有本质区别的。表 5-1 列出固溶体、化合物和机械混合物三者之间的区别。若晶体 A、B 形成固溶体，A 和 B 之间以原子尺度混合成为单相均匀晶态物质。机械混合物 AB 是 A 和 B 以颗粒态混合，A 和 B 分别保持本身原有的结构和性能，AB 混合物不是均匀的单相而是两相或多相。若 A 和 B 形成化合物 A_mB_n，A：B＝m：n 有固定的比例，A_mB_n 化合物的结构不同于 A 和 B。若 AC 与 BC 两种晶体形成固溶体 $(A_xB_{1-x})C$，A 与 B 可以任意比例混合，x 在 0～1 范围内变动，该固溶体的结构仍与主晶相 AC 相同。

表 5-1　固溶体、化合物和机械混合物比较

比 较 项	固 溶 体	化 合 物	机械混合物
形成方式	掺杂，溶解	化学反应	机械混合
反应式	$2AO \xrightarrow{B_2O_3} 2A'_B + V_O^{\bullet\bullet} + 2O_O$	$AO + B_2O_3 \longrightarrow AB_2O_4$	$AO + B_2O_3$ 均匀混合
化学组成	$B_{2-x}A_xO_{3-\frac{x}{2}}(x=0\sim2)$	AB_2O_4	$AO + B_2O_3$
混合尺度	原子（离子）尺度	原子（离子）尺度	晶体颗粒态
结构	与 B_2O_3 相同	AB_2O_4 型结构	AO 结构＋B_2O_3 结构
相组成	均匀单相	单相	两相有界面

第一节　固溶体的分类

固溶体有两种分类的方法。

一、按杂质原子在固溶体中的位置分类

可以分为置换型固溶体和间隙型固溶体两个类型。置换型固溶体是指杂质原子进入晶体中正常格点位置所生成的固溶体。在无机固体材料中所形成的固溶体绝大多数都属于这种类型。例如，MgO-CoO、MgO-CaO、Al_2O_3-Cr_2O_3、$PbZrO_3$-$PbTiO_3$ 等都属于这种类型。

MgO 和 CoO 都是 $NaCl$ 型结构，Mg^{2+} 半径为 $0.072nm$，Co^{2+} 半径为 $0.074nm$。这两种晶体因为结构相同，离子半径接近，MgO 中的 Mg^{2+} 位置可以无限制地被 Co^{2+} 取代，生成无限互溶的置换型固溶体，图 5-1 和图 5-2 为 MgO-CoO 的相图及固溶体结构。

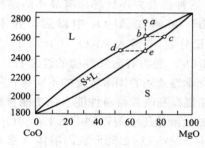

图 5-1　MgO-CoO 系统相图

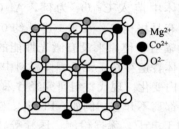

图 5-2　MgO-CoO 固溶体结构

杂质原子进入溶剂晶格中的间隙位置所生成的固溶体就是间隙型固溶体。在无机固体材料中，间隙型固溶体一般发生在阴离子或阴离子团所形成的间隙中。一些碳化物晶体就能形成这种固溶体。

由于不等价的离子置换或生成间隙离子，所形成的固溶体中还会出现离子空位结构。例如，MgO 在 Al_2O_3 中有一定的溶解度，当 Mg^{2+} 进入 Al_2O_3 晶格时，它占据 Al^{3+} 的位置，Mg^{2+} 比 Al^{3+} 低一价，为了保持电中性和位置关系，在 Al_2O_3 中产生 O 空位 $V_O^{\cdot\cdot}$，反应如下：

$$2MgO \xrightarrow{Al_2O_3} 2Mg'_{Al} + V_O^{\cdot\cdot} + 2O_O \tag{5-1}$$

这显然是一种置换型固溶体。

二、按杂质原子在晶体中的溶解度分类

分为无限固溶体和有限固溶体两类。无限固溶体是指溶质和溶剂两种晶体可以按任意比例无限制地相互固溶。例如，在 MgO 和 NiO 生成的固溶体中，MgO 和 NiO 各自都可当做溶质也可当做溶剂，如果把 MgO 当作溶剂，MgO 中的 Mg 可以被 Ni 部分或完全取代，其分子式写成 $(Mg_xNi_{1-x})O$，其中 $x = 0 \sim 1$。当 $PbTiO_3$ 与 $PbZrO_3$ 生成固溶体时，结构中的 $PbTiO_3$ 中的 Ti 也可以全部被 Zr 取代，形成无限固溶体，分子式可以写成 $Pb(Zr_xTi_{1-x})O_3$，其中 $x = 0 \sim 1$。在无限固溶体中，溶质和溶剂两个晶体呈无限溶解时，其固溶体成分可以从一个晶体连续改变成另一晶体，所以又称为连续固溶体或完全互溶

固溶体。

因此，在无限固溶体中溶剂和溶质都是相对的。在二元系统中无限型固溶体的相平衡图是连续的曲线，如图 5-1 所示是 MgO-CoO 的相图。有限型固溶体则表示溶质只能以一定的溶解限量溶入溶剂中，即杂质原子在固溶体中的溶解度是有限的，超过这一限度即出现第二相。例如，MgO-CaO 系统，虽然两者都是 NaCl 型结构，但离子半径相差较大，Mg^{2+} 的半径为 0.072nm，Ca^{2+} 的半径为 0.100nm，相互取代存在着一定的限度，所以生成的是有限固溶体。MgO-CaO 系统相图如图 5-3 所示，在 2000℃时，约有质量分数为 3% CaO 溶入 MgO 中。超过这一限量，便出现第二相——氧化钙固溶体。从相图中可以看出，溶质的溶解度和温度有关，温度升高，溶解度增加。

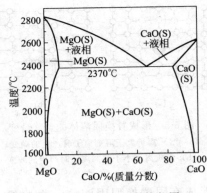

图 5-3　MgO-CaO 系统相图

第二节　置换型固溶体

溶质离子置换溶剂中的一些溶剂离子所形成固溶体称之为置换型固溶体。图 5-4 是置换型固溶体结构，图中白球代表溶剂离子，黑球代表溶质离子。

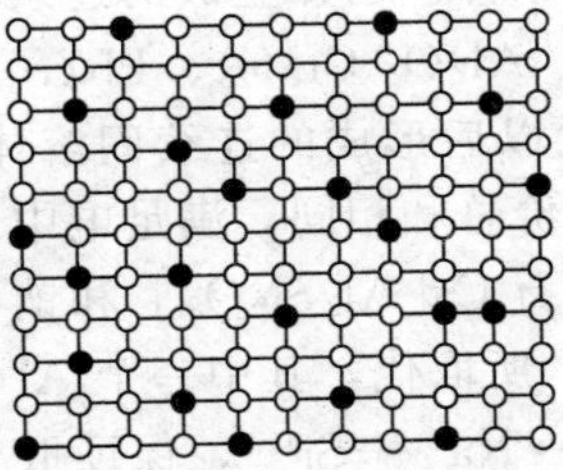

在硅酸盐的形成过程中，常遇到 NiO 或 FeO 固溶到氧化镁晶体内，即 Ni^{2+} 或 Fe^{2+} 置换晶体中的 Mg^{2+}，生成置换型固溶体，而且是连续固溶体。固溶体组成可以写成 $(Mg_xNi_{1-x})O$，其中 $x=0\sim1$。能生成连续固溶体的实例还有 Al_2O_3-Cr_2O_3、ThO_2-UO_2、$PbZrO_3$-$PbTiO_3$、钠长石和钾长石等。另外像 MgO 和 Al_2O_3、MgO 和 CaO、ZrO_2 和 CaO 等，它们的正离子间相互置换，生成置换型固溶体，但置换的量是有限的，所以

图 5-4　置换型固溶体结构

生成的是有限固溶体。

一、影响置换型固溶体中溶质离子溶解度的因素

从热力学观点分析，杂质原子进入晶格，会使系统的熵值增大，并且有可能使自由焓下降，因此在任何晶体中，外来杂质原子都可能有一些溶解度。置换型固溶体有连续置换型和有限置换型固溶体两种类型，那么影响置换型固溶体中杂质原子溶解度的因素究竟是什么呢？虽然目前影响置换型固溶体中溶解度的因素及程度还不能进行严格定量的计算，但通过实践经验的积累，已归纳出一些重要的影响因素，现分述如下。

1. 离子尺寸因素

在置换固溶体中，离子的大小对形成连续或有限置换型固溶体有直接的影响。离子尺寸差对溶解度的影响是由于溶质离子的溶入会使溶剂的晶体结构点阵产生局部的畸变，若溶质离子大于溶剂离子，则溶质离子将排挤它周围的溶剂离子，如图 5-5（a）所示；若溶质离子小于溶剂离子，则其周围的溶剂离子将向溶质离子靠拢，如图 5-5（b）所示。两者的尺寸相差越大，点阵畸变的程度也越大，畸变能越高，晶体结构的稳定性就越低，从而限制了溶质离子的进一步溶入，使固溶体的溶解度减小。

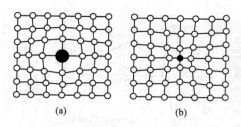

图 5-5　形成置换固溶体的点阵畸变

（a）溶质离子大于溶剂离子时产生的畸变；

（b）溶质离子小于溶剂离子时产生的畸变

因此从晶体稳定的观点看，相互替代的离子尺寸愈相近，则固溶体愈稳定。经验证明的规律是只有当溶质和溶剂离子半径的相对差小于 15％ 时，才可能形成连续固溶体。若以 r_1 和 r_2 分别代表半径大和半径小的溶剂或溶质离子的半径，形成固溶体的尺寸条件的表达式为：

$$\left|\frac{r_1 - r_2}{r_1}\right| < 15\% \qquad (5\text{-}2)$$

当符合上式时，溶质和溶剂之间有可能形成连续固溶体，若此值在 15％～30％ 之间时，可以形成有限置换型固溶体，而此值＞30％ 时，不能形成固溶体。例如，MgO-NiO 之间 $r_{Mg^{2+}} = 0.072nm$，$r_{Ni^{2+}} = 0.070nm$。通过式（5-2）计算得 2.8％，因而它们可以形成连续固溶体。而 CaO-MgO 之间，计算离子半径差别近于 30％，它们不易生成固溶体。在硅酸盐材料中多数离子晶体是金属氧化物，形成固溶体主要是阳离子之间取代。因此，阳离子半径的大小直接影响了离子晶体中正负离子的结合能，从而对固溶的程度和固溶体的稳定性产生影响。

2. 离子的电价因素

离子价对固溶体的生成有明显的影响。只有离子价相同时或离子价总和相同时才可能生成连续置换型固溶体。因此，这也是生成连续置换型固溶体的必要条件。已知生成的连续固溶体的系统，相互取代的离子价都是相同的。例如，MgO-NiO、Al_2O_3-Cr_2O_3、$PbZrO_3$-$PbTiO_3$、MgO-CoO 等系统，都是离子电价相等的阳离子相互取代以后形成的连续固溶体。如果取代离子价不同，则要求用两种以上不同离子复合取代，离子价总和相同，满足电中性取代的条件才能生成连续固溶体。典型的实例有天然矿物，如钙长石 $Ca[Al_2Si_2O_8]$ 和钠长石 $Na[AlSi_3O_8]$ 所形成的固溶体，Ca^{2+} 和 Al^{3+} 同时被 Na^+ 和 Si^{4+} 所取代，其中一个 Al^{3+} 代替一个 Si^{4+}，同时有一个 Ca^{2+} 取代一个 Na^+，即 $Ca^{2+} + Al^{3+} \rightarrow Na^+ + Si^{4+}$，保证取代离子价总和不变，因此也形成连续的固溶体。

这种例子在压电陶瓷材料中很多，也正是对固溶体的研究使得压电陶瓷材料取得迅速的发展。如 $PbZrO_3$ 和 $PbTiO_3$ 是 ABO_3 型钙钛矿型的结构，是两种典型的具有压电、铁电和介电性能的功能陶瓷，可以用众多离子价相等而半径相差不大的离子去取代 A 位上的 Pb^{2+} 或 B 位上的 Zr^{4+}、Ti^{4+}，从而制备出一系列具有各种特殊性能的复合钙钛矿型连续固溶体，使压电陶瓷材料的性能在更大的范围内变化，得到新的材料。例如，$Pb(Fe_{1/2}Nb_{1/2})O_3$-$PbZrO_3$ 是发生在 B 位取代的铌铁酸铅和锆酸铅，$Fe^{3+} + Nb^{5+} \rightarrow 2Zr^{4+}$，满足电中性要求，A 位替代如 $(Na_{1/2}Bi_{1/2})TiO_3$-$PbTiO_3$。

3. 晶体的结构因素

晶体结构因素是与离子尺寸的大小和离子价相联系的，可以认为是由于离子半径和离子价的不同引起了结构的差别。晶体结构相同是生成连续固溶体的必要条件，结构不同最多只能生成有限固溶体。MgO-NiO、Al_2O_3-Cr_2O_3、Mg_2SiO_4-Fe_2SiO_4、ThO_2-UO_2 等，都是形成固溶体的两个组分具有相同的晶体结构类型。又如 $PbZrO_3$-$PbTiO_3$ 系统中，Zr^{4+} 与 Ti^{4+} 计算半径之差，$r_{Zr^{4+}} = 0.072nm$，$r_{Ti^{4+}} = 0.061nm$，$\frac{0.072 - 0.061}{0.072} = 15.28\% > 15\%$。但由于处于相变温度以上，任何锆钛比下，立方晶系的结构是稳定的，虽然半径相对差略大于 15％，但它们之间仍能形成连续置换型固溶体 $Pb(Zr_xTi_{1-x})O_3$。

又如 Fe_2O_3 和 Al_2O_3 两者的半径差计算为 18.4%，虽然它们都是刚玉型结构，但它们也只能形成有限置换型固溶体。但是在复杂构造的石榴子石 $Ca_3Al_2(SiO_4)_3$ 和 $Ca_3Fe_2(SiO_4)_3$ 中，它们的晶胞比氧化物大 8 倍，对离子半径相对差的宽容性就提高，因而在石榴子石中 Fe^{3+} 和 Al^{3+} 能连续置换。

4. 电负性因素

溶质和溶剂之间的化学亲和力对固溶体的溶解度有显著的影响，如果两者之间的化学亲和力很强，则倾向于生成化合物而不利于形成固溶体；生成的化合物越稳定，则固溶体的溶解度就越小。通常以电负性因素来衡量化学亲和力，两元素的电负性相差越大，则它们之间的化学亲和力越强，生成的化合物越稳定。因此，只有电负性相近的元素，固溶体才可能具有大的溶解度。

因此，离子电负性对固溶体及化合物的生成有一定的影响。电负性相近，有利于固溶体的生成；电负性差别大，倾向于生成化合物。

达肯和久亚雷考察固溶体时，曾将电负性和离子半径分别作为坐标轴，取溶质与溶剂半径之差为 ±15% 作为椭圆的一个轴，又取电负性差 ±0.4 为椭圆的另一个轴，画一个椭圆。发现在这个椭圆之内的系统，65% 是具有很大的固溶度，而椭圆范围之外的有 85% 的系统固溶度小于 5%。因此电负性之差小于 ±0.4 也是衡量固溶度大小的一个边界。但与 15% 的离子尺寸规律相比，离子尺寸的影响要大得多，因为在尺寸之差大于 15% 的系统中，有 90% 是不生成固溶体的。对于氧化物系统，固溶体的生成主要还是取决于离子尺寸和离子价因素的影响。

以上就是影响置换型固溶体中溶质离子溶解度的四个主要因素。置换型固溶体普遍存在于无机非金属材料中，例如在水泥生产中，$\beta\text{-}Ca_2SiO_4$ 是波特兰水泥熟料中的一种重要成分，但它易发生晶形转变，造成水泥质量的下降。但通过人为地添加 MgO、SrO 或 BaO（5%～10%）到熟料中，就可以和 $\beta\text{-}Ca_2SiO_4$ 生成置换型固溶体，可以有效地阻止 $\beta\text{-}Ca_2SiO_4$ 发生晶形转变。

二、置换型固溶体中的"组分缺陷"

置换型固溶体可以有等价置换和不等价置换之分，在不等价置换的固溶体中，为了保持晶体的电中性，必然会在晶体结构中产生"组分缺陷"。即在原来结构的结点位置上产生空位或嵌入新质点。这种"组分缺陷"与热缺陷是不同的，热缺陷浓度只是温度的函数；而"组分缺陷"仅发生在不等价置换固溶体中，其缺陷浓度取决于掺杂量和固溶度。不等价离子化合物之间只能形成有限置换型固溶体，由于它们的晶格类型及电价不同，因此它们之间的固溶度一般仅为百分之几。

不等价置换固溶体中，在高价置换低价时，会产生带有正电荷的带电缺陷，为了保持晶体的电中性，必然要产生带有负电荷的带电缺陷，可能出现两种情况，产生阳离子空位，或是出现间隙阴离子。同样在低价置换高价时，也有两种可能情况，产生阴离子空位或是出现间隙阳离子。现将不等价置换固溶体中，可能出现的四种"组分缺陷"归纳如下。

$$\text{高价置换低价}\begin{cases}\text{阳离子出现空位} & Al_2O_3 \xrightarrow{\text{MgO}} 2Al_{Mg}^{\cdot} + V_{Mg}'' + 3O_O \\ \text{阴离子进入间隙} & Al_2O_3 \xrightarrow{\text{MgO}} 2Al_{Mg}^{\cdot} + O_i'' + 2O_O\end{cases}$$

$$\text{低价置换高价}\begin{cases}\text{阴离子出现空位} & CaO \xrightarrow{\text{ZrO}_2} Ca_{Zr}'' + V_O^{\cdot\cdot} + O_O \\ \text{阳离子进入间隙} & 2CaO \xrightarrow{\text{ZrO}_2} Ca_{Zr}'' + Ca_i^{\cdot\cdot} + 2O_O\end{cases}$$

在具体的系统中，究竟出现哪一种"组分缺陷"，一般通过实验测定和理论计算来确定，这将在第五节固溶体的研究方法中详细介绍判别方法。

第三节　间隙型固溶体

若杂质原子比较小，当它们加入到溶剂中时，由于与溶剂的离子半径相差较大，不能形成置换型固溶体。但是，如果它们能进入晶格的间隙位置内，这样形成的固溶体

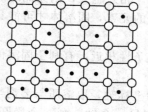

图 5-6　间隙型固溶体结构

称为间隙型固溶体。其结构如图 5-6 所示。

间隙型固溶体在无机非金属固体材料中是不普遍的。间隙型固溶体的溶解度不仅与溶质离子的大小有关，而且与溶剂晶体结构中所形成间隙的形状和大小等因素有关。

常见的间隙型固溶体有以下几种。

一、原子填隙

金属晶体中，原子半径较小的 H、C、B 元素容易进入晶格间隙中形成间隙型固溶体。如钢就是碳在铁中形成的间隙型固溶体。

二、阳离子填隙

当 CaO 加入 ZrO_2 中，形成（$Zr_{1-x}Ca_xO_2$）固溶体。当 CaO 加入量小于 0.15 时，在 1800℃高温下发生下列反应：

$$2CaO \xrightarrow{ZrO_2} Ca''_{Zr} + Ca_i^{\cdot\cdot} + 2O_O \tag{5-3}$$

三、阴离子填隙

将 YF_3 加入到 CaF_2 中，形成（$Ca_{1-x}Y_xF_{2+x}$）固溶体，其缺陷反应式为：

$$YF_3 \xrightarrow{CaF_2} Y_{Ca}^{\cdot} + F_i' + 2F_F \tag{5-4}$$

在无机非金属材料中，溶质离子要进入间隙位置，也同样与溶剂晶体结构中的间隙状态有关。例如，面心结构的 MgO 只有四面体空隙可以利用；而在 TiO_2 晶格中还有八面体空隙可以利用；在 CaF_2 型结构中则有配位为 8 的较大空隙存在；架状硅酸盐片沸石结构中的空隙就更大。所以在以上这几类晶体中形成间隙型固溶体的次序必然是片沸石＞CaF_2＞TiO_2＞MgO。另外当外来杂质离子进入间隙时，必然引起晶体结构中电价的不平衡，和置换型固溶体一样，也必须保持电价的平衡。这可以通过部分取代或离子的价态变化来达到。如在前面所举的例子中，将 YF_3 加入到 CaF_2 中形成固溶体，F^- 跑到 CaF_2 晶格的间隙位置中，同时 Y^{3+} 置换了 Ca^{2+}，保持了电中性。此外，在许多硅酸盐固溶体中，Be^{2+}、Li^+ 或 Na^+ 等离子进入到晶格间隙位置中，额外电荷则通过 Al^{3+} 置换一些 Si^{4+} 来达到平衡，如 $Be^{2+} + 2Al^{3+} \rightleftharpoons 2Si^{4+}$。

第四节　固溶体的性质

固体溶液就是含有杂质原子的晶体，这些杂质原子的进入使原有晶体的性质发生了很大变化，为新材料的来源开辟了一个广大的领域。因此了解固溶体的性质是具有重要意义的。

一、活化晶格，促进烧结

物质间形成固溶体时，由于晶体中出现了缺陷，故使晶体内能大大提高，活化了晶格，促进烧结进行。

Al_2O_3 陶瓷是使用非常广泛的一种陶瓷，它的硬度大、强度高、耐磨、耐高温、抗氧化、耐腐蚀，可用作高温热电偶保护管、机械轴承、切削工具、导弹鼻锥体等，但其熔点高达 2050℃，依泰曼温度可知，很难烧结。而形成固溶体后则可大大降低烧结温度。加入 3% Cr_2O_3 形成置换型固溶体，可在 1860℃烧结；加入 1%～2% TiO_2，形成缺位固溶体，只需在 1600℃即可烧结致密化。

Si_3N_4 也是一种性能优良的材料，某些性能优于 Al_2O_3，但因 Si_3N_4 为共价化合物，很难烧结。然而 β-Si_3N_4 与 Al_2O_3 在 1700℃可以固溶形成置换固溶体，即生成 $Si_{6-0.5x}Al_{0.67x}O_xN_{8-x}$，晶胞中被氧取代的数目最大值为 6，此材料即为塞龙材料，其烧结性能好，且具有很高的机械强度。

二、稳定晶形

ZrO_2 熔点很高，高达 2700℃，是一种极有价值的材料。但在 1000℃左右由单斜晶形变成四方晶形，伴随较大体积收缩（7%～9%），且转化迅速、可逆，从而导致制品烧结时开裂。为改善此问题，可加入稳定剂（CaO、MgO、Y_2O_3），当加入 CaO 并在 1600～1800℃处理，这样即可生成稳定的立方氧化锆固溶体，在加热过程中不再出现像纯的 ZrO_2 那样异常的体积变化，从而提高了 ZrO_2 材料的性能。

三、催化剂

汽车或燃烧器排出的气体中有害成分已成公害，解决此问题一直是人们关心的热点。以往使用贵重金属和氧化物作催化剂均存在一定的问题。氧化物催化剂虽然价廉，但只能消除有害气体中的还原性气体，并且贵重金属催化剂价格昂贵。故用锶、镧、锰、钴、铁等的氧化物之间形成的固溶体消除有害气体很有效。这些固溶体由于具有可变价阳离子，可随不同气氛而变化，使得在其晶格结构不变的情况下容易做到对还原性气体赋予其晶格中的氧，从氧化性气体中取得氧溶入晶格中，从而起到催化消除有害气体的作用。

四、固溶体的电性能

固溶体的形成对材料的电学性能有很大影响，几乎所有功能陶瓷材料均与固溶体的形成有关。在电子陶瓷材料中可制造出各种奇特性能的材料，下面介绍固溶体形成对材料电学性能影响的两个应用。

1. 超导材料

超导材料可用在高能加速器、发电机、热核反应堆及磁浮列车等方面。所谓超导体即冷却到 0K 附近时，其电阻变为零，在超导状态下导体内的损耗或发热都为零，故能通过大电流。超导材料的基本特征有临界温度 T_C、上限临界磁场 H_{C_2} 和临界电流密度三个临界值，超导材料只有在这些临界值以下的状态才显示超导性，故临界值愈高，使用愈方便，利用价值愈高。

表 5-2 列出了部分单质及形成固溶体的 T_C 和 H_{C_2}。由表可见，生成固溶体不仅使得超导材料易于制造而且 T_C 和 H_{C_2} 均升高，为实际应用提供了方便。

表 5-2 部分材料 T_C 及 H_{C_2}

物　质	临界温度/K	临界磁场/T	物　质	临界温度/K	临界磁场/T
Nb	9.2	2.0	$Nb_3Al_{0.8}Ge_{0.2}$	20.7	41
Nb_3Al	18.9	32	Pb	7.2	0.8
Nb_3Ge	23.2	—	$BaPb_{0.7}Bi_{0.3}O_3$	13	—
$Nb_3Al_{0.95}Be_{0.05}$	19.6				

2. 压电陶瓷

$PbTiO_3$ 是一种铁电体，纯的 $PbTiO_3$ 陶瓷，烧结性能极差，在烧结过程中晶粒长得很大，晶粒之间结合力很差，居里点为 490℃，发生相变时伴随着晶格常数的剧烈变化。一般在常温下发生开裂，所以没有纯的 $PbTiO_3$ 陶瓷。$PbZrO_3$ 是一个反铁电体，居里点约 230℃。$PbTiO_3$ 和 $PbZrO_3$ 两者都不是性能优良的压电陶瓷，但它们两者结构相同，Zr^{4+} 与 Ti^{4+} 尺寸差不多，可生成连续固溶体 $Pb(Zr_xTi_{1-x})O_3$，$x=0\sim1$。随着组成的不同，在常温下有不同晶体结构的固溶体，而在斜方铁电体和四方铁电体的边界组成 $Pb(Zr_{0.54}Ti_{0.46})O_3$ 处，压电性能、介电常数都达到最大值，从而得到了优于纯 $PbTiO_3$ 和 $PbZrO_3$ 的压电陶瓷材料，称为 PZT，其烧结性能也很好。也正是利用了固溶体的特性，在 $PbZrO_3$-$PbTiO_3$ 二元系统的基础上又发展了三元系统、四元系统的压电陶瓷。

在 $PbZrO_3$-$PbTiO_3$ 系统中发生的是等价取代，因此对它们的介电性能影响不大，在不等价的取代中，引起材料的绝缘性能的重大变化，可以使绝缘体变成半导体，甚至导体，而且它们的导电性能是与杂质缺陷浓度成正比的。例如，纯的 ZrO_2 是一种绝缘体，当加入 Y_2O_3 生成固溶体时，Y^{3+} 进入 Zr^{4+} 的位置，在晶格中产生氧空位。缺陷反应如下：

$$Y_2O_3 \xrightarrow{ZrO_2} 2Y'_{Zr} + 3O_O + V_O^{\cdot\cdot}$$ (5-5)

从式(5-5)可以看到，每进入一个 Y^{3+}，晶体中就产生一个准自由电子 e'，而电导率 σ 是与自由电子的数目 n 成正比的，电导率当然随着杂质浓度的增加直线地上升。电导率与电子数目的关系如下：

$$\sigma = ne\mu$$ (5-6)

式中　　σ——电导率；

　　　　n——自由电子数目；

　　　　e——电子电荷；

　　　　μ——电子迁移率。

五、透明陶瓷及人造宝石

利用加入杂质离子可以对晶体的光学性能进行调节或改变。例如，在 PZT 中加入少量的氧化镧 La_2O_3，生成 PLZT 陶瓷就成为一种透明的压电陶瓷材料，开辟了电光陶瓷的新领域。这种陶瓷的一个基本配方为：

$$Pb_{1-x}La_x(Zr_{0.65}Ti_{0.35})_{1-\frac{x}{4}}O_3$$ (5-7)

式(5-7)中，$x=0.9$，这个组成常表示为 9/65/35。这个公式是假设 La^{3+} 取代钙钛矿结构中的 A 位的 Pb^{2+}，并在 B 位产生空位以获得电荷平衡。PLZT 可用热压烧结或在高 PbO 气氛下通氧烧结而达到透明。为什么 PZT 用一般烧结方法达不到透明，而 PLZT 能透明呢？陶瓷达到透明的主要关键在于消除气孔，就可以做到透明或半透明。烧结过程中气孔的消除主要靠扩散。在 PZT 中，因为是等价取代的固溶体，因此扩散主要依赖于热缺陷，而在 PLZT 中，由于不等价取代，La^{3+} 取代 A 位的 Pb^{2+}，为了保持电中性，不是在 A 位便是在 B 位必须产生空位，或者在 A 位和 B 位都产生空位。这样 PLZT 的扩散，主要将通过由于杂质引入的空位而扩散。这种空位的浓度要比热缺陷浓度高出许多数量级。在扩散一章中将讨论到，扩散系数与缺陷浓度成正比，由于扩散系数的增大，加速了气孔的消除，这是在同样有液相存在的条件下，PZT 不透明，而 PLZT 能透明的根本原因。

利用固溶体特性制造透明陶瓷的除了 PLZT 之外，还有透明 Al_2O_3 陶瓷。在纯 Al_2O_3 中添加 $0.3\%\sim0.5\%$ 的 MgO，氢气气氛下，在 1750℃左右烧成得到透明 Al_2O_3 陶瓷。之所以可得到 Al_2O_3 透明陶瓷，就是由于 Al_2O_3 与 MgO 形成固溶体的缘故，MgO 杂质的存在，阻碍了晶界的移动，使气孔容易消除，从而得到透明 Al_2O_3 陶瓷。下面讨论由于生成固溶体对单晶光学性能的影响。

表 5-3　人造宝石

宝石名称	基体	颜色	着色剂/%
淡红宝石	Al_2O_3	淡红色	Cr_2O_3　$0.01\sim0.05$
红宝石	Al_2O_3	红色	Cr_2O_3　$1\sim3$
紫罗蓝宝石	Al_2O_3	紫色	TiO_2 0.5 Cr_2O_3 0.1 Fe_2O_3 1.5
黄玉宝石	Al_2O_3	金黄色	NiO 0.5 Cr_2O_3 $0.01\sim0.05$
海蓝宝石(蓝晶)	$Mg(AlO_2)_2$	蓝色	CoO $0.01\sim0.5$
橘红钛宝石	TiO_2	橘红色	Cr_2O_3 0.05
蓝钛宝石	TiO_2	蓝色	不添加,氧气不足

表 5-3 列出了若干人造宝石的组成。可以看到，这些人造宝石全部是固溶体，其中蓝钛宝石是非化学计量的。同样以 Al_2O_3 为基体，通过添加不同的着色剂可以制出四种不同美丽颜色的宝石来，这都是由于不同的添加物与 Al_2O_3 生成固溶体的结果。纯的 Al_2O_3 单晶是无色透明的，称白宝石。利用 Cr_2O_3 能与 Al_2O_3 生成无限固溶体的特性，可获得红宝石和淡红宝石。Cr^{3+} 能使 Al_2O_3 变成红色的原因与 Cr^{3+} 造成的电子结构缺陷有关。在材料中，引进价带和导带之间产生能级的结构缺陷，可以影响离子材料和共价材料的颜色。

在 Al_2O_3 中，由少量的 Ti^{3+} 取代 Al^{3+}，使蓝宝石呈现蓝色；少量 Cr^{3+} 取代 Al^{3+} 呈现作为红宝石特征的红色。红宝石强烈地吸收蓝紫色光线，随着 Cr^{3+} 浓度的不同，由浅红色到深红色，从而出现表 5-3 中浅红宝石及红宝石。Cr^{3+} 在红宝石中是点缺陷，其能级位于 Al_2O_3 的价带与导带之间，能级间距正好可以吸收蓝紫色光线而发射红色光线。红宝石除了作为装饰用之外，还广泛地作为手表的轴承材料（即所谓钻石）和激光材料。

第五节　固溶体的研究方法

物质间可否形成固溶体，形成何种类型的固溶体，可根据前面所述的固溶体形成条件及影响固溶体溶解度的因素进行大略的估计。但究竟是完全互溶，部分互溶，还是根本不生成固溶，还需应用某些技术作出它们的相图。但相图仍不能告诉我们所生成的固溶体是置换型还是间隙型，或者是两者的混合型。这里主要介绍判别固溶体类型的方法。

一、固溶体生成类型的大略估计

生成间隙固溶体比置换固溶体困难。因为形成间隙固溶体除了考虑尺寸因素外，晶体中是否有足够大的间隙位置是非常重要的，只有当晶体中有很大空隙位置时，才可形成间隙型固溶体。

在 NaCl 型结构中，因为只有四面体空隙是空的，而金属离子尺寸又比较大，所以不易形成间隙型固溶体，这种在结构上只有四面体空隙是空的，可以基本上排除生成间隙型固溶体的可能性。而在金红石型和萤石型结构中，因为有空的八面体空隙和立方体空隙，空的间隙较大，金属离子才能填入，类似这样的结构才有可能生成间隙型固溶体。但究竟是否生成还有待于实验验证。

二、固溶体类型的实验判别

固溶体类型的实验判别可分成下面几个步骤，下面以 CaO 加入到 ZrO_2 中，生成固溶体为例。

1. 写出可能形成固溶体的缺陷反应式

模型 I：生成置换型固溶体——阴离子空位型模型：

$$CaO \xrightarrow{ZrO_2} Ca''_{Zr} + O_O + V_O^{\cdot\cdot} \qquad (5-8)$$

模型 II：生成间隙型固溶体——阳离子间隙模型：

$$2CaO \xrightarrow{ZrO_2} Ca_i^{\cdot\cdot} + 2O_O + Ca''_{Zr} \qquad (5-9)$$

究竟上两式那一种正确，它们之间形成何种组分缺陷，可从计算和实测固溶体密度的对比来决定。

2. 写出固溶体的化学式

根据式(5-8) 可以写出置换型固溶体的化学式为 $Zr_{1-x}Ca_xO_{2-x}$，x 表示 Ca^{2+} 进入 Zr 位置的分数。根据式(5-9) 可以写出间隙型固溶体的化学式为 $Zr_{1-x}Ca_{2x}O_2$。

3. 计算理论密度 d_t

理论密度 d_t 的计算，是根据 X 射线分析，得到不同溶质含量时形成固溶体的晶格常数 a，计算出固溶体不同固溶量时晶胞体积 V，再根据固溶体缺陷模型计算出含有一定杂质的固溶体的晶胞质量 W，可得 $d_t = \dfrac{W}{t}$。其中，$W = \sum\limits_{i=1}^{n} W_i$，$i$ 为固溶体晶胞中所含的原子；n 为所含原子的种类数。

$$W_i = \frac{(\text{晶胞中 } i \text{ 原子的位置数}) \times (i \text{ 原子实际占据分数})(i \text{ 原子量})}{\text{阿伏伽德罗常数}} \qquad (5-10)$$

以添加的 $x=0.15$ CaO 的 ZrO_2 固溶体为例。设 CaO 与 ZrO_2 形成置换型固溶体，生成固溶体的缺陷反应式如式(5-8) 所示，则固溶式可表示为 $Zr_{0.85}Ca_{0.15}O_{1.85}$。$ZrO_2$ 属萤石结构，每个晶胞应有 4 个阳离子和 8 个阴离子。则：

$$W = \frac{[4 \times 0.85 \times 91.22 + 4 \times 0.15 \times 40.08 + (8 \times 1.85/2) \times 16]}{6.02 \times 10^{23}} = 7.518 \times 10^{-22}(g)$$

X 射线分析测定，当 $x=0.15$ mol，1600℃时晶格常数为 5.131×10^{-8} cm。ZrO_2 属于立方晶系，所以晶胞体积 $V = a^3 = (5.131 \times 10^{-8})^3 = 135.1 \times 10^{-24}$ cm³，求得理论密度 $d_{tI} = \dfrac{W}{V} = \dfrac{75.18 \times 10^{-23}}{135.1 \times 10^{-24}} = 5.565$ g/cm³。

同理可计算出 $x = 0.15$ 时，CaO 与 ZrO_2 形成间隙型固溶体的理论密度 $d_{tII} = 5.979$ g/cm³。

4. 理论密度与实测密度比较，确定固溶体类型

在 1600℃时实测 CaO 与 ZrO_2 形成固溶体，当加入摩尔分数为 15% CaO 时，固溶体密度为 5.477 g/cm³，与置换型固溶体密度 5.565 g/cm³ 相比，仅差 0.088 g/cm³，数值是相当一致的，这说明在 1600℃时，方程(5-8) 是合理的。化学式 $Zr_{0.85}Ca_{0.15}O_{1.85}$ 是正确的。图

5-7(a) 表示了按不同固溶体类型计算和实测的结果。曲线表明，在 1600℃ 时形成阴离子空位型固溶体，但当温度升高到 1800℃ 急冷后所测得的密度和计算值比较，发现该固溶体是阳离子间隙的形式。从图 5-7(b) 可以看出，两种不同类型的固溶体，密度值有很大不同，用对比密度值的方法可以很准确地定出固溶体的类型。

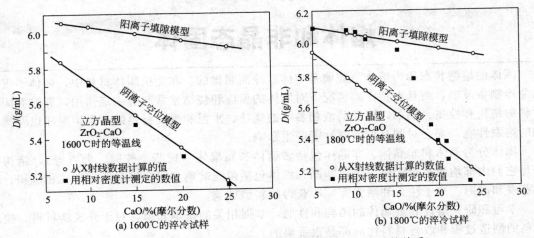

图 5-7　添加 CaO 的 ZrO₂ 固溶体的密度与 CaO 含量的关系

因此，固溶体类型主要通过测定晶胞参数并计算出固溶体的密度，和由实验精确测定的密度数据对比来判断。

习　　题

5-1　试述影响置换型固溶体的固溶度的条件。

5-2　从化学组成、相组成考虑，试比较固溶体与化合物、机械混合物的差别。

5-3　试阐明固溶体、晶格缺陷和非化学计量化合物三者之间的异同点，列出简明表格比较。

5-4　试写出少量 MgO 掺杂到 Al_2O_3 中，少量 YF_3 掺杂到 CaF_2 中的缺陷方程。

① 判断方程的合理性；

② 写出每一方程对应的固溶式。

5-5　一块金黄色的人造黄玉，化学分析结果认为，是在 Al_2O_3 中添加了 0.5%（摩尔分数）NiO 和 0.02%（摩尔分数）的 Cr_2O_3。试写出缺陷反应方程（置换型）及化学式。

5-6　ZnO 是六方晶系，$a = 0.3242nm$，$c = 0.5195nm$，每个晶胞中含两个 ZnO 分子，测得晶体密度分别为 5.74g/cm³、5.606g/cm³，求这两种情况下各产生什么类型的固溶体？

5-7　正、负离子半径为 $r_{Mg^{2+}} = 0.072nm$、$r_{Cr^{3+}} = 0.064nm$，$r_{Al^{3+}} = 0.057nm$，$r_{O^{2-}} = 0.132nm$。问：

① Al_2O_3 和 Cr_2O_3 形成连续固溶体。这个结果可能吗？为什么？

② 试预计 MgO-Cr_2O_3 系统的固溶度如何？为什么？

5-8　Al_2O_3 在 MgO 中将形成有限固溶体，在低共熔温度 1995℃ 时，约有质量分数为 18% 的 Al_2O_3 溶入 MgO 中，MgO 单位晶胞尺寸减小。试预计下列情况下密度的变化。

① Al^{3+} 为间隙离子；

② Al^{3+} 为置换离子。

5-9　用 0.2%（摩尔分数）YF_3 加入 CaF_2 中形成固溶体，实验测得固溶体的晶胞参数 $a = 0.55nm$，测得固溶体密度 $\rho = 3.64g/cm^3$，试计算说明固溶体的类型 [元素的相对原子质量：$M(Y) = 88.90$；$M(Ca) = 40.08$；$M(F) = 19.00$]。

第六章
熔体和非晶态固体

固体的熔融状态称为熔体。玻璃是熔体过冷而制得的。在无机固体材料中，熔体不仅可以急冷制备玻璃，而且在特定的情况下对固体的反应和烧结常常起着一定作用，影响着固体材料的结构和性质。例如，陶瓷的液相参与的烧结、水泥和耐火材料的高温熔融相以及陶瓷釉的熔融性能，都会对制品的最终性能产生影响。

固体分为晶体和非晶体。非晶体包括玻璃体和高聚体（树脂、橡胶、沥青等），结构特征是它们内部均为远程无序。无机非晶态固体包括传统玻璃和用非熔融法（如气相沉积、真空蒸发和溅射、离子注入和激光等）所获得的新型玻璃。

学习和研究熔体和玻璃体的结构和性能，掌握相关的基本知识，对于开发新材料，控制材料的制造过程和改善材料性能都是很重要的。

本章主要讲述无机材料的熔体与非晶态的结构及其性能。为学习与研究无机材料的熔体与非晶态提供基本知识。

第一节　熔体的结构

熔体由于组成复杂、黏度大，研究其结构比较困难。但是研究手段的改进和测试技术的提高，对熔体的认识逐渐深入。

一、熔体结构特点

根据二氧化硅的晶体、熔体等四种不同状态物质的 X 射线衍射试验结果（图 6-1）分

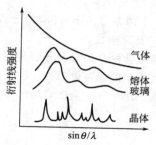

图 6-1　SiO₂ 的气体、熔体、玻璃体、晶体的 X 射线衍射图谱

析，当 θ 角很小时，气体的散射强度极大，熔体和玻璃并无显著散射现象；当 θ 角增大时，在对应于石英晶体的衍射峰位置，熔体和玻璃体均呈弥散状的散射强度最高值。这说明熔体和玻璃体结构很相似，它们的结构中存在着近程有序的区域。

近年来随着结构检测方法和计算技术的发展，熔体的有序部分被证实。石英熔体由大大小小的含有序区域的熔体聚合体构成，这些聚合体是石英晶体在高温分化的产物，因此，局部的有序区域保持了石英晶体的近程有序特征。

熔体结构特点是熔体内部存在着近程有序区域，熔体是由晶体在高温分化的聚合体构成。

熔体组成与结构有着密切的关系。组成的变化会改变结构形式。

二、熔体组成与结构

现在以硅酸盐熔体为例进行分析说明熔体组成与结构的变化关系。

Si—O 键的特点。在硅酸盐熔体中最基本的离子是硅、氧和碱土或碱金属离子。由于 Si^{4+} 电荷高、半径小，有着很强的形成硅氧四面体的能力。根据鲍林电负性计算，Si—O 间电负性差值 $\Delta X = 1.7$，所以 Si—O 键既有离子键又有共价键成分，为典型的极性共价键。从硅原子的电子轨道分布来看，Si 原子位于 4 个 sp^3 杂化轨道构成的四面体中心。当 Si 与 O 结合时，可与氧原子形成 sp^3、sp^2、sp 三种杂化轨道，从而形成 σ 键。同时氧原子已充满的 p 轨道可以作为施主与 Si 原子全空着的 d 轨道形成 d_π—p_π 键，这时 π 键叠加在 σ 键上，使 Si—O 键增强，距离缩短。Si—O 键有这样的键合方式，因此具有高键能、方向性和低配位等特点。

熔体中的 R—O 键（R 指碱或碱土金属）的键型是以离子键为主。当 R_2O、RO 引入硅酸盐熔体中时，由于 R—O 键的键强比 Si—O 键弱得多。Si 能把 R—O 上的氧离子拉在自己周围，在熔体中与两个 Si 相连的氧称为桥氧，与一个 Si 相连的氧称为非桥氧。在 SiO_2 熔体中，由于 RO 的加入使桥氧断裂。结果使 Si—O 键强、键长、键角都发生变动。如图 6-2 所示。

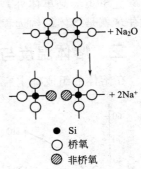

● Si
○ 桥氧
⦸ 非桥氧

图 6-2　[SiO_4] 桥氧断裂过程

在熔融 SiO_2 中，O/Si 比为 2∶1，[SiO_4] 连接成架状。若加入 Na_2O，则使 O/Si 比例升高，随着加入量增加，O/Si 比可由原来 2∶1 逐步升高至 4∶1，此时 [SiO_4] 连接方式可从架状变为层状、带状、链状、环状直至最后桥氧全部断裂而形成 [SiO_4] 岛状。

这种架状 [SiO_4] 断裂称为熔融石英的分化过程，如图 6-3 所示。在石英熔体中，部分石英颗粒表面带有断键，这些断键与空气中水汽作用生成 Si—OH 键。若加入 Na_2O，断键处发生离子交换，大部分 Si—OH 键变成 Si—O—Na 键，由于 Na 在硅氧四面体中存在而使 Si—O 键的键强发生变化。在含有一个非桥氧的二元硅酸盐中，Si—O 键的共价键成分由原来四个桥氧的 52% 下降为 47%。因而在有一个非桥氧的硅氧四面体中，由于 Si—O—Na 的存在，由于 O—Na 连接较弱，使 Si—O 相对增强。而与 Si 相连的另外三个 Si—O 变得较弱，很容易受碱的侵蚀而断裂，形成更小的聚合体。

熔体的分化最初阶段尚有未被侵蚀的石英骨架称为三维晶格碎片，用 [SiO_2]$_n$ 表示。在熔融过程中随时间延长，温度上升，不同聚合程度的聚合物发生变形。一般链状聚合物易发生围绕 Si—O 轴转动同时弯曲；层状聚合物使层体本身发生褶皱、翘曲；架状 [SiO_2]$_n$。由于热振动使许多桥氧键断裂（缺陷数目增多），同时 Si—O—Si 键角发生变化。由于分化过程产生的低聚合物不是一成不变的，它们可以相互作用，形成级次较高的聚合物，同时释

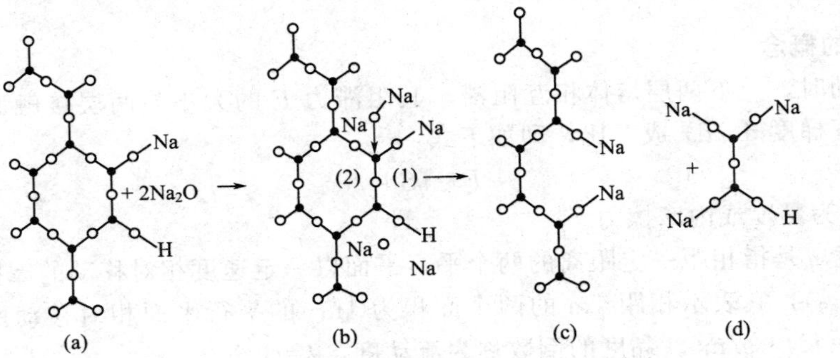

(a) $+ 2Na_2O$ →　(b) (2) (1) →　(c)　(d) +

图 6-3　石英熔体网络分化过程

放部分 Na_2O。该过程称为缩聚。例如：

$$[SiO_4]Na_4 + [Si_2O_7]Na_6 \xrightarrow[\text{(短链)}]{} (Si_3O_{10})Na_8 + Na_2O$$

$$2[Si_3O_{10}]Na_8 \xrightarrow[\text{(环)}]{} [SiO_3]_6Na_{12} + 2Na_2O$$

缩聚释放的 Na_2O 又能进一步侵蚀石英骨架而使其分化出低聚物，如此循环，最后体系出现分化缩聚平衡。这样熔体中就有各种不同聚合程度的负离子团同时并存，有 $[SiO_4]^{4-}$（单体）、$(Si_2O_7)^{6-}$（二聚体）、$(Si_3O_{10})^{8-}$（三聚体）…… $(Si_nO_{3n+1})^{(2n+1)-}$（n 聚体，$n=1,2,3,\cdots,\infty$）。此外还有三维晶格碎片 $(SiO_2)_n$，其边缘有断键，内部有缺陷。这些硅氧团除 $[SiO_4]$ 是单体外，统称聚硅酸离子或简称聚离子。多种聚合物同时并存而不是一处独存这就是熔体结构远程无序的实质。

三、熔体温度与结构

在熔体的组成确定后，熔体的结构内部的聚合物的大小和数量与温度有密切关系。

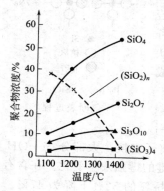

图 6-4 一硅酸盐熔体中聚合物分布与温度关系

图 6-4 表示了一个硅酸盐熔体中聚合物分布与温度的关系。从图中可以看出，温度升高，低聚物浓度增加；温度降低，低聚物浓度也快速降低。说明熔体中的聚合物和三维晶格碎片由于温度的变化存在着聚合和解聚的平衡。温度高时分化成低聚物，这时低聚物的数量大且以分立状态存在。随着温度降低其低聚物又不断碰撞聚合成高聚物，或者黏附在三维晶格碎片上。

综上所述：聚合物的形成可分为三个阶段。

初期：主要是石英粒分化；

中期：缩聚并伴随变形；

后期：在一定时间和一定温度下，聚合和解聚达到平衡。

熔体的内部有低聚物、高聚物、三维碎片及吸附物、游离碱。最后得到的熔体是不同聚合程度的各聚合物的混合物。熔体内部的聚合体的种类、大小和数量随熔体的组成和温度而变化。

第二节　熔体的性质

一、黏度

1. 黏度的概念

熔体流动时，上下两层熔体相互阻滞，其阻滞力 F 的大小与两层接触面积 S 及垂直流动方向的速度梯度 dv/dx 成正比，即如下式：

$$F = \eta S dv/dx \tag{6-1}$$

式中，η 为黏度或内摩擦力。

因此黏度 η 是指相距一定距离的两个平行平面以一定速度相对移动的摩擦力。黏度单位为帕秒（$Pa \cdot s$），它表示相距 $1m$ 的两个面积为 $1m^2$ 的平行平面相对移动所需的力为 $1N$。因此 $1Pa \cdot s = 1N \cdot s/m^2$。黏度的倒数称为流动度：$\phi = 1/\eta$。

黏度在材料生产工艺上有很多应用。例如，熔制玻璃时，黏度小，熔体内气泡容易逸出：玻璃制品的加工范围和加工方法的选择也和熔体黏度及其随温度变化的速率密切相关；黏度还直接影响水泥、陶瓷、耐火材料烧成速度的快慢；此外，熔渣对耐火材料的腐蚀，高炉和锅炉的操作也和黏度有关。

由于硅酸盐熔体的黏度相差很大，从 $10^{-2} \sim 10^{15}$ Pa·s，因此不同范围的黏度用不同方法来测定。范围在 $10^{6} \sim 10^{15}$ Pa·s 的高黏度用拉丝法，根据玻璃丝受力作用的伸长速度来确定。范围在 $10 \sim 10^{7}$ Pa·s 的黏度用转筒法，利用细铂丝悬挂的转筒浸在熔体内转动，使丝受熔体黏度的阻力作用扭成一定角度，根据扭转角的大小确定黏度。范围在 $(31.6 \sim 1.3) \times 10^{5}$ Pa·s 的黏度可用落球法，根据斯托克斯沉降原理，测定铂球在熔体中的下落速度进而求出黏度。

此外，很小的黏度（10^{-2} Pa·s），可以用震荡阻滞法，利用铂摆在熔体中震荡时，振幅受到阻滞逐渐衰减的原理来测定。

2. 黏度-温度关系

从熔体结构中知道，熔体中每个质点（离子或聚合体）都处在相邻质点的键力作用下，也即每个质点均落在一定大小的势垒之间，因此要使质点流动，就得使它活化，即要有克服势垒（Δu）的足够能量。因此这种活化质点的数目越多，流动性就越大。按玻耳兹曼分布定律，活化质点的数目是和 $e^{-\Delta u/kT}$ 成比例的，即

$$\varphi = A_1 e^{-\Delta u/kT} \text{ 或 } \eta = A_1 e^{\Delta u/kT}$$

$$\lg \eta = A + \frac{B}{T} \tag{6-2}$$

式中，A_1、A、$B = \Delta u/k$ 都是和熔体组成有关的常数；k 是玻耳兹曼常数；T 是温度。在温度范围不大时，该公式是和实验符合的。但是 SiO_2 钠钙硅酸盐熔体在较大的温度范围内和该式有较大偏离，活化能不是常数；低温时的活化能比高温时大，这是由于低温时负离子团聚合体的缔合程度较大，导致活化能改变。

由于温度对玻璃熔体的黏度影响很大，在玻璃成型退火工艺中，温度稍有变动就造成黏度较大的变化，导致控制上的困难。为此提出用特定黏度的温度来反映不同玻璃熔体的性质差异，见图 6-5。

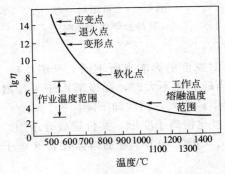

图 6-5　硅酸盐熔体的黏度-温度曲线

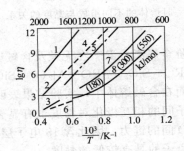

图 6-6　不同组成熔体的黏度与温度的关系
1—石英玻璃；2—90%SiO_2+10%Al_2O_3；3—50%SiO_2+50%Al_2O_3；4—钾长石；5—钠长石；6—钙长石；7—硬质瓷釉；8—钠钙玻璃

从图中可以看出：应变点是指黏度相当于 4×10^{13} Pa·s 时的温度，在该温度下黏性流动事实上不存在，玻璃在该温度退火时不能除去应力。退火点是指黏度相当于 10^{12} Pa·s 时的温度，也是消除玻璃中应力的上限温度，在此温度时应力在 15min 内除去。软化点是指

黏度相当于 $4.5\times10^6 Pa\cdot s$ 时的温度，它是用 $0.55\sim0.75mm$ 直径、长 23cm 的纤维在特制炉中以 $5℃/min$ 速率加热，在自重下达到每分钟伸长 1mm 时的温度。流动点是指黏度相当于 $10^4 Pa\cdot s$ 时的温度，也就是玻璃成型的温度。以上这些特性温度都是用标准方法测定的。

玻璃生产中可从成型黏度范围（$\eta=10^3\sim10^7 Pa\cdot s$）所对应的温度范围推知玻璃料性的长短，生产中调节料性的长短或凝结时间的快慢来适应各种不同的成型方法。

图 6-6 示出了不同组成熔体的黏度与温度的关系，从中可以看出总的趋势是：温度升高黏度降低，温度降低黏度升高，硅含量多黏度高。

3. 黏度-组成关系

熔体的组成对黏度有很大影响，这与组成的价态和离子半径有关系。分析和讨论熔体的组成对黏度的影响，对于学习理解黏度是有帮助的。

一价碱金属氧化物都是降低熔体黏度的，但 R_2O 含量较低与较高时对黏度的影响不同，这和熔体的结构有关。如图 6-7 所示，当 SiO_2 含量较高时，对黏度起主要作用的是 $[SiO_4]$ 四面体之间的键力，熔体中硅氧负离子团较大，这时加入的一价正离子的半径越小，夺取硅氧负离子团中"桥氧"的能力越大，硅氧键越易断裂，因而降低黏度的作用越大，熔体黏度按 Li_2O、Na_2O、K_2O 次序增加。当 R_2O 含量较高时，亦即 O/Si 比高，熔体中硅氧负离子团接近最简单的形式，甚至呈孤岛状结构，因而四面体间主要依靠键力 R—O 连接，键力最大的 Li^+ 具有最高的黏度，黏度按 Li_2O、Na_2O、K_2O 顺序递减。

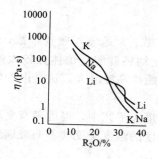

图 6-7 $R_2O\text{-}SiO_2$ 在 1400℃温度时熔体的不同组成与黏度的关系

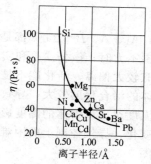

图 6-8 二价阳离子对硅酸盐熔体的影响

（1Å＝0.1nm）

二价金属离子 R^{2+} 在无碱及含碱玻璃熔体中，对黏度的影响有所不同。见图 6-8，在不含碱的 $RO\text{—}SiO_2$ 与 $RO\text{—}Al_2O_3\text{—}SiO_2$ 熔体中，当硅氧比不大时，黏度随离子半径增大而上升，而在含碱熔体中，实验结果表明，随着 R^{2+} 半径增大，黏度却下降。

离子间的相互极化对黏度也有显著影响。由于极化使离子变形，共价键成分增加，减弱了 Si—O 间的键力。因此含 18 电子层的离子 Zn^{2+}、Cd^{2+}、Pb^{2+} 等的熔体比含 8 电子层碱土金属离子的具有较低的黏度。

CaO 在低温时增加熔体的黏度；而在高温下，当含量<10％～12％时，黏度降低；当含量>10％～12％时，则黏度增大。

B_2O_3 含量不同时对黏度有不同影响，这和硼离子的配位状态有密切关系。B_2O_3 含量较少时，硼离子处于 $[BO_4]$ 状态，使结构紧密，黏度随其含量增加而升高。当较多量的 B_2O_3 引入时，部分 $[BO_4]$ 会变成 $[BO_3]$ 三角形，使结构趋于疏松，致使黏度下降，这称为"硼反常现象"。

Al_2O_3 的作用是复杂的，因为 Al^{3+} 的配位数可能是 4 或 6。一般在碱金属离子存在下，

Al_2O_3 可以 ［AlO_4］ 配位形式与 ［SiO_4］ 联成较复杂的铝硅氧负离子团而使黏度增加。

加入 CaF_2 会使熔体黏度急剧下降。主要是氟离子和氧离子的离子半径相近，很容易发生取代。氟离子取代氧离子的位置，使硅氧键断裂，硅氧网络被破坏，黏度就降低了。

二、导电性能

硅酸盐熔体的另一个重要性质是电导性，玻璃电熔就是利用熔体的电导率。钠钙硅酸盐熔体的电导率约为 $0.3 \sim 1.1 \Omega^{-1} \cdot cm^{-1}$。玻璃的电流主要由碱金属离子（尤其是 Na^+）传递的。在任何温度下这些离子的迁移能力远比网络形成离子大。

碱金属离子既降低黏度，又增加电导率。熔体的电导率 σ 和黏度 η 的关系为：$\sigma^n \eta =$ 常数，n 是和熔体组成有关的常数。由此可从熔体电导率推得黏度。

1. 电导率和温度的关系

熔体的电导率随温度升高而迅速增大。在一定温度范围内，电导率可用下列关系式表示：

$$\sigma = \sigma_0 \exp\left(-\frac{E}{RT}\right) \tag{6-3}$$

式中，E 为实验求得的电导活化能。活化能和电导温度曲线在熔体的转变温度范围表现出不连续性。这可联系到结构疏松的淬火玻璃的电导率比网络结合紧密的退火玻璃大。

2. 电导率和组成的关系

硅酸盐熔体的电导决定于网络改变剂离子的种类和数量，尤其是碱金属离子。在钠硅酸盐玻璃中，电导率和 Na^+ 浓度成正比。曾测得熔融石英的活化能为 $142 kcal/mol$，加 50% Na_2O 的碱硅酸盐的活化能为 $50 kcal/mol$。相应的电阻率（$350^\circ C$）分别是 $10^{12} \Omega \cdot cm$ 和 $10^2 \Omega \cdot cm$。碱硅酸盐在一定温度下的电导率按以下次序递减 $Li > Na > K$。其相应的活化能随碱金属氧化物含量的增加而降低。

混合碱效应（又称中和效应或双碱效应）。即当一种碱金属氧化物被另一种置换时电阻率不随置换量起直线变化。一般当两种 R_2O 摩尔数几近相等时，电阻率达最大值。Na^+ 置换 Li^+ 的硅酸盐熔体的电阻率变化见图6-9。活化能和两种 R_2O 的浓度比率有同样的变化。在机械性质和介电弛豫性质中也显示有混合碱效应，这和不同离子间的相互作用有关。不同碱金属离子半径相差越大，相互作用就越明显，混合碱效应也就越大，而它随总碱量的降低而减小。因为总碱量小，离子间距相对就大，相互作用就小，效应就明显。

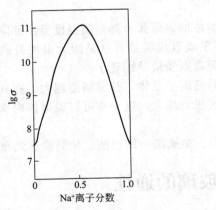

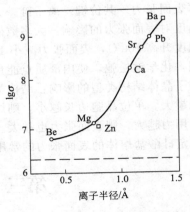

图6-9　含 26% 总碱量的硅酸盐玻璃
中 Na^+ 置换 Li^+ 的电阻率变化

图6-10　二价金属离子半径硅
酸盐玻璃电阻率的影响
（$1\overset{\circ}{A} = 10^{-1} nm$）

在同样的 Na^+ 浓度下，当 CaO、MgO、BaO 或 PbO 置换了部分 SiO_2 后，电导率降低。原因是荷电较高，半径较大的离子阻碍了碱金属离子的迁移行径。图 6-10 表示电阻率随二价金属离子半径的增加而增加，次序是：$Ba^{2+} > Pb^{2+} > Sr^{2+} > Ca^{2+} > Mg^{2+} > Be^{2+}$。

三、表面张力和表面能

将表面增大一个单位面积所需做的功称为表面能。将表面增大一个单位长度所需要的力称为表面张力。

熔体的表面能和表面张力在数值上是相同的。它们的单位分别是 J/m^2 或 N/m。

硅酸盐熔体的表面张力比一般液体高，随其组成而变化，一般波动在 $220 \sim 380 mN/m$ 之间。一些熔体的表面张力数值列于表 6-1。

表 6-1　氧化物和硅酸盐熔体的表面张力

熔体	温度/℃	表面张力/(mN/m)	熔体	温度/℃	表面张力/(mN/m)
硅酸钠	1300	210	Al_2O_3	1300	380
钠钙硅玻璃	1000	320	B_2O_3	900	80
硼硅玻璃	1000	260	P_2O_5	100	60
瓷釉	1000	250~280	PbO	1000	128
瓷中玻璃	1000	320	Na_2O	1300	450
石英	1800	310	Li_2O	1300	450
珐琅	900	230~270	CeO_2	1150	250
水	0	70	NaCl	1080	95
ZrO_2	1300	350	FeO	1400	585

化学组成对表面张力的影响多有不同。Al_2O_3、SiO_2、CaO、MgO、Na_2O、Li_2O 等氧化物能够提高表面张力。B_2O_3、P_2O_5、PbO、V_2O_5、SO_3、Cr_2O_3、K_2O、Sb_2O_3 等氧化物加入量较大时能够显著降低熔体表面张力。

B_2O_3 是陶瓷釉中降低表面张力的首选组分。因为 B_2O_3 熔体本身的表面张力就很小。主要缘于硼氧三角体平面可以按平行表面的方向排列。使得熔体内部和表面之间的能量差别较小。而且，平面 $[BO_3]$ 团可以铺展在熔体表面，从而大幅度降低表面张力。PbO 也可以较大幅度地降低表面张力，主要是因为二价铅离子极化率较高。

熔体内原子（离子或分子）的化学键对其表面张力有很大影响，其规律是：具有金属键的熔体表面张力＞共价键＞离子键＞分子键。

温度对表面张力的影响：大多数硅酸盐熔体的表面张力都是随温度升高而降低。一般规律是温度升高 100℃，表面张力减小 1%。近乎成直线关系。这是因为温度升高，质点热运动加剧，化学键松弛，使内部质点能量与表面质点能量差别变小。

离子晶体结构类型的影响：结构类型相同的离子晶体，其晶格能越大，则其熔体的表面张力也越大。单位晶胞边长越小，则熔体表面张力越大。进一步可以说熔体内部质点之间的相互作用力越大，则表面张力也越大。

测定硅酸盐熔体的表面张力的常用方法有：坐滴法、缩丝法、拉筒法、滴重法。

第三节　玻璃的通性

玻璃是玻璃原料经过加热、熔融、快速冷却而形成的一种无定形的非晶态固体。除了熔融法以外，气相沉积法、水解法、高能射线辐射法、冲击波法、溅射法等也可以制备玻璃。

无机玻璃的宏观特征：在常温下能保持一定的外形，硬度较高，脆性大，破碎时具有贝壳状断面，对可见光透明度良好。玻璃除了具有这些一般性能之外，还具有不同于晶体玻璃的通性。

一、各向同性

均质玻璃体其各个方向的性质，如折射率、硬度、弹性模量、热膨胀系数等性能都是相同的。

二、介稳性

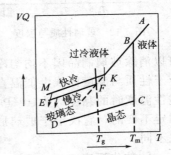

图 6-11　物质内能与体积随温度的变化关系

当熔体冷却成玻璃体时，其状态并不是处于最低的能量状态。它能较长时间在低温下保留高温时的结构而不变化，因而称为介稳态。它含有过剩内能，有析晶的可能，熔体冷却过程中物质内能（Q）与体积（V）的变化如图 6-11 所示。在结晶情况下，内能与体积随温度的变化如折线 $ABCD$ 所示。而过冷却形成玻璃时的情况如折线 $ABKFE$ 所示的过程变化。由图中可见，玻璃态内能大于晶态。

从热力学观点看，玻璃态是一种高能量状态，它必然有向低能量状态转化的趋势，也有析晶的可能。

从动力学观点看，由于常温下玻璃黏度很大，由玻璃态转变为晶态的速率是十分小的。因此它又是稳定的。

三、熔融态向玻璃态转化的可逆与渐变性

当熔体向固体转变时，若是析晶过程，当温度降至 T_m（熔点）时，随着新相的出现，会同时伴随体积、内能的突然下降与黏度的剧烈上升。若熔融物凝固成玻璃的过程中，开始时熔体体积和内能曲线以与 T_m 以上大致相同的速率下降直至 F 点（对应温度 T_g），熔体开始固化。T_g 称为玻璃形成温度（或称脆性温度），继续冷却体积和内能降低程度较熔体小，因此曲线在 F 点出现转折。当玻璃组成不变时，此转折与冷却速率有关。冷却愈快，T_g 也愈高。例如，曲线 $ABKM$ 由于冷却速率快，K 点比 F 点提前。因此，当玻璃组成一定时，其形成温度 T_g 应该是一个随冷却速率而变化的温度范围。低于此温度范围体系呈现如固体的行为称为玻璃，而高于此温度范围它就是熔体。

玻璃无固定的熔点，只有熔体-玻璃体可逆转变的温度范围。各种玻璃的转变范围有多宽取决于玻璃的组成，它一般波动在几十至几百摄氏度之间。如石英玻璃在 1150℃ 左右，而钠硅酸盐玻璃在 500～550℃ 左右。虽然不同组成的玻璃其转变温度相差可达几百摄氏度，但不论何种玻璃与 T_g 温度对应的黏度均为 10^{12}～10^{13} dPa·s 左右。玻璃形成温度 T_g 是区分玻璃与其他非晶态固体（如硅胶、树脂、非熔融法制得新型玻璃）的重要特征。一些非传统玻璃往往不存在这种可逆性，它们不像传统玻璃那样是析晶温度 T_m 高于转变温度 T_g，而是 $T_g > T_m$。例如，许多用气相沉积等方法制备的 Si、Ge 等无定形薄膜，其 T_m 低于 T_g，即加热到 T_g 之前就会产生析晶的相变。虽然它们在结构上也属于玻璃态，但在宏观特性上与传统玻璃有一定的差别。故而习惯上称这类物质为无定形物。

四、物理化学性质变化的连续性

熔融态向玻璃态转化或加热的相反转变过程时物理、化学性质随着温度的变化是连续

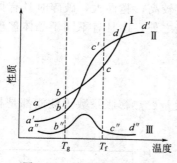

图 6-12　玻璃性质与温度

的。图 6-12 表示玻璃性质随温度变化的关系。由图可见，玻璃性质随温度的变化可分为三类。第一类，性质如玻璃的电导、比容、热函等是按Ⅰ曲线变化。第二类，性质如热容膨胀系数、密度、折射率等是按曲线Ⅱ变化。第三类，性质如热导率和一些机械性质（弹性常数等）如曲线Ⅲ所示，它们在 $T_g \sim T_f$ 转变范围内有极大值的变化。在玻璃性质随温度逐渐变化的曲线上特别要指出两个特征温度 T_g 与 T_f。

1. 脆性温度 T_g

它是玻璃出现脆性的最高温度，由于在这个温度下可以消除玻璃制品因不均匀冷却而产生的内应力，所以也称为退火温度上限。T_g 温度相应于性质与温度曲线上低温直线部分开始转向弯曲部分的温度（即图中 b、b'、b'' 点）。T_g 脆性温度时的黏度约为 $10^{12} Pa \cdot s$，一般工业玻璃的 T_g 约 500℃。玻璃转变温度 T_g 不是固定不变的，它决定于玻璃形成过程的冷却速率。冷却速率不同，性能-温度曲线的变化也不同。

2. 软化温度 T_f

它是玻璃开始出现液体状态典型性质的温度。无论玻璃组成如何，在 T_f 时相应的玻璃黏度约为 $10^9 dPa \cdot s$。T_f 也是玻璃可拉成丝的最低温度。T_f 温度相应于曲线弯曲部分开始转向高温直线部分的温度（即图中 c、c'、c'' 点）。T_f 软化温度时的黏度为 $10^8 Pa \cdot s$。

3. 反常间距 $T_g \sim T_f$

又称为转变温度范围。由图 6-12 可知，性质-温度曲线 T_g 以下的低温段和 T_f 以上的高温段其变化几乎成直线关系，这是因为前者的玻璃为固体状态，而后者则为熔体状态，它们的结构随温度是逐渐变化的。而在 T_g 和 T_f 温度范围内（即转变温度范围或反常间距）是固态玻璃向玻璃熔体转变的区域，结构随温度急速地变化，因而性质随之突变。由此可见 $T_g \sim T_f$ 对于控制玻璃的性质有着重要的意义。

任何物质不论其化学组成如何，只要具有上述四个特性都称为玻璃。

第四节　非晶态固体形成

非晶态固体是物质的一种聚集状态，包括无定形固体、无定形薄膜、玻璃。学习和掌握非晶态固体形成以及玻璃形成的条件和影响因素对研究玻璃结构及合成具有特殊性能的新型玻璃有很重要的理论和现实意义。

一、非晶态固体的形成

1. 非晶态固体形成方法

传统玻璃是玻璃原料经加热、熔融和在常规条件下进行冷却而形成的，这是目前玻璃工业生产所大量采用的方法。此法的不足之处是冷却速率比较慢。工业生产一般 $40 \sim 60 K/h$，实验室样品急冷达 $1 \sim 10 K/s$。这种冷却速率是不能使金属、合金或一些离子化合物形成玻璃态的，目前除传统冷却法以外还出现了许多非熔融法，而且冷却法本身在冷却速率上也有很大的突破。这样，使用传统法不能得到玻璃态的物质也可以制备成玻璃。图 6-13 用一组同心圆来归纳各种不同聚集状态的物质向玻璃态转变的方法。图中最外圈是原料的聚集状态，最里圈是产物名称。习惯上把气相转变所得的玻璃态物质称为无定形薄膜；晶相转变所得的玻璃态物质称为无定形固体；液相转变所得的玻璃态物质称为玻璃固体，它们的差别在于形状和近程有序程度不同。图中原料和产物之间的转变用实箭头表示，而无定形态产物聚合成玻璃固体用虚箭头表示。外圈各聚集状态之间的箭头表示各相变热，即升华热、蒸发热和熔解热。

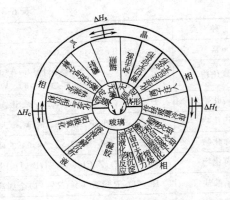

图 6-13　非晶态固体形成

2. 形成非晶态固体的物质

不是所有的物质都能形成非晶态固体。也不是所有的化合物都能形成玻璃。经过科学家不懈地研究，已经找出了能形成非晶态固体和形成玻璃的物质。

表 6-2 列出能形成玻璃的氧化物的元素在周期表中的位置，并分成两组。一种是能形成单一的玻璃的氧化物，如 SiO_2、B_2O_3 等，以长方框表示。另一种是本身不能形成玻璃，但能同某些氧化物一起形成玻璃，如 TeO_2、SeO_2、MoO_3、Al_2O_3、Ge_2O_3、V_2O_5、Bi_2O_3 等，称为条件形成玻璃氧化物，以方框表示。C 和 N 也是条件形成玻璃元素，这些元素构成的氧化物玻璃就是碳酸盐和硝酸盐玻璃。碳酸盐玻璃必须在高压下熔制，以免 CO_3^{2-} 热分解。硫系玻璃（As-S、As-Se、P-Se、Ge-Se 系统）和硒化物的玻璃形成组成范围较广。这类玻璃有半导体性质，在较低温度时变软，能透红外辐射线。卤化物玻璃中只有氟化铍（BeF_2）和氯化锌（$ZnCl_2$），二者本身能形成单一玻璃。这类玻璃，尤其是氟化物玻璃，由其优异的光学性质获得重要地位，这类玻璃又称离子玻璃。

表 6-2　形成玻璃氧化物的元素

Ⅲ	组	Ⅳ	组	Ⅴ	组	Ⅵ	组
B	A	B	A	B	A	B	A
	B		C		N		O
	Al		Si		P		S
Sc	Ga	Ti	Ge	V	As	Cr	Se
Y	In	Zr	Sn	Nb	Sb	Mo	Te
La①	Tl	Hf	Pb	Ta	Bi	W	Po

① 表示镧系元素。

注：□ 表示能单一的形成玻璃的氧化物的元素；

　　□ 表示"有条件的"形成玻璃的氧化物的元素。

根据表 6-2～表 6-4 可以看出各种物质形成玻璃可能性的次序，这次序实际上反映了熔体结晶的难易。我们观察实际玻璃的熔制情况可以发现，硅酸盐、硼酸盐、磷酸盐和石英等熔融体在冷却过程中有可能全部转变成玻璃体，也有可能部分转变为玻璃体而部分转变为晶体，甚至全部转变为晶体。近十余年来，更大量地研究了玻璃的分相现象（即玻璃在冷却或热处理中内部形成互不相溶的两个或两个以上的玻璃相），这些问题和玻璃形成条件密切相关。因为自熔体冷却到一个稳定的、均匀的玻璃体一般经过一个析晶温度范围，必须越过析晶温度范围，冷却到凝固点以下，方能形成玻璃体。

表 6-3 熔融法形成玻璃物质

种 类	物 质
元素	O、S、Se、Te、P
氧化物	单的：B_2O_3、SiO_2、GeO_2、P_2O_5、As_2O_3、Sb_2O_3、In_2O_3、Tl_2O_3、SnO_2、PbO_2、SeO_2 "有条件的"：TeO_2、SeO_2、MoO_3、WO_3、Bi_2O_3、Al_2O_3、La_2O_3、V_2O_5、SO_3
硫化物	B、Ga、In、Tl、Ge、Sn、N、P、As、Sb、Bi、O、Se 的硫化物，As_2S_3、Sb_2S_3、CS_2
硒化物	Tl、Si、Sn、Pb、P、As、Sb、Bi、O、S、Te 的硒化物
碲化物	Tl、Sn、Pb、Sb、Bi、O、Se、As、Ge 的碲化物
卤化物	BeF_2、AlF_3、$ZnCl_2$、$Ag(Cl,Br,I)$、$Pb(Cl_2,Br_2,I_2)$ 和多组分混合物
硝酸盐	$R^I NO_3$-$R^{II}(NO_3)_2$（R^I＝碱金属离子，R^{II}＝碱土金属离子）
碳酸盐	K_2CO_3-$MgCO_3$
硫酸盐	Tl_2SO_4、$KHSO_4$、$R_2^I SO_4 \cdot R_2^{III}(SO_4)_3 \cdot 2H_2O$（$R^I$＝碱金属、Tl、$NH_4$ 等）（R^{II}＝Al、Cr、Fe、Co、Ga、In、Ti、V、Mn、Ir 等）
有机化合物	简单的：甲苯、3-甲己烷、2,3-二甲酮、二乙醚、甲醇、乙醇、甘油、葡萄糖等 聚合物：聚乙烯$\{CH_2\}_n$等
水溶液	酸、碱、氯化物、硝酸盐、磷酸盐、硅酸盐等
金属	Au_4Si、Pd_4Si、Te_x-Cu_{25}-Au_5（特殊急冷法）

表 6-4 非熔融法形成玻璃物质

原始物质	形成主因	处理方法	实 例
固体(结晶)	剪切应力	冲击波	对石英长石等结晶用爆破法、用铝板等施加 600kPa 冲击波使其非晶化，石英变成相对密度＝2.22，n_d＝1.46 玻璃，但在 350kPa 时不能非晶化
		磨碎	磨细晶体，粒子表面层逐渐非晶质化
	放射线照射	高速中子线 α 粒子线	对石英晶体用强度 1.5×10^{20} cm^{-2} 的中子线照射使非晶质化，相对密度＝2.26，n_d＝1.47
液体	错体形成	加水分解	Si、B、P、Pb、Zn、Na、K 等金属醇盐酒精溶液加水分解得到胶体，再加热（$T<T_g$）形成单元或多元系统氧化物玻璃
气体	升华	真空蒸发	在低温基板上用蒸发法形成非晶质薄膜，如 Bi、Ga、Si、Ge、B、Sb、MgO、Al_2O_3、ZrO_2、TiO_2、Ta_2O_3、Nb_2O_3、MgF_2、SiC 等化合物
		阴极飞溅和氧化反应	在低压氧化气氛中，把金属或合金作成阴极，飞溅在基板上形成 SiO_2、PbO-TeO_3 系统薄膜、PbO-SiO_2、系统薄膜、莫来石薄膜等
	气相反应	气相反应	$SiCl_4$ 加水分解或 SiH_4 氧化形成 SiO_2 玻璃。在真空中加热 $B(OC_2H_3)_3$ 到 700～900℃形成 B_2O_3 玻璃
		辉光放电	辉光放电制造原子氧气，在低压中分解金属有机化合物，使在基板上形成非晶质氧化物薄膜，该法不需高温，例如 $Si(OC_2H_5)_4 \to SiO_2$。此外还可以用微波发生装置代替辉光放电装置
	电气分解	阳极法	利用电解质溶液的电解反应，在阴极上析出非晶质氧化物，如 Ta_2O_5、Al_2O_3、ZrO_2、Nb_2O_5 等

二、玻璃形成条件

1. 热力学条件

熔融体是物质在熔融温度以上存在的一种高能量状态。随着温度降低，熔体释放能量大小不同，可以有三种冷却途径。

（1）结晶化　即有序度不断增加，直到释放全部多余能量而使整个熔体晶化为止。

（2）玻璃化　即过冷熔体在转变温度 T_g 硬化为固态玻璃的过程。

（3）分相　即质点迁移使熔体内某些组成偏聚，从而形成互不混溶而组成不同的两个玻璃相。

玻璃化和分相过程均没有释放出全部多余的能量，因此与晶化相比这两个状态都处于能量的介稳状态。大部分玻璃熔体在过冷时，这三种过程总是程度不等地发生的。

从热力学观点分析，玻璃态物质总有降低内能向晶态转变的趋势。在一定条件下通过析晶或分相放出能量使其处于低能量稳定状态。

然而，由于玻璃与晶体的内能差值不大，故析晶动力较小，因此玻璃这种能量的亚稳态在实际上能够长时间稳定存在。表 6-5 列出了几种硅酸盐晶体和相应组成玻璃体内能的比较。由表可见玻璃体和晶体两种状态的内能差始终很小，以此来判断玻璃形成能力是困难的，不具一般性。就表 6-5 所列出的几种硅酸盐的高温熔体而言，在冷却过程中由于晶态和玻璃态内能差别小，更容易形成玻璃体，而较难形成晶体。

表 6-5　几种硅酸盐晶体与玻璃体的生成热

组　成	状　态	$-\Delta H_{298.16}/(\mathrm{kJ/mol})$	组　成	状　态	$-\Delta H_{298.16}/(\mathrm{kJ/mol})$
Pb₂SiO₄	晶态	1309	SiO₂	β-方石英	858
	玻璃态	1294		玻璃态	848
SiO₂	β-石英	860	Na₂SiO₃	晶态	1528
	β-鳞石英	854		玻璃态	1507

2. 形成玻璃的动力学条件

可以把物质的结晶过程归纳为两个速率，即晶核生成速率（成核速率 I_v）和晶核生长速率（u）。而 I_v 与 u 均与过冷度（$dT = T_m - T$）有关（T_m 为熔点）。如果成核速率与生长速率的极大值所处的温度范围很靠近 [图 6-14(a)]，熔体易析晶而不易形成玻璃。反之，熔体就不易析晶而易形成玻璃[图 6-14(b)]。如果熔体在玻璃形成温度（T_g）附近黏度很大，这时晶核产生和晶体生长阻力均很大，此类熔体易形成过冷液体而不易析晶。因此熔体是析晶还是形成玻璃与过冷度、黏度、成核速率、生长速率均有关。

近代研究证实，如果冷却速率足够快时，在各类材料中都发现有玻璃形成体。因而从动力学角度研究各类不同组成的熔体以多快的速度冷却才能避免产生可以探测到的晶体而形成玻璃，这是很有实际意义的研究内容。

乌尔曼（Uhlmann）在 1969 年将冶金工业中使用的 3T 图即 T-T-T 图（Time-Temperature-Transformation，时间-温度-变化）方法应用于玻璃转变并取得很大成功，目前已成为玻璃形成动力学理论中的重要方法之一。

判断一种物质能否形成玻璃，首先必须确定玻璃中可以检测到的晶体的最小体积，然后再考虑熔体究竟需要多快的冷却速率才能防止这一结晶量的产生，从而获得检测上合格的玻璃。实验证明，当晶体混乱地分布于熔体中时，晶体的体积分数（晶体体积/玻璃总体积 V^β/V）为 10^{-6} 时，刚好为仪器可探测出来的浓度。根据相变动力学理论，通过式(6-4)可估计防止一定的体积分数的晶体析出所必需的冷却速率。

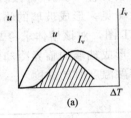
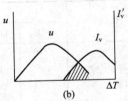

图 6-14　成核、生长速率与过冷度

$$\frac{V^\beta}{V} = \frac{\pi}{3} I_v U^3 t^4 \tag{6-4}$$

式中，V^β 为析出晶体体积；V 为熔体体积；I_v 为成核速率（单位时间、单位体积内所形成的晶核数）；U 为生长速率（界面的单位表面积上固、液界面的扩展速率）；t 为时间。

如果只考虑均匀成核，为避免得到 10^{-6} 体积分数的晶体，可从方程（6-4）通过绘制 3T 曲线来估算必须采用的冷却速率。绘制这种曲线首先选择一个特定的结晶分数，在一系列温度下计算成核速率 I_v、生长速率 u。把计算得到的 I_v、U 代入式（6-4）求出对应的时间 t。用过冷度（$\Delta T = T_m - T$）为纵坐标，冷却时间 t 为横坐标作出 3T 图。图 6-15 列出了这类图的实例。由于结晶驱动力（过冷度）随温度降低而增加，原子迁移率随温度降低而降低，因而造成 3T 曲线弯曲而出现头部突出点。在图中 3T 曲线凸面部分为该熔点的物质在一定过冷度下形成晶体的区域。3T 曲线头部的顶点对应了析出晶体体积分数为 10^{-6} 时的最短时间。

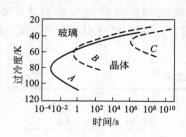

图 6-15 析晶体积分数为 10^{-6} 时不同熔点的 T-T-T 曲线

A—$T_m = 356.6K$;
B—$T_m = 316.6K$;
C—$T_m = 276.6K$

为避免形成给定的晶体分数，所需要的冷却速率可由下式粗略地计算出来。

$$(dT/dt)_c \approx \Delta T_n / \tau_n \qquad (6-5)$$

式中，ΔT_n 为过冷度（$\Delta T_n = T_m - T_n$）；T_n 和 τ_n 分别为 3T 曲线头部之点的温度和时间。

对于不同的系统，在同样的晶体体积分数下其曲线位置不同，由式（6-5）计算出的临界速率也不同。因此可以用晶体体积分数为 10^{-6} 时计算得到的临界冷却速率来比较不同物质形成玻璃的能力，若临界冷却速率大，则形成玻璃困难而析晶容易。

由方程（6-4）可以看出，3T 曲线上任何温度下的时间仅仅随 (V^β/V) 的 1/4 次方变化。可见，形成玻璃的临界冷却速率对析晶晶体的体积分数是不甚敏感的。这样有了某熔体的 3T 图，对该熔体求冷却速率才有意义。

形成玻璃的临界冷却速率是随熔体组成而变化的。表 6-6 列举了几种化合物的冷却速率和熔融温度时的黏度。

表 6-6　几种化合物生成玻璃的性能

性能	化　合　物									
	SiO_2	GeO_2	B_2O_3	Al_2O_3	As_2O_3	BeF_2	$ZnCl_2$	$LiCl$	Ni	Se
$T_m/℃$	1710	1115	450	2050	280	540	320	613	1380	225
$\eta(T_m)/dPa \cdot s$	10^7	10^6	10^5	0.6	10^5	10^6	30	0.02	0.01	10^3
T_s/T_m	0.74	0.67	0.72	约 0.5	0.75	0.67	0.58	0.3	0.3	0.65
$dT/dt/(℃/s)$	10^{-6}	10^{-2}	10^{-6}	10^3	10^{-5}	10^{-6}	10^{-1}	10^8	10^7	10^{-3}

由表 6-6 可以看出，凡是熔体在熔点时具有高的黏度，并且黏度随温度降低而剧烈地增高，使析晶位垒升高的这类熔体易形成玻璃。而一些在熔点附近黏度很小的熔体，如 $LiCl$、金属 Ni 等易析晶而不易形成玻璃。$ZnCl_2$ 只有在快速冷却条件下才生成玻璃。

从表 6-6 还可以看出，玻璃化转变温度 T_g 与熔点 T_m 之间的相关性（T_g/T_m）也是判别能否形成玻璃的标志。转变温度 T_g 是和动力学有关的参数，它是由冷却速率和结构调整速率的相对大小确定的，对于同一种物质，其转变温度愈高，表明冷却速率愈快，愈有利于生成玻璃。对于不同物质，则应综合考虑 T_g/T_m 值。

图 6-16 列出一些化合物的熔点与转变温度的关系。图中直线为 $T_g/T_m=2/3$。由图可知，易生成玻璃的氧化物位于直线上方，而较难生成玻璃的非氧化物，特别是金属合金位于直线的下方。当 $T_g/T_m=0.5$ 时，形成玻璃的临界冷却速率约为 $10K/s$。黏度和熔点是生成玻璃的重要标志，冷却速率是形成玻璃的重要条件。但这些毕竟是反映物质内部结构的外部属性。因此从物质内部的化学键特性、质点的排列状况等去探求才能得到本质的解释。

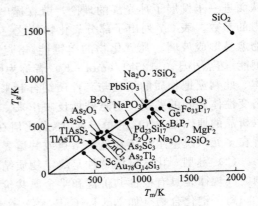

图 6-16　化合物的熔点（T_m）和转变温度（T_g）的关系

3. 玻璃形成的结晶化学条件

（1）键强　氧化物的键强是决定它能否形成玻璃的重要条件。孙光汉首先于 1947 年提出可以用元素与氧结合的单键能大小来判断氧化物能否生成玻璃。他首先计算出各种化合物的分解能，并认为以该种化合物的配位数除之，得出的商数即为单键能。各种氧化物的单键能数值列于表 6-7。根据单键能的大小，可将不同氧化物分为以下三类。

表 6-7　氧化物的单键能

元素	每个 MO_x 的分解能 E/kJ	配位数	M—O 单键能 /kJ	E_{M-O}/T_m	类型	元素	每个 MO_x 的分解能 E/kJ	配位数	M—O 单键能 /kJ	E_{M-O}/T_m	类型
B	1490	3	498	1.36	网络形成体	Na	502	6	84	0.10	网络变性体
		4	373			K	482	9	54	0.11	
St	1775	4	444	0.44		Ca	1076	8	134	0.13	
Ge	1805	4	452	0.65		Mg	930	6	155		
P	1850	4	465~369	0.87		Ba	1089	8	136		
V	1880	4	469~377	0.79		Zn	603	4	151		
As	1461	4	364~293			Pb	607	4	151		
Sb	1420	4	356~360			Li	603	4	151		
Zr	2030	6	339			Sc	1516	6	253		
Zn	603	2	302	0.28	中间体	La	1696	7	242		
Ph	607	2	306			Y	1670	8	209		
Al	1505	6	250			Sn	1164	6	193		
Be	1047	4	264			Ga	1122	6	188		
Zr	2031	6	255			Rh	482	10	48		
Cd	498	2	251			Cs	477	12	40		

① 玻璃网络形成体（其中正离子为网络形成离子），其单键强度大于 335kJ/mol。这类氧化物能单独形成玻璃。

② 网络变性体（正离子称为网络变性离子），其单键强度小于 250kJ/mol。这类氧化物不能形成玻璃，但能改变网络结构，从而使玻璃性质改变。

③ 中间体（正离子称为中间离子），其作用介于玻璃形成体和网络变性体两者之间。

孙光汉提出的键强因素揭示了化学键性质的一个重要方面。从表 6-7 可见，氧化物熔体中配位多面体能否以负离子团存在而不分解成相应的个别离子，与正离子和氧的键强密切相关。键强愈强的氧化物熔融后负离子团也愈牢固，键的破坏和重新组合也愈困难，成核位垒也愈高，故不易析晶而易形成玻璃。

劳森认为玻璃形成能力不仅与单键能有关，还与破坏原有键使之析晶所需的热能有关，从而进一步发展了孙光汉的理论，劳森提出用单键能除以熔点的比值来作为衡量玻璃形成能力的参数。表 6-7 列出了部分氧化物的这一数值。由表可见，单键能愈高，熔点愈低的氧化物愈易形成玻璃。凡氧化物的单键能/熔点大于 0.42kJ/(mol·K) 者称为网络形成体；单键能/熔点小于 0.125kJ/(mol·K) 者称为网络变性体；数值介于两者之间者称为网络中间体。此判据把物质的结构与其性质结合起来考虑，有其独特之处，同时也使网络形成体与网络变性体之间的差别更为悬殊地反映出来。劳森用此判据解释 B_2O_3 易形成稳定的玻璃而难以析晶的原因是 B_2O_3 的单键能/熔点比值在所有氧化物中最高。劳森的判据有助于我们理解在多元系统中组成落在低共熔点或共熔界线附近时，易形成玻璃的原因。

(2) 键型 化学键的特性是决定物质结构的主要因素，因而它对玻璃形成也有重要的影响。其规律是具有极性共价键和半金属共价键的离子才能生成玻璃。

离子键化合物（如 NaCl、CaF_2 等）在熔融状态以正、负离子形式单独存在，流动性很大，在凝固点靠库仑力迅速组成晶格。离子键作用范围大，无方向性，并且一般离子键化合物具有较高的配位数（6、8），离子相遇组成晶格的概率也较高。所以，一般离子键化合物析晶活化能小，在凝固点黏度很低，很难形成玻璃。

金属键物质如单质金属或合金，在熔融时失去联系较弱的电子后，以正离子状态存在。金属键无方向性和饱和性并在金属晶格内出现晶体最高配位数 12，原子相遇组成晶格的概率最大，也难以形成玻璃。

纯粹共价键化合物大部分为分子结构。在分子内部原子以共价键相联系，而作用于分子间的是范德华力，由于范德华键无方向性，一般在冷却过程中质点易进入点阵而构成分子晶格。因此以上三种键型都不易形成玻璃。

当离子键和金属键向共价键过渡时，通过强烈的极化作用，化学键具有方向性和饱和性趋势。在能量上有利于形成一种低配位数（3、4）或一种非等轴式构造，离子键向共价键过渡的混合键称为极性共价键。其特点是有 sp 电子形成杂化轨道，并构成 σ 键和 π 键。这种混合键具有离子键易改变键角、易形成无对称变形的趋势，又具有共价键的方向性和饱和性、不易改变键长和键角的倾向。前者有利于造成玻璃的远程无序、后者则造成玻璃的近程有序。因此，极性共价键的物质比较易形成玻璃态。同样，金属键向共价键过渡的混合键称为金属共价键。在金属中加入半径小、电荷高的半金属离子（Si^{4+}、P^{5+}、B^{3+} 等）或加入场强大的过渡金属原子产生强烈的极化作用，从而形成 spd 或 spdf 杂化轨道，形成金属和加入元素组成的原子团。这种原子团类似于 ［SiO_4］四面体，也可形成金属玻璃的近程有序。但金属的无方向性和无饱和性则使这些原子团之间可以自由连接，形成无对称变形的趋势，从而产生金属玻璃的远程无序。

综上所述，形成玻璃必须具有极性共价键或金属共价键型。一般地说，阴、阳离子的电负性差 ΔX 约在 1.5～2.5 之间。其中阳离子具有较强的极化本领，单键强度（M—O）大于 335kJ/mol，成键时 sp 电子形成杂化轨道，这样的键型在能量上有利于形成一种低配位数负离子团构造如 ［SiO_4］$^{4-}$、［BO_3］$^{3-}$ 或结构键 ［Se—Se—Se］、［S—As—S］，它们互成层状、链状和架状。在熔融时黏度很大，冷却时分子团聚集形成无规则的网络，因而形成玻璃倾向很大。

玻璃形成能力是与组成、结构、热力学和动力学条件等均有关的一个复杂因素，近年来，人们正试图从结构化学、量子化学和聚合物理论等去探讨玻璃的形成规律，因而玻璃形成理论将进一步深入和完善。

第五节 玻璃的结构

玻璃结构是指玻璃中质点在空间的几何配置、有序程度及它们彼此间的结合状态。目前人们还不能直接观察到玻璃的微观结构。用一种研究方法根据一种性质只能从一个方面得到玻璃结构的局部认识，而且很难把这些局部认识相互联系起来。由于玻璃结构的复杂性，人们虽然运用众多的研究方法试图揭示出玻璃的结构本质，但至今尚未提出一个统一和完善的玻璃结构理论。

玻璃结构理论发展沿革如下。

最早由门捷列夫提出，他认为玻璃是无定形物质，没有固定化学组成与合金类似。

塔曼把玻璃看成过冷液体。

索克曼等提出玻璃基本结构单元是具有一定化学组成的分子聚合体。

蒂尔顿在 1975 年提出玻子理论，玻子是由 20 个 $[SiO_4]$ 四面体组成的一个单元。这种在晶体中不可能存在的五角对称是 SiO_2 形成玻璃的原因，他根据这一论点成功地计算出石英玻璃的密度。

依肯提出核前群理论。

阿本提出离子配位假设。

列别捷夫（苏联学者）1921 年提出晶子学说。

扎哈里阿森（德国学者）在 1932 年提出无规则网络学说。

目前，最主要的、广为接受的玻璃结构学说是晶子学说和无规网络学说。

一、晶子学说

苏联学者列别捷夫 1921 年提出晶子假说。他在研究硅酸盐玻璃时发现，无论升温还是降温过程，当温度达到 573℃时，性质必然发生反常变化。而 573℃正是石英由 $\alpha \rightarrow \beta$ 型晶形转变的温度。他认为玻璃是高分散晶体（晶子）的集合体。

1. 晶子学说要点

硅酸盐玻璃是由无数"晶子"组成，"晶子"的化学性质取决于玻璃的化学组成。所谓"晶子"不同于一般微晶，而是带有晶格变形的有序区域，在"晶子"中心质点排列较有规律，愈远离中心则变形程度愈大。"晶子"分散在无定形介质中，从"晶子"部分到无定形部分的过渡是逐步完成的，两者之间无明显界线。晶子学说核心是结构的不均匀性及近程有序性。

晶子学说的缺点是晶子尺寸、晶子含量、晶子的化学组成等都还未得到合理的确定。

2. 晶子学说实验过程

瓦连可夫和波拉依·柯希茨研究了成分递变的钠硅双组分玻璃的 X 射线散射强度曲线。他们发现第一峰石英玻璃衍射的主峰与晶体石英的特征峰相等。第二峰是 $Na_2O \cdot SiO_2$ 玻璃的衍射线主峰与偏硅酸钠晶体的特征峰一致。在钠硅玻璃中上述两个峰均同时出现。随着钠硅玻璃中 SiO_2 含量增加，第一峰愈明显，而第二峰愈模糊。他们认为钠硅玻璃中同时存在方石英晶子和偏硅酸钠晶子，这是 X 射线强度曲线上有两个极大值的原因。他们又研究了升温 400～800℃再淬火、退火和保温几小时的玻璃，结果表明玻璃 X 射线衍射图不仅与成分有关，而且与玻璃制备条件有关。提高温度，延长加热时间，主峰陡度增加，衍射图也愈清晰（图 6-17）。他们认为这是晶子长大所致。由实验数据推论，普通石英玻璃中的方石英晶子平均尺寸为 1nm。

结晶物质和相应玻璃态物质虽然强度曲线极大值的位置大体相似，但不相一致的地方也是明显的。很多学者认为这是玻璃中晶子点阵图有变形所致。并估计玻璃中方石英晶子的固定点阵比方石英晶体的固定点阵大 6.6%。

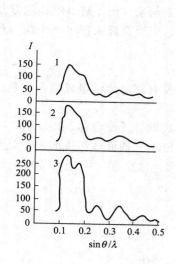

图 6-17　27Na₂O·73SiO₂
玻璃的 X 射线散射强度曲线
1—未加热；2—618℃保温 1h；3—800℃保温

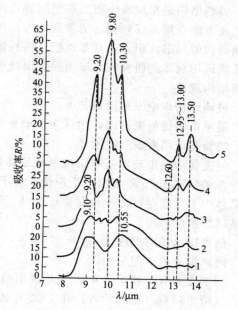

图 6-18　33.3Na₂O·66.7SiO₂
玻璃的反射光谱
1—原始玻璃；2—玻璃表层部分，在 620℃保温 1h；
3—玻璃表层部分，有间断薄雾析晶，保温 3h；
4—玻璃表层部分，有连续薄雾析晶，保温 3h；
5—玻璃表层部分，析晶玻璃，保温 6h

马托西等研究了结晶氧化硅和玻璃态氧化硅在 $3\sim26\mu m$ 的波长范围内的红外反射光谱。结果表明：玻璃态石英和晶态石英的反射光谱在 $12.4\mu m$ 处具有同样的最大值。这种现象可以解释为反射物质结构相同。

弗洛林斯卡妮的工作表明，在许多情况下观察到玻璃和析晶时，析出的晶体的红外反射和吸收光谱极大值是一致的。这就是说，玻璃中有局部不均匀区，该区原子排列与相应晶体的原子排列大体一致。图 6-18 比较了 $Na_2O\text{-}SiO_2$ 系统在原始玻璃态和析晶态的红外反射光谱。由研究结果得出结论，结构的不均匀性和有序性是所有硅酸盐玻璃的共性，这是晶子学说的成功之处。但是至今晶子学说尚有一系列重要的原则问题未得到解决。晶子理论的首倡者列别捷夫承认，由于有序区尺寸太小，晶格变形严重，采用 X 射线、电子射线和中子射线衍射法，未能取得令人信服的结果。

二、无规则网络学说

无规则网络学说是由德国学者扎哈里阿森在 1932 年提出的。

无规则网络学说指出凡是成为玻璃态的物质与相应的晶体结构一样，也是由一个三度空间网络所构成。这种网络是离子多面体（四面体或三角体）构筑起来的。晶体结构网是由多面体无数次有规律重复构成，而玻璃中结构多面体的重复没有规律性。

在无机氧化物所组成的玻璃中，网络是由氧离子多面体构筑起来的。多面体中心总是被网络形成离子（Si^{4+}、B^{3+}、P^{5+}）所占有。氧离子有两种类型，凡属两个多面体的称为桥氧离子，凡属一个多面体的称为非桥氧离子。网络中过剩的负电荷则由处于网络间隙中的网络变性离子来补偿。这些离子一般都是低正电荷、半径大的金属离子（如 Na^+、K^+、Ca^{2+}等）。无机氧化物玻璃结构的二度空间结构如图 6-19 所示。显然，多面体的结合程度甚至整个网络结合程度都取决于桥氧离子的百分数，而网络变性离子均匀而无序地分布在四面体骨架空隙中。

扎哈里阿森认为玻璃和其相应的晶体具有相似的内能，并提出形成氧化物玻璃的四条规则：

① 每个氧离子最多与两个网络形成离子相连；
② 多面体中阳离子的配位数必须是小的，即为 4 或更小；
③ 氧多面体相互共角而不共棱或共面；
④ 形成连续的空间结构网要求每个多面体至少有三个角是与相邻多面体共用的。

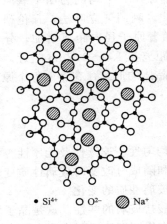

$\bullet\ Si^{4+}$　$\circ\ O^{2-}$　⦸ Na^+

图 6-19　钠硅玻璃结构

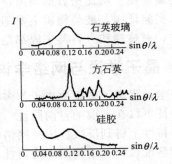

图 6-20　硅材料的 X 射线衍射图

瓦伦对玻璃的 X 射线衍射光谱的一系列卓越的研究，使扎哈里阿森的理论获得有力的实验证明。瓦伦的石英玻璃、方石英和硅胶的 X 射线图列于图 6-20。玻璃的衍射线与方石英的特征谱线重合，这使一些学者把石英玻璃联想为含有极小的方石英晶体，同时将漫射归结于晶体的微小尺寸。然而瓦伦认为这只能说明石英玻璃与方石英中原子间距离大体上是一致的。他按强度-角度曲线半高处的宽度计算出石英玻璃内如有晶体其大小也只有 0.77nm。这与石英单位晶胞尺寸 0.7nm 相似。晶体必须是由晶胞在空间有规则地重复，因此"晶子"此名称在石英玻璃中失去意义。由图 6-20 还可以看到，硅胶有显著的小角度散射而玻璃中没有。这是由于硅胶是由尺寸为 $1\sim10nm$ 不连续粒子组成，粒子间有间距和空隙，强烈的散射是由于物质具有不均匀性的缘故。但石英玻璃小角度没有散射，这说明玻璃是一种密实体，其中没有不连续的粒子或粒子间没有很大空隙。这结果与晶子假说的微不均匀性又有矛盾。

瓦伦又用傅立叶分析法将实验获得的玻璃衍射强度曲线在傅立叶积分公式基础上换算成围绕某一原子的径向分布曲线〔原子径向分布函数的含义是，取固体中任意一个原子中心为原点，离开这个原点距离为 $r+dr$ 的球壳内原子的数目若为 C_i，固体中每个原子都可作为原点，对试样中所有原子取平均值即得 $\dfrac{1}{n}\sum\limits_{i=1}^{n}C_i$。定义 $\rho(r)$ 为距离等于 r 的球壳上原子的平均密度，则 $4\pi r^2 \rho(r) = \frac{1}{n}\sum_{i=1}^{n} C_i$ ，把 $4\pi r^2 \rho(r)$ 称为径向分布函数，其含义是以 i 原子为圆点的体积为 $4\pi r^2 dr$ 球壳内 i 类原子数目的平均值。径向分布函数可以描述固体中原子排列的有序程度]，再利用该物质的晶体结构数据，即可以得到近距离内原子排列的大致图形。在原子径向分布曲线上第一个极大值是该原子与邻近原子间的距离，而极大值曲线下的面积是该原子的配位数。图 6-21 表示 SiO_2 玻璃径向原子分布曲线。第一个极大值表示 Si—O 距离为 0.162nm。这与晶体硅酸盐中发现的 Si—O 平均间距 (0.160nm) 非常符合。

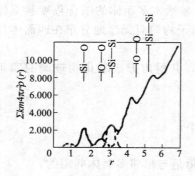

图 6-21　石英玻璃径向分布曲线

按第一个极大值曲线下的面积计算得配位数为 4.3，接近硅原子配位数 4。因此 X 射线分析的结果直接指出在石英玻璃中的每一个硅原子，平均约为四个氧原子以大致 0.162nm 的距离所围绕。利用傅立叶法，瓦伦研究 Na_2O-SiO_2、K_2O-SiO_2、Na_2O-B_2O_3 等系统玻璃结构。发现随着原子径向距离增加，分布曲线中极大值逐渐模糊。从瓦伦数据得出，玻璃结构有序部分距离在 1.0～1.2nm 附近，即接近晶胞大小。实验证明，玻璃物质主要部分不可能以方石英晶体的形式存在。而每个原子的周围原子配位，对玻璃和方石英来说都是一样的。

三、晶子学说与网络学说对比

网络学说强调了玻璃中离子与多面体相互间排列的均匀性、连续性及无序性等方面。这些结构特征可以在玻璃的各向同性、内部性质的均匀性和随成分改变时玻璃性质变化的连续性等基本特性上得到反映。因此网络学说能解释一系列玻璃性质的变化。

晶子学说说明了结构的不均匀性和有序性是所有硅酸盐玻璃的共性。这是晶子学说的成功之处。但是至今晶子学说尚有一系列重要的原则问题未得到解决，如有序区尺寸大小、晶子尺寸、晶子含量、晶子的化学组成等都难于解释。

近年来，随着实验技术的进展和玻璃结构与性质的深入研究，积累了愈来愈多的关于玻璃内部不均匀的资料。随着研究的日趋深入，这两种学说都有进展。无规则网络学说派认为，阳离子在玻璃结构网络中所处的位置不是任意的，而是有一定配位关系。多面体的排列也有一定的规律，并且在玻璃中可能不止存在一种网络（骨架），因而承认了玻璃结构的近程有序和微不均匀性。同时，晶子学派代表者也适当地估计了晶子在玻璃中的大小、数量以及晶子与无序部分在玻璃中的作用，即认为玻璃是具有近程有序（晶子）区域的无定形物质。两种学说的观点正在渐趋接近。

两种学说比较接近的观点是玻璃是具有近程有序、远程无序结构特点的无定形物质。但是在无序与有序区大小、比例和结构等方面仍有分歧。

玻璃结构的研究还在继续进行，随着实验技术及数据处理方法的进步，为玻璃结构的研究提供了良好的条件，相信在不远的将来，研究玻璃的科学家会给玻璃结构一个圆满的描述。

第六节　玻　璃　实　例

玻璃种类繁多，包括传统熔融法制得玻璃和用非熔融法（如气相沉积、真空蒸发和溅射、离子注入和激光等）所获得的新型玻璃。本节仅介绍几种常见玻璃实例。

一、硅酸盐玻璃

1. 石英玻璃结构

石英玻璃是硅酸盐玻璃的基础，研究硅酸盐玻璃首先要了解石英玻璃结构。

石英玻璃是由硅氧四面体 $[SiO_4]$ 以顶角相连而组成的三维架状网络。石英玻璃的径

向原子分布曲线如图 6-22 所示。由第一峰位置指出硅原子与氧原子的距离为 0.162nm，第二峰近似为氧与氧距离 0.265nm，这两个峰与石英晶体中硅氧距离很接近。石英玻璃与晶体石英在两个硅氧四面体之间键角的差别如图 6-22 所示。石英玻璃 Si—O—Si 键角分布在 $120°\sim180°$ 的范围内，中心在 $144°$。与石英晶体相比，石英玻璃 Si—O—Si 键角范围比晶体中宽。而 Si—O 和 O—O

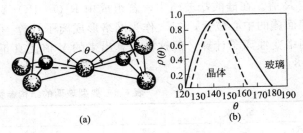

图 6-22 Si—O—Si 键角及分布
（a）Si—O—Si 键角；（b）石英玻璃
和晶体的 Si—O—Si 键角分布

的距离在玻璃中的均匀性几乎与相应的晶体中一样。由于 Si—O—Si 键角变动范围大，使石英玻璃中 $[SiO_4]$ 四面体排列成无规则网络结构，而不像方石英晶体中的四面体有良好的对称性。

2. 硅酸盐玻璃

硅酸盐玻璃由于资源广泛、价格低廉、对常见试剂和气体介质化学稳定性好、硬度高和生产方法简单等优点而成为实用价值最大的一类玻璃。

二氧化硅是硅酸盐玻璃中的主体氧化物，它在玻璃中的结构状态对硅酸盐玻璃的性质起决定性的影响。当 R_2O 或 RO 等氧化物加入到石英玻璃中，形成二元、三元甚至多元硅酸盐玻璃时，由于增加了 O/Si 比例，使原来 O/Si 比为 2 的三维架状结构破坏，随之玻璃性质也发生变化。尤其从连续三个方向发展的硅氧骨架结构向两个方向层状结构变化以及由层状结构向只有一个方向发展的硅氧链结构变化时，性质变化更大。硅酸盐玻璃中 $[SiO_4]$ 四面体的网络结构与加入 R^+ 或 R^{2+}（金属阳离子）的数量有关。在—Si—O—R^+ 结构单元中的 Si—O 化学键随着 R^+ 极化力增强而减弱，尤其是使用半径小的离子时 S—O 键发生松弛。随着 RO 或 R_2O 加入量增加，连续网状 SiO_2 骨架可以从一个顶角发展到两个直至四个。Si—O—Si 键合状况的变化，明显影响到玻璃黏度和其他性质的变化。在 Na_2O-SiO_2 系统中，当 O/Si 比由 2 增加到 2.5 时，玻璃黏度降低 8 个数量级。

玻璃的四个基本结构参数如下。

X——每个多面体中非桥氧离子的平均数；

Y——每个多面体中桥氧离子平均数；

Z——每个多面体中氧离子平均总数；

R——玻璃中氧离子总数与网络形成离子总数之比（一般为 O/Si 比）。

这些参数之间存在着两个简单的关系：

$$Z=X+Y \quad 和 \quad R=X+0.5Y$$
$$或 \quad X=2R-Z \quad Y=2Z-2R$$

每个多面体中的氧离子总数 Z 一般是已知的（在硅酸盐和磷酸盐玻璃中 $Z=4$，硼酸盐玻璃中 $Z=3$）。用它来描述硅酸盐玻璃的网络连接特点是很方便的。R 通常可以从组成计算

出来，因此确定 X 和 Y 就很简单。举例如下。

（1）石英玻璃：$Z=4$，$R=O/Si=2/1=2$，求得 $X=0$，$Y=4$。

（2）10% $Na_2O \cdot$ 18% $CaO \cdot$ 72% SiO_2 玻璃（摩尔分数）：$Z=4$，$R=1/72 \times (10+18+72 \times 2)=2.39$，$X=2R-4=2 \times 2.39-4=0.78$，$Y=4-X=4-0.78=3.22$。

但是，并不是所有玻璃都能简单地计算四个参数。因为有些玻璃中的离子并不属典型的网络形成离子或网络变性离子，如 Al^{3+}、Pb^{2+} 等属于所谓中间离子，这时就不能准确地确定 R 值。在硅酸盐玻璃中，若组成中 $R_2O+RO/Al_2O_3>1$，则 Al^{3+} 被认为是占据〔AlO_4〕四面体的中心位置，Al^{3+} 作为网络形成离子计算。若 $R_2O+RO/Al_2O_3<1$，则把 Al^{3+} 作为网络变性离子计算。但这样计算出来的 Y 值比真正 Y 值要小。一些玻璃的网络参数列于表6-8。

表 6-8 典型玻璃的结构参数 X、Y 和 R 值

组 成	R	X	Y	组 成	R	X	Y
SiO_2	2	0	4	$Na_2O \cdot Al_2O_3 \cdot 2SiO_2$	2	0	4
$Na_2O \cdot 2SiO_2$	2.5	1	3	$Na_2O \cdot SiO_2$	3	2	2
$Na_2O \cdot 1/3Al_2O_3 \cdot 2SiO_2$	2.25	0.5	3.5	P_2O_5	2.5	1	3

Y 又称为结构参数，玻璃的很多性质取决于 Y 值。Y 值小于2的硅酸盐玻璃就不能构成三维网络。Y 值愈小，网络空间上的聚集也小，结构也变得较松，并随之出现较大的间隙。结果使网络变性离子的运动，不论在本身位置振动或从一位置通过网络的网隙跃迁到另一个位置都比较容易。因此随 Y 值递减，出现热膨胀系数增大、电导增加和黏度减小等变化。

从表6-9可以看出 Y 对玻璃一些性质的影响。表中每一对玻璃的两种化学组成完全不同，但它们都具有相同的 Y 值，因而具有几乎相同的物理性质。

表 6-9 Y 对玻璃性质的影响

组 成	Y	熔融温度/℃	膨胀系数 $\alpha(\times 10^7)$	组 成	Y	熔融温度/℃	膨胀系数 $\alpha(\times 10^7)$
$Na_2O \cdot 2SiO_2$	3	1523	146	$Na_2O \cdot SiO_2$	2	1323	220
P_2O_5	3	1573	140	$Na_2O \cdot P_2O_5$	2	1373	220

在多种釉和搪瓷中氧和网络形成体之比一般在 2.25～2.75。通常钠钙硅玻璃中约为 2.4，硅酸盐玻璃与硅酸盐晶体随 O/Si 增加到4。从结构上均由三维网络骨架变为孤岛状四面体。无论是结晶态还是玻璃态，四面体中的 Si^{4+} 都可以被半径相近的离子置换而不破坏骨架。

成分复杂的硅酸盐玻璃在结构上与相应的硅酸盐晶体还是有显著的区别。首先，在晶体中，硅氧骨架按一定的对称规律排列；在玻璃中则是无序的。其次，在晶体中，骨架外的 M^+ 或 M^{2+}（金属阳离子）占据了点阵的固定位置，在玻璃中，它们统计均匀地分布在骨架的空腔内起着平衡氧负电荷的作用。第三，在晶体中只有当骨架外阳离子半径相近时，才能发生同晶置换，在玻璃中则不论半径如何，只要遵守静电价规则，骨架外阳离子均能发生互相置换。第四，在晶体中（除固溶体外），氧化物之间有固定的化学计量，在玻璃中氧化物可以非化学计量的任意比例混合。

二、硼酸盐玻璃

1. B_2O_3 玻璃

B_2O_3 是一种很好的网络形成剂，和 SiO_2 一样也能单独形成氧化硼玻璃。以〔BO_3〕三角体作为基本结构单元。$Z=3$，$R=1.5$，其他两个结构参数 $X=2R-3=3-3=0$，

$Y = 2Z - 2R = 6 - 3 = 3$。因此，在 B_2O_3 玻璃中，[BO_3] 三角体的顶角也是共有的。但是这些三角体在结构中怎样连接尚未清楚。根据核磁共振、红外和拉曼光谱分析以及其他物理性质推出，由 B 和 O 交替排列的平面六角环的 B—O 集团是 B_2O_3 玻璃的重要基元，这些环通过 B—O—B 链连成三维网络，如图 6-23 所示。

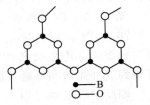

图 6-23　[BO_3] 的连接方式

瓦伦等用和上述同样的 X 射线分析测定 B—O 键的分布函数曲线。峰值对应不同的原子间距：第一峰表示 B—O 间距 0.137nm，和硼酸盐晶体的三配位相同，比四配位的 0.148nm 值小。第二个峰得出 O—O 间距是 0.240nm，和所预料的 0.237nm 很接近，其余的峰与无规则的 [BO_3] 三角体模型不相应，距离在 0.6nm 以外的峰所要求的结构单元就大于 [BO_3] 三角体了。图 6-23 的六角环中 B—O—B 键角是 120°，环间 B—O—B 键角是 130°，连接环的键是不定向无规则的。如果有一小部分 [BO_3] 结合不是环状而是不规则地相连，则更能符合 X 射线分析结果。

这种连环结构和石英玻璃硅氧四面体的不规则网络很不相同，任何 B—O 三角体的周围空间并不完全被邻接的三角体所充填，两个原子接近的可能性较小，这种结构形态可能是因为 B_2O_3 比其他玻璃网络形成剂（如 SiO_2、GeO_2 等）黏度小。这种结构和 B_2O_3 的任何晶体结构也不同，因而从玻璃体制备 B_2O_3 晶体是困难的。

B_2O_3 是硼酸盐玻璃中的主要玻璃形成剂。B—O 之间形成 sp^2 三角形杂化轨道，它形成三个 σ 键还有 π 键成分。X 射线谱证实在 B_2O_3 玻璃中，存在以三角形相互连接的基团。按无规则网络学说，纯氧化硼玻璃的结构可以看成是由硼氧三角体无序地相连接而组成的向两维空间发展的网络，虽然硼氧键能（498kJ）略大于硅氧键能（444kJ），但因为 B_2O_3 玻璃的层状（或链状）结构的特性，即其同一层内 B—O 键很强，而层与层间由分子引力相连是一种弱键，所以 B_2O_3 玻璃的一些性能比 SiO_2 玻璃软化温度低（约450℃），化学稳定性差（易在空气中潮解）、热膨胀系数高，因而纯 B_2O_3 玻璃使用的不多。它只有与 R_2O、RO 等氧化物组合才能制成具有实用价值的硼酸盐玻璃。

2. 硼酸盐玻璃

硼酸盐玻璃对 X 射线透过率高，电绝缘性能比硅酸盐玻璃优越，存在一个极为特殊的硼反常现象。

（1）硼反常现象　硼酸盐玻璃随 Na_2O 含量的增加，桥氧数增大，热膨胀系数逐渐下降。当 Na_2O 含量达到 15%～16% 时，桥氧又开始减少，热膨胀系数重新上升，这种反常过程称为硼反常现象。

如图 6-24 所示，含 B_2O_3 的二元玻璃中桥氧数目 O_b、热膨胀系数 α 和软化温度 T_s 随 R_2O 含量的变化。当 Na_2O 含量达到 15%～16% 时出现转折。

（2）硼反常现象原因　实验证明，当数量不多的碱金属氧化物同 B_2O_3 一起熔融时，碱金属所提供的氧不像熔融 SiO_2 玻璃中作为非桥氧出现在结构中，而是使硼转变为由桥氧组成的硼氧四面体。致使 B_2O_3 玻璃从原来二维空间层状结构部分转变为三维空间的架状结构，从而加强了网络结构，并使玻璃的各种物理性能变好。这与相同条件下的硅酸盐玻璃性能随碱金属或碱土金属加入量的变化规律相反。

一般认为此时 Na_2O 提供的氧不是用于形成硼氧四面体，而是以非桥氧形式出现于三角体之中，从而使结构网络连接减弱，导致一系列性能变坏。实验数据证明，由于硼氧四面体之间本身带有负电荷不能直接相连，而通常是由硼氧三角体或另一种偶合存在的多面体来相隔。因此，四配位硼原子的数目不能超过由玻璃组成所决定的某一限度。

（3）实验证实，瓦伦研究了 $Na_2O\text{-}B_2O_3$ 玻璃的径向分布曲线，发现当 Na_2O 量由 10.3%（摩尔分数）增至 30.8%（摩尔分数）时，B—O 间距由 0.1370nm 增至 0.148nm。B 原子配位数随 Na_2O 含量增加而由 3 配位数转变为 4 配位。瓦伦这个观点又得到红外光谱和核磁共振数据的证实。

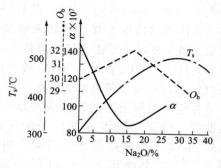

图 6-24　硼酸盐玻璃性能随 Na_2O 含量变化

硼反常现象也可以出现在硼硅酸盐玻璃中，连续增加氧化硼加入量时，往往在性质变化曲线上出现极大值和极小值。这是由于硼加入量超过一定限度时，硼氧四面体与硼氧三面体相对含量变化而导致结构和性质发生逆转现象。

（4）硼酸盐玻璃分相　在熔制硼酸盐玻璃时常发生分相现象，一般是分成互不相溶的富硅氧相和富碱硼酸盐相。原因是由于硼氧三角体的相对数量很大，并进一步富集成一定区域。B_2O_3 含量愈高，分相倾向愈大。通过一定的热处理可使分相更加剧烈，甚至可使玻璃发生乳浊。

（5）硼酸盐玻璃应用　硼酸盐玻璃具有某些优异的特性而使它成为不可取代的一种玻璃材料。例如，硼酐是唯一能用以制造有效吸收慢中子的氧化物玻璃。氧化硼玻璃的转变温度约 300℃，比 SiO_2 玻璃（1200℃）低得多，利用这一特点，硼玻璃广泛用作玻璃焊接、易熔玻璃和涂层物质的防潮和抗氧化。硼对中子射线的灵敏度高，硼酸盐玻璃作为原子反应堆的窗口对材料起到屏蔽中子射线的作用。

三、磷酸盐玻璃

磷酸盐晶体和玻璃易溶于水，因此较易通过纸上色层分析法和离子交换法研究构成玻璃的各种分子。配合使用 X 射线分析，得出 P 与 O 构成的磷氧四面体 $[PO_4]^{3-}$ 是磷酸盐玻璃的网络构成单位。磷是五价离子，和 $[SiO_4]$ 四面体不同的是 $[PO_4]$ 四面体的四个键中有一个构成双键 $O_3—P=O$，P—O—P 键角约 115°，$[PO_4]$ 四面体以顶角相连成三维网络。与 $[SiO_4]$ 不同的是，双键的一端没有和其他四面体键合。因此，每个四面体只和三个四面体而不是四个四面体连接。这是磷酸盐玻璃软化温度和化学稳定性较低的一个原因。

当加入网络改良剂如 R_2O、RO 时，磷酸盐的网络和硅酸盐网络一样破坏。曾研究过钙磷酸盐玻璃（含 CaO 42% 和 49%），发现四分之一的 P—O 键是 π 键（双键）。CaO 含量少的，P—O—P 键多。在 RO（或 R_2O）：$P_2O_5=1:1$ 的偏磷酸盐玻璃中，每个 $[PO_4]$ 和两个四面体连接，形成长链结构 $Na_{n+2}P_nO_{3n+1}$。R_2O 加入量再增加，链的平均长度降低，甚至出现 PO_4 环——$(NaPO_3)_n$。

四、锗酸盐玻璃

锗酸盐玻璃由 $[GeO_4]$ 四面体构成的不规则网络，很像石英玻璃。根据 X 射线研究，GeO_2 中加 R_2O 后，Ge 的配位数可以由 4 变化到 6，Ge—O—Ge 键角平均值是 138°。GeO_2 玻璃的不规则性主要体现在一个四面体相对另一四面体旋转角度的不同，这是不规则四面体网络的第二种类型。

习　题

6-1　说明熔体中聚合物形成的过程？

6-2 简述影响熔体黏度的因素?

6-3 名词解释（并比较其异同）

(1) 晶子学说和无规则网络学说；

(2) 单键强；

(3) 分化和缩聚；

(4) 网络形成剂和网络变性剂。

6-4 试用实验方法鉴别晶体 SiO_2、SiO_2 玻璃、硅胶和 SiO_2 熔体。它们的结构有什么不同?

6-5 玻璃的组成是 13%（质量分数）Na_2O、13%（质量分数）CaO、74%（质量分数）SiO_2，计算桥氧数。

6-6 有两种不同配比的玻璃其组成如表 6-10 所示。

表 6-10 两种不同配比玻璃组分

序 号	Na_2O/%（质量分数）	Al_2O_3/%（质量分数）	SiO_2/%（质量分数）
1	8	12	80
2	12	8	80

试用玻璃结构参数说明两种玻璃高温下黏度的大小?

6-7 在 SiO_2 中应加入多少 Na_2O，使玻璃的 $O/Si = 2.5$，此时析晶能力是增强还是削弱?

6-8 有一种平板玻璃组成为 $14Na_2O-13CaO-73SiO_2$ [%（质量分数）]，其密度为 $2.5 g/cm^3$，计算玻璃的原子堆积系数（AFP）为多少? 计算该玻璃的结构参数值。

6-9 试比较硅酸盐玻璃与硼酸盐玻璃在结构与性能上的差异。

6-10 解释硼酸盐玻璃的硼反常现象。

第七章
固体表面与界面

第一节　固体的表面

固体表面是固相和气相（或真空）的接触面。一个固相与另一固相（结构不同）接触面称为固体界面。

物体表面的质点性质不同于内部，它使物体表面呈现出一系列特殊的界面行为，对固体材料的物理与化学性质和工艺过程都有重要的意义。因此，固体表面问题日益受到重视并逐渐发展成为一门独立的表面科学。

本章介绍固体的特征、表面结构、界面行为和晶体的界面等问题。

一、固体表面的特征

1. 固体表面的特点

理想晶体的表面的质点排列应该是规则的，然而，由于制备或加工条件不同，使得实际晶体的表面出现晶格缺陷、空位或位错。同时，又由于暴露在空气中，其表面总是被外来物质所污染，被吸附的外来原子可占据不同的表面位置，使表面的质点总体上是无序排列的。即便是超细研磨、抛光实际固体表面，从微观角度看也是粗糙不平的，使用高倍电子显微镜，即可轻易观察。

2. 固体表面力场

晶体内部质点排列是有序和周期重复的，故每个质点力场是对称的。晶体中每个质点周围都存在着一个力场。但在固体表面，质点排列的周期重复性中断，使处于表面边界上的质点力场对称性破坏，表现出剩余的键力，这就是固体表面力。固体表面和表面附近的分子或原子之间的作用力与分子间的作用力是不同的。依性质不同，表面力可分为化学力和范德华力两部分。

（1）化学力　本质上是静电力。主要来自表面质点的不饱和价键，并可以用表面能的数值来估计。对于离子晶体，晶体表面化学力主要取决于晶格能和极化作用。一般而言，表面能与晶格能成正比，而与分子体积成反比。

（2）范德华力　范德华力又称为分子间作用力，它是固体表面产生物理吸附和气体凝聚的原因，与分子引力内压、表面张力、蒸气压和蒸发热等性质密切相关。

范德华力主要来源于三种不同的力。

① 定向作用力（静电力）。主要发生在极性分子（离子）之间。相邻两个极化电矩因极性不同而发生作用的力称为定向作用力。

② 诱导作用力。发生在极性分子（离子）与非极性分子之间。诱导是指在极性分子作用下，非极性分子被极化诱导出一个暂时的极化电矩，随后与原来的极性分子产生定向作用。

③ 分散作用力（色散力）。主要发生在非极性分子之间。非极性分子是指其核外电子云呈球形对称而不显示永久偶极矩的分子。但就电子在绕核运动的某一瞬间，在空间各个位置上，电子分布并非严格相同，这样就将呈现出瞬间的极化电矩。许多瞬间极化电矩之间以及它对相邻分子的诱导作用都会引起相互作用效应，这称为色散力。

应该指出，对于不同物质，上述三种作用并非均等。例如，对于非极性分子，定向作用力和诱导作用力很小而主要是色散力。范德华力是普遍存在于分子或原子之间的一种力。范德华力是三种力的合力，它与分子间距离的七次方成反比，这说明分子间引力的作用范围极小，一般约为 0.3～0.5nm，且范德华力通常只表现出引力作用。

二、固体表面结构

固体表面质点在表面力作用下使表面层结构不同于内部。固体表面结构可从微观质点的排列状态和表面几何状态两方面来描述。前者属于原子尺寸范围的超细结构；后者属于一般的显微结构。

表面力的存在使固体表面处于较高能量状态。但系统总会通过各种途径来降低这部分过剩的能量，导致表面质点的极化、变形、重排并引起原来晶格畸变，这就造成了表面层与内部的结构差异。对于不同结构的物质，其表面力的大小和影响不同，因而表面结构状态也会不同。

有人曾经基于结晶化学原理，研究了晶体表面结构，认为晶体质点间的相互作用、键强是影响表面结构的重要因素。

对于离子晶体，表面力的作用影响如图 7-1 所示。处于表面层的负离子只受到上下和内侧正离子的作用，而外侧是不饱和的，电子云因此被拉向内侧的正离子一方而变形，使该负离子诱导成偶极子 [图 7-1(b)]，这样就降低了晶体表面的负电场。接着，表面层离子开始重排以使之在能量上趋于稳定。为此，表面的负离子被推向外侧，正离子被拉向内侧从而形成了表面双电层 [图 7-1(c)]。与此同时，表面层中的离子间键性逐渐过渡为共价键性。结果，固体表面好像被一层负离子所屏蔽并导致表面层在组成上成为非化学计量的。图 7-2 是以 NaCl 晶体为例所作的计算结果。可以看到，在 NaCl 晶体表面，最外层和次层质点面网之间 Na^+ 的距离为 0.266nm，而 Cl^- 间距离为 0.286nm，因而形成一个厚度为 0.020nm 的表面双电层。对于其他由半径大的负离子与半径小的正离子组成的化合物，特别是氧化物如 Al_2O_3、SiO_2 等也会有相应效应。也就是说，在这些氧化物的表面，可能大部分由氧离子组成，正离子则被氧离子所屏蔽，而产生这种变化的程度主要取决于离子极化

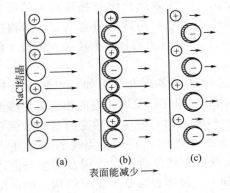

图 7-1 离子晶体表面质点的变化

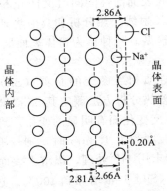

图 7-2 NaCl 表面形成的双电层
($1Å = 10^{-1}$nm)

性能。如表 7-1 所示数据可见，所列的化合物中，PbI_2 表面能最小（$0.13 \times 10^3\,N/m$），PbF_2 次之（$0.90 \times 10^3\,N/m$），CaF_2 最大（$2.5 \times 10^3\,N/m$），这是因为 Pb^+ 与 I^- 都具有大的极化性能。当用极化性能较小的 Ca^{2+} 和 F^- 依次置换 PbI 中的 Pb^{2+} 和 I^- 时，相应的表面能和硬度迅速增加，可以推测相应的表面双电层厚度减小。

表 7-1　一些晶体化合物的表面能

化合物	表面能($\times 10^3$)/(N/m)	硬　度	化合物	表面能($\times 10^3$)/(N/m)	硬　度
PbI_2	0.13	1	$SrSO_4$	1.40	3～3.5
PbF_2	0.90	2	CaF_2	2.5	4
$BaSO_4$	1.25	2.5～3.5			

图 7-2 表明，NaCl 晶体表面最外层与次层，以及次层和第三层之间的离子间距（即晶面间距）是不相等的，说明由于上述极化和重排作用引起表面层的晶格畸变和晶胞参数的改变。而随着表面层晶格畸变和离子变形又必将引起相邻的内层离子的变形和键力的变化，依次向内层扩展。但这种影响将随着向晶体内部深入而递减，与此相应的正、负离子间的作用键力也沿着从表面向内部方向交替地增强或减弱，离子间距离交替地缩短或变长。因此与晶体内部相比，表面层离子排列的有序程度降低了，键力数值分散了。不难理解，对于一个无限晶格的理想晶体，应该具有一个或几个取决于晶格取向的确定键力数值。然而在接近晶体表面的若干原子层内，由于化学成分、配位数和有序程度的变化，则其键力数值变得分散，分布在一个甚宽的数值范围。

上述的晶体表面结构的概念，可以较方便地用以阐明许多与表面有关的性质，如烧结性、表面活性和润湿性等。

三、粉体表面结构

粉体一般是指微细的固体粒子集合体，具有极大的比表面积。因此表面结构状态对粉体性质有着决定性影响。在制备固体材料时，通常把原料加工成微细颗粒以便于成型和高温烧结。

粉体在机械粉碎时，由于反复地破碎，所以不断形成新的表面。而表面层离子的极化变形和重排使表面晶格畸变，有序性降低。因此，随着粒子的微细化，比表面积增大，表面结构的有序程度受到愈来愈强烈的扰乱并不断向颗粒深部扩展，最后使粉体表面结构趋于无定形化，不仅增加粉体活性，还形成双电层结构而容易引起磨细的粉体又重新团聚。因而在微细粉体提高表面活性的同时又防止粉体团聚，将是又一个与表面化学与物理有关的研究课题。基于 X 射线、热分析和其他物理化学方法对粉体表面结构所作的研究测定，曾提出两种不同的模型。一种认为粉体表面层是无定形结构；另一种认为粉体表面层是粒度极小的微晶结构。

对于性质相当稳定的石英（SiO_2）矿物，曾进行过许多研究。例如，把经过粉碎的 SiO_2，用差热分析方法测定其 573℃ 时 $\beta\text{-}SiO_2 \rightleftharpoons \alpha\text{-}SiO_2$ 相变，发现相应的相变吸热峰面积随 SiO_2 粒度变化而有明显的变化。当粒度减小到 5～10 μm 时，发生相转变的石英量就显著减少。当粒度约为 1.3 μm 时，则仅有一半的石英发生上述的相转变。但是若将上述石英（SiO_2）粉末用 HF 处理，以溶去表面层，然后重复进行差热分析测定，则发现参与上述相变的石英（SiO_2）量增加到 100%。这说明石英（SiO_2）粉体表面是无定形结构。因此随着粉体颗粒变细，表面无定形层所占的比例增加，可能参与相转变的石英量就减少了。据此，可以按热分析的定量数据估计其表面层厚度约为 0.11～0.15 μm。

对粉体进行更精确的 X 射线和电子衍射研究发现，其 X 射线谱线不仅强度减弱，而且宽度明显变宽。因此认为粉体表面并非无定形态，而是覆盖了一层尺寸极小的微晶体，即表面是呈微晶化状态。由于微晶体的晶格是严重畸变的，晶格常数不同于正常值而且十分分散，这才使其 X 射线谱线明显变宽。此外，对鳞石英（SiO_2）粉体表面的易溶层进行的 X 射线测定表明，它并不是无定形质；从润湿热测定中也发现其表面层存在有硅醇基团。

上述两种观点都得到一些实验结果的支持，似有矛盾。但如果把微晶体看做是晶格极度变形了的微小晶体，那么它的有序范围显然也是很有限的。反之，无定形固体也远不像液体那样具有流动性。因此这两个观点与玻璃结构上的网络学说与微晶学说也许可以比拟，这样，两者之间就可能不会是截然对立的。

四、玻璃表面结构

玻璃也同样存在着表面力场，其作用影响与晶体相类似。而且由于玻璃比同组成的晶体具有更大的内能，表面力场的作用往往更为明显。

从熔体转变为玻璃体是一个连续过程，但却伴随着表面成分的不断变化，使之与内部显著不同。这是因为玻璃中各成分对表面自由焓的贡献不同。为了保持最小表面能，各成分将按其对表面自由焓的贡献能力自发地转移和扩散。其次，在玻璃成型和退火过程中，碱、氟等易挥发组分自表面挥发损失。因此，即使是新鲜的玻璃表面，其化学成分和结构也会不同于内部。这种差异可以从表面折射率、化学稳定性、结晶倾向以及强度等性质的观测结果得到证实。

对于含有较高极化性能的离子如 Pb^{2+}、Sn^{2+}、Sb^{2+}、Cd^{2+} 等的玻璃，其表面结构和性质会明显受到这些离子在表面的排列取向状况的影响，这种作用本质上也是极化问题。例如，铅玻璃由于铅原子最外层有四个价电子（$6s^2$、$6p^2$），当形成 Pb^{2+} 时，因最外层尚有两个电子，对接近于它的 O^{2-} 产生斥力，致使 Pb^{2+} 的作用电场不对称，即与 O^{2-} 相斥一方的电子云密度减少，在结构上近似于 Pb^{4+}，而相反一方则因电子云密度增加而近似呈 Pb^0 状态。这可视作为 Pb^{2+} 按 $Pb^{2+} \Longleftrightarrow 1/2Pb^{4+} + 1/2Pb^0$ 方式被极化变形。在不同条件下，这些极化离子在表面取向不同，则表面结构和性质也不相同。在常温时，表面极化离子的电矩通常是朝内部取向以降低其表面能，因此常温下铅玻璃具有特别低的吸湿性。但随温度升高，热运动破坏了表面极化离子的定向排列，故铅玻璃呈现正的表面张力温度系数。图 7-3 是分别用 0.5mol 的 Cu^{2+}、Cd^{2+}、Zn^{2+}、Pb^{2+} 盐溶液处理过的钠钙硅酸盐玻璃粉末，在室温和 98％ 相对湿度的空气中的吸水速率曲线。可以看到不同极化性能的离子进入玻璃表面层后对表面结构和性质的影响。

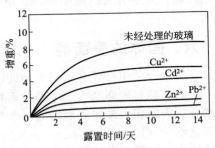

图 7-3　表面处理对玻璃吸水速率的影响

当然，上述各种表面结构状态都是指清洁和平坦的表面而言。因为只有清洁平坦的表面才能真实地反映表面的超细结构。这种表面可以用真空加热、镀膜、离子轰击或其他物理或化学方法处理而得到。但是实际的固体表面通常都是被"污染"过了的。这时，其表面结构状态和性质则与沾污的吸附层性质密切相关。

五、晶体表面的几何结构

固体的实际表面是不规则和粗糙的，存在着无数台阶、裂缝和凹凸不平的山峰谷，这些不同的几何状态必然会对表面性质产生影响。应用精密干涉仪检查发现即使是完整解理的云母表面也存在着从 $2\sim100nm$，甚至达到 $200nm$ 的不同高度的台阶。从原子尺度看，这是很粗糙的。表面粗糙度和微裂纹会对表面性质产生重要影响。

表面粗糙度的影响：表面粗糙度会引起表面力场的变化，进而影响其表面结构。从色散力的本质可见，位于凹谷深处的质点，其色散力最大，凹谷面上和平面上次之，位于峰顶处则最小。反之，对于静电力，则位于孤立峰顶处应最大，凹谷深处最小。这样，表面粗糙度将使表面力场变得不均匀，其活性及其他表面性质也随之发生变化。其次，粗糙度还直接影响固体比表面积，内、外表面积比值以及与之相关的属性，如强度、密度、润湿、孔隙率和透气性等。此外，粗糙度还关系到两种材料间的封接和结合界面间的啮合和结合强度。

表面微裂纹的影响：表面微裂纹在材料中起着应力倍增器的作用，使位于裂纹尖端的实际应力远远大于所施加的应力。微裂纹对脆性材料的强度尤为重要。表面微裂纹是因晶体缺陷或外力而产生。

原理：根据格里菲斯（Griffith）材料断裂应力（σ_c）与微裂纹长度（c）的关系式：

$$\sigma_c = (2E\gamma/\pi c)^{1/2} \tag{7-1}$$

式中，E 为弹性模量；γ 为表面能。由式(7-1)可以看出，高强度材料 E 和 γ 应大而裂纹长度 c 应小。

实验证实，用刚拉制的玻璃棒做试验，弯曲强度为 $6\times10^9 N/m^2$，该棒在空气中放置几小时后强度下降为 $4\times10^8 N/m^2$。强度下降的原因是由于大气腐蚀而形成表面微裂纹。

由此可见，控制表面裂纹的大小、数目和扩展就能更充分地利用材料固有的强度。例如，玻璃的钢化和预应力混凝土制品的增强原理就是使外层通过表面处理而处于压应力状态，从而闭合表面微裂纹。

固体表面的各种性质不是其内部性质的延续，由于表面吸附的缘故，使内外性质相差较大。一般的金属，表面上都被一层氧化膜所覆盖，如铁在 $570℃$ 以下形成 $Fe_2O_3/Fe_3O_4/Fe$ 的表面结构，表面层氧化物为高价、次价和低价，最里层才是金属。一些非氧化物材料，如 SiC、Si_3N_4 表面上也有一层氧化物。而氧化铝之类的氧化物表面则被 OH^- 基所覆盖。为了研究真实晶体表面结构或满足一些高技术材料制备的需要，欲获得洁净的表面，一般可以用真空镀膜、真空劈裂、离子冲击、电解脱离及蒸发或其他物理、化学方法来清洁被污染的表面。

六、固体的表面能

在熔体一节中已经介绍过表面能的概念，现在再重复一次，以加深理解。

表面能即将表面增大一个单位面积所需做的功或者是每增加单位表面积时，体系自由焓的增量。表面张力即将表面增大一个单位长度所需要的力。单位面积的能量和单位长度的力是等量纲的（$J/m^2 = N\cdot m/m^2 = N/m$），因此液体的表面张力和表面能在数值上是相等的。在液体中，原子和原子团易于移动，拉伸表面时，液体原子间距离并不改变，附加原子几乎立即迁移到表面。所以，与最初状态相比，表面结构保持不变。

对于液体表面这两个概念常交替使用。对于固体表面，仅仅当缓慢的扩散过程引起表面或界面面积发生变化时，如晶粒生长过程中晶界运动时，上述两个量在数值上相等。如果引起表面变形过程比原子迁移率快得多，则表面结构受拉伸或压缩而与正常结构不同，在这种情况下，表面能与表面张力在数值上不相等。表面能和表面张力这两个概念不能够交替使用。

固体的表面能可以通过实验测定或理论计算法来确定。较普遍采用的实验方法是将固体熔化测定液态表面张力与温度的关系，作图外推到凝固点以下来估算固体的表面张力。理论计算比较复杂，下面介绍两种近似的计算方法。

1. 共价键晶体表面能

共价键晶体不必考虑长程力的作用，表面能即是破坏单位面积上的全部键所需能量的一半。

$$u_s = (1/2)u_b \tag{7-2}$$

式中，u_b 为破坏化学键所需能量。

以金刚石的表面能计算为例，若解理面平行于（111）面，可计算出 $1m^2$ 上有 1.83×10^{19} 个键，若取键能为 $376.6kJ/mol$，则可算出表面能为：

$$u_s = \frac{1}{2} \times 1.83 \times 10^{19} \times \frac{376.6 \times 10^3}{6.022 \times 10^{23}} = 5.72 J/m^2 \tag{7-3}$$

2. 离子晶体的表面能

每一个晶体的自由焓都是由两部分组成，体积自由焓和一个附加的过剩界面自由焓。

为了计算固体的表面自由焓，我们取真空中 0K 下一个晶体的表面模型并计算晶体中一个原子（离子）移到晶体表面时自由焓的变化。在 0K 时，这个变化等于一个原子在这两种状态下的内能之差 $(\Delta U)_{s,v}$。以 u_{ib} 和 u_{is} 分别表示第 i 个原子（离子）在晶体内部与在晶体表面上时和最临近的原子（离子）的作用能；用 n_{ib} 和 n_{is} 分别表示第 i 个原子在晶体体积内和表面上时，最临近的原子（离子）的数目（配位数）。无论从体积内或从表面上拆除第 i 个原子都必须切断与最临近原子的键。对于晶体中每取走一个原子所需能量为 $u_{ib} \cdot n_{ib}/2$，在晶体表面则为 $u_{is} \cdot n_{is}/2$。这里除以 2 是因为每一根键是同时属于两个原子的，因为 $n_{ib} > n_{is}$，而 $u_{ib} \approx u_{is}$，所以，从晶体内取走一个原子比从晶体表面取走一个原子所需能量大。这表明表面原子具有较高的能量。以 $u_{ib} = u_{is}$，我们得到第 i 个原子在体积内和表面上两个不同状态下内能之差为：

$$(\Delta U)_{s,v} = \left[\frac{n_{ib}u_{ib}}{2} - \frac{n_{is}u_{is}}{2} \right] = \frac{n_{ib}u_{ib}}{2} \left[1 - \frac{n_{is}}{n_{ib}} \right] = \frac{U_0}{N_A} \left[1 - \frac{n_{is}}{n_{ib}} \right] \tag{7-4}$$

式中，U_0 为晶格能；N_A 为阿伏伽德罗常数。如果 L_s 表示 $1m^2$ 表面上的原子数，我们从式(7-4) 得到：

$$\frac{L_s U_0}{N_A} \left(1 - \frac{n_{is}}{n_{ib}} \right) = (\Delta U)_{s,v} \cdot L_s = \gamma_0 \tag{7-5}$$

式中，γ_0 是 0K 时的表面能（单位面积的附加自由焓）。

在推导方程(7-5) 时，我们没有考虑表面层结构与晶体内部结构相比的变化。为了估计这些因素的作用，我们计算 MgO 的（100）面的 γ_0 并与实验测得的 γ 进行比较。

MgO 晶体 $U_0 = 3.93 \times 10^3 J/mol$，$L_s = 2.26 \times 10^{19}/m^2$，$N_A = 6.022 \times 10^{23}/mol$，$n_{is}/n_{ib} = 5/6$，由方程(7-5) 计算得到 $\gamma_0 = 24.5 J/m^2$。在 77K 下，真空中测得 MgO 的 γ 为 $1.28J/m^2$。由此可见，计算值约是实验值的 20 倍。

实测表面能的值比理想表面能的值低的原因之一可能是表面层的结构与晶体内部相比发生了改变。包含有大阴离子和小阳离子的 MgO 晶体与 NaCl 类似，Mg^{2+} 从表面向内缩进，表面将由可极化的氧离子所屏蔽，实际上等于减少了表面上的原子数，根据方程(7-5)，这就导致 γ_0 降低。另一个原因可能是自由表面不是理想的平面，而是由许多原子尺度的阶梯构成，这在计算中没有考虑。这样使实验数据中的真实面积实际上比理论计算所考虑的面积大，这也使计算值偏大。固体和液体的表面能与环境条件的温度、压力和接触气相等有关。温度升高表面能下降。一些物质在真空或惰性气体中的表面能如表 7-2 所示。

表 7-2 一些物质在真空或惰性气体中的表面能

材　料	温度/℃	表面能/($\times 10^3$ N/m)	材　料	温度/℃	表面能/($\times 10^3$ N/m)
水	25	72	Al_2O_3（固）	1850	905
NaCl（液）	801	114	MgO（固）	25	1000
NaCl（晶）	25	300	TiC（固）	1100	1190
硅酸钠（液）	1000	250	$0.2Na_2O-0.8SiO_2$	1350	380
Al_2O_3（液）	2080	700	$CaCO_3$ 晶体（1010）	25	230

第二节　固　体　界　面

固体与气相、液相或其他固相接触的面称为固体界面。在表面力的作用下，接触界面上将发生一系列物理或化学变化。研究相界面上发生的各种物理化学变化以及给材料带来的各种性质，对于材料制造和应用有着重要意义。

一、固体界面的结构特征

固体材料或陶瓷材料本身边界所构成的面，也就是指对真空或只与本身的蒸汽接触的面，称为表面。当这表面与另一相物质直接接触时，这表面就称为界面。

固体表面的性质是和固体材料的其他部分的性质有明显差异的。如表面具有较高的能量状态，这就是所谓表面能，相应于界面来说就是界面能。为什么表面会具有上述的性质呢？这要先了解表面的结构特征，才能明白表面的特异性质。

固体外表面的质点，其结合状态及性质与内部的质点是不相同的。在固体内部，从统计平均的观点来看，任何部位的质点周围环境作用是一致且均匀的。但是处在表面的质点，它的结合情况以及性质是受其周围环境所制约的。

固体内部质点四周都与邻近的质点相结合，所受到的作用是对称平衡的、饱和的，这是正常的平衡状态。固体材料内部的情况就是这样的，但是在表面上的质点就不同了，表面质点都只能和内部质点相结合，外部没有结合的质点，所受到的作用力是不平衡、不对称的，即其外侧没有饱和，只受内侧质点的作用，使表面处于能量较高的状态，它们就有转移到固体内部的倾向。众所周知，当物质处于高能量的状态时是不稳定的，有释放能量转化为低能量的稳定状态的趋势。这个能量的释放形式可以是多种多样的。例如由于液体的流动性大，质点的相对位移是无序的，可以通过质点的迁移、缩小表面积来达到新的平衡，在几何形状上它就成为面积最小的球形（对一定体积而言）。在固体中，质点没有这样大的流动性，只能是使质点发生变形。我们知道，易于极化的离子也容易变形，因此氧化物中，易于极化变形的 O^{2-} 常在表面上。此外高能量的物态还可以通过吸附外界的物质重新结合，以达到新的平衡来降低表面能。如晶体生长就是这样，表面能最大的地方是优先向低表面能方向转化的，即最优先吸附外来质点，所以该处的生长速度最大。

陶瓷材料的多晶体同理想晶体是有差别的，因为在形成时它会受到温度、压力、浓度及杂质等外界环境的影响，出现同理想结构发生偏离的现象。这种现象若发生在固体表面则形成表面缺陷，如常有高低不平和微裂纹出现，这些缺陷都会降低固体材料的机械强度。当固体材料在外力作用下，破裂常常从表面开始，实际上是从表面缺陷的地方开始的，即使表面缺陷非常微小，甚至在一般电子显微镜下也分辨不出的微细缺陷，都足以使材料的机械强度大大降低。另外，大多数晶界的机械强度比晶粒低得多，所以多晶材料破坏多是沿着晶界断裂。总之表面缺陷的大小、数量和晶界的数量将十分强烈地影响陶瓷材料的机械性能。在生产中，要消除陶瓷材料的表面缺陷往往是十分困难的，但可以在其上用施釉的办法来减少缺陷的暴露，使高低不平的瓷体表面由平滑的釉层所覆盖而形成新的表面，从而减少了瓷体表面的缺陷。

二、固液弯曲表面的附加压力

由于液体表面张力的存在，使弯曲表面上产生一个附加压力。如果平面的压力为 p_0，弯曲表面产生的压力差为 Δp，则总压力为 $p=p_0+\Delta p$。附加压力 Δp 有正负，它的符号取决于 r（曲面的曲率）。凸面时，r 为正值；凹面时，r 为负值。图 7-4 表示不同曲率表面的情况，在液面上取一小面积 AB，AB 面上受表面张力的作用，力的方向与表面相切。如果平面沿四周表面张力抵消，液体表面内外压力相等。如果液面是弯曲的，凸面的表面张力合力指向液体部，与外压力 p_0 方向相同，因此凸面上所受到的压力比外部压力 p_0 大，$p=p_0+\Delta p$，这个附加压力 Δp 是正的。在凹面时，表面张

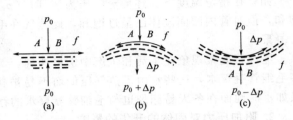

图 7-4　液体弯曲表面附加压力产生原理

力的合力指向液体表面的外部，与外压力 p_0 方向相反，这个附加压力 Δp 有把液面往外拉的趋势，凹面所受到的压力 p 比平面的 p_0 小，$p=p_0-\Delta p$。由此可见，弯曲表面的附加压力 Δp 总是指向曲面的曲率中心，当曲面为凸面时，Δp 为正值；为凹面时，Δp 为负值。

作用在一个弯曲液面两侧的压强差 Δp（附加压力）为：

$$\Delta p=\gamma\left(\frac{1}{r_1}+\frac{1}{r_2}\right) \tag{7-6}$$

式中，γ 为液体表面张力；r_1、r_2 分别是曲面的两主曲率半径。对于半径为 r 的球面则有：

$$\Delta p=\frac{2\gamma}{r} \tag{7-7}$$

1. 弯曲表面对液体表面蒸气压的影响

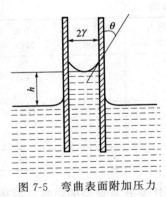

图 7-5　弯曲表面附加压力
使毛细管液面上升

如图 7-5 所示，将一毛细管插入液体中，如果液体能润湿管壁，它将沿管壁上升并形成凹面。这时按式(7-7)得到的负压被吸入毛细管中的液柱静压所平衡，并与边界角 θ 有如下关系：

$$\Delta p=\frac{2\gamma\cos\theta}{r}=\rho h g \tag{7-8}$$

式中，ρ 为液体密度；g 为重力加速度；r 为管中液面的曲率半径。显然，当 $\theta>90°$ 时，Δp 为负值。毛细管中的液面将降到管外水平面以下，并形成凸面。由此可见，当形成凸面时，毛细管中的蒸气压 p 增高，液面下降。形成凹面时，p 则低于管外液面上的蒸气压 p_0，液面升高。因此，弯曲液面上的蒸气压将随其表面曲率而改变，这种关系可以用开尔文公式描述：

$$\ln\frac{p}{p_0}=\frac{2M\gamma}{\rho RT}\times\frac{1}{r}$$

$$\ln\frac{p}{p_0}=\frac{M\gamma}{\rho RT}\left(\frac{1}{r_1}+\frac{1}{r_2}\right) \tag{7-9}$$

式中　ρ——液体密度；

$\quad\quad M$——相对分子质量；

$\quad\quad R$——气体常数。

一般规律是：液面形成凸面时蒸气压 p 升高，形成凹面时蒸气压降低。开尔文公式的结论是凸面蒸气压＞平面蒸气压＞凹面蒸气压。球形液滴表面蒸气压随半径减小而增大。由表 7-3 可以看出，当表面曲率在 $1\mu m$ 时，由曲率半径差异而引起的压差已十分显著。这种蒸气压差在高温下足以引起微细粉体表面上出现由凸面蒸发而向四面凝聚的气相传质过程，这是粉体烧结传质的一种方式。

如果在指定温度下，环境蒸气压为 p_0 时（$p_凹 < p_0 < p_平$），则该蒸气压对平面液体未达饱和，但对管内凹面液体已呈过饱和，此蒸气在毛细管内会凝聚成液体。这个现象称为毛细管凝聚。

毛细管凝聚现象在生活和生产中常可遇到。例如，陶瓷生坯中有很多毛细孔，从而有许多毛细管凝聚水，这些水由于蒸气压低而不易被排除，若不预先充分干燥，入窑将易炸裂；又如水泥地面在冬天易冻裂也与毛细管凝聚水的存在有关。

2. 附加压力对固体的升华的影响

固体的升华过程类似液体蒸发过程，上列各式对于固体也是适用的。表 7-3 列出了某些物质的表面曲率对压力差及饱和蒸气压差的影响数据。当粒径小于 $0.1\mu m$ 时，固体蒸气压开始明显地随固体粒径的减小而增大。因而其溶解度将增大，熔化温度则降低。当用溶解度 C 代替式(7-8) 中的蒸气压 p，可以导出类似的关系：

$$\ln \frac{C}{C_0} = \frac{2\gamma_{LS}M}{dRTr} \tag{7-10}$$

式中　γ_{LS}——固液界面张力；

$\quad C$、C_0——半径为 r 的小晶体与大晶体的溶解度；

$\quad\quad d$——固体密度。

微小晶粒溶解度大于普通颗粒的溶解度。

表 7-3　颗粒直径对压力差及饱和蒸气压的影响

物　质	表面张力 /($\times10^3$N/m)	曲率半径 /μm	压力差 /MPa	物　质	表面张力 /($\times10^3$N/m)	曲率半径 /μm	压力差 /MPa
石英玻璃	300	0.1	12.3	水(15℃)	72	0.1	2.94
		1.0	1.23			1.0	0.294
		10.0	0.123			10.0	0.0294
液态钴 (1550℃)	1935	0.1	7.80	Al_2O_3(固, 1850℃)	905	0.1	7.4
		1.0	0.70			1.0	0.74
		10.0	0.078			10.0	0.074
				硅酸盐熔体	300	100	0.006

综上所述，表面曲率对其蒸气压、溶解度和熔化温度等物理性质有着重要的影响。固体颗粒愈小，表面曲率愈大，则蒸气压和溶解度增高而熔化温度降低。弯曲表面的这些效应在以微细粉体做原料的材料加工中，无疑将会影响一系列工艺过程和最终产品的性能。

三、固液界面的润湿

润湿是固液界面上的重要行为。润湿是近代很多工业技术的基础，例如，机械的润滑，注水采油，油漆涂布，金属焊接，陶瓷、搪瓷的坯釉结合等。陶瓷与金属的封接等工艺和理论都与润湿作用有密切关系。

1. 润湿概念

固液界面的润湿是指液体在固体表面上的铺展。

热力学定义固体与液体接触后，体系（固体＋液体）的吉布斯自由焓降低为固液界面的润湿。

2. 润湿原理

液滴落在清洁平滑的固体表面上，当忽略液体的重力和黏度影响时，则液滴在固体表面上的铺展是由固-气、固-液和液-气三个界面张力所决定，其平衡关系可由图 7-6 和式 (7-11) 确定。

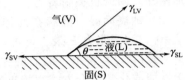

图 7-6 固-液-气三个界面张力关系

$$\gamma_{SV} = \gamma_{SL} + \gamma_{LV}\cos\theta \qquad (7-11)$$

式中，γ_{LV} 是液体对其本身蒸气的界面张力；γ_{SL} 是固液间的界面张力，二者力图使液体变为球形，阻止液相润湿固相；γ_{SV} 是固气之间的界面张力，力图把液体拉开，要覆盖固体表面，使固体表面能下降。$F = \gamma_{LV}\cos\theta$ 是润湿张力，θ 是润湿角。

润湿条件：

当 $\theta > 90°$，$\cos\theta < 0$，$\gamma_{SV} < \gamma_{SL}$ 时，则因润湿张力小而固体不被润湿；

当 $\theta < 90°$，$1 > \cos\theta > 0$，$\gamma_{SV} - \gamma_{SL} < \gamma_{LV}$ 时，固体能够被润湿，但是没有完全铺展；

当 $\theta = 0°$，$\cos\theta = 1$，$\gamma_{SV} - \gamma_{SL} = \gamma_{LV}$ 时，润湿张力最大，可以完全湿润，即液体在固体表面自由铺展。

因此液体开始铺展的条件是：

$$\gamma_{SL} - \gamma_{SV} + \gamma_{LV} = 0 \qquad (7-12)$$

当铺展一旦发生，固体表面减小，液固界面增大，这时保持铺展继续进行的条件是：

$$\gamma_{SV} > \gamma_{SL} + \gamma_{LV} \qquad (7-13)$$

3. 润湿分类

根据润湿程度不同可分为附着润湿、铺展润湿及浸渍润湿三种，如图 7-7 所示。

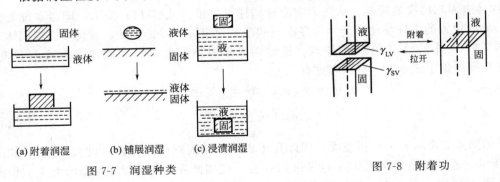

(a) 附着润湿　　(b) 铺展润湿　　(c) 浸渍润湿

图 7-7 润湿种类

图 7-8 附着功

（1）附着润湿 这是指液体和固体接触后，变液-气界面和固-气界面为固-液界面。设这三种界面的面积均为单位值（如 1cm^2），比表面自由焓（表面能）分别为 γ_{LV}、γ_{SV} 和 γ_{SL}，则上述过程的吉布斯自由焓变化为：

$$\Delta G_1 = \gamma_{SL} - (\gamma_{SV} + \gamma_{LV}) \qquad (7-14)$$

对此种润湿的逆过程 $\Delta G_2 = \gamma_{LV} + \gamma_{SV} - \gamma_{SL}$，此时外界对体系所做的功为 W，如图 7-8 所示。

$$W = \gamma_{LV} + \gamma_{SV} - \gamma_{SL} \tag{7-15}$$

式中，W 称为附着功或黏附功。它表示将单位截面积的液-固界面拉开所做的功。显然此值愈大表示固液界面结合愈牢，也即附着润湿愈强。

在陶瓷和搪瓷生产中釉和珐琅在坯体上牢固附着是很重要的。一般 γ_{LV} 和 γ_{SV} 均是固定的。在实际生产中为了使液相扩散和达到较高的附着功，一般采用化学性能相近的两相系统，这样可以降低 γ_{SL}，由式（7-15）可知这样可以提高黏附功 W。另外，在高温煅烧时两相之间如发生化学反应，会使坯体表面变粗糙，熔质填充在高低不平的表面上，互相啮合，增加两相之间的机械附着力。

（2）铺展润湿　液滴在固体表面上的铺展是符合其平衡关系式：$\gamma_{SV} = \gamma_{SL} + \gamma_{LV} \cos\theta$。当 $\theta = 0°$，润湿张力 F 最大，可以完全润湿，即液体在固体表面上自由铺展。

从式（7-11）得出，润湿的先决条件是 $\gamma_{SV} > \gamma_{SL}$，或者 γ_{SL} 十分微小。当固、液两相的化学性能或化学结合方式很接近时，是可以满足这一要求的。因此，硅酸盐熔体在氧化物固体上一般会形成小的润湿角，甚至完全将固体润湿。而在金属熔体与氧化物之间，由于结构不同，界面能 γ_{SL} 很大，$\gamma_{SV} < \gamma_{SL}$，按式（7-11）算得 $\theta > 90°$，因而固体不被润湿。

从式（7-11）还可以看到 γ_{LV} 的作用是多方面的，在润湿的系统中（$\gamma_{SV} > \gamma_{SL}$）中，$\gamma_{LV}$ 减小会使 θ 变小，而在不润湿的系统（$\gamma_{SV} < \gamma_{SL}$）中，$\gamma_{LV}$ 减小使 θ 增大。

（3）浸渍润湿　这是指固体浸入液体中的过程，如将陶瓷生坯浸入釉中。在此过程中，固-气界面为固-液界面所代替而液体表面没有变化。一种固体浸渍到液体中的自由能变化可由下式表示。

$$-\Delta G = \gamma_{SV} - \gamma_{SL} = \gamma_{LV} \cos\theta \tag{7-16}$$

若 $\gamma_{SV} > \gamma_{SL}$，则 $\theta < 90°$，于是浸渍润湿过程将自发进行；倘若 $\gamma_{SV} < \gamma_{SL}$，则 $\theta > 90°$。

综上所述，可以看出三种润湿的共同点是液体将气体从固体表面排挤开，使原有的固-气（或液-气）界面消失，而代之以固-液界面。铺展是润湿的最高标准，能铺展则必能附着和浸渍。要将固体浸于液体之中必须做功。

（4）影响润湿的因素　上面讨论的都是对理想的平坦表面而言，但是实际固体表面是粗糙和被污染的，这些因素对润湿过程会发生重要的影响。

① 固体表面粗糙度的影响。从热力学原理同样可以推得式（7-11）关系，即当系统处于平衡时，界面位置的少许移动所产生的界面能的净变化应等于零。于是，假设界面在固体表面上从图 7-9（a）中的 A 点推进到 B 点。这时固液界面积扩大 δ_S，而固体表面减小了 δ_S，液气界面积则增加了 $\delta_S \cos\theta$。平衡时则有：

$$\gamma_{SL}\delta_S + \gamma_{LV}\delta_S\cos\theta - \gamma_{SV}\delta_S = 0$$

或

$$\cos\theta = \frac{\gamma_{SV} - \gamma_{SL}}{\gamma_{LV}} \tag{7-17}$$

但因实际的固体表面具有一定粗糙度，因此真正表面积较表观面积为大（设大 n 倍）。如图 7-9（b）所示，若界面位置同样从 A' 点推进到 B' 点，使固液界面的表观面积仍增大 δ_S。但此时真实表面积却增大了 $n\delta_S$，固气界面实际上也减小了 $n\delta_S$，而液气界面积则净增大了 $\delta_S \cos\theta_n$。于是

$$\gamma_{SL}n\delta_S + \gamma_{LV}\delta_S\cos\theta_n - \gamma_{SV}n\delta_S = 0$$

$$\cos\theta_n = \frac{n(\gamma_{SV} - \gamma_{SL})}{\gamma_{LV}} = n\cos\theta$$

或

$$\frac{\cos\theta_n}{\cos\theta} = n \tag{7-18}$$

式中，n 是表面粗糙度系数；$\cos\theta_n$ 是对粗糙表面的表面接触角。由于 n 值总是大于 1 的，故 θ 和 θ_n 的相对关系将按图 7-10 所示的余弦曲线变化，即 $\theta<90°$，$\theta>\theta_n$；$\theta=90°$，$\theta=\theta_n$；$\theta>90°$，$\theta<\theta_n$。因此，当真实接触角 θ 小于 90°时，粗糙度愈大，表观接触角愈小，就越容易润湿。当 θ 大于 90°，则粗糙度愈大，越不利于润湿。

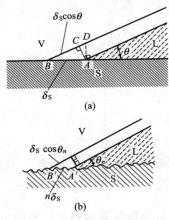

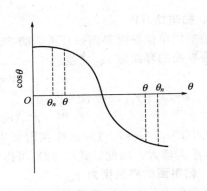

图 7-9　表面粗糙度对润湿的影响　　　　图 7-10　θ 与 θ_n 的关系

粗糙度对改善润湿与黏附强度的实例生活中随处可见，如水泥与混凝土之间，表面愈粗糙，润湿性愈好；而陶瓷元件表面镀银，必须先将瓷件表面磨平并抛光，才能提高瓷件与银层间的润湿性。

② 吸附膜的影响。上述各式中的 γ_{SV} 是固体露置于蒸气中的表面张力，因而表面带有吸附膜，它与除气后的固体在真空中的表面张力 γ_{SO} 不同，通常要低得多。也就是说，吸附膜将会降低固体表面能，其数值等于吸附膜的表面压 π，即

$$\pi=\gamma_{SO}-\gamma_{SV} \tag{7-19}$$

将 $\gamma_{SV}=\gamma_{SL}+\gamma_{LV}\cos\theta$ 代入，得到：

$$(\gamma_{SO}-\pi)-\gamma_{SL}=\gamma_{LV}\cos\theta \tag{7-20}$$

上述表明，吸附膜的存在使接触角增大，起着阻碍液体铺展的作用，如图 7-11 所示。这种效应对于许多实际工作都是重要的。在陶瓷生坯上釉前和金属与陶瓷封接等工艺中，都要使坯体或工件保持清洁，其目的是去除吸附膜，提高 γ_{SV} 以改善润湿性。

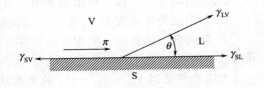

图 7-11　吸附膜对接触角的影响

润湿现象的实际情况比理论分析要复杂得多，有些固相与液相之间在润湿的同时还有溶解现象。这样就造成相组成在润湿过程中逐渐改变，随之出现界面张力的变化。如果固液之间还发生化学反应，就远超出润湿所讨论的范围。

四、黏附

黏附是发生在固液界面上的行为，是黏结和附着的综合表现。

黏附对于薄膜镀层、不同材料间的焊接以及玻璃纤维增强塑料、橡胶、水泥以及石膏等复合材料的结合等工艺都有特殊的意义。尽管黏附涉及的因素很多，但本质上是一个表面化学问题。良好的黏附要求黏附的地方完全致密并有高的黏附强度。一般选用液体和易于变形

的热塑性固体作为黏附剂。

黏附的表面化学的具体条件如下。

1. 润湿性

黏附面充分润湿是保证黏附处致密和强度的前提。润湿愈好黏附也愈好。如上所述，可用临界表面张力 γ_C 或润湿张力 $\gamma_{LV}\cos\theta$ 作为润湿性的度量，其关系由式 $\gamma_{SV}=\gamma_{SL}+\gamma_{LV}\cos\theta$ 决定。

2. 黏附功（W）

是指把单位黏附界面拉开所需的功。它应等于新形成表面的表面能 γ_{SV} 和 γ_{LV} 以及消失的固液界面的界面能 γ_{SL} 之差：

$$W=\gamma_{LV}+\gamma_{SV}-\gamma_{SL} \tag{7-21}$$

与式 $\gamma_{SV}=\gamma_{SL}+\gamma_{LV}\cos\theta$ 合并得：

$$W=\gamma_{LV}(\cos\theta+1)=\gamma_{LV}+\gamma_{SV}-\gamma_{SL} \tag{7-22}$$

式中，$\gamma_{LV}(\cos\theta+1)$ 也称黏附张力。可以看到，当黏附剂给定（γ_{LV} 值一定）时，W 随 θ 减小而增大。因此，式(7-22) 可作为黏附性的度量。

3. 黏附面的界面张力 γ_{SL}

界面张力的大小反映界面的热力学稳定性。γ_{SL} 越小，黏附界面越稳定，黏附力也越大。同时从式(7-22) 可见，γ_{SL} 越小则 $\cos\theta$ 或润湿张力越大。

4. 相溶性或亲和性

润湿不仅与界面张力有关，也与黏附界面上两相的亲和性有关。例如，水和水银两者表面张力分别为 72×10^{-3}N/m 和 500×10^{-3}N/m，但水却不能在水银表面铺展，说明水和水银是不亲和的。所谓相溶或亲和就是指两者润湿时自由焓变化 $\Delta G\leqslant0$。因此相溶性越好，黏附越好。由于 $\Delta G=\Delta H-T\Delta S$（$\Delta H$ 为润湿热），故相溶性的条件应是 $\Delta H\leqslant T\Delta S$，并可用润湿热 ΔH 来度量。对于分子间由较强的极性键或氢键结合时，ΔH 一般小于或接近于零。

综上所述，良好黏附的表面化学条件有如下几个方面。

① 被黏附体的临界表面张力 γ_C 要大或增加润湿张力 F，以保证良好润湿。为此应使 $F=\gamma_{LV}\cos\theta=\gamma_{SV}-\gamma_{SL}$。

② 黏附功要大，以保证牢固黏附，为此应使 $W=\gamma_{LV}(\cos\theta+1)=\gamma_{LV}+\gamma_{SV}-\gamma_{SL}$。

③ 黏附面的界面张力 γ_{SL} 要小，以保证黏附界面的热力学稳定。

④ 黏附剂与被黏附体间相溶性要好，以保证黏附界面的良好键合和强度，为此润湿热要低。

上述条件是当 $\gamma_{SV}-\gamma_{SL}=\gamma_{LV}$ 的平衡状态时求得的。倘若 $\gamma_{SV}-\gamma_{SL}>\gamma_{LV}$ 时，情况将有其他变化。

五、吸附与表面改性

吸附是一种物质的原子或分子附着在另一物质表面的现象。

1. 吸附本质

吸附是固体表面力场与被吸附分子发出的力场相互作用的结果，它是发生在固体上的。根据相互作用力的性质不同，可分为物理吸附和化学吸附两种。物理吸附是由分子间引力引起的，这时吸附物分子与吸附剂晶格可看做是两个分立的系统。而化学吸附是伴随有电子转移的键合过程，这时应把吸附分子与吸附剂晶格作为一个统一的系统来处理。图 7-12 中的吸附曲线是以系统的能量（W）对吸附表面与被吸附分子之间的距离（r）作图的。图 7-12 (a) 中 q 为吸附热，r_0 为平衡距离。化学吸附的一般特征是 q 值较大，r_0 较小并有明显的选择性，而物理吸附则反之。故可依此作为区别两种吸附的一个判据。如果把两种吸附曲线叠加，则可画成图 7-12（b）的形式。这时曲线呈现两个极小值，它们之间被一个位垒隔开。对应于 $r = r_0'$ 的极小值可视为物理吸附，另一个较大的是化学吸附。当系统从 A 点越过势垒 B 到达 C 点，表示从物理吸附状态转化为化学吸附状态。可见，化学吸附通常是需要活化能的，而且其吸附速度随温度升高而加快，这是区别于物理吸附的另一个判据。

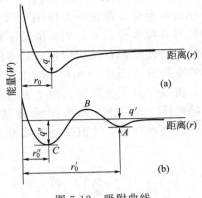

图 7-12　吸附曲线

综上所述，区别两种吸附是可能的。不过，两种吸附并非是毫不相关或不相容的。例如，氧在金属钨上的吸附就同时有三种情况，即有的氧以原子态被化学吸附，有的氧以分子态被物理吸附，还有的氧分子被吸附在氧原子上。固体表面如未受到特别的处理，其表面总是被吸附膜所覆盖。这是因为新鲜表面具有较强的表面力，能迅速地从空气中吸附气体或其他物质来满足它的结合要求。

2. 表面改性

吸附膜的形成改变了表面原来的结构和性质，可以达到表面改性的目的。

表面改性是利用固体表面吸附特性通过各种表面处理改变固体表面的结构和性质，以适应各种预期的要求。例如，在用无机填料制备复合材料时，经过表面改性，使无机填料由原来亲水性改为疏水性或亲油性，这样就提高该物质对有机物质的润湿性和结合强度，从而改善复合材料的各种理化性能。因此，表面改性对材料的制造工艺和材料性能都有很重要的作用。

表面改性实质上是通过改变固体表面结构状态和官能团来实现的，其中最常用的是有机表面活性物质（表面活性剂）。表面活性物质是能够降低体系的表面（或界面）张力的物质。

表面活性剂必须指明对象，而不是对任何表面都适用的。如钠皂是水的表面活性剂，对液态铁就不是；反之，硫、碳对液态铁是表面活性剂，对水就不是。一般来说，非特别指明，表面活性剂都对水而言。

表面活性剂分子由两部分组成。一端是具有亲水性的极性基，如—OH、—COOH、—SO$_3$Na 等基团；另一端具有憎水性（亦称亲油性）的非极性基，如碳氢基团、烷基丙烯基等。适当地选择表面活性剂的这两个原子团的比例就可以控制其油溶性和水溶性的程度，制得符合要求的表面活性剂。

表面活性剂应用的范围很广。在陶瓷工业中经常用表面活性剂来对粉料进行改性，以适应成型工艺的需要。氧化铝瓷在成型时，Al_2O_3 粉用石蜡作定型剂。Al_2O_3 粉表面是亲水的，而石蜡是亲油的。为了降低坯体收缩应尽量减少石蜡用量。生产中加入油酸来使 Al_2O_3 粉亲水性变为亲油性。油酸分子为 CH_3—$(CH_2)_7$—CH ═CH—$(CH_2)_7$—$COOH$，其亲水基向着 Al_2O_3 表面，而憎水基团向着石蜡。Al_2O_3 表面改为亲油性可以减少用蜡量并提高浆料的流动性，使成型性能改善。

用于制造高频电容器瓷的化合物 $CaTiO_3$，其表面是亲油的。成型工艺需要其与水混合。加入烷基苯磷酸钠，使憎水基吸在 $CaTiO_3$ 面而亲水基向着水溶液，此时 $CaTiO_3$ 表面由憎水改为亲水。

如水泥工业中，为提高混凝土的力学性能，在新拌和混凝土中要加入减水剂。目前，常用的减水剂是阴离子型表面活性物质。在水泥加水搅拌及凝结硬化时，由于水化过程中水泥矿物（C_3A、C_4AF、C_3S、C_2S）所带电荷不同，引起静电吸引或由于水泥颗粒某些边棱角互相碰撞吸附，范德华力作用等均会形成絮凝状结构，如图 7-13（a）所示。这些絮凝状结构中包裹着很多拌和水，因而降低了新拌混凝土的和易性。如果再增加用水量来保持所需的和易性，会使水泥石结构中形成过多的孔隙而降低强度。加入减水剂的作用是将包裹在絮凝物中的水释放 [图 7-13（b）]。减水剂憎水基团定向吸附于水泥质点表面，亲水基团指向水溶液，组成单分子吸附膜。由于表面活性剂分子的定向吸附使水泥质点表面上带有相同电荷，在静电斥力作用下，使水泥-水体系处于稳定的悬浮状态，水泥加水初期形成的絮凝结构瓦解，游离水释放，从而达到既减水又保持所需和易性的目的。

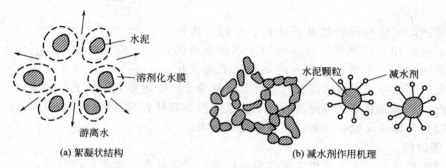

（a）絮凝状结构   （b）减水剂作用机理

图 7-13 　减水剂作用

通过紫外光谱分析及抽滤分析可测得减水剂在混合 5min 内，已有 80％被水泥表面吸附，因此可以认为由于吸附而引起的分散是减水的主要机理。

目前，表面活性剂的应用已很广泛，常用的有油酸、硬脂酸钠等，但选择合理的表面活性剂尚不能从理论上解决，还要通过多次反复试验。

第三节　晶　　界

一、晶界概念

不论结构是否相同而取向不同的晶体相互接触，其接触界面称为晶界。

无机非金属材料是由微细粉料烧结而成的。在烧结时，众多的微细颗粒形成大量的结晶中心，当它们发育成晶粒并逐渐长大到相遇时就形成晶界。因而无机非金属材料是由形状不规则和取向不同的晶粒构成的多晶体，多晶体的性质不仅由晶粒内部结构和它们的缺陷结构所决定，而且还与晶界结构、数量等因素有关。尤其在高技术领域内，要求材料具有细晶交织的多晶结构以提高机电性能。此时晶界在材料中所起的作用就更为突出。图 7-14 表示多晶体中晶粒尺寸与晶界所占晶体中体积分数的关系。由图可见，当多晶体中晶粒平均尺寸为 $1\mu m$ 时，晶界占晶体总体积的 1/2。显然在细晶材料中，晶界对材料的机、电、热、光等性质都有不可忽视的作用。

由于晶界上两个晶粒的质点排列取向有一定的差异，两者都力图使晶界上的质点排列符合于自己的取向。当达到平衡时，晶界的原子就形成某种过渡的排列，其方式如图 7-15 所示。显然，晶界上由于原子排列不规则而造成结构比较疏松，因而也使晶界具有一些不同于晶粒的特性。晶界上原子排列较晶粒内疏松，因而晶界易受腐蚀（热侵蚀、化学腐蚀）后，很容易显露出来。由于晶界上结构疏松，在多晶体中，晶界是原子（离子）快速扩散的通道，容易引起杂质原子（离子）偏聚，同时也使晶界处熔点低于晶粒。晶界上原子排列混乱，存在着许多空位、位错和键的变形等缺陷，使之处于应力畸变状态，故能量较高，使得晶界成为固态相变时优先成核的区域。利用晶界的一系列特性，通过控制晶界组成、结构和相态等来制造新型无机材料是材料科学工作者很感兴趣的研究领域。但是多晶体晶界尺度仅在 $0.1\mu m$ 以下，并非一般显微工具能研究的，而要采用俄歇谱仪及离子探针等。由于晶界上成分复杂，因此对晶界的研究还有待深入。

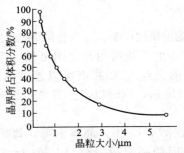

图 7-14　晶体尺寸与晶界所占体积分数的关系

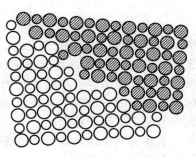

图 7-15　晶界

二、晶界类型

1. 根据晶界两个晶粒之间夹角的大小划分

（1）小角度晶界　相邻两个晶粒的原子排列错合的角度很小，约 $2°\sim3°$。两个晶粒间晶界由完全配合部分与失配部分组成。

（2）大角度晶界　相邻两个晶粒的原子排列错合的角度很大，在多晶体中占多数，这时晶界上质点的排列已接近无序状态。

2. 根据晶界两边原子排列的连贯性来划分

（1）连贯晶界　两个晶粒的原子在界面上连续地相接，具有一定的连贯性。前提条件是两个晶体的结构相似，排列方向也接近。

例如，氢氧化镁加热分解成氧化镁 $Mg(OH)_2 \longrightarrow MgO + H_2O$，就形成这样的晶界。这种氧化物的氧离子密堆平面通过类似堆积的氢氧化物的平面脱氢而直接得到。当 $Mg(OH)_2$ 结构有部分转变为 MgO 结构时，则会出现阴离子面的连续相接。

失配度：两种结构的晶面间距彼此不同，分别为 C_1 和 C_2，$(C_2 - C_1)/C_1 = \delta$ 被定义为晶面间距的失配度。

MgO 结构和 $Mg(OH)_2$ 结构的晶面间距不同，为了保持晶面的连续性，必须有其中的一个相或两个相发生弹性应变，或引入位错。失配度 δ 是弹性应变的一个量度，由于弹性应变的存在，使系统的能量增大，系统能量与 $C\delta^2$ 成正比，C 为常数，系统能量与失配度 δ 的关系如图 7-16 所示。

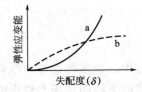

图 7-16　应变能与 δ 的关系

a—连贯边界；b—含有界面位错的半连贯边界

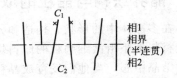

图 7-17　半连贯晶界模型

（2）半连贯晶界　晶界有位错存在，两个晶粒的原子在界面上有部分相接，部分无法相接，因此，称为半连贯晶界。

半连贯晶界模型如图 7-17 所示。在这种结构中，晶面间距 C_1 比较小的一个相发生应变。弹性应变由于引入半个原子晶面进入半连贯晶界而使弹性应变下降，这样就生成所谓界面位错。位错的引入，使在位错线附近发生局部的晶格畸变，显然晶体的能量也增加。其能量 W 可用下式表示：

$$W = \frac{Gb\delta}{4\pi(1-\mu)}[A_0 - \ln r_0] \qquad (7-23)$$

式中，δ 为失配度；b 为柏氏矢量；G 为剪切模量；μ 为泊松比；A_0、r_0 为与位错线有关的量。

根据式 (7-23) 计算的晶界能与 δ 的关系如图 7-16 中的虚线所示。由图可见，当形成连贯晶界所产生的 δ 增加到一定程度（图 7-16 中 a 与 b 的交点），如再继续以连贯晶界相连，所产生的弹性应变能将大于引入界面位错所引起的能量增加，这时以半连贯晶界相连比连贯晶界相连在能量上更趋于稳定。

但是，上述界面位错的数目不能无限制地增加。在图 7-17 中，晶体上部，每单位长度需要的附加半晶面数等于 $\rho = (1/C_1) - (1/C_2)$，位错间的距离 $d = \rho^{-1}$，故 $d = (C_1 C_2)/(C_1 - C_2)$，因此

$$d = C_2/\delta \qquad (7-24)$$

如果 $\delta = 0.04$，则每隔 $d = 25C_2$ 就必须插入一个附加半晶面，才能消除应变。当 $\delta = 0.1$ 时，每 10 个晶面就要插一个附加半晶面。在这样或有更大失配度的情况下，界面位错数大大超过了在典型陶瓷晶体中观察到的位错密度。

（3）非连贯晶界 结构上相差很大的固相间的界面不能成为连贯晶界，因而与相邻晶体间必有畸变的原子排列，这样的晶界称为非连贯晶界。

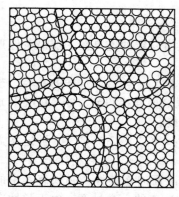

图 7-18 非连贯晶界模型

通过烧结得到的多晶体，绝大多数为非连贯晶界。在烧结过程中，有相同成分和相同结构的晶粒彼此取向不同。在这种情况下，所呈现的晶粒间界如图 7-18 所示。由于这种晶界的"非晶态"特性，很难估算它们的能量，如果假设相邻晶粒的原子（离子）彼此无作用，那么每单位面积晶界的晶界能将等于两晶粒的表面能之和。但是实际上两个相邻晶粒的表面层上的原子间的相互作用是很强的，并且可以认为在每个表面上的原子（离子）周围形成了一个完全的配位球，其差别在于此处的配位多面体是变了形的，且在某种程度上，这种配位多面体周围情况与内部结构是不相同的。晶界上的原子与晶体内部相同类型的原子相比有较高的能量，而单位面积上的晶界能比两个相临晶粒表面能之和低。

三、晶界织构与晶粒的取向

晶界在多晶体中的形状、构造和分布称为晶界织构。

陶瓷材料都是由微细颗粒的原料烧结成的。在烧结过程中，众多的微细的原料颗粒形成了大量的结晶中心，当他们发育成晶粒时，这些晶粒相互之间的取向都是不规则的，这些晶粒继续长大到相遇时就形成晶界。在晶界两边的晶粒都希望晶界上的质点按自己的位向来排列，因此在晶界上质点的排列在某种程度上必然要与它相邻的两个晶粒相适应，但又不能完全适应，因此它又不可能是很规则的排列，而成为一种过渡的排列状态，这就成了一种晶格

缺陷。这种晶格缺陷——晶界的厚度取决于两相邻晶粒间的位向差及材料的纯度，位向差愈大或纯度愈低的，晶界往往就愈厚，一般厚度为 2、3 个原子层到几百个原子层。

晶界对于多晶材料的机械性能有着极其显著的影响。晶界与晶体粒度的大小有关，而晶体粒度的大小对陶瓷材料的性能影响巨大。若多晶材料的破坏是沿着晶界断裂的，对于细晶材料来说，晶界比例大，当沿晶界破坏时，裂纹的扩展要走迂回曲折的道路，晶粒愈细，此路程愈长。另外，多晶材料的初始裂纹尺寸愈小，也可以提高机械强度。所以为了获得好的机械性能就需要研究及控制晶粒度。晶粒度大小的问题，实际上就是晶界在材料中所占比例的问题。对于小角度的晶界，可以把晶界的构造看做是一系列平行排列的刃型位错所构成的。大角度晶界上质点的排列可以看做是无定形结构。大角度晶界比小角度晶界在材料中所占比例要大，性能的影响也较大。

晶粒的取向，就是指晶粒在空间的位置和方向。如果晶粒在空间的位置和方向一致，称为取向相同的晶粒或定向排列的晶粒，也称为择优取向。这时材料的性质将会发生较大的变化。众所周知，晶体是各向异性的固体材料，也就是说，在同一个晶体的不同方向上，具有不同的物理性质。陶瓷材料是以晶粒为主的多晶集合体，晶粒在空间的位置和方向是杂乱无章的，从统计的角度来看是各向同性的，材料的性质是均匀的。但是当这些晶粒出现定向排列，即晶粒某个取向趋于一致时，材料的物理性能就不是均匀的，而是各向异性的了。陶瓷生产中用注浆法成型时，常会使片状或长柱状的晶体在垂直石膏模壁的方向上产生定向排列。这些定向排列的晶体在烧成时，就因不同方向收缩的差别而导致开裂，如滑石为层状结构的晶体，为片状组织。在滑石瓷生产中主要使用滑石原料，如果滑石预烧不好，未破坏滑石晶体的片状形态，在成型时片状的滑石小晶体就会沿某一方向取向，这些定向排列的颗粒由于在不同方向上的热膨胀不同，造成冷却阶段产生各向不同的收缩，出现瓷体的开裂现象，产生大量废品。有时为了获得某些性能，要使晶粒取向尽量一致才好。如为了使磁性瓷中晶粒能定向排列，在成型时就预先在强磁场的作用下使晶粒先行取向，让生坯内的晶粒成定向排列。当烧成后，这些已取向的晶粒不容易改变其排列结构，材料就具有明显的磁学性能了。相反，如果铁氧体晶粒的排列不加控制，磁性瓷的各向异性不明显，就不能获得良好的磁学性能。

在压电陶瓷的生产中，在烧成过程中或者烧成后，置于直流强电场的强极化条件作用下，由于压电陶瓷的晶体中存在不同极化方向的电畴，在外电场的作用下可使电畴极化方向发生改变，使电畴方向与外电场方向相一致，就会得到稳定的压电性能。

在陶瓷材料中，除了晶粒与晶粒之间的晶界以外，还有相界的存在，它是不同的相之间的界面，和晶界不完全相同。

现在分析二维的多晶截面，并假定晶界能是各向同性的。

1. 固-固-气界面

如果两个颗粒间的界面在高温下经过充分的时间使原子迁移或气相传质而达到平衡，形成了固-固-气界面 [图 7-19(a)]，根据界面张力平衡关系，经过抛光的陶瓷表面在高温下进行热处理，在界面能的作用下，就符合式(7-12) 的平衡关系。式中 φ 角称为槽角。此时界面张力平衡可以写成：

$$\gamma_{SS} = 2\gamma_{SV}\cos\frac{\varphi}{2} \tag{7-25}$$

2. 固-固-液界面

这在由液相烧结而得的多晶体中是十分普遍的。

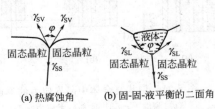

(a) 热腐蚀角　　(b) 固-固-液平衡的二面角

图 7-19　非连贯晶界

如传统长石质瓷和镁质瓷等，这时晶界构形可以用图 7-19（b）表示。此时界面张力平衡可以写成：

$$\cos\frac{\varphi}{2}=\frac{1}{2}\times\frac{\gamma_{SS}}{\gamma_{SL}}\tag{7-26}$$

当 $\gamma_{SS}/\gamma_{SL}\geqslant 2$，则 $\varphi=0°$，液相穿过晶界，此时晶粒孤立，如图 7-20（a）所示。

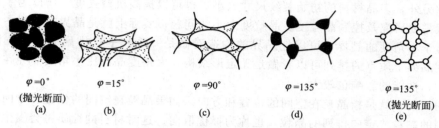

图 7-20　固-固-液系统相分布

当 $\gamma_{SL}>\gamma_{SS}$，则 $\varphi>120°$，此时三晶粒围成孤岛状液滴，完全被液相浸润，如图 7-20（d）所示。随着 φ 角度的增大，三晶粒围成孤岛状液滴越来越小，如图 7-20（e）所示。表 7-4 列出了 φ 角度与润湿关系。

表 7-4　φ 角度与润湿关系

γ_{SS}/γ_{SL}	$\cos\dfrac{\varphi}{2}$	φ	润湿性	相分布（图 7-20 实例）
<1	$<1/2$	$>120°$	不	(a)孤立液滴
$1\sim\sqrt{3}$	$\dfrac{1}{2}\sim\dfrac{\sqrt{3}}{2}$	$120°\sim60°$	局部	(b)开始渗透晶界
$>\sqrt{3}$	$>\sqrt{3}/2$	$<60°$	润湿	(c)在晶界渗开
>2	1	0	全润湿	(d)浸湿整个材料

四、晶界应力

1. 应力概念

两种不同热膨胀系数的晶相，在高温烧结时，两个相之间完全密合接触，处于一种无应力状态，但当它们冷却时，由于热膨胀系数不同，收缩不同，晶界中就会存在应力。

晶界中的应力大则有可能在晶界上出现裂纹，甚至使多晶体破裂，小则保持在晶界内。例如石英、氧化铝和石墨等，由于不同结晶方向上的热膨胀系数不同，也会产生类似的现象。石英岩是制玻璃的原料，为了易于粉碎，先将其高温煅烧，利用相变及热膨胀而产生的晶界应力，使其晶粒之间裂开而便于粉碎。

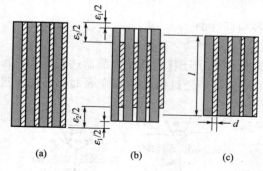

图 7-21　层状复合体中晶界应力的形成
（a）高温下；（b）冷却后无应力状态；
（c）冷却后层与层仍然结合在一起

2. 应力的产生

设两种材料的膨胀系数为 α_1 和 α_2；弹性模量为 E_1 和 E_2；泊松比为 μ_1 和 μ_2。按图 7-21 模型组合。图 7-21（a）表示在高温 T_0 下的工种状态，此时两种材料密合长短相同。假设此时是一种无应力状态，冷却后，有两种情况。图 7-21（b）表示在低于 T_0 的某 T 温度下，两个相自由收缩到各自平衡状态。因为有一个无应力状态，晶界发生完全分离。

图 7-21(c) 表示同样低于 T_0 的某 T 温度下，两个相都发生收缩，但晶界应力不足以使晶界发生分离，晶界处于应力的平衡状态。当温度由 T_0 变到 T，温差 $=T-T_0$，第一种材料在此温度下膨胀变形 $\varepsilon_1=\alpha_1\Delta T$，第二种材料膨胀变形 $\varepsilon_2=\alpha_2\Delta T$，而 $\varepsilon_1\neq\varepsilon_2$。因此，如果不发生分离，即处于图 7-21(c) 状态，复合体必须取一个中间膨胀的数值。在复合体中一种材料的净压力等于另一种材料的净拉力，二者平衡。设 σ_1 和 σ_2 为两个相的线膨胀引起的应力，V_1 和 V_2 为体积分数（等于截面积分数）。如果 $E_1=E_2$，$\mu_1=\mu_2$，且 $\Delta\alpha=\alpha_1-\alpha_2$，则两种材料的热应变差为：

$$\varepsilon_1-\varepsilon_2=\Delta\alpha\Delta T \tag{7-27}$$

第一相的应力：

$$\sigma_1=[E/(1-\mu)]V_2\Delta\alpha\Delta T \tag{7-28}$$

此应力是令合力（等于每相应力乘以每相的截面积之和）等于零而计算得到的，因为在个别材料中正力和负力是平衡的。这种力可经过晶界传给一个单层的力，即 $\sigma_1 A_1=-\sigma_2 A_2$，式中 A_1，A_2 分别为第一、二相的晶界面积，合力 $\sigma_1 A_1+\sigma_2 A_2$ 产生一个平均晶界剪应力 $\tau_{平均}=(\sigma_1 A_1)_{平均}/$ 局部的晶界面积。

对于层状复合体的剪切应力：

$$\tau=K\Delta\alpha\Delta Td/L \tag{7-29}$$

式中，L 为层状物的长度；d 为薄片的厚度。从式(7-29) 可以看到，晶界应力与热膨胀系数差、温度变化及厚度成正比。如果晶体热膨胀是各向同性的，则 $\Delta\alpha=0$，晶界应力不会发生。如果产生晶界应力，则复合层愈厚，应力也愈大。所以在多晶材料中，晶粒愈粗大，材料强度差与抗冲击性也愈差，反之则强度与抗冲击性好，这与晶界应力的存在有关。

复合材料是目前很有发展前途的一种多相材料，其性能优于其中任一组元材料的单独性能，很重要的一条就是避免产生过大的晶界应力。

在陶瓷材料的晶界上由于质点间排列不规则而使质点距离疏密不均匀，从而形成微观的机械应力，也就是陶瓷晶界应力。在晶界上的质点与晶格内质点比较一般能量是较高的，从热力学来说质点是不稳定的，晶界会自动吸引空格点、杂质和一些气孔来降低能量。由此可以说陶瓷晶界上是缺陷较多的区域，也是应力比较集中的部位。此外，对单相的多晶材料来说，由于晶粒的取向不同，相邻晶粒在同一方向的热膨胀系数、弹性模量等物理性质都不相同；对多相晶体来说，各相间更有性能的差异；对于固溶体来说，各晶粒间化学组成上的不同也会形成性能上的差异。这些性能上的差异，在陶瓷烧成后的冷却过程中，都会在晶界上产生很大的晶界应力。晶粒愈大，晶界应力也愈大。这种晶界应力很容易使陶瓷出现开裂现象。所以粗晶粒结构的陶瓷材料的机械强度和介电性能都较差。

晶界应力有不好的一面，也有可以利用的一面，如陶瓷生产中石英岩是 SiO_2 的来源之一，由于它硬度大，破碎困难，且对破碎机械磨损很大，从而给原料带入铁杂质。在破碎硬度很大的石英岩时，就常常利用晶界应力。为此，通常是把石英岩预烧到高温（1200℃以上），然后在空气中急冷。利用冷却过程中产生高温型石英→低温型石英的相转变，由于两相的密度不同，冷却时的体积收缩不一样，从而产生很大的晶界应力，使石英岩本身断裂或产生众多的微裂纹，很容易进行破碎。

晶界的存在，除对材料的机械性能和介电性能有较大的影响外，还对晶体中的电子和晶格振动的声子起散射作用，使得自由电子迁移率降低，对某些性能的传输或耦合产生阻力。例如对机电耦合不利，对光波会产生反射或散射，使材料的应用受到了限制。

晶界在一定条件下会发生变化。高温下、晶粒生长以及再结晶时都会使晶界织构发生改变，使晶界出现移动。透明陶瓷材料就是采用特殊技术改变晶界，使晶界织构能防止晶粒的异常长大，同时使晶界的折射率尽量接近晶体本身，改善陶瓷的透光性能。

五、晶界的杂质分布

混入陶瓷材料的杂质大多是进入玻璃相或处于晶界。这是因为晶界势能较高，质点排列不规则，杂质进入晶界内引起点阵畸变所克服的势垒（能量）就较低；还有就是某些氧化物易于形成不规则的非晶态结构，并且易于在点阵排列不规则的晶界上富集。杂质进入晶界一定程度可以减少晶界上的内应力，降低系统内部的能量。

利用晶界易于富集杂质的现象，在陶瓷材料的生产中有意识地加入一些杂质到瓷料中，使其集中分布在晶界上，以达到改善陶瓷材料的性能的目的。例如在陶瓷生产中常常是通过掺杂来加以控制晶粒的大小。在工艺上除了严格控制烧成制度（烧成温度、时间及冷却方式等）外，主要是限制晶粒的长大，特别要防止二次再结晶。烧结氧化铝陶瓷可掺入少量的 MgO，使 α-Al_2O_3 晶粒之间的晶界上形成镁铝尖晶石薄层，防止晶粒的长大，形成氧化铝细晶结构。

第四节　陶瓷的界面结构

陶瓷材料通常是单相多晶体或多相多晶体，多晶体晶界的分布、形状影响着陶瓷性能。由于陶瓷制备工艺制度的不同，陶瓷材料内部晶粒的大小、形态、结晶特性、分布、取向、晶界和表面的结构特征也不同，致使陶瓷材料性能上就有差异。因此，研究陶瓷材料的晶界结构，不仅可以判断陶瓷材料质量的优劣，还可从工艺过程诸多的因素中找出影响晶界结构形成及变化的规律，探求陶瓷材料的最佳工艺过程。

陶瓷材料通常由结晶相、玻璃相和气相构成。各相的数量、几何形态、粒度大小、在空间的分布及界面关系等就构成陶瓷材料的界面结构，也称陶瓷显微结构。

一、晶相界面

陶瓷材料是由许多不同取向的小晶体（晶粒）与分散的玻璃相、气孔集结而成的。这些晶粒的几何形态、粒度大小、百分含量、取向、界面及其在空间的分布状况，可以通过显微镜进行观察和统计。这些晶粒在形成和生长发育的时候，由于受结晶习性的支配和周边玻璃相、气孔的影响，会有规律地长成具有一定几何形状的外形和界面。有时，陶瓷材料不止一个晶相，而是多相多晶体。这些晶相多数是由化学组分所决定的，也受工艺制度的影响。

陶瓷主晶相决定着陶瓷材料的物理与化学性能。例如刚玉瓷具有机械强度高，电性能非常优良，耐高温及耐化学侵蚀等极优良的性能，这是因为主晶相——刚玉晶体是一种结构紧密、离子键强度大的晶体。PZT 压电陶瓷则以锆钛酸铅为主晶相，这类晶体具有钙铁矿型结构。同时，在一定温度下处于斜方铁电体和四方铁电体的界面组成处有优良的压电性能。除了主晶相外，其他晶相的存在以及晶粒形状、界面结构对陶瓷材料也具有不可忽视的影响。例如，在高压电瓷中的玻璃相内，由于有大量的莫来石针状晶体的析出，成网络交错的界面分布，起到骨架增强作用，可以大大提高电瓷的机械强度。

二、玻璃相界面

玻璃相是一种非晶态的低熔固体。陶瓷材料在高温烧结时，各组成及混入的杂质产生一系列的物理与化学反应，常常形成液相，在冷却下来以后就以玻璃相的形式出现，分布在各个晶粒之间，以一定的界面结构对陶瓷性能起到特殊的作用。陶瓷中玻璃相的界面作用主要是把分散的晶粒黏结在一起，具有界面黏结作用；填充气孔空隙的作用，使瓷坯致密化而成为整体；降低烧成温度；抑制晶体长大并防止晶体的晶形转变。

在有液相参加烧结的陶瓷材料中玻璃相一般在 $20\%\sim60\%$ 的范围内变化，特殊的也有高达 60% 以上的。如高压电瓷的玻璃相达 $35\%\sim60\%$，日用瓷则高达 60% 以上。玻璃相在陶瓷材料中的数量及其界面分布情况，对陶瓷性质的影响较大，也可以作为判断陶瓷制备工艺过程中配料、混料和烧结制度的依据。

玻璃相在陶瓷材料中是一种连续的相，它把晶粒包裹起来并且使晶粒连接在一起。为此当陶瓷烧结冷却工程中玻璃相和晶相的热膨胀不同就会产生界面应力，就会在晶粒和玻璃之间出现应力，这种晶界应力会大大影响陶瓷材料的机械强度。

陶瓷的外表面常施以瓷釉，陶瓷坯体与釉层也存在界面问题。釉层就是在陶瓷材料的外表面上覆盖的一层薄玻璃层，是陶瓷施釉后在高温烧成时形成的。一般要求釉层和坯体界面之间结合得牢固且不崩脱也不产生裂纹，所以应使釉料和坯体的化学组成相近。当在高温反应过程中，坯与釉之间就产生一中间界面层，在这一层里坯与釉在高温下互相渗透，使其组成上介乎坯体与釉层之间，形成物理与化学性能和组成上相似的新的过渡界面层。这一层的形成，对消除坯釉的界线，缓和坯釉的热膨胀系数的差异并减少有害的应力均起很大的作用。分析坯与釉之间的中间界面层应力状况有益于提高瓷釉性能。

烧成时，坯体在烧结收缩而釉则呈熔融状态，坯与釉均处于可塑状态。但在冷却时，当冷却温度低于釉层的软化温度时，由于釉已冷却硬化成为固体而失去塑性，这时如果 $\alpha_{釉}>\alpha_{坯}$ 时，则釉层的收缩大于坯体，就会在釉中形成张应力，这应力超过釉层的抗张强度时，就出现裂纹而释放应力，这就是裂釉。反之，$\alpha_{釉}<\alpha_{坯}$ 时，在釉中形成压应力。通常釉的耐压强度比抗张强度大得多，要在相当大的压应力作用下才出现剥釉现象。所以剥釉现象比釉裂现象少得多。在陶瓷生产中，坯与釉的冷却收缩是不可能一致的，一般设计釉的成分时尽量使釉的收缩小一些，以便釉中呈一定的压应力。釉中出现压应力会使上釉陶瓷制品的机械强度提高，而且可使釉与坯结合得更牢固。釉层的作用除了把瓷体表面的缺陷覆盖、提高机械强度、改善陶瓷材料的性能外，还使陶瓷表面光滑，不易积存脏物、易于清洗，且也较为美观。从而使有釉层的陶瓷材料扩大了使用范围。

三、固气界面

陶瓷材料一般均存在着不同数量的、以孤立状态分布于玻璃相中的气孔（气相），气孔与玻璃相形成了固气界面。

陶瓷内部气孔的固气界面的存在是陶瓷材料某些性能下降因素之一。气孔和玻璃相界面是应力集中的地方，也是光的散射中心，光线通过瓷体时将会受气相的散射作用而使透过的光线大大减少，导致机械强度、光学性能降低。对于需要的光透过率较大的透明陶瓷材料而言，则必须最大限度地清除气孔。但是当陶瓷要求绝热性能好，密度小时，则希望气孔的数量越多越好，且要求其分布均匀，气孔的大小接近一致。由此可知气孔的数量、大小及界面分布情况对陶瓷材料的性能的影响是很重要的。

陶瓷材料在生产过程中，会经过一系列工序，使陶瓷材料的制品产生气孔或裂隙。气孔分开口气孔和闭口气孔。陶瓷生坯中的孔隙在烧成时虽大部分已被排除，开口气孔几乎消失。但是闭口气孔仍有一部分残留在瓷体内，其数量的多少视陶瓷的种类、用途及工艺等而不同。如透明陶瓷，其气孔非常少或接近等于 0%，而一般陶瓷材料的气孔体积分数可达

5%~10%。

　　陶瓷材料中是怎样产生气相的，又是怎样形成气孔的？

　　陶瓷材料中产生气相原因之一是"生烧"。煅烧温度过低，时间短，即"生烧"。坯体未能形成足够的玻璃相，即未成为致密的烧结体，这时生坯中原料颗粒之间的空隙或原料颗粒上的裂纹未被玻璃相或晶界所填满而使气孔残留下来；另一个原因是煅烧时原料中的结构水、碳酸盐、硫酸盐的分解或有机物的氧化等；还有就是煅烧时窑炉内气氛的扩散，使陶瓷制品内部玻璃相含住气体而形成气孔；再有就是烧成温度过高，或升温过快，或窑内气氛不合适，在应该进行气体释放过程拖到高温下进行，此时液相已形成，气体不易排出，就容易发生气体隆胀现象，形成大量闭口气孔。故在"过烧"的情况下，气孔增多，气孔率增高，并有起泡现象，这称为二次气泡。值得提出的是二次再结晶极不利于气孔的排除，因为陶瓷材料在烧结时，晶粒长大到一定程度后，由于杂质、气孔的存在，妨碍了晶粒的继续长大。这时只有少数大晶粒由于它表面能特别低，以至于气孔和杂质都不能阻止其长大，这样大晶粒的晶界不断向外扩大，晶粒继续长大。造成大晶粒"吞食"周围的小晶粒，从而把小晶粒间的空隙也包裹在大晶粒之内。这时粗大晶粒（也称为斑晶）的气孔要通过扩散的形式排除到晶界上，并最后排除至瓷体外，就十分困难。只有距离晶界较近的气孔才可以排走，而距离晶界较远的气孔则因扩散途径较长而难以排除，这就是包裹气孔的由来。

　　气孔形成原因不同其分布及特征也不同。如果瓷件是生烧的，气孔数量多而个体小，以分散分布为主，形态上以不规则的孔洞为其特征。而过烧的产品则气孔数量多而个体大，有时被玻璃相所填充，分布是不均匀的，而气孔的形态则以圆形或椭圆形为主，这是因为瓷件过烧，玻璃相数量较多，气孔在液态玻璃相中由于表面张力而形成圆形所致。若气孔来源于晶体的二次再结晶，则气孔多以斑晶内的包裹气孔的形式出现，且常分布在斑晶的较中心的位置，并随着向斑晶的边缘而逐渐减少，甚至在边缘上没有气孔的存在。如果气孔或裂隙成断断续续的层状分布，则多为成型时压制制度不当所致。气孔有时会成念珠状分布，这是因为出现玻璃相后，坯体内有高温分解产物形成的连续的小气泡。如果是机械破裂而引起的微裂纹，则多分布在固体颗粒内，微裂纹以细长的弯弯曲曲状为其特征，有时也会呈现一端宽一端窄的微裂缝状态。如果玻璃相中出现不是弯弯曲曲的而是比较平直且长的裂缝，多为破碎相在经受温度急变的情况下，存在较大的残余应力所引起的。

　　陶瓷材料中的气孔及裂隙内并不是真空，而是存在气体的，这些气孔及裂隙中的气体在电场下，特别是在高压电场作用下，将发生电离现象，强烈电离的结果，发生了大量的热量，使得气孔及裂隙附近局部界面区域发生过热，在材料中形成了相当大的内应力，当这种热应力超过一定的限度时，界面移动材料就发生破裂。这就是气孔降低材料的抗电击穿强度和介电损耗增加的原因所在。陶瓷的烧结有气孔及裂隙的存在是不利的，因为烧结时晶体的正常长大会受气孔界面的阻碍，当晶界向前移动时，遇到了气相界面便停止了运动，晶体的生长到此也停止了。

四、陶瓷显微结构分析方法

　　陶瓷材料的显微结构的研究常采用偏光显微镜、反光显微镜或偏光反光两用显微镜进行观察分析。对晶体来说，用偏光显微镜可对透明晶体的光学性质和光学数据进行较为全面的观察和测定，这些光学性质和光学数据正是鉴定晶体的重要依据。反光显微镜对不透明或半透明晶体观察反射力、反射色及硬度等光学和机械性质。进一步在反射光下对晶体研究向精密化和定量方向发展，对不透明或半透明晶体的光学性质用反射光进行了研究，形成了不透明晶体光学理论。这样透明晶体光学和不透明晶体光学相辅相成，偏光反光显微镜把透射偏光和反射光结合起来，使岩相分析更加方便、更加深入。

对陶瓷材料显微结构的分析还可以用 X 射线法、红外光谱法、透射电镜及扫描电镜法和电子探针及离子探针等对晶相、玻璃相的结构和成分进行分析，对陶瓷材料的内部结构组织加深了解。另外，也常常使用化学分析法及仪器分析法研究晶相、玻璃相的化学组成，以提高分析鉴定工作的准确性。

第五节　复合材料的界面

复合材料的界面是指复合材料的基体与增强材料之间微小区域的界面。界面的尺度很小，约几个纳米到几个微米，是一个区域或一个带或一层。它包含了基体和增强材料的部分原始接触面、基体与增强材料相互作用生成的反应产物、产物与基体及增强材料的接触面、基体和增强物的互扩散层等。在化学成分上，除了基体、增强材料及涂层中的元素外，还有基体带入的杂质及由环境带来的杂质，这些成分以原始状态存在或重新组合成新的化合物。因此，界面上的化学成分和相结构是很复杂的。

一、复合材料界面作用

复合材料界面具有特殊的作用，可归纳为以下几种。

1. 传递

界面能传递力，即将外力传递给增强物，起到基体和增强物之间的桥梁作用。

2. 阻断

界面有阻止裂纹扩展、中断材料破坏和减缓应力集中的作用。

3. 性能不连续

在界面上产生物理性能的不连续性和界面摩擦出现的现象，如抗电性、电感应性、磁性和耐热性等。

4. 散射和吸收作用

光波、声波、热弹性波及冲击波等在界面产生散射和吸收。如透光性、隔热性、隔声性、耐机械冲击及耐热冲击性等。

5. 诱导作用

增强物的表面结构使基体与之接触的物质的结构由于诱导作用而发生改变，由此产生一些现象，如强的弹性、低的膨胀性、耐冲击性和耐热性等。

界面上产生的这些效应，是任何一种单体材料所没有的特性，它对复合材料具有重要作用。例如粒子弥散强化金属中微型粒子阻止晶格位错，从而提高复合材料强度。在纤维增强陶瓷中，纤维与基体界面阻止裂纹进一步扩展等。因而在复合材料制备中，改善界面性能的处理方法是关键的工艺技术之一。

界面效应不但与界面结合状态、界面形态等有关，也与界面两侧组分材料的浸润性、相容性和扩散性等密切相关。

复合材料中的界面区是从与增强剂内部的某一点开始，直到与基体内整体性质相一致的点间的区域。界面区不是一个单纯的几何面，而是一个多层结构的过渡区域。基体和增强物通过界面结合在一起，构成复合材料整体。界面的结合强度一般是以分子间力、溶度系数、表面张力（表面自由能）等表示的，而实际上有许多因素影响着界面结合强度。界面结合的状态和强度无疑对复合材料的性能有重要影响，研究各种复合材料界面结合强度具有重要的意义。

　　界面性能的研究由于界面区相对于整体材料所占比重甚微，欲单独对某一性能进行度量有很大困难。因此常借用整体材料的力学性能来表征界面性能，如层间剪切强度就是研究界面黏结的一个办法，同时配合断裂形貌分析等即可对界面性能作较深入的研究。

　　复合材料的破坏可发生在基体或增强剂，也可发生在界面。界面性能较差的材料大多呈剪切破坏，界面间黏结过强的材料则呈脆性破坏。界面最佳态是当受力发生开裂时，这一裂纹能转为区域化而不产生进一步界面脱黏，这时的复合材料具有最大断裂能和一定的韧性。由此可见，在研究和设计复合材料时充分考虑界面的影响是必要的。

　　复合材料界面尚无直接的、准确的定量分析方法，主要是因为界面尺寸小且不均匀、化学成分及结构复杂、力学环境复杂。对于界面结合状态、形态及结构可以借助拉曼光谱、电子质谱、红外扫描及 X 射线等进行部分性能分析。

　　迄今为止对复合材料界面的认识还不太充分，也没有一个通用的模型来建立完整的理论。但由于复合材料界面的重要性，吸引着大量研究者开展复合材料界面的探索和分析规律工作。

二、陶瓷基复合材料的界面

　　在陶瓷基复合材料中基体是陶瓷，增强纤维与基体之间形成的反应层对纤维和基体都能很好地结合。一般增强纤维的横截面多为圆形，故界面反应层常为空心圆筒状。空心圆筒状界面反应层的厚度对于复合材料的抗张强度影响较大。当反应层达到某一厚度时，复合材料的抗张强度开始降低，此时反应层的厚度可定义为第一临界厚度。如果反应层厚度继续增大，材料强度亦随之降低，直至达某一强度时不再降低，这时反应层厚度称为第二临界厚度。例如，利用 CVD 技术制造碳纤维/硅材料时，出现 SiC 反应层的第一临界厚度大约为 $0.05\mu m$，此时，复合材料的抗张强度为 1800MPa；第二临界厚度为 $0.58\mu m$，抗张强度降至 600MPa。相比之下，碳纤维/铝材料的抗张强度较低，第一临界厚度 $0.1\mu m$ 时，形成 Al_4C_3 反应层，抗张强度 1150MPa；第二临界厚度为 $0.76\mu m$，抗张强度降至 200MPa。

　　在氮化硅基碳纤维复合材料的制造过程中，成型工艺对界面结构影响较大。氮化硅具有强度高、硬度大、耐腐蚀、抗氧化和抗热震性能好等特点，但断裂韧性较差，使其特点发挥受到限制。如果在氮化硅中加入纤维或晶须，可有效地改进其断裂韧性。由于氮化硅具有共价键结构，不易烧结，所以在复合材料制造时需添加烧结助剂，如 6％ Y_2O 和 2％ Al_2O_3 等。例如，采用无压烧结工艺时，碳与硅之间的反应十分严重，用扫描电子显微镜可观察到非常粗糙的纤维表面，在纤维周围还存在许多空隙；若采用低温等静压工艺，则由于压力较高和温度较低，在碳纤维与氮化硅之间的界面上不发生化学反应，无裂纹或空隙，达到较理想的物理结合。在以 SiC 晶须作增强材料、氮化硅作基体的复合材料体系中，若采用反应烧结、无压烧结或高温等静压工艺也可获得无界面反应层的复合材料。但在反应烧结和无压烧结制成的复合材料中，随着 SiC 晶须含量增加，材料密度下降，导致强度降低，而采用高温等静压工艺时则不出现这种情况。

习　　题

　　7-1　分析说明：焊接、烧结、黏附接合和玻璃-金属封接的作用原理。

　　7-2　MgO-Al_2O_3-SiO_2 系统的低共熔物放在 Si_3N_4 陶瓷片上，在低共熔温度下，液相的表面张力为 $900 \times 10^{-3} N/m$，液体与固体的界面能为 $600 \times 10^{-3} N/m$，测得接触角为 70.52°。

　　(1) 求 Si_3N_4 的表面张力。

　　(2) 把 Si_3N_4 在低共熔温度下进行热处理，测试其热腐蚀的槽角为 60°，求 Si_3N_4 的晶界能。

7-3　氧化铝瓷件中需要被银，已知 1000℃ 时 $\gamma_{(Al_2O_3,S)} = 1.0 \times 10^{-3} N/m$，$\gamma_{(Ag,L)} = 0.92 \times 10^{-3} N/m$，$\gamma_{(Ag,L)}/\gamma_{(Al_2O_3,S)} = 1.77 \times 10^{-3} N/m$，问液态银能否润湿氧化铝瓷件表面？可以用什么方法改善它们之间的润湿性？

7-4　影响润湿的因素有哪些？

7-5　说明吸附的本质？

7-6　什么是晶界织构？

7-7　试说明晶粒之间的晶界应力的大小对晶体性能的影响？

第八章
浆体的胶体化学原理

浆体是指溶胶-悬浮液-粗分散体系混合形成的一种流动的物体，包括黏土粒子分散在水介质中所形成的泥浆系统、非黏土的固体颗粒形成的具有流动性的泥浆体。普通陶瓷的注浆成型用泥浆、施釉用的釉浆是典型的黏土-水系统浆体。精细陶瓷的注射成型用的浆体、热压注法的蜡浆都是浆体应用的实例。

研究浆体的流动性、稳定性以及悬浮性、触变性等，对于制备无机材料无疑具有重要意义。本章重点讨论黏土-水系统所形成的泥浆和非黏土的固体颗粒形成的具有流动性的泥浆体的胶体行为。

第一节　黏土-水浆体的流变性质

一、流变学概念

流变学是研究外力作用下物料变形或流动的性质。对于不同类型的物体其流变学方程各不相同，流变学模型和流动曲线也不同。常见的流动类型有如下几种。

1. 理想流体（或牛顿型流体、黏性体）

理想流体或牛顿型流体服从牛顿定律，即应力与变形成比例，符合公式 $\sigma = \eta dv/dx$。

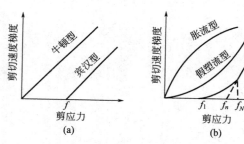

图 8-1　流动曲线

公式 $\sigma = \eta dv/dx$ 表示流体产生剪切速度 dv/dx 与剪切应力 σ 成正比例，比例系数为黏度 η。如图 8-1(a) 所示，用应力与速度梯度作图。当在物体上加以剪应力，则物体即开始流动，剪切速度与剪应力成正比。当应力消除后，变形不再复原。

属于这类流动的物质有水、甘油、低分子量化合物溶液。

2. 宾汉流动

具有一个屈服值的牛顿型流体称为宾汉流动。这类流体流动特点是应力必须大于流动极限值 f 后才开始流动，一旦流动后，又与牛顿型相同。即当应力不超过某一极限值以前，物体是刚性的。此流动极限值 f 称流动极限或屈服值。表现出流动曲线形式如图 8-1(a) 所示。这种流动可写成：

$$F - f = \eta dv/dx \tag{8-1}$$

f 为屈服值，若 $D = dv/dx$，上式写成：

$$F/D = \eta + f/D$$
$$\eta_a = \eta + f/D \tag{8-2}$$

当 $D \to \infty$、$f/D \to 0$，此时 $\eta_a = \eta$，η_a 称为宾汉流动黏度。通常又称为表观黏度，η 为牛

134

顿黏度。

新拌混凝土接近于宾汉流动。

3. 塑性流动

这类流动的特点是施加的剪应力必须超过某一最低值——屈服值以后才开始流动，随剪切应力的增加，物料由紊流变为层流，直至剪应力达到一定值，物料也发生牛顿流动。流动曲线如图 8-1（b）所示。

属于这类流动的物体有泥浆、油漆、油墨。硅酸盐材料在高温烧结时，晶粒界面间的滑移也属于这类流动。黏土泥浆的流动只有较小的屈服值，而可塑泥团屈服值较大，它是黏土坯体保持形状的重要因素。

黏土矿物包括高岭石、蒙脱石、伊利石、绿泥石等一系列矿物，它们都属于层状结构的硅酸盐矿物。矿物粒度很细，一般约在 $0.1\sim10\mu m$ 范围内，具有很大的表面积。黏土具有荷电与水化等性质，黏土粒子分散在水介质中所形成的泥浆系统具有塑性流动的特点。

4. 假塑性流动

这一类型的流动曲线类似于塑性流动，但它没有屈服值。也即曲线通过原点并凸向应力轴，如图 8-1（b）所示。它的流动特点是表观黏度随切变速率增加而降低。

属于这一类流动的主要有高聚合物的溶液、乳浊液、淀粉、甲基纤维素等。

5. 膨胀流动

这一类型的流动曲线是假塑性的相反过程。流动曲线通过原点并凹向剪应力轴，如图 8-1（b）所示。这些高浓度的细粒悬浮液在搅动时好像变得比较黏稠，而停止搅动后又恢复原来的流动状态，它的特点是黏度随切变速率增加而增加。

属于这一类流动的一般是非塑性原料，如氧化铝、石英粉的浆料等。

二、黏土-水系统

1. 黏土-水结合

黏土胶体不是指干燥黏土，而是加水后的黏土-水两相系统。

黏土粒子常是片状的，其层厚的尺寸往往符合于胶体粒子范围，即使另外两个方向的尺寸很大，但整体上仍可视为胶体。例如，蒙脱石膨胀后，其单位晶胞厚度可劈裂成 1nm 左右的小片，分散于水中即成为胶体。

除了分散尺寸外，分散相与分散介质的界面结构对胶体同样是重要的。一般认为，即使系统仅含 1.5% 以下的胶体粒子，整体上其界面就可能很大，并表现出胶体性质。许多黏土虽然几乎不含 $0.1\mu m$ 以下的粒子，但仍是呈现胶体性质。这显然应从界面化学角度去理解。

黏土中的水可分为吸附水和结构水两种。前者是指吸附在黏土矿物层间，约在 $100\sim200℃$ 的较低温度下可以脱去；后者是以 OH 基形式存在于黏土晶格中，其脱水温度随黏土种类不同而异，约波动在 $400\sim600℃$。对于黏土-水系统性质而言，吸附水往往是更为重要的。

黏土晶格的表面，是由 OH^- 和 O^{2-} 排列成层状的六元环状。吸附水是彼此连接成如图 8-2 所示那样的六角形网层，即六角形的每边相当于羟键。一个水分子的氢键

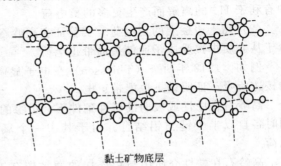

黏土矿物底层

图 8-2　直接连接到黏土矿物底面
上的吸附水的位形

直指邻近分子的负电荷，但水分子中有一半氢原子没有参加网内结合，它们由于黏土晶格的表面氧层间的吸引作用而连接在黏土矿物的表面上。第二个水网层同样由未参加网内结合的氢原子，通过氢键与第一网层相连接。依此重叠直到水分子的热运动足以克服上述键力作用时，逐渐过渡到不规则排列。

从这样的结构模型出发，黏土吸附水可分为三种：牢固结合水，它是接近于黏土表面的有规则排列的水层，有人测得其厚度约 3～10 个水分子厚度，而且性质也不同于普通水，其相对密度为 1.28～1.48，冰点较低，也称非液态吸附水；松结合水系指从规则排列过渡到不规则排列水层；自由水即最外面的普通水层，也称流动水层。

不同结合状态的吸附水对黏土-水系统的陶瓷工艺性质有重要关系。例如，塑性泥料要求其含水达到松结合状态，而流动泥浆则要求有自由水存在。但是，不同黏土矿物的吸附水和结构水并不尽相同，这主要取决于黏土结构、分散度和离子交换能力。

2. 黏土的带电性

实验可以证实分散在水中的黏土粒子可以在电流的影响下向阳极移动。说明黏土粒子是带负电的。黏土的带电原因如下。

（1）黏土层面上的负电荷　黏土晶格内离子的同晶置换造成电价不平衡使之板面上带负电。

硅氧四面体中四价的硅被三价铝所置换，或者铝氧八面体中三价的铝被二价的镁、铁等取代，就产生了过剩的负电荷，这种电荷的数量取决于晶格内同晶置换的多少。

例如，蒙脱石其负电荷主要是由铝氧八面体中 Al^{3+} 被 Mg^{2+} 等二价阳离子取代而引起的。除此以外，还有总负电荷的 5% 是由 Al^{3+} 置换硅氧四面体中的 Si^{4+} 而产生的。蒙脱石的负电荷除部分由内部补偿外，单位晶胞还约有 0.66 个剩余负电子。

伊利石中主要由于硅氧四面体中的硅离子约有 1/6 被铝离子所取代，使单位晶胞中约有 1.3～1.5 个剩余负电荷。这些负电荷大部分被层间非交换性的 K^+ 和部分 Ca^{2+}、H^+ 等所平衡，只有少部分负电荷对外表现出来。

高岭石中，根据化学组成推算其构造式，其晶胞内电荷是平衡的。一般认为高岭石内不存在类质同晶置换。但近来根据化学分析、X 射线分析和阳离子交换量测定等综合分析结果，证明高岭石中存在少量铝对硅的同晶置换现象，其量约为每百克土有 2mmol。

黏土内由同晶置换所产生的负电荷大部分分布在层状硅酸盐的板面（垂直于 C 轴的面）上。因此在黏土的板面上可以依靠静电引力吸引一些介质中的阳离子以平衡其负电荷。

黏土的负电荷还可以由吸附在黏土表面的腐殖质离解而产生。这主要是由于腐殖质的羧基和酚羧基的氢解离而引起的。这部分负电荷的数量是随介质的 pH 值而改变，在碱性介质中有利于 H^+ 的离解而产生更多的负电荷。

（2）黏土边棱上的正电荷　实验证实高岭石的边面（平行于 C 轴的面）在酸性条件下，由于从介质中接受质子而使边面带正电荷。

例如，1942 年西奈（Thiessen）在电子显微镜中看到带负电荷胶体金粒被片状高岭石的棱边所吸，证明黏土也能带正电。

高岭石在中性或极弱的碱性条件下，边缘的硅氧四面体中的两个氧各与一个氢相连接，同时各自以半个键与铝结合。由于其中一个氧同时与硅相连，所以这个氧带有 1/2 个正电荷。

高岭石在酸性介质中与铝连接的原来带有 1/2 个负电荷的氧接受一个质子而变成带有 1/2 个正电荷，这样就使边面共带有一个正电荷。

高岭石在强碱性条件下，由于与硅连接的两个 OH 基中的 H 解离，而使边面共带 2 个负电荷，这也就是高岭石的可随介质 pH 值而变化的负电荷。

蒙脱石和伊利石的边面也可能出现正电荷。

（3）黏土离子的综合电性　黏土的正电荷和负电荷的代数和就是黏土的净电荷。由于黏土的负电荷一般都远大于正电荷，因此黏土是带有负电荷的。

黏土胶粒的电荷是黏土-水系统具有一系列胶体化学性质的主要原因之一。

三、黏土的离子吸附与交换

1. 离子交换概念

黏土颗粒由于破键、晶格内类质同晶替代和吸附在黏土表面腐殖质离解等原因而带负电。因此，它必然要吸附介质中的阳离子来中和其所带的负电荷，被吸附的阳离子又能被溶液中其他浓度大、价数高的阳离子所交换。这就是黏土的阳离子交换性质。

2. 离子交换特点

同号离子相互交换；离子以等量交换；交换和吸附是可逆过程；离子交换并不影响黏土本身结构。

3. 吸附与交换的区别

对 Ca^{2+} 而言是由溶液转移到胶体上，这是离子的吸附过程。但对被黏土吸附的 Na^+ 转入溶液而言则是解吸过程。吸附和解吸的结果，使钙、钠离子相互换位即进行交换。由此可见，离子吸附是黏土胶体与离子之间相互作用，而离子交换则是离子之间的相互作用。

离子吸附：黏土 + $2Na^+$ === 黏土-$2Na^+$

离子交换：黏土-$2Na^+$ + Ca^{2+} === 黏土-Ca^{2+} + $2Na^+$

4. 影响离子交换的因素

黏土的阳离子交换容量除与矿物组成有关外，还与黏土的细度、含腐殖质数量、溶液的 pH 值、离子浓度、黏土与离子之间吸力、结晶度、粒子的分散度等很多影响因素有关。

同一种矿物组成的黏土其交换容量不是固定在一个数值，而是在一定范围内波动。黏土的阳离子交换容量通常代表黏土在一定 pH 条件下的净负电荷数，由于各种黏土矿物的交换容量数值差距较大，因此测定黏土的阳离子交换容量也是鉴定黏土矿物组成的方法之一。黏土吸附的阳离子的电荷数及其水化半径都直接影响黏土与离子间作用力的大小。当环境条件相同时，离子价数愈高则与黏土之间吸力愈强。黏土对不同价阳离子的吸附能力次序为 $M^{3+} > M^{2+} > M^+$（M 为阳离子）。如果 M^{3+} 被黏土吸附则在相同浓度下 M^+、M^{2+} 不能将它交换下来，而 M^{3+} 能把已被黏土吸附的 M^{2+}、M^+ 交换出来。但 H^+ 是特殊的，由于它的容积小，电荷密度高，黏土对它吸力最强。

5. 水化离子

阳离子在水中常常吸附极化的水分子，从而形成水化阳离子。

水化膜的厚度与离子半径大小有关，如表 8-1 所示。对于同价离子，半径愈小则水膜愈厚。如一价离子水膜厚度 $Li^+ > Na^+ > K^+$。这是由于半径小的离子对水分子偶极子所表现的电场强度大所致，水化半径较大的离子与黏土表面的距离增大，因而根据库仑定律它们之间吸力就小。对于不同价离子，情况就较复杂。一般高价离子的水化分子数大于低价离子，但由于高价离子具有较高的表面电荷密度，它的电场强度将比低价离子大，此时高价离子与黏土颗粒表面的静电引力的影响可以超过水化膜厚度的影响。

6. 阳离子交换容量（简称 c.e.c）及交换序

阳离子交换容量为 pH＝7 时 100g 干黏土吸附离子的物质的量，单位为 mmol。

常见黏土的阳离子交换容量见表 8-2。

表 8-1　离子半径与水化离子半径

离子	正常半径/nm	水化分子数	水化半径/nm
Li^+	0.078	14	0.73
Na^+	0.098	10	0.56
K^+	0.133	6	0.38
NH_4^+	0.143	3	—
Rb^+	0.149	0.5	0.36
Cs^+	0.165	0.2	0.36
Mg^{2+}	0.078	22	1.08
Ca^{2+}	0.106	20	0.96
Ba^{2+}	0.143	19	0.88

根据离子价效应及离子水化半径，可将黏土的阳离子交换序排列如下：
$$H^+ > Al^{3+} > Ba^{2+} > Sr^{2+} > Ca^{2+} > Mg^{2+} > NH_4^+ > K^+ > Na^+ > Li^+$$
氢离子由于离子半径小，电荷密度大，占据交换吸附序首位。在离子浓度相等的水溶液里，位于序列前面的离子能交换出序列后面的离子。

表 8-2　常见黏土的阳离子交换容量

矿物	高岭石	多水高岭石	伊利石	蒙脱石	蛭石
阳离子交换容量/mmol	3～15	20～40	10～40	75～150	100～150

四、黏土-水系统的电动性质

1. 黏土胶团

黏土晶粒表面上氧与氢氧基可以与靠近表面的水分子通过氢键而键合。黏土表面负电荷在黏土附近存在一个静电场，使极性水分子定向排列；黏土表面吸附着水化阳离子，由于以上原因使黏土表面吸附着一层定向排列的水分子层，极性分子依次重叠，直至水分子的热运动足以克服上述引力作用时，水分子逐渐过渡到不规则的排列，从而黏土粒子与阳离子水分子构成黏土胶团，如图 8-3 所示。

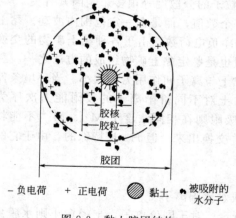

－负电荷　＋正电荷　⊘黏土　被吸附的水分子

图 8-3　黏土胶团结构

2. 黏土粒子束缚的水分子类型

水在黏土胶粒周围随着距离增大结合力的减弱而分成牢固结合水、疏松结合水、自由水。

（1）牢固结合水　黏土颗粒（又称胶核）吸附着完全定向的水分子层和水化阳离子，这部分水与胶核形成一个整体，一起在介质中移动（称为胶粒），其中的水称为牢固结合水（又称吸附水膜）。其厚度约为 3～10 个水分子厚。

（2）疏松结合水　在牢固结合水周围一部分定向程度较差的水称为疏松结合水（又称扩散水膜）。

（3）自由水　在疏松结合水以外的水为自由水。

结合水（包括牢固结合水与疏松结合水）的密度大、热容小、介电常数小、冰点低等，其物理性质与自由水是不相同的。黏土与水结合的数量可以用测量润湿热来判断。黏土与这三种水结合的状态与数量将会影响黏土-水系统的工艺性能。

138

3. 影响黏土结合水量的因素

影响黏土结合水量的因素有黏土矿物组成、黏土分散度、黏土吸附阳离子种类等。

黏土的结合水量一般与黏土阳离子交换量成正比。对于含同一种交换性阳离子的黏土，蒙脱石的结合水量要比高岭石大。高岭石结合水量随粒度减小而增高，而蒙脱石与蛭石的结合水量与颗粒细度无关。

黏土不同价的阳离子吸附后的结合水量通过实验证明（表 8-3），黏土与一价阳离子合水量＞与二价阳离子结合的水量。同价离子与黏土结合水量是随着离子半径增大，结合水量减少。如 Na-黏土＞K-黏土。

表 8-3　被黏土吸附的 Na 和 Ca 的水化值

黏　土	吸附容量		结合水量 /(g/100g±)	每个阳离子水化分子数	Na 与 Ca 的水化值比
	Ca	Na			
Na-黏土	—	23.7	75	175	23
Ca-黏土	18.0	—	24.5	76.2	

4. 黏土胶体的电动电位

（1）电动性质概念　带电荷的黏土胶体分散在水中时，在胶体颗粒和液相的界面上会有扩散双电层出现。在电场或其他力场作用下，带电黏土与双电层的运动部分之间发生剪切运动而表现出来的电学性质称为电动性质。

黏土胶粒分散在水中时，黏土颗粒对水化阳离子的吸附随着黏土与阳离子之间距离增大而减弱，又由于水化阳离子本身的热运动，因此黏土表面阳离子的吸附不可能整齐地排列在一个面上，而是逐渐与黏土表面距离增大。如图 8-4 所示，阳离子分布由多到少，到达 d 点平衡了黏土表面全部负电荷，d 点与黏土质点距离的大小则取决于介质中离子的浓度、离子电价及离子热运动的强弱等。

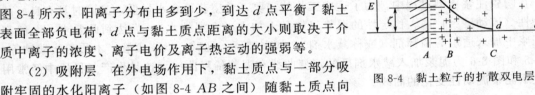

图 8-4　黏土粒子的扩散双电层

（2）吸附层　在外电场作用下，黏土质点与一部分吸附牢固的水化阳离子（如图 8-4 AB 之间）随黏土质点向正极移动，这一层称为吸附层。

（3）扩散层　而另一部分水化阳离子不随黏土质点移动，却向负极移动，这层称为扩散层（如图 8-4 BC 之间）。

（4）电动电位或 ζ-电位　因为吸附层与扩散层各带有相反的电荷，所以相对移动时两者之间就存在着电位差，这个电位差称为电动电位或 ζ-电位。如图 8-4 BB 线和 bd 曲线交点至 de 线的高度表示电位大小，de 线为零电位。

黏土质点表面与扩散层之间的总电位差称为热力学电位差（用 E 表示），ζ-电位则是吸附层与扩散层之间的电位差，显然 $E > \zeta$。

（5）电动电位或 ζ-电位影响因素

① ζ-电位的高低与阳离子的浓度有关。ζ-电位随扩散层增厚而增高，这是由于溶液中离子浓度较低，阳离子容易扩散而使扩散层增厚。当离子浓度增加，致使扩散层压缩，ζ-电位也随之下降。当阳离子浓度进一步增加直至扩散层中的阳离子全部压缩至吸附层内，ζ-电位等于零也即等电态。

② ζ-电位的高低与阳离子的电价有关。黏土吸附了不同阳离子后，由不同阳离子所饱和的黏土其 ζ-电位值与阳离子半径、阳离子电价有关。一般有高价阳离子或某些大的有机离

子存在时，往往会出现 ζ-电位改变符号的现象。用不同价阳离子饱和的黏土其 ζ-电位次序为：$M^+ > M^{2+} > M^{3+}$（其中吸附 H_2O^+ 为例外）。而同价离子饱和的黏土其 ζ-电位次序随着离子半径增大，ζ-电位降低。这些规律主要与离子水化度及离子同黏土吸引力强弱有关。

③ ζ-电位的高低与黏土表面的电荷密度、双电层厚度、介质介电常数有关。根据静电学基本原理可以推导出电动电位的公式如下：

$$\zeta = 4\pi\sigma d/D \tag{8-3}$$

式中，ζ 为电动电位；σ 为表面电荷密度；d 为双电层厚度；D 为介质的介电常数。

从式（8-3）可见，ζ-电位与黏土表面的电荷密度、双电层厚度成正比，与介质的介电常数成反比。

黏土胶体的电动电位受到黏土的静电荷和电动电荷的控制，因此凡是影响黏土这些带电性能的因素都会对电动电位产生作用。黏土胶粒的 ζ-电位值一般在 -50mV 以上。

由于一般黏土内腐殖质都带有大量负电荷，因为它起了加强黏土胶粒表面净负电荷的作用。因而黏土内有机质对黏土 ζ-电位有影响。如果黏土内有机质含量增加，则导致黏土 ζ-电位升高。例如，河北唐山紫木节土含有机质 1.53%，测定原土的 ζ-电位为 -53.75mV。用适当的方法去除其有机质后测得 ζ-电位为 -47.30mV。

影响黏土 ζ-电位值的因素还有黏土矿物组成、电解质阴离子作用、黏土胶粒形状和大小、表面光滑程度等。

五、黏土-水系统的胶体性质

1. 泥浆的流动性和稳定性

泥浆的流动性：泥浆含水量低，黏度小而流动度大的性质视为泥浆的流动性。

泥浆的稳定性：泥浆不随时间变化而聚沉，长时间保持初始的流动度。

在陶瓷注浆成型过程中，为了适应工艺的需要，希望获得含水量低，又同时具有良好的流动性（流动度 $=1/\eta$）、稳定性的泥浆（如黏土加水、水泥拌水）。为达到此要求，一般都在泥浆中加入适量的稀释剂（或称减水剂），如水玻璃、纯碱、纸浆废液、木质素磺酸钠等，图 8-5 和图 8-6 为泥浆加入减水剂后的流变曲线和泥浆稀释曲线。这是生产与科研中经常用于表示泥浆流动性变化的曲线。

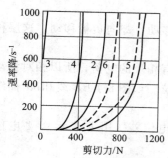

图 8-5　H 高岭土的流变曲线

（200g 土加 500mL 液体）

1—未加碱；2—0.002mol/L NaOH；
3—0.02mol/L NaOH；4—0.2mol/L
NaOH；5—0.002mol/L Ca(OH)$_2$；
6—0.02mol/L Ca(OH)$_2$

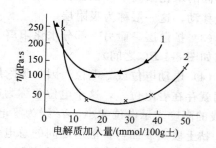

图 8-6　黏土泥浆稀释曲线

1—高岭土加 NaOH；2—高岭土加 Na$_2$SiO$_3$

图 8-5 通过剪切应力改变时剪切速度的变化来描述泥浆流动状况。泥浆未加碱（曲线1）

显示高的屈服值。随着加入碱量的增加，流动曲线是平行曲线 1 向着屈服值降低方向移动，得到曲线 2、3。同时泥浆黏度下降，尤其以曲线 3 为最低。当在泥浆中加入 $Ca(OH)_2$ 时曲线又向着屈服值增加方向移动（曲线 5、6）。

图 8-6 是表示黏土在加水量相同时，随电解质加入量增加而引起的泥浆黏度变化。从图可见，当电解质加入量在 $0.015\sim0.025mol/100g$ 土范围内泥浆黏度显著下降，黏土在水介质中充分分散，这种现象称为泥浆的胶溶或泥浆稀释。继续增加电解质，泥浆内黏土粒子相互聚集黏度增加，此时称为泥浆的絮凝或泥浆增稠。

从流变学观点看，要制备流动性好的泥浆必须拆开黏土泥浆内原有的一切结构。由于片状黏土颗粒表面是带静电荷的，黏土的边面随介质 pH 值的变化而既能带负电又能带正电，而黏土板面上始终带负电，因此黏土片状颗粒在介质中，由于板面、边面带同号或异号电荷而必然产生如图 8-7 所示的几种结合方式。

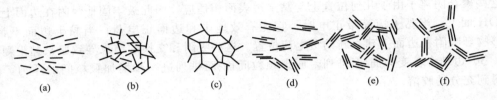

图 8-7　片状黏土颗粒在水中的聚集形态
(a) 面-面结合；(b) 边-面结合；(c) 边-边结合；
(d) 面-面结合；(e) 边-面结合；(f) 边-边结合

很显然这几种结合方式只有面-面排列能使泥浆黏度降低，而边-面或边-边结合方式在泥浆内形成一定结构使流动阻力增加，屈服值提高。所以，泥浆胶溶过程实际上是拆开泥浆的内部结构，使边-边、边-面结合转变成面-面排列的过程。这种转变进行得愈彻底，黏度降低也愈显著。从拆开泥浆内部结构来考虑，泥浆胶溶必须具备以下几个条件。

（1）介质呈碱性　欲使黏土泥浆内边-面、边-边结构拆开必须首先消除边-面、边-边结合的力。黏土在酸介质边面带正电，因而引起黏土边面与带负电的板面之间强烈的静电吸引而结合成边-面或边-边结构。黏土在自然条件下或多或少带少量边面正电荷，尤其高岭土在酸性介质中成矿，断键又是高岭土带电的主要原因。因此在高岭土中边-面或边-边吸引更为显著。在碱性介质中，黏土边面和板面均带负电，这样就消除边-面或边-边的静电吸力。同时增加了黏土表面净负电荷，使黏土颗粒间静电斥力增加，为泥浆胶溶创造了条件。

（2）必须有一价碱金属阳离子交换黏土原来吸附的离子　黏土胶粒在介质中充分分散必须使黏土颗粒间有足够的静电斥力及溶剂化膜。这种排斥力由公式给出：

$$f\propto\zeta^2/k \tag{8-4}$$

式中　f——黏土胶粒间的斥力；

ζ——电位；

$1/k$——扩散层厚度。

天然黏土一般都吸附大量 Ca^{2+}、Mg^{2+}、H^+ 等阳离子，也就是自然界黏土以 Ca 黏土、Mg 黏土或 H 黏土形式存在。这类黏土的 ζ-电位较低。因此用 Na^+ 交换 Ca^{2+}、Mg^{2+} 等使之转变为 ζ-电位高及扩散层厚的 Na 黏土。这样 Na 黏土具备了溶胶稳定的条件。

（3）阴离子的作用　不同阴离子的 Na 盐电解质对黏土胶溶效果是不相同的。阴离子的作用概括起来有两方面。

① 阴离子与原土上吸附的 Ca^{2+}、Mg^{2+} 形成不可溶物或形成稳定的络合物，因 Na^+ 对

Ca^{2+}、Mg^{2+} 等离子的交换反应更趋完全。从阳离子交换序可以知道在相同浓度下 Na^+ 无法交换出 Ca^{2+}、Mg^{2+}，用过量的钠盐虽交换反应能够进行，但同时会引起泥浆絮凝。如果钠盐中阴离子与 Ca^{2+} 形成的盐溶解度愈小形成的络合物愈稳定，就愈能促进 Na^+ 对 Ca^{2+}、Mg^{2+} 交换反应的进行。例如，$NaOH$、Na_2SiO_3 与 Ca-黏土交换反应如下：

$$Ca\text{-黏土} + 2NaOH \Longrightarrow 2Na\text{-黏土} + Ca(OH)_2$$

$$Ca\text{-黏土} + Na_2SiO_3 \Longrightarrow 2Na\text{-黏土} + CaSiO_3\downarrow$$

由于 $CaSiO_3$ 的溶解度比 $Ca(OH)_2$ 低得多，因此，后一个反应比前一个反应更容易进行。

② 聚合阴离子在胶溶过程中的特殊作用。选用 10 种钠盐电解质（其中阴离子都能与 Ca^{2+}、Mg^{2+} 形成不同程度的沉淀或络合物），将其适量加入苏州高岭土，并测得其对应的 ζ-电位值，见表 8-4。由表中可见，仅四种含有聚合阴离子的钠盐能使苏州高岭土的 ζ-电位值升至 $-60mV$ 以上。近来很多学者用实验证实硅酸盐、磷酸盐和有机阴离子在水中发生聚合。这些聚合阴离子由于几何位置上与黏土边表面相适应，因此被牢固地吸附在边面上或吸附在 OH 面上。当黏土边面带正电时，它能有效地中和边面正电荷；当黏土边面不带电时，它能够物理吸附在边面上建立新的负电荷位置。这些吸附和交换的结果导致原来黏土颗粒间边-面、边-边结合转变为面-面排列，原来颗粒间面-面排列进一步增加颗粒间的斥力，因此泥浆得到充分的胶溶。

表 8-4　苏州高岭土加入 10 种电解质后的 ζ-电位值

编号	电解质	ζ-电位/mV	编号	电解质	ζ-电位/mV
0	原土	-39.41	6	$NaCl$	-50.40
1	$NaOH$	-55.00	7	NaF	-45.50
2	Na_2SiO_3	-60.60	8	丹宁酸钠盐	-87.60
3	Na_2CO_3	-50.40	9	蛋白质钠盐	-73.90
4	$(NaPO_3)_6$	-79.70	10	CH_3COONa	-43.00
5	$Na_2C_2O_4$	-48.30			

目前根据这些原理在硅酸盐工业中除采用硅酸钠、丹宁酸钠盐等作为胶溶剂外，还广泛采用多种有机或无机-有机复合胶溶剂等取得泥浆胶溶的良好效果。如采用木质素磺酸钠、聚丙烯酸酯、芳香醛磷酸盐等。

胶溶剂种类的选择和数量的控制对泥浆胶溶有重要的作用。黏土是天然原料，胶溶过程与黏土本性（矿物组成、颗粒形状尺寸、结晶完整程度）有关，还与环境因素和操作条件（温度、湿度、模型、陈腐时间）等有关，因此泥浆胶溶是受多种因素影响的复杂过程。所以胶溶剂（稀释剂）种类和数量的确定往往不能单凭理论推测，而应根据具体原料和操作条件通过试验来决定。

2. 泥浆的触变性

图 8-8　黏土颗粒触变结构示意

触变性就是泥浆静止不动时似凝固体，一经扰动或摇动，凝固的泥浆又重新获得流动性。如再静止又重新凝固，这样可以重复无数次。泥浆从流动状态过渡到触变状态是逐渐的、非突变的，并伴随着黏度的增高。

在胶体化学中，固态胶质称为凝胶体，胶质悬浮液称为溶胶体。触变就是一种凝胶体与溶胶体之间的可逆转化过程。

泥浆具有触变性是与泥浆胶体的结构有关。图 8-8 是触变结构示意，这种结构称为"纸牌结构"或"卡片结构"，触变状态是介于分散和凝聚之间的中间状态。在不完全胶溶的黏土片状颗粒的活性边面上尚残留少量正电荷未被完全中和或边-面负电荷还不足以排斥板面负电荷，以致形成局部边-面或边-边结合，组成三维网状架构，直至充满整个容器，并将大量自由水包裹在网状空隙中，形成疏松而不活动的空间架构。由于结构仅存在部分边-面吸引，又有另一部分仍保持边-面相斥的情况，因此这种结构是很不稳定的。只要稍加剪切应力就能破坏这种结构，而使包裹的大量自由水释放，泥浆流动性又恢复。但由于存在部分边-面吸引，一旦静止三维网状架构又重新建立。

黏土泥浆触变性影响因素有以下几点。

（1）黏土泥浆含水量　泥浆愈稀，黏土胶粒间距离愈远，边-面静电引力愈小，胶粒定向性愈弱，不易形成触变结构。

（2）黏土矿物组成　黏土触变效应与矿物结构遇水膨胀有关。水化膨胀有两种方式，一种是溶剂分子渗入颗粒间；另一种是溶剂分子渗入单位晶格之间。高岭石和伊利石仅有第一种水化，蒙脱石与拜来石两种水化方式都存在，因此蒙脱石比高岭石易具有触变性。

（3）黏土胶粒大小与形状　黏土颗粒愈细，活性边表面愈易形成触变结构。呈平板状、条状等颗粒形状不对称，形成"卡片结构"所需要的胶粒数目愈小，也即形成触变结构浓度愈小。

（4）电解质种类与数量　触变效应与吸附的阳离子及吸附离子的水化密切相关。黏土吸附阳离子价数愈小，或价数相同而离子半径愈小者，触变效应愈小。如前所述，加入适量电解质可以使泥浆稳定，加入过量电解质又能使泥浆聚沉，而在泥浆稳定到聚沉之间有一个过渡区域，在此区域内触变性由小增大。

（5）温度的影响　温度升高，质点热运动剧烈，颗粒间联系减弱，触变不易建立。

3. 黏土的膨胀性

膨胀性即与触变性相反的现象。即当搅拌时，泥浆变稠而凝固，而静止后又恢复流动性，也就是泥浆黏度随剪变速率增加而增大。

产生膨胀性的原因是由于在除重力外，没有其他外力干扰的条件下，片状黏土粒子趋于定向平行排列，相邻颗粒间隙由粒子间斥力决定，如图 8-9（a）所示。当流速慢而无干扰时，反映出符合牛顿型流体特性。但当受到扰动后，颗粒平行取向被破坏，部分形成架状结构，故泥浆黏度增大甚至出现凝固状态，如图 8-9（b）所示。

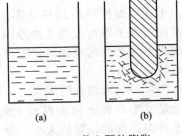

图 8-9　黏土颗粒膨胀性结构

4. 黏土的可塑性

（1）可塑性的概念　可塑性是指物体在外力作用下，可塑造成各种形状，并保持这形状而不失去物料颗粒之间联系的性能。就是说，既能可塑变形又能保持变形后的形状；在大于流动极限应力作用下流变，但泥料又不应产生裂纹。

（2）泥料可塑性产生原因　关于泥料可塑性产生机理的认识尚不甚统一。一般说来，干的泥料只有弹性。颗粒间表面力使泥料聚在一起，由于这种力的作用范围很小，稍有外力即可使泥料开裂。要使泥料能塑成一定形状而不开裂，则必须提高颗粒间作用力，同时在产生变形后能够形成新的接触点。泥料产生塑性的机理如下。

① 可塑性是由于黏土-水界面键力作用的结果。黏土和水结合时，第一层水分子是牢固结合的，它不仅通过氢键与黏土粒子表面结合，同时也彼此连接成六角网层。随着水量增加，这种结合力减弱，开始形成不规则排列的松结合水层。它起着润滑剂作用，虽然氢键结合力依然起作用，但泥料开始产生流动性。当水量继续增加，即出现自由水，泥料向流动状态过渡。因此对应于可塑状态，泥料应有一个最适宜的含水量。这时它处于松结合水和自由

水间的过渡状态。可塑性即可认为是由于黏土颗粒间的水层起着类似于固体键的作用。测定黏土-水系统的水蒸气压曲线可以发现，不同的黏土其蒸气压曲线也不同。

② 颗粒间隙的毛细管作用对黏土粒子结合的影响。在塑性泥料的粒子间存在两种力，一是粒子间的吸引力，另一种是带电胶体微粒间的斥力。由于在塑性泥料中颗粒间形成半径很小的毛细管（缝隙），当水膜仅仅填满粒子间这些细小毛细管时，毛细管力大于粒子间的斥力，颗粒间形成一层张紧的水膜，泥料达到最大塑性。当水量多时，水膜的张力松弛下来，粒子间吸引力减弱。水量少时，不足以形成水膜，塑性也变坏。

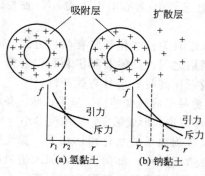

图 8-10 黏土胶团引力和斥力

③ 可塑性是基于带电黏土胶团与介质中离子之间的静电引力和胶团间的静电斥力作用的结果。因黏土胶团的吸附层和扩散层厚度是随交换性阳离子的种类而变化的。对于氢黏土如图 8-10（a）所示，H^+ 集中在吸附层水膜以内，因此当两个颗粒逐渐接近到吸附层以内，斥力开始明显表现出来，但随距离拉大，斥力迅速降低。r_1、r_2 处分别表示开始出现斥力和引力与斥力相等的距离。当 $r_1 > r_2$ 时，引力占优势，它可以吸引其他黏土粒子包围自己而呈可塑性。对于图 8-10（b）所示的钠黏土，因有一部分 Na^+ 处于扩散层中，故吸引力和斥力抵消的零电位点处于远离吸附水膜的地方，故在粒子界面处，斥力大于引力，可塑性较差。因此可以通过阳离子交换来调节黏土可塑性。

上述可塑性的机理是从不同角度进行论证的，在不同情况下有可能是几种原因同时起作用的。在解释可塑性产生的原因时，应该根据不同情况辨证分析。

（3）影响可塑性的因素　一般说，泥料的可塑性总是发生在黏土和水界面上的一种行为。因此，黏土种类、含量、颗粒大小、分布和形状、含水量以及电解质种类和浓度等都会影响可塑性。

① 含水量的影响。可塑性只发生在某一最适宜含水量范围，水分过多或过少都会使泥料的流动特性发生变化。处于塑性状态的泥料不会因自重作用而变形，只有在外力作用下才能流动。不同种类的黏土泥料的含水量和屈服值之间的关系如图 8-11 所示。图中曲线可用以下实验公式表达：

$$f = \frac{K}{(W-a)^m} - b \qquad (8-5)$$

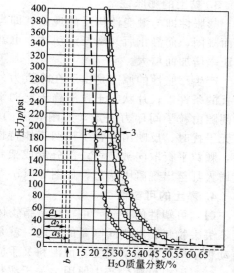

图 8-11 三种不同黏土泥料的含水量与屈服值的关系
（1psi=6.8946×10³Pa）

式中　W——含水量；

b——平行于横坐标的渐近线的距离；

f——泥料的屈服值。

由图可见，泥料屈服值随含水量增加而降低，而且当 $f = \infty$ 时，$W = a$，即在此含水量时泥料呈刚性。当 $f = 0$ 时，$W = \left(\dfrac{K}{b}\right)^{\frac{1}{m}} + a$。以曲线 2 为例，当 $f = 0$ 时，$W = 46.24\%$，说

明在这一含水量时，泥料从可塑状态过渡到黏性流动状态。

② 电解质的影响。加入电解质会改变黏土粒子吸附层中的吸附阳离子，因而颗粒表面形成的水层厚度也随之变化，并改变其可塑性。

例如，当黏土含有位于阳离子置换顺序左边的阳离子（H^+、Al^{3+} 等）时，因为这些离子水化能力较小，颗粒表面形成的水膜较薄，彼此吸引力较大，故该泥料成型时所需的力也较大，反之亦然。含有不同阳离子的黏土泥料，在含水量相同时，其成型所需的力则按阳离子置换顺序依次递减，可塑性也减小。增加水量可以降低成型的力，也就是说，达到同一程度的可塑性所需的加水量也依阳离子置换顺序递增。此外，提高阳离子交换容量也会改善可塑性。

③ 颗粒大小和形状的影响。因为可塑性与颗粒间接触点的数目和类型有关。颗粒尺寸越小，比表面积越大，接触点也多，变形后形成新的接触点的机会也多，可塑性就好。此外，颗粒越小，离子交换量提高也会改善可塑性。颗粒形状直接影响粒子间相互接触的状况，对可塑性也是一样。如片状颗粒因具有定向沉积的特性，可以在较大范围内滑动而不致相互失去连接，因而比粒状颗粒常有较高可塑性。

（4）黏土的矿物组成的影响　黏土的矿物组成不同，比表面积相差很大。高岭石的比表面积为 $7\sim30m^2/g$，而蒙脱石的比表面积为 $810m^2/g$。比表面积的不同反映毛细管力的不同。蒙脱石的比表面积大则毛细管力也大，吸力强。因此，蒙脱石比高岭石的塑性高。

（5）泥料处理工艺的影响　泥料经过真空练泥可以排除气体，使泥料更为致密，可以提高塑性。泥料经过一定时间的陈腐，使水分尽量均匀也可以有效地提高塑性。

（6）腐殖质含量、添加塑化剂的影响　腐殖质含量和性质对可塑性的影响也较大，一般来说适宜的腐殖质含量会提高可塑性。添加塑化剂是人工提高可塑性的一种手段，常常应用于瘠性物料的塑化。

第二节　非黏土的泥浆体

一、概述

精细陶瓷的注射法成型用的浆体、热压铸法的蜡浆以及无机材料生产中的瘠性材料如氧化物、氮化物粉末、水泥、混凝土浆体等都是非黏土的泥浆体应用的实例。

研究浆体的流动性、稳定性以及悬浮性，探讨非黏土的固体颗粒形成的泥浆体的胶体行为，对于开发制备无机材料来说是一个基础性课题。

黏土在水介质中荷电和水化，具有可塑性，可以使无机材料塑造成各种所需要的形状。然而，使用一些瘠性料如氧化物或其他化学试剂来制备精细陶瓷材料则不具备这样的特性。研究解决瘠性料的悬浮和塑化是制品成型的关键之一。

二、非黏土的泥浆体悬浮

由于瘠性料种类繁多，性质各异，因此要区别对待。一般沿用两种方法使瘠性料泥浆悬浮。一种是控制料浆的 pH 值；另一种是通过有机表面活性物质的吸附，使粉料悬浮。

1. 料浆 pH 值的控制

制备精细陶瓷的料浆所用的粉料一般都属两性氧化物，如氧化铝、氧化铬、氧化铁等。它们在酸性或碱性介质中均能胶溶，而在中性时反而絮凝。两性氧化物在酸性或碱性介质中发生以下的离解过程：

$$MOH \longrightarrow M^+ + OH^- \qquad 酸性介质中$$
$$MOH \longrightarrow MO^- + H^+ \qquad 碱性介质中$$

离解程度决定于介质的 pH 值。介质 pH 值变化的同时引起胶粒 ζ-电位的增减甚至变号，而 ζ-电位的变化又引起胶粒表面吸力与斥力平衡的改变，以致使这些氧化物泥浆胶溶或絮凝。

在电子陶瓷生产中常用的 Al_2O_3、BeO 和 ZrO_2 等瓷料都属瘠性物料，它们不像黏土具有塑性，必须采取工艺措施使之能制成稳定的悬浮料浆。例如，在 Al_2O_3 料浆制备中，由于经细球磨后的 Al_2O_3 微粒的表面能很大，它可与水产生水解反应，即

$$Al_2O_3 + 3H_2O \longrightarrow 2Al(OH)_3 \tag{8-6}$$

在 Al_2O_3-H_2O 系统中，当加入少量盐酸时，即可有如下反应：

$$Al(OH)_3 + 3HCl \longrightarrow AlCl_3 + 3H_2O$$
$$AlCl_3 \longrightarrow Al^{3+} + 3Cl^- \tag{8-7}$$

由于微细的 Al_2O_3 粒子具有强烈的吸附作用，它将选择性吸附与其本身组成相同的 Al^{3+}，从而使 Al_2O_3 粒子带正电荷。在静电力作用下，带正电的 Al_2O_3 粒子将吸附溶液中的异号离子 Cl^-，因这种静电引力是随距离增大而递减的，故 Cl^- 将围绕带电的 Al_2O_3 粒子分别形成吸附层和扩散层的双电层结构，从而形成 Al_2O_3 的胶团：

$$\underbrace{\underbrace{\{\underbrace{[Al_2O_3]_m}_{胶核} \cdot n\underbrace{Al^{3+} \cdot 3(n-x)Cl^-}_{吸附层}}_{胶粒} \}\underbrace{3xCl^-}_{扩散层}}_{胶团}$$

$$\tag{8-8}$$

这样就可能通过调节 pH 值以及加入电解质或保护性胶体等工艺措施来改善和调整 Al_2O_3 料浆的黏度、ζ-电位和悬浮稳定性。显然，对于 Al_2O_3 料浆，适量的盐酸既可以作为稳定电解质也可用作调节料浆 pH 值以影响其黏度，但应注意控制适宜的加入量。从图 8-12 可见，当 pH 从 $1 \rightarrow 15$ 时，料浆 ζ-电位出现两次最大值。pH=3 时，ζ-电位 $=+183mV$；pH=12 时，ζ-电位 $=-70.4mV$。对应于 ζ-电位最大值时，料浆黏度最低。而且在酸性介质中料浆黏度更低。例如一个密度为 $2.8g/cm^3$ 的 Al_2O_3 浇注泥浆，当介质 pH 从 4.5 增至 6.5 时，料浆黏度从 $6.5dPa \cdot s$ 增至 $300dPa \cdot s$。

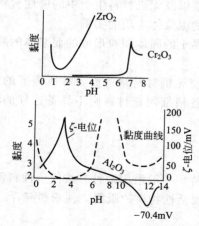

图 8-12　氧化物料浆 pH 值与黏度和
ζ-电位关系

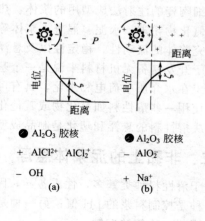

图 8-13　氧化铝在酸性或碱性介质中
的双电层结构

由于 $AlCl_3$ 是水溶性的，在水中生成 $AlCl_2^+$、$AlCl^{2+}$ 和 OH^-，Al_2O_3 胶粒优先吸附含

铝的 $AlCl_2^+$ 和 $AlCl^{2+}$，使 Al_2O_3 成为一个带正电的胶粒，然后吸附 OH^- 而形成一个庞大的胶团，如图 8-13(a) 所示。当 pH 较低时，即 HCl 浓度增加，液体中 Cl^- 增多而逐渐进入吸附层取代 OH^-，由于 Cl^- 的水化能力比 OH^- 强，Cl^- 水化膜厚，因此 Cl^- 进入吸附层的个数减少而留在扩散层的数量增加，致使胶粒正电荷升高和扩散层增厚，结果导致胶粒 ζ-电位升高，料浆黏度降低。如果介质 pH 再降低，由于大量 Cl^- 压入吸附层，致使胶粒正电荷降低和扩散层变薄，ζ-电位随之下降，料浆黏度升高。

在碱性介质中例如加入 NaOH，Al_2O_3 呈酸性，其反应如下：

$$Al_2O_3 + 2NaOH \longrightarrow 2NaAlO_2 + H_2O$$

$$NaAlO_2 \longrightarrow Na^+ + AlO_2^-$$

这时 Al_2O_3 胶粒优先吸附 AlO_2^-，使胶粒带负电，如图 8-13(b) 所示，然后吸附 Na^+ 形成一个胶团，这个胶团同样随介质 pH 变化而有 ζ-电位的升高或降低，导致料浆黏度的降低和增高。

在 Al_2O_3 瓷生产中，应用此原理来调节 Al_2O_3 料浆的 pH，使之悬浮或聚沉。其他氧化物注浆时最适宜的 pH 见表 8-5。

表 8-5　各种料浆注浆时 pH 范围

原料	pH	原料	pH
氧化铝	3～4	氧化铀	3.5
氧化铬	2～3	氧化钍	3.5 以下
氧化铍	4	氧化锆	2.3

2. 有机表面活性剂的添加

为了提高 Al_2O_3 料浆稳定性，可加入少量甲基纤维素或阿拉伯胶等，Al_2O_3 粒子与这些有机物质卷曲的线型分子相互吸附，从而在 Al_2O_3 粒子周围形成一层保护膜，以阻止 Al_2O_3 粒子相互吸引和聚凝。但应指出，当加入量不足时有可能起不到这种稳定作用，甚至适得其反。例如，在 Al_2O_3 瓷生产上，在酸洗时常加入 0.21%～0.23% 的阿拉伯胶以促使酸洗液中 Al_2O_3 粒子快速沉降，而在浇注成型时又常加入 1.0%～1.5% 的阿拉伯胶以提高 Al_2O_3 料浆的流动性和稳定性。

阿拉伯树胶对 Al_2O_3 料浆黏度的影响如图 8-14 所示。

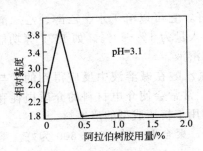

图 8-14　阿拉伯树胶对 Al_2O_3
料浆黏度的影响

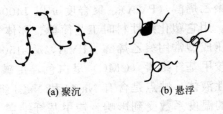

(a) 聚沉　　　　(b) 悬浮

图 8-15　阿拉伯树胶对 Al_2O_3 胶体的
聚沉和悬浮的作用

这是因为阿拉伯树胶是高分子化合物，呈卷曲链状，长度在 $400\sim800\mu m$，而一般胶体粒子是 $0.1\sim1\mu m$，相对高分子长链而言是极短小的。当阿拉伯树胶用量少时，分散在水中的 Al_2O_3 胶粒黏附在高分子树胶的某些链节上。如图 8-15(a) 所示，由于树胶量少，在一个树胶长链上黏着较多的胶粒 Al_2O_3，引起重力沉降而聚沉。如果增加树胶加入量，由于高分子树脂数量增多，它的线型分子层在水溶液中形成网络结构，使 Al_2O_3 胶粒表面形成一层有机亲水保护膜，Al_2O_3 胶粒要碰撞聚沉就很困难，从而提高料浆的稳定性，如图 8-15(b) 所示。

三、非黏土瘠性料的塑化

瘠性料塑化一般使用两种加入物，加入天然黏土类矿物或加入有机高分子化合物作为塑化剂。

1. 天然黏土的添加

黏土是廉价的天然塑化剂，但含有较多杂质，在制品性能要求不太高时广泛采用它为塑化剂。黏土中一般用塑性高的膨润土，膨润土颗粒细，水化能力大，它遇水后又能分散成很多粒径约零点几微米的胶体颗粒。这样细小胶体颗粒水化后使胶粒周围带有一层黏稠的水化膜，水化膜外围是松结合水。瘠性料与膨润土构成不连续相，均匀分散在连续介质的水中，同时也均匀分散在黏稠的膨润土胶粒之间。在外力作用下，粒子之间沿连续水膜滑移，当外力去除后，细小膨润土颗粒间的作用力仍能使它维持原状，这时泥团也就呈现可塑性。

2. 有机塑化剂的添加

在陶瓷工业中经常用有机塑化剂来对粉料进行塑化，以适应成型工艺的需要。

瘠性料塑化常用的有机塑化剂有聚乙烯醇（PVA）、羧甲基纤维素（CMC）、聚醋酸乙烯酯（PVAc）等。塑化机理主要是表面物理化学吸附，使瘠性料表面改性。

干压法成型、热压铸法成型、挤压法成型、流延法成型、注浆和车坯成型常用的一些塑化剂如下。

石蜡是一种固体塑化剂，白色结晶，熔点 57℃，具有冷流动性（即室温时在压力下可以流动），高温时呈热塑性，可以流动。能够润湿颗粒表面，形成薄的吸附层能够起到黏结作用。一般干压成型用量为 7%～12%，常用 8%。热压铸法成型用量 12%～15%。

例如，氧化铝瓷在成型时，Al_2O_3 粉用石蜡作定型剂，Al_2O_3 粉表面是亲水的，而石蜡是亲油的。为了降低坯体收缩，应尽量减少石蜡用量。生产中加入油酸来使 Al_2O_3 粉亲水性变为亲油性。油酸分子为 $CH_3—(CH_2)_7—CH=CH—(CH_2)_7—COOH$，其亲水基向着 Al_2O_3 表面，而憎水基团向着石蜡。由于 Al_2O_3 表面改为亲油性可以减少用蜡量并提高浆料的流动性，使成型性能改善。

聚乙烯醇（PVA），聚合度 n 以 1400～1700 为好，它可以溶于水、乙醇、乙二醇和甘油中。用它塑化瘠性料时工艺简单、坯体气孔小，加入量为 1%～8%。如 PZT 等功能陶瓷的干压成型常用聚乙烯醇（PVA，$n=1500$）2% 的水溶液。

羧甲基纤维素（CMC）呈白色，由碱纤维和一氯乙酸在碱溶液中反应得到的，与水形成黏性液体。缺点是含有 Na_2O 和 NaCl 组成的灰分，常常会使介电材料的介质损耗和介电常数的温度系数受到影响。羧甲基纤维素（CMC）常用于挤压成型的瘠性料。

聚醋酸乙烯酯（PVAc），无色黏稠体或白色固体，聚合度 n 为 400～600 为好。溶于醇和苯类溶剂，不溶于水。常用于轧膜成型。

聚乙烯醇缩丁醛（PVB），树脂类塑化剂，缩醛度 73%～77%，羟基数 1%～3%，适合于流延法成型制膜，其膜片的柔顺性和弹性都很好。

习　　题

8-1　试解释黏土结构水、结合水（牢固结合水、松结合水）、自由水的区别，分析后两种水在胶团中的作用范围及其对工艺性能的影响。

8-2　什么是电动电位，它是怎样产生的，有什么作用？

8-3　黏土的很多性能与吸附阳离子种类有关，指出黏土吸附下列不同阳离子后的性能变化规律，（以箭头→表示大小），①离子置换能力；②黏土的 ζ-电位；③泥浆的流动性；④泥浆的稳定性；⑤黏土的结合水。

$$H^+ \quad Al^{3+} \quad Be^{2+} \quad Sr^{2+} \quad Ca^{2+} \quad Mg^{2+} \quad NH_4^+ \quad K^+ \quad Na^+ \quad Li^+$$

8-4　解释泥浆的流动性和触变性。

8-5　用 Na_2CO_3 和 Na_2SiO_4 分别稀释同一种黏土（以高岭石矿物为主）泥浆，试比较电解质加入量相同时，两种泥浆的流动性、注浆速率、触变性和坯体致密度有何差别。

8-6　影响黏土可塑性的因素有哪些。生产上可以采用什么措施来提高或降低黏土的可塑性以满足成型工艺的需要。

8-7　解释黏土带电的原因。

8-8　为什么非黏土瘠性料要塑化，常用的塑化剂有哪些。

第九章
热力学应用

热力学是一门研究各种变化过程中的能量转化关系，以及过程进行的方向和限度等的科学。无机非金属材料的热力学只讨论系统的宏观性质，而不讨论其微观本质（如个别分子、原子的行为），在应用热力学讨论问题时，不涉及过程进行的速度。热力学的基础是热力学三个定律，用热力学进行计算一般都以平衡状态为依据，在应用时应该注意。

第一节　凝聚态的热力学特点

发生于凝聚态系统的一系列物理化学过程，一般均在固相或液相中进行。固相包括晶体和玻璃体，液相包括高温熔体及水溶液。由于系统的多相性以及凝聚相中质点扩散速率很小，因而凝聚态系统中所进行的物理化学过程往往难以达到热力学意义上的平衡，过程的产物也常处于亚稳状态（如玻璃体或胶体状态）。所以将经典力学理论与方法用于如硅酸盐这样的凝聚系统时，必须充分注意这一理论与方法应用上的特点及其局限性。以下将以化学反应为例，对比进行分析，所述内容同样适用于多晶转变、固液相变或结晶等其他物化过程。

一、化学反应过程的方向性

化学反应是凝聚态系统常见的物理化学过程之一。根据热力学一般理论可知，在恒温、恒压条件下只做膨胀功的开放体系，化学反应过程可沿吉布斯自由焓减少的方向自发进行。即过程自发进行判据为：

$$\Delta G_{T,p} \leqslant 0 \tag{9-1}$$

当反应自由焓减少并趋于零时，过程趋于平衡并有反应平衡常数：

$$K_a = \exp\left\{-\frac{\Delta G^{\ominus}}{RT}\right\} \tag{9-2}$$

但是，在硅酸盐系统中由于多数反应过程处在一个偏离平衡的状态下发生与进行，故而平衡常数已不再具有原来的物理化学意义。此时探讨反应的方向性问题更有实际意义。对于纯固相间的化学反应，只要系统 $\Delta G_{T,p} < 0$ 并有充分的反应动力学条件，反应可逐渐进行到底，而无需考虑从反应平衡常数的计算中得到反应平衡浓度及反应产率。此时反应自由焓 $\Delta G_{T,p}$ 将完全由反应相关的物质生成自由焓 $\Delta G^{\ominus}_{T,p}$ 决定。例如对于化学反应：

$$n_A \cdot A + n_B \cdot B = n_C \cdot C + n_D \cdot D$$

则反应自由焓 $\Delta G_{T,p}$ 应为：

$$\Delta G_{T,p} = \Delta G^{\ominus}_{T,p} = \sum_i (n_i \Delta G_{iT,p})_{\text{生成物}} - \sum (n_i \Delta G_{iT,p})_{\text{反应物}} \tag{9-3}$$

但是，对于有液相参与的固相反应，在计算反应自由焓 $\Delta G^{\ominus}_{T,p}$ 时，必须考虑液相中与反应有关物质的活度。此时反应自由焓依下式计算：

$$\Delta G_{T,p} = \Delta G^{\ominus}_{T,p} + RT\ln\frac{\alpha_C^{n_C} \cdot \alpha_D^{n_D}}{\alpha_A^{n_A} \cdot \alpha_B^{n_B}} \tag{9-4}$$

式中 α_i——与反应有关的第 i 种物质的活度；

n_i——化学反应式中各有关物质的式量系数。

二、过程产物的稳定性和生成序

假设一固相反应体系在一定的热力学条件下，可能生成一系列相应于反应自由焓 ΔG_i 的反应产物 A_i（$\Delta G_i < 0$）。若按其反应自由焓 ΔG_i 依次从小到大排列：ΔG_1，ΔG_2，…，ΔG_n，则可得一相应反应产物序列 A_1，A_2，…，A_n。根据能量最低，原理可知，反应产物的热力学稳定性完全取决于其 ΔG_i 在序列中的位置。反应自由焓越低，相应的反应生成物热力学稳定性越高。但是由于种种动力学因素的缘故，反应产物的生成序列并不完全等同于上述产物稳定序列。众多研究表明，就产物 A_i 的生成序与产物稳定序间关系可存在三种情况。

1. 与稳定序正向一致

随着 ΔG 的下降，生成速率增大。即反应生成速率最小的产物其热力学稳定性会最小（产物 A_n），而反应生成速率最大的产物其热力学稳定性也最大（产物 A_1）。此时热力学稳定性最大的反应产物有最大的生成速率。热力学稳定序和动力学生成序完全一致。在这种情况下，反应初始产物与最终产物均是 A_1，这就是所谓的米德洛夫-别托杨规则。

2. 与稳定序反向一致

随着 ΔG 的下降，生成速率亦下降，即反应生成速率最大的产物其热力学稳定性最小，而最大稳定性的产物有最小的生成速率。热力学稳定性与动力学生成序完全相反。显然在这种情况下，反应体系最先出现的反应物必然是生成速率最大、稳定性最小的 A_n，进而较不稳定的产物将依 ΔG 下降的方向逐渐向较稳定的产物转化。最终所能得到的产物种类与相对含量将取决于转化反应的动力学特征。仅当具备良好的动力学条件下，最终反应产物为最小 ΔG 的 A_1，这便是所谓的奥斯特瓦德规则。

3. 反应产物热力学稳定序与动力学生成序间毫无规律性

此时产物生成次序完全取决于动力学条件。生成速率最大的产物将首先生成，而最终能否得到自由焓 ΔG 最小的 A_1 产物，则完全依赖于反应系统的动力学条件。

三、经典热力学应用的局限性

无机材料是一种固体材料，与气体、液体相比，固体中的化学质点由于受近邻粒子的强烈束缚，其活动能力要小得多。即使处于高温熔融状态，由于硅酸盐熔体的黏度很大，其扩散能力仍然是有限的。这就是说，硅酸盐体系的高温物理化学过程要达到一定条件下的热力学平衡状态，所需的时间往往比较长。而工业生产要考虑经济核算，保证一定的劳动生产率，其生产周期是受到限制的。

正是由于上述的动力学原因，热力学非平衡态经常出现于硅酸盐系统中。因此，用经典热力学理论计算过程自由焓差 ΔG，并将之作为过程进行方向的判据或推动力的度量，仅在决定过程相对速度时有一定的比较意义。一般情况下，各种过程进行的实际速度与过程自由焓差 ΔG 不存在确定的关系。

此外，过程自由焓变化 ΔG 常基于原始热力学数据的计算而得到。因此，原始热力学数据的精确度对热力学计算结果，以及由此对过程能否进行和过程产物的稳定性做出判断上将产生影响。

第二节 凝聚态热力学计算

热力学计算主要根据实验数据，特别是热数据（热容、相变热等）进行 ΔG 计算的。

一、热力学方程

热力学函数 U（内能）、S（熵）、H（焓）、F（功函数）、G（自由焓）之间的关系可由以下三式表示：

$$H = U + pV \tag{9-5}$$

$$F = U - TS \tag{9-6}$$

$$G = H - TS \tag{9-7}$$

式中，p 为压力；V 为体积。

对于恒温恒压下的化学反应，由式(9-7) 可得到一个重要的热力学方程：

$$\Delta G = \Delta H - T\Delta S \tag{9-8}$$

ΔG 值的大小决定了化学反应进行的方向。如果 $\Delta G > 0$，则反应由式的右端向左端进行（即原反应不能进行）；$\Delta G < 0$，则反应由式的左端向右端进行（即原反应能进行）；$\Delta G = 0$，则反应达平衡状态。式中 ΔH 及 ΔS 分别为反应的焓变及熵变，可按下面方法计算。

设某反应为

$$a\mathrm{A} + b\mathrm{B} \longrightarrow g\mathrm{G} + h\mathrm{H}$$

在恒温恒压下进行，则：

$$\Delta H = (gH_\mathrm{G} + hH_\mathrm{H}) - (aH_\mathrm{A} + bH_\mathrm{B}) \tag{9-9}$$

$$\Delta S = (gS_\mathrm{G} + hS_\mathrm{H}) - (aS_\mathrm{A} + bS_\mathrm{B}) \tag{9-10}$$

一个大气压下及 298K 时的焓值与熵值可查表而得，如反应处于其他温度，则焓变 ΔH_T 及熵变 ΔS_T 不能直接利用表中数据计算，需要用下式进一步计算：

$$\begin{cases} \Delta H_T = \displaystyle\int_0^T \Delta C_p \, \mathrm{d}T \\[2mm] \Delta H_{T_2} - \Delta H_{T_1} = \displaystyle\int_{T_1}^{T_2} \Delta C_p \, \mathrm{d}T \end{cases} \tag{9-11}$$

$$\begin{cases} \Delta S_T = \displaystyle\int_0^T \frac{\Delta C_p}{T} \, \mathrm{d}T \\[2mm] \Delta S_{T_2} - \Delta S_{T_1} = \Delta a(\ln T_2 - \ln T_1) + \Delta b(T_2 - T_1) - \dfrac{1}{2}\Delta c\left(\dfrac{1}{T_2^2} - \dfrac{1}{T_1^2}\right) \end{cases} \tag{9-12}$$

$$\begin{cases} C_p = a + bT + cT^{-2} \\[1mm] \Delta C_p = \Delta a + \Delta bT + \Delta cT^{-2} \end{cases} \tag{9-13}$$

在应用式(9-11)、式(9-12) 时应注意系统在此温度范围内无物态变化及晶形转化，如有，则计算时应考虑进去。

导出 ΔG 与温度 T 的关系，将式(9-11) 及式(9-12) 改写为：

$$\Delta H_T^{\ominus} = \Delta H_0 + \Delta aT + \frac{1}{2}\Delta bT^2 - \Delta cT^{-1} \tag{9-14}$$

$$\Delta S_T^{\ominus} = \Delta S_0 + \Delta a\ln T + \Delta bT - \frac{1}{2}\Delta cT^{-2} \tag{9-15}$$

利用式(9-8)，将上面两式代入，即得：

$$\Delta G_T^{\ominus} = \Delta H^{\ominus} + \Delta aT - \Delta aT\ln T - \frac{1}{2}\Delta bT^2 - \frac{1}{2}\Delta cT^{-1} - \Delta S_0 T \tag{9-16}$$

上式中的 $\Delta H^{\ominus}$ 和 $\Delta S^{\ominus}$ 可用式(9-17) 和式(9-18) 计算：

$$\Delta H^{\ominus} = \Delta H_{298}^{\ominus} - \Delta a \cdot 298 - \frac{1}{2}\Delta b(298)^2 + \Delta c(298)^{-1} \tag{9-17}$$

$$\Delta S^{\ominus} = \Delta S_{298}^{\ominus} - \Delta a \ln 298 - \Delta b \cdot 298 + \frac{1}{2}\Delta c(298)^{-2}$$

上式中：
$$\Delta S_{298}^{\ominus} = (\Delta H_{298}^{\ominus} - \Delta G_{298}^{\ominus})/298$$

故：
$$\Delta S^{\ominus} = (1-\ln 298)\Delta a - (\Delta G_{298}^{\ominus} - \Delta H^{\ominus})298^{-1} - \frac{1}{2}\Delta b \cdot 298 - \frac{1}{2}\Delta c(298)^{-2} \quad (9\text{-}18)$$

在应用热力学解题时，必须查得某些热力学函数及其有关常数值。否则，无法应用热力学方法来讨论和解决问题。

二、热力学势函数法

热力学势函数，是根据计算需要把状态函数（G，H，T）重新组合而成的一个新的状态函数。

根据 G 的定义：$G^{\ominus} \equiv H^{\ominus} - TS^{\ominus}$

将等式两边引入参考温度（对固态和液态取 298K）下的焓 $H_{298}^{\ominus}$ 则有：

$$G_T^{\ominus} - H_{298}^{\ominus} = H_T^{\ominus} - H_{298}^{\ominus} - TS_T^{\ominus}$$

或
$$\frac{G_T^{\ominus} - H_{298}^{\ominus}}{T} = \frac{H_T^{\ominus} - H_{298}^{\ominus}}{T} - S_T^{\ominus} \quad (9\text{-}19)$$

令 $\dfrac{G_{298}^{\ominus} - H_{298}^{\ominus}}{T} \equiv \Phi_T^{\ominus}$，称为热力学势函数。

式中，$G_T^{\ominus}$ 为物质于 T 温度下的标准自由焓；$H_{298}^{\ominus}$ 为物质在参考温度 298K 下的热焓。

从式（9-19）可知，如能把 $H_T^{\ominus} - H_{298}^{\ominus}$ 及 $S_T^{\ominus}$ 与温度 T 关系找出，则任意温度下的热力学势函数值即可求得。而 $H_T^{\ominus} - H_{298}^{\ominus}$ 及 $S_T^{\ominus}$ 与温度 T 的关系可根据公式：$H_T^{\ominus} - H_{298}^{\ominus} = \int_{298}^{T} C \mathrm{d}T$ 以及 $S_T^{\ominus} - S_{298}^{\ominus} = \int_{298}^{T}(C_p/T)\mathrm{d}T$ 求出。

由于热力学势函数和 G、H 一样皆为状态函数，因此，化学反应的热力学势函数变化为：

$$\Delta \Phi_T^{\ominus} = \frac{G_T^{\ominus} - H_{298}^{\ominus}}{T}$$

即
$$\Delta G_T^{\ominus} = \Delta H_{298}^{\ominus} + T\Delta \Phi_T^{\ominus} \quad (9\text{-}20)$$

由于：
$$\Delta G_T^{\ominus} = -RT\ln K$$

故有
$$-\ln K = \frac{1}{R}\left[\frac{\Delta H_{298}^{\ominus}}{T} + \Delta \Phi_T^{\ominus}\right] \quad (9\text{-}21)$$

式中，$H_{298}^{\ominus}$ 为标准状态下反应的热焓变化；$\Delta \Phi_T^{\ominus}$ 为标准状态下反应的热力学势函数变化。由于多数物质热力学势函数随温度的变化不大，所以可以在较大温度范围内用内插法及外推法从所查得数据求出所需温度下的 $\Delta \Phi_T^{\ominus}$ 值，而不致影响实用的准确度。

第三节　凝聚态热力学应用

根据上述有关热力学的一般方程式，重点讨论 ΔG 的计算方法。

例 1　Al_2O_3 在 $400\sim1700K$ 间的晶形转变：$\gamma\text{-}Al_2O_3 \rightarrow \alpha\text{-}Al_2O_3$，求晶形转变的 $\Delta G_T^{\ominus}$。从热力学数据表查得原始数据如表 9-1 所示。

表 9-1　热力学数据

晶形	$\Delta H^{\ominus}_{生,298}/(kJ/mol)$	$\Delta G^{\ominus}_{生,298}/(kJ/mol)$	$C_p = a + bT + cT^{-2}/(J/mol)$		
			a	b	c
$\gamma\text{-Al}_2\text{O}_3$	-1637.2	-1541.4	68.49	46.44×10^{-3}	—
$\alpha\text{-Al}_2\text{O}_3$	-1669.8	-1576.5	114.77	12.8×10^{-3}	-35.44×10^5

① 计算 298K 时，$\gamma\text{-Al}_2\text{O}_3 \rightarrow \alpha\text{-Al}_2\text{O}_3$ 转变的热效应 $\Delta H^{\ominus}_{298,\gamma\rightarrow\alpha}$：
$$\Delta H^{\ominus}_{298,\gamma\rightarrow\alpha} = -1669.8 - (-1637.2) = -32.6kJ/mol = -32600J/mol$$

② 计算 298K 时，$\gamma\text{-Al}_2\text{O}_3 \rightarrow \alpha\text{-Al}_2\text{O}_3$ 转变的自由焓变化 $\Delta G^{\ominus}_{298,\gamma\rightarrow\alpha}$：
$$\Delta G^{\ominus}_{298,\gamma\rightarrow\alpha} = -1576.5 - (-1541.4) = -35.1kJ/mol = -35100J/mol$$

③ 计算晶形转变的 $\Delta C_p = f(T)$：
$$\Delta a = 114.77 - 68.49 = 46.28$$
$$\Delta b = (12.8 - 46.44)\times10^{-3} = -33.64\times10^{-3}$$
$$\Delta c = -35.44\times10^5$$
$$\Delta C_p = 46.28 - 33.64\times10^{-3}T - 35.44\times10^5 T^{-2}$$

④ 求 $\Delta H^{\ominus}$：
$$\Delta H^{\ominus} = -32600 - 46.28\times298 + \frac{1}{2}\times33.64\times10^{-3}\times(298)^2 - 35.44\times10^5\times(298)^{-1}$$
$$= -56790.37J/mol$$

⑤ 求 $\Delta S^{\ominus}$：
$$\Delta S^{\ominus} = (1-\ln298)\Delta a - (\Delta G^{\ominus}_{298} - \Delta H^{\ominus})298^{-1} - \frac{1}{2}\Delta b\cdot298 - \frac{1}{2}\Delta c(298)^{-2}$$
$$= (1-\ln298)\times46.28 - (-35100 + 56790.37)\times298^{-1} + \frac{1}{2}\times33.64\times10^{-3}\times298$$
$$+ \frac{1}{2}\times35.44\times10^5\times(298)^{-2} = -265.2J/(K\cdot mol)$$

⑥ 求 $\gamma\text{-Al}_2\text{O}_3 \rightarrow \alpha\text{-Al}_2\text{O}_3$ 转变时的 $\Delta G^{\ominus}_{T,\gamma\rightarrow\alpha} = f(T)$：
$$\Delta G^{\ominus}_T = \Delta H^{\ominus} + \Delta aT - \Delta aT\ln T - \frac{1}{2}\Delta bT^2 - \frac{1}{2}\Delta cT^{-1} - \Delta S_0 T$$
$$= -56790.38 + 46.28T - 46.28T\ln T + \frac{1}{2}\times33.64\times10^{-3}T^2 +$$
$$\frac{1}{2}\times35.44\times10^5 T^{-1} + 265.2T$$

⑦ 根据上式计算 400～1700K 间 $\gamma\text{-Al}_2\text{O}_3 \rightarrow \alpha\text{-Al}_2\text{O}_3$ 的 $\Delta G^{\ominus}_T$ 值，如表 9-2 所示。

表 9-2　400～1700K 间 $\gamma\text{-Al}_2\text{O}_3 \rightarrow \alpha\text{-Al}_2\text{O}_3$ 的 $\Delta G^{\ominus}_T$ 值

T/K	$-\Delta G^{\ominus}_T/(J/mol)$	T/K	$-\Delta G^{\ominus}_T/(J/mol)$	T/K	$-\Delta G^{\ominus}_T/(J/mol)$
298	35100	800	42191	1300	53384
400	35908	900	43333	1400	55155
500	36942	1000	45355	1500	56681
600	38185	1100	47838	1600	59931
700	40198	1200	51178	1700	62832

由表 9-2 的数据可见，$\Delta G^{\ominus}$ 值都是负值。所以 $\gamma\text{-Al}_2\text{O}_3$ 为不稳定态，在所有温度范围内，表现出转变为 $\alpha\text{-Al}_2\text{O}_3$ 的倾向。但是，实际转变温度还要取决于动力学因素。

例 2　在与镁质耐火材料及镁质陶瓷生产密切相关的 MgO-SiO_2 系统中，存在如下的固相反应：

① $MgO + SiO_2 \Longrightarrow MgO \cdot SiO_2$　　（顽火辉石）

② $2MgO + SiO_2 \Longrightarrow 2MgO \cdot SiO_2$　　（镁橄榄石）

由《实用无机物热力学数据手册》可查得有关物质热力学数据列于表 9-3。

表 9-3　有关物质热力学数据

物质	$\Delta H_{生,298}^{\ominus}/(kJ/mol)$	$-\Phi_T^{\ominus}/[J/(mol \cdot K)]$										
		600	700	800	900	1000	1100	1200	1300	1400	1500	1600
$MgO \cdot SiO_2$	-1550.0	85.9	94.1	102.3	110.2	117.8	125.2	132.4	139.2	145.7	152.1	158.2
$2MgO \cdot SiO_2$	-2178.5	121.4	133.9	145.9	157.5	168.7	179.5	189.8	199.6	209.1	218.2	226.9
MgO	-601.7	35.3	38.9	42.6	46.1	48.5	52.8	55.9	58.8	61.6	64.3	66.9
α-石英	-911.5	51.8	56.5	61.3	66.1	70.7	75.2					
α-鳞石英								81.2	85.1	88.9	92.5	96.0

依式（9-20）计算可得上述两反应的 $\Delta G_T^{\ominus}$。

以反应式①、$T=600K$ 为例，计算 $\Delta G_T^{\ominus}$ 的过程如下：

首先计算反应热 $\Delta H_{298}^{\ominus}$ 及 $\Delta \Phi_{600}^{\ominus}$：

$$\Delta H_{298}^{\ominus} = -1550.0 + 601.7 + 911.5 = -36.8 kJ/mol$$

$$\Delta \Phi_{600}^{\ominus} = -85.9 + 35.3 + 51.8 = 1.2 J/(mol \cdot K)$$

$$\Delta G_{600}^{\ominus} = -36.8 + 600 \times 1.2 \times 10^{-3} = -36.1 kJ/mol$$

各温度下的 $\Delta G_T^{\ominus}$ 值如表 9-4 所示。

考虑 MgO-SiO$_2$ 系统的原料配比为 $MgO/SiO_2 = 1:2$，于是可在表 9-3 基础上得出原始物料配比不同时，系统化学反应的自由焓变化与温度的关系，如表 9-4 所列。

表 9-4　MgO·SiO$_2$ 系统固相反应 $-\Delta G_T^{\ominus}$-T 关系

温度/K	600	700	800	900	1000	1100	1200	1300	1400	1500	1600
反应①	36.1	35.9	35.5	35.0	34.4	33.9	31.3	30.7	30.2	29.7	29.3
反应②	63.4	63.3	63.1	62.8	62.6	62.4	59.5	59.6	59.4	59.2	59.2

由计算结果可以看出，对于 MgO·SiO$_2$ 系统，系统原料配比在整个温度范围内决定了哪一种化合物的生成为主要的。当原始配料比 $MgO/SiO_2 = 1$ 时，顽火辉石的生成具有较大的趋势；而当 $MgO/SiO_2 = 2$ 时，镁橄榄石生成势则远大于顽火辉石。因此欲获得一定比例的镁橄榄石和顽火辉石，选择合适的原始物料配比是非常重要的。从表 9-5 数据中还可发现，升高温度在热力学意义上并不利于顽火辉石和镁橄榄石的生成，而仅是反应动力学所要求的。所以在合成工艺条件的选择上，寻找合适的反应温度已保证足够的热力学生成势，同时又满足反应的动力学条件也是具有重要意义的。

表 9-5　原始配比不同时 MgO·SiO$_2$ 系统固相反应 $-\Delta G_T^{\ominus}$-T 关系

温度/K	600	700	800	900	1000	1100	1200	1300	1400	1500	1600
$MgO/SiO_2 = 1$											
反应①	35.0	35.9	35.5	35.0	34.4	33.9	31.3	30.7	30.2	29.7	29.3
反应②	31.7	31.7	31.6	31.4	31.3	31.2	30.0	29.8	29.7	29.6	29.6
$MgO/SiO_2 = 2$											
反应①	35.0	35.9	35.5	35.0	34.4	33.9	30.7	30.7	30.2	29.7	29.3
反应②	63.4	63.3	63.1	62.9	62.6	62.4	60.0	59.7	59.4	59.2	59.2

155

第四节　相图热力学基本原理

相平衡是热力学在多相体系中重要研究内容之一。相平衡研究对预测材料的组成，材料性能以及确定材料制备方法等均具有不可估量的作用。近年来随着计算技术的飞速发展以及各种基础热力学数据的不断完善，多相体系中相平衡关系已逐渐有可能依据热力学原理，从自由焓组成曲线加以推演而得到确定。这一方法，不仅为相平衡的热力学研究提供了新的途径，同时弥补了过去完全依靠实验手段测制相图时，由于受到动力学因素的影响，平衡各相界线准确位置难以确认的不足，从而对相图的准确制作提供了重要的补充。本节以二元系统为例，简单介绍用相自由焓-组成曲线建立相图的基本原理。

一、自由焓-组成曲线

1. 二元固态溶液或液态溶液自由焓-组成关系式

若由处于标准状态的纯物质 A（摩尔分数为 x_A）和纯物质 B（摩尔分数为 x_B）混合形成 1mol 固态溶液 $S(x_A, x_B)$ 或液态溶液 $L(x_A, x_B)$：

$$x_A A_{(s)} + x_B B_{(s)} \Rightarrow S(x_A, x_B)$$
$$x_A A_{(1)} + x_B B_{(1)} \Rightarrow L(x_A, x_B)$$

此过程自由焓变化 ΔG_m，称固态溶液或液态溶液生成自由焓或混合自由焓。依照热力学基本原理由上述反应得：

$$\Delta G_m = (x_A \overline{G}_A + x_B \overline{G}_B) - (x_A G_A^\ominus + x_B G_B^\ominus)$$
$$= x_A(\overline{G}_A - G_A^\ominus) - x_B(\overline{G}_B - G_B^\ominus) \tag{9-22}$$

式中，$G_A^\ominus$、$G_B^\ominus$ 代表标准状态下固态或液态纯 A 或纯 B 的摩尔自由焓；$\overline{G}_A$、$\overline{G}_B$ 为固态溶液或液态溶液的偏摩尔自由焓，即化学位。故在一定温度下 $\overline{G}_1$ 和 $\overline{G}_1^\ominus$ 可由下式通过组成的活度 a_i 得到联系：

$$\overline{G} = G_A^\ominus + RT\ln a_A = G_A^\ominus + RT\ln x_A \gamma_A \tag{9-23a}$$
$$\overline{G}_B = G_B^\ominus + RT\ln a_B = G_B^\ominus + RT\ln x_B \gamma_B \tag{9-23b}$$

式中，γ_A、γ_B 分别为组成 A 或 B 的活度系数。

将式（9-23）代入式（9-22），于是得混合自由焓 ΔG_m 的一般关系式：

$$\Delta G_m = RT(x_A \ln a_A + x_B \ln a_B)$$
$$= RT(x_A \ln x_A + x_B \ln x_B) + RT(x_A \ln \gamma_A + x_B \ln \gamma_B) \tag{9-24}$$

由此可见，无论是生成二元固态或液态溶液，就混合过程而言，其自由焓变化 ΔG_m 均具有相同表达式（9-24）。等式右方第一项是混合为理想状态时（$\gamma_A = \gamma_B = 1$），混合对自由焓的贡献，故称之为理想混合自由焓 ΔG_m^I。等式右方第二项源于混合的非理想过程，它包含了两种组成的活度系数，因此反映了整个溶液体系的不理想程度，常称之为混合过剩自由焓 ΔG_m^E。所以实际混合过程的自由焓变化 ΔG_m 为理想混合自由焓 ΔG_m^I 与混合过剩自由焓 ΔG_m^E 两部分之和：

$$\Delta G_m = \Delta G_m^I + \Delta G_m^E \tag{9-25}$$

在一定温度下，若 $\gamma_1 > 1$，则 $\Delta G_m^E > 0$，表示体系相对理想状态出现正偏差；反之 $\gamma_1 < 1$，则 $\Delta G_m^E < 0$，体系出现负偏差。因此，ΔG_m^E 的大小正负直接影响体系自由焓组成曲线的性态。

2. 二元溶液自由焓组成曲线性态

在等温等压下，对式（9-25）两边关于 x_A 微分，并考虑式（9-24）关系得：

$$\left(\frac{\partial \Delta G_m}{\partial x_A}\right)_{T,p} = \left(\frac{\partial \Delta G_m^I}{\partial x_A}\right)_{T,p} + \left(\frac{\partial \Delta G_m^E}{\partial x_A}\right)_{T,p}$$

$$= RT(\ln x_A - \ln x_B) +$$

$$RT\left(\ln\gamma_A - \ln\gamma_B + x_A\frac{\partial\ln\gamma_A}{\partial x_A} + x_B\frac{\partial\ln\gamma_B}{\partial x_A}\right) \tag{9-26}$$

考虑 $dx_A = -dx_B$ 和 Gibbs-Duhem 公式：

$$\frac{\partial\ln\gamma_A}{\partial\ln x_A} = \frac{\partial\ln\gamma_B}{\partial\ln x_B}$$

则式(9-26)可写成：

$$\left(\frac{\partial \Delta G_m}{\partial x_A}\right)_{T,p} = RT\ln\frac{x_A}{x_B} + RT\ln\frac{\gamma_A}{\gamma_B} \tag{9-27}$$

对上式关于 x_A 再次微分，并再次利用 Gibbs-Duhem 公式，可得混合自由焓关于 x_A 的二阶导数：

$$\left(\frac{\partial^2 \Delta G_m}{\partial x_A^2}\right)_{T,p} = RT\frac{1}{x_A x_B} + RT\frac{1}{x_B}\times\frac{\partial\ln\gamma_A}{\partial x_A} = \frac{RT}{x_A x_B}\left(1 + \frac{\partial\ln\gamma_A}{\partial\ln x_A}\right) \tag{9-28}$$

根据混合自由焓关于组成一阶及二阶导数，可分析得出二元溶液自由焓组成的一般性态。

（1）两组分端点区域　当混合体系组成点位于两端足够小邻域内，混合体系将成为极稀溶液。此时，混合自由焓二阶导数 $\left(\frac{\partial^2 \Delta G_m}{\partial x_A^2}\right)_{T,p}$ 主要决定于 $RT\frac{1}{x_A x_B}$ 因而恒为正值，一阶导数 $\left(\frac{\partial \Delta G_m}{\partial x_A}\right)_{T,p}$ 决定于 $RT\ln\frac{x_A}{x_B}$，且有：

$$\left(\frac{\partial \Delta G_m}{\partial x_A}\right)_{T,p}\bigg|_{x_A\to 0} \to -\infty \text{ 及 } \left(\frac{\partial \Delta G_m}{\partial x_A}\right)_{T,p}\bigg|_{x_A\to 1} \to +\infty;$$

因此，对于一般二元溶液的两组成端足够小区域内自由焓曲线总是呈下凹，如图 9-1 曲线 1，且 ΔG_m 具有负值。

（2）非端点区域　当组成点位于非端点区，自由焓组成曲线变化复杂，它随体系过剩自由焓正负和大小不同而不同，但可简单分为如下两种情况。

① 溶液组成 $\gamma_i < 1$，$\Delta G_m^E < 0$。此时体系出现负偏差。若 γ_i 随 x_i 作单调变化，且 $\frac{\partial\gamma_n}{\partial x_n} > 0$，二阶导数 $\left(\frac{\partial^2 \Delta G_m}{\partial x_A^2}\right) > 0$。故自由焓-组成曲线在整个组成区域内呈下凹，如图 9-1 中曲线 2 所示。实际混合自由焓低于理想混合状态，混合将更有利于体系的稳定。

② 溶液组成 $\gamma_i < 1$，$\Delta G_m^E < 0$。此时体系出现正偏差。若 γ_i 随 x_i 作单调变化，且 $\frac{\partial\gamma_n}{\partial x_n} < 0$，二阶导数 $\left(\frac{\partial^2 \Delta G_m}{\partial x_A^2}\right)$ 依 $\frac{\partial\gamma_n}{\partial x_n}$ 数值大小可取正值或负值。

由式(9-28)可知，$\frac{x_A}{\gamma_A}\left|\frac{\partial\gamma_A}{\partial x_A}\right| < 1$，则 $\left(1 + \frac{\partial\ln\gamma_A}{\partial\ln x_A}\right) > 0$，故自由焓组成曲线仍呈下凹，但实际混合自由焓将高于理想混合状态，如图 9-1 中曲线 3 所示。

当 $\frac{x_A}{\gamma_A}\left|\frac{\partial\gamma_A}{\partial x_A}\right| > 1$，则 $\left(1 + \frac{\partial\ln\gamma_A}{\partial\ln x_A}\right) < 0$，组成曲线将在某一组成区间呈现上凸，如图 9-1 中曲线 4 所示。不难理解这种上凸程度随正偏离程度增大而增大。当 $\Delta G_m^E > |\Delta G_m^I|$ 时，实际混合自由焓在相应组成区间出现正值，如图 9-1 中曲线 5 所示。此时整个自由焓组成曲线

可分成两支。左边分支表明 B 可溶解于 A 中形成有限固溶液 α 相、极限组成为 x_α^S，因为当 $x_B > x_\alpha^S$ 将导致 $\Delta G_m > 0$ 的不可能过程。同理，右边的分支表明 A 可溶解于 B 中形成有限固溶体 β 相，其极限组成为 x_β^S。

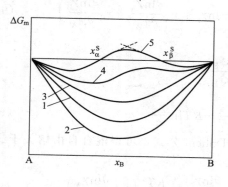

图 9-1 不同情况下混合
自由焓组成曲线

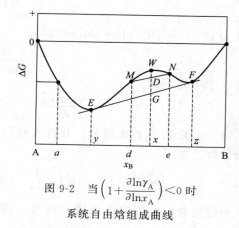

图 9-2 当 $\left(1 + \dfrac{\partial \ln \gamma_A}{\partial \ln x_A}\right) < 0$ 时
系统自由焓组成曲线

对于自由焓组成曲线图 9-1 中曲线 4 的情况，尽管系统混合自由焓在整个组成区域中均有 $\Delta G_m < 0$，但在曲线上凸部分的组成区间上从能量的观点上看，任一组成的单相溶液都处于一种亚稳状态。体系组成的区域性热扰动会促其分解成两相。如图 9-2 所示，组成为 x 的溶液，其自由焓为 W，若该溶液分解为组成为 d 和 e 的两溶液，其自由焓分别为 M、N，此时系统总自由焓为两溶液自由焓之和。由杠杆原理可知，总自由焓落于图中 D 点。显然，依此原理进一步的分解将更有利于系统自由焓的降低，直至此两相达到平衡，即化学位相等。此时两相自由焓分别为 E、F 点，它们由两下凹曲线分支的公切线决定。对应的 y 和 z 为相应的相组成，系统总自由焓为 G。由此可见，当系统自由焓曲线出现上凸时，单一溶液自由焓组成曲线在客观上相当于两种溶液的曲线叠加，它们之间存在一不可混溶区。这便是由 E、F 点所确定的自由焓组成曲线上凸部分相应的组成区域。

二、自由焓组成曲线相互关系的确定

以上简单介绍了液相或固相溶液的自由焓组成曲线的性态及其性质。然而欲从自由焓组成曲线推出相平衡关系，还必须确定在任一温度下系统中可能出现各相自由组成曲线在同一自由焓-组成坐标系中的位置关系，尔后根据系统自由焓最低原理与相平衡化学位相等原则，确定各相间的平衡关系。

设有一二元可形成固相和液相溶液系统。其组成 A、B，熔点分别为 T_{f_A} 和 T_{f_B}。当系统温度 T_1 高于组分 B 熔点而低于组分 A 熔点（即 $T_{f_B} < T_1 < T_{f_A}$），此时液相溶液的获得应考虑如下过程。

$$T = T_1: \qquad x_A A_{(S)} \Longrightarrow x_A A_{(I)} \qquad \Delta G = x_A \Delta G_{f_A}$$
$$x_A A_{(I)} + x_B B_{(I)} \longrightarrow L(x_A, x_B)$$

故液相溶液形成自由焓 ΔG_m^I 为：

$$\Delta G_m^I = x_A \Delta G_{f_A} + RT(x_A \ln a_A^L + x_B \ln a_B^L) \tag{9-29}$$

式中，ΔG_{f_A} 为 T_1 温度下，组分 A 熔化自由焓。可按下述方法近似计算。

当 $T = T_{f_A}$ 时

$$\Delta G_{f_A} = \Delta H_{f_A} - T_{f_A} \Delta S_{f_A} = 0$$

在其他温度下熔化时：

$$\Delta G_{f_A} = \Delta H_{f_A} - T\Delta S_{f_A} \neq 0$$

设熔化热 ΔH_{f_A} 与熔化熵 ΔS_f 不随温度变化，故上两式得：

$$\Delta G_{f_A} = \Delta H_{f_A}\left(1 - \frac{T_1}{T_{f_A}}\right) \tag{9-30}$$

将式(9-30)代入式(9-29)得：

$$\Delta G_m^l = x_A \Delta H_{f_A}\left(1 - \frac{T_1}{T_{f_A}}\right) + RT(x_A \ln a_A + x_B \ln a_B) \tag{9-31}$$

同理，对于固相溶液，应考虑如下过程。

$T = T_1$：

$$x_B B_{(L)} \longrightarrow x_B B_{(S)} \quad \Delta G = -x_B \Delta G_{f_B}$$
$$x_A A_{(S)} + x_B B_{(S)} \Longrightarrow S(x_A, x_B)$$

故得固相溶液自由焓 ΔG_m^S：

$$\Delta G_m^S = -x_B \Delta G_{f_B} + RT(x_A \ln a_A^S + x_B \ln a_B^S)$$
$$= x_B \Delta H_{f_B}\left(\frac{T_1}{T_{f_B}} - 1\right) + RT(x_A \ln a_A^S + x_B \ln a_B^S) \tag{9-32}$$

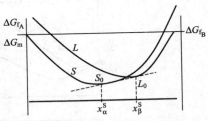

图 9-3 $T_{f_B} < T < T_{f_A}$ 时，体系固液相自由焓组成曲线图

若假设混合为理想状态，则将 ΔG_m^l 和 ΔG_m^s 绘于同一自由焓组成坐标系中可得图 9-3。可以看到，固相线 S 与液相线 L 并不重合而相交并存在一公切线，切点为 S_0 和 L_0。显然，根据能量最低原理与两相平衡化学位相等原则，对应于这一自由焓组成曲线关系的相平衡关系为当组成点 $x_A < X_\alpha^S$ 时，体系存在单一固熔体相；当 $x_A > x_\beta^S$ 时，体系存在单一液相；而当 $x_\alpha^S < x < x_\beta^S$ 时，组成为 x_α^S 的固溶体和组成为 x_β^S 的液相共存。

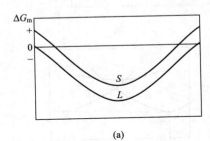
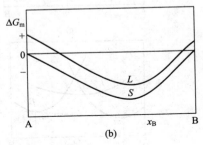

图 9-4 体系固、液相自由焓-组成曲线

(a) $T > T_{f_A}$、T_{f_B}；(b) $T < T_{f_A}$、T_{f_B}

基于与上述同样的考虑，不难推出当系统温度同时高于和低于两组分 A、B 熔点时，体系液相和固相溶液的自由焓组成关系式。

当 $T > T_{f_A}$、T_{f_B}：

$$\Delta G_m^L = RT(x_A \ln a_A^L + x_B \ln a_B^L)$$
$$\Delta G_m^s = x_A \Delta H_{f_A}\left(\frac{T}{T_{f_A}} - 1\right) + x_B \Delta H_{f_B}\left(\frac{T}{T_{f_B}} - 1\right) + RT(x_A \ln a_A^S + x_B \ln a_B^S) \tag{9-33}$$

当 $T < T_{f_A}$、T_{f_B}：

$$\Delta G_m^L = x_A \Delta H_{f_A}\left(1 - \frac{T}{T_{f_A}}\right) + x_B \Delta H_{f_B}\left(1 - \frac{T}{T_{f_B}}\right) + RT(x_A \ln a_A^L + x_B \ln a_B^L)$$
$$\Delta G_m^S = RT(x_A \ln a_A^S + x_B \ln a_B^S) \tag{9-34}$$

自由焓组成曲线的以上两种关系绘于图 9-4(a) 和图 9-4(b) 中，当 $T > T_{f_A}$、T_{f_B} 时，液相线在整个组成区域内均处于固相线以下，故体系可形成一稳定连续的液相。当 $T < T_{f_A}$、T_{f_B} 时，固相线处于液相线之下，故可形成一稳定的连续固溶体。

三、从自由焓组成曲线推导相图举例

当体系中各可能出现的相在不同温度下自由焓组成曲线及相互位置关系确定之后，便可由此推导出相应于不同温度下相界点的平衡位置。下面介绍一个二元系统基本类型相图——固态部分互溶具有低共熔类型的二元相图的推导。

当组分 A 和 B 部分互溶时，固相能形成两种固溶体。此时系统可能存在三个相：液相、α 固溶体及 β 固溶体。当考虑温度取值从 T_1 到 T_6 时，三个相的自由焓组成曲线，L、α 以及 β 曲线如图9-5(a)～(f) 所示。

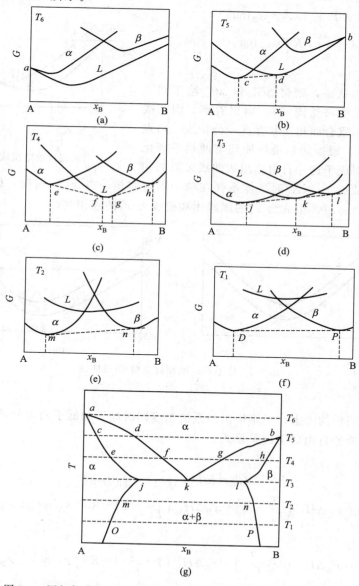

图 9-5　固相部分互溶的低共溶系统自由焓组成曲线及其相平衡图

如图 9-5(a) 所示，在 A 的熔点 T_6 时，α 线 L 线相切于 a 点，因为在此温度下纯 A 固相与液相两相平衡，自由焓相等。其他全部组成范围内，由于 L 线位于 α、β 线之下，故只有液相能够稳定存在。当温度降至 B 的熔点 T_5 时 [图 9-5(b)]，β 线与 L 线相切于 b 点，同时 α 线一部分位于 L 线以下并于 L 线公切于 c、d 点，表示共存的两相分别是组成为 c 的 α 相固溶体和组成为 d 的液相。

在更低温度 T_4 时，α、β 线均有一部分在 L 线以下，如图 9-5(c) 所示，此时存在两条公切线，表示有两对共存的相。在低共熔点 T_3 时，α、β 和 L 三条曲线有一条公切线，如图 9-5(d) 所示。此时 α、β 和 L 三相共存，由于 L 曲线上切点 k 位于其他两切点 j 和 i 之间，就形成了低共熔类型的相图，k 点即为低共熔点。

当温度低于低共熔点如 T_2 和 T_1 时，如图 9-5(e)、(f) 所示，L 线位于 α、β 曲线公切线之上，此时两切点组成间共存的是 α、β 相。

最后将各温度下各相自由焓组成曲线间的切点对应地描于温度组成 T-x 坐标上，便可得到该系统的相图，见图 9-5(g)。

习　题

9-1　碳酸钙的加热分解：$CaCO_3 \longrightarrow CaO + CO_2 \uparrow$。试用一般热力学方程求分解反应的 $\Delta G_T^{\ominus}$ 及分解温度。

9-2　碳酸钙的加热分解：$CaCO_3 \longrightarrow CaO + CO_2 \uparrow$。试用热力学势函数法求分解反应的 $\Delta G_T^{\ominus}$ 及分解温度。

9-3　试用热力学的方法从理论上分析 Li_2CO_3 的分解温度。

9-4　氮化硅粉可用于制造性能极好的氮化硅陶瓷，由硅粉与氮气在 1623K 剧烈反应而生成氮化硅粉，试计算硅粉氮化时的热效应。

9-5　计算固体 SiC 在 2000K 下是否具有显著的挥发？SiC 在 2000K 时，可能出现如下四种情况：

① $SiC(固) \Longrightarrow Si(气) + C(气)$；

② $SiC(固) \Longrightarrow Si(气) + C(固)$；

③ $SiC(固) \Longrightarrow Si(液) + C(气)$；

④ $SiC(固) \Longrightarrow Si(液) + C(液)$。

9-6　SiC 是高温导体、金属陶瓷、磨料等不可缺少的原料，以硅石和焦炭为原料制备碳化硅，反应方程：$SiO_2 + 3C \Longrightarrow SiC + 2CO$。试用 $\Delta G^{\ominus} = \Delta H^{\ominus} - T\Delta S^{\ominus}$ 的方法计算 $\Delta G^{\ominus}$ 及平衡常数，从理论上分析该反应在什么温度下才能进行。

第十章

相 平 衡

相平衡是研究物质在多相体系中的相平衡问题，即研究在多相体系中物质状态如何随温度、压力及组分的浓度等因素变化而改变的规律。根据实验结果，以温度、压力和组分浓度作坐标，绘制几何图形来描述这些平衡状态下的变化关系，这种图形称为相平衡图，或叫相图或状态图。根据相图可以知道，某一组成的系统，在指定条件下达到平衡时，系统中存在相的数目、组成及相对数量。

我们的研究对象无机非金属材料在加工制备过程中，当温度和组成等（无机非金属材料属凝聚系统，一般不考虑压力的影响）改变时，会发生一系列的物理和化学变化，最终材料的性质除了与化学组成有关外还取决于其显微结构，即其中所包含的每一相（晶相、玻璃相及气孔）的组成、数量和分布。相平衡为我们从热力学平衡角度研究材料显微结构的形成，提供了十分有用的工具。

第一节　相平衡的基本概念、相律

一、相

相是指在系统内部物理和化学性质完全均匀的一部分。相和相之间有分界面，可以用机械的办法把它们分离开。需要注意的是，一个相必须在物理性质和化学性质上是均匀的，但不一定只含一种物质。如空气中含有多种成分，但在常压下是一个相；又如食盐水溶液，虽然它含有两种物质，但它是真溶液，整个系统是一个相。按照上述定义，我们分别讨论在无机非金属材料系统相平衡中经常会遇到的各种情况。

（1）形成机械混合物　几种物质形成的机械混合物，不管其粉料磨得多细，都不可能达到相所要求的微观均匀，因而都不能视为单相。有几种物质就有几个相，如玻璃的配合料、制备好的陶瓷坯釉料均属于这种情况。

（2）生成化合物　组分间每生成一个新的化合物，即形成一种新相。

（3）形成固溶体　由于固溶体在晶格上各组分的化学质点是随机均匀分布的，其物理性质和化学性质符合相的均匀性要求，因而几个组分间形成的固溶体为一个相。

（4）同质多晶现象　在无机非金属材料中，这是极为普遍的现象。同一物质的不同晶形（变体）虽具有相同的化学组成，但由于其晶体结构和物理性质不同，因而分别各自成相。有几种变体即有几个相。

（5）硅酸盐高温熔体　组分在高温下熔融所形成的熔体，即硅酸盐系统中的液相。一般表现为单相，如发生液相分层，则在熔体中有两个相。

（6）介稳变体　介稳变体是一种热力学非平衡态，一般不出现于相图。鉴于在无机非金属材料系统中，介稳变体实际上经常产生。为了实用上的方便，在某些一元和二元系统中，也可能将介稳变体及由此而产生的介稳平衡的界线标示于相图上。这种界线一般用虚线表示，以示与热力学平衡态相区别。若有介稳变体出现，每一个变体为一个相。

一个系统中所含相的数目叫相数，用符号 P 表示。按照相数的不同，系统可分为单相系统、两相系统及三相系统等。含有两相以上的系统称为多相系统。

二、组分、独立组分

组分（或组元）是指系统中每一个可以单独分离出来并能独立存在的化学纯物质。组分的数目叫组分数。独立组分是指足以表示形成平衡系统中各相组成所需要的最少数目的化学纯物质，它的数目称为独立组分数，用符号 C 表示。

在没有化学反应的系统中，化学物质种类的数目等于组分数。如 NaCl 的水溶液中，只有 NaCl 和 H_2O 才是这个系统的组分，而 Na^+ 和 Cl^- 不能单独分离出来和独立存在，它们就不是这个系统的组分，故该系统 $C=2$。如果系统中各物质间发生了化学反应并建立了平衡，一般来说，系统的独立组分数等于组分数减去所进行的独立化学反应数。如由 $CaCO_3$、CaO、CO_2 组成的系统，在高温时发生如下反应并建立平衡：

$$CaCO_3（固）\Longleftrightarrow CaO（固）+CO_2（气）$$

此时虽然有三个组分，但独立组分数只有两个，只要确定任意两个组分的量，另一个组分的量根据化学平衡就自然确定了。

按照独立组分数目的不同，可将系统分为单元系统、二元系统和三元系统等。

在无机非金属材料系统中经常采用氧化物（或某种化合物）作为系统的组分，如 SiO_2 一元系统、Al_2O_3-SiO_2 二元系统、CaO-Al_2O_3-SiO_2 三元系统等。值得注意的是，硅酸盐物质的化学式习惯上往往以氧化物形式表达，如硅酸二钙写成 $2CaO \cdot SiO_2$（C_2S）。我们研究 C_2S 的晶形转变时，不能把它视为二元系统。因为 C_2S 是一种新的化学物质，而不是 CaO 和 SiO_2 的简单混合物，它具有自己的化学组成和晶体结构，因而具有自己的化学性质和物理物质。根据相平衡中组分的概念，对它单独加以研究时，它应该属于一元系统。同理，$K_2O \cdot Al_2O_3 \cdot 4SiO_2$-$SiO_2$ 系统是一个二元系统，而不是三元系统。

三、自由度

在相平衡系统中可以独立改变的变量（如温度、压力或组分的浓度等）称为自由度。这些变量可以在一定范围内任意改变，而不引起旧相的消失和新相产生。这些变量的数目叫自由度数，以符号 F 表示。

按照自由度数可对系统进行分类，$F=0$，叫无变量系统；$F=1$，叫单变量系统；$F=2$，叫双变量系统等。

四、相律

1876 年吉布斯以严谨的热力学为工具，推导了多相平衡体系的普遍规律——相律。经过长期实践的检验，相律被证明是自然界最普遍的规律之一。多相系统中自由度数（F）、独立组分数（C）、相数（P）和对系统平衡状态能够发生影响的外界因素之间有如下关系：

$$F=C-P+2$$

式中，F 为自由度数；C 为独立组分数；P 为相数；2 指温度和压力这两个影响系统平衡的外界因素。

无机非金属材料系统的相平衡属不含气相或气相可以忽略的凝聚系统。在温度和压力这两个影响系统平衡的外界因素中，压力对不包含气相的固液相之间的平衡影响很小，实际上不影响凝聚系统的平衡状态。大多数无机非金属材料物质属难熔化合物，挥发性很小，压力这一平衡因素可以忽略（如同电场、磁场对一般热力学体系相平衡的影响可以忽略一样），我们通常是在常压（即压力为一大气压的恒值）下研究材料和应用相图的，因而相律在凝聚系统中具有如下形式：

$$F = C - P + 1$$

本章在讨论二元及其以上的系统时均采用上述相律表达式。虽然相图上没有特别标明，但应理解为是在外压为一个大气压下的等压相图，并且即使外压变化，只要变化不是太大，对系统的平衡不会有多大影响，相图图形仍然适用。对于一元凝聚系统，为了能充分反映纯物质的各种聚集状态（包括超低压的气相和超高压可能出现的新晶形），我们并不把压力恒定，而是仍取为变量，这是需要引起注意的。

第二节　相平衡的研究方法

研究凝聚系统相平衡，其本质是通过测量系统发生相变时物理与化学性质或能量的变化（如温度和反应热等）来确定相图的。下面介绍凝聚系统相平衡两种基本的研究方法。

一、淬冷法（静态法）

淬冷法是测定凝聚系统相图中用得最广泛的一种方法。将一系列不同组成的试样在选定的不同温度下长时间保温，使之达到该温度和组成条件下的热力学平衡状态，然后将试样迅速淬冷，以便把高温的平衡状态在低温下保存下来，再用适当手段对其中所包含的平衡各相进行鉴定，据此制作相图。淬冷法装置示意于图 10-1。在高温充分保温的试样，用大电流熔断悬丝，让试样迅速掉入炉子下部的淬冷容器中淬冷。由于相变来不及进行，因而冷却后的试样就保持了高温下的平衡状态。然后用 XRD、OM、SEM 等测试手段对淬冷试样进行物相鉴定，以确定试样在高温所处的平衡状态。将测定结果记入相图中相对位置上，即可绘出相图。高温下系统中的液相经急速淬冷后转变为玻璃体，而晶体则以原有晶形保存下来，图 10-2 所示为一个最简单的二元相图是如何用淬冷法测定的。

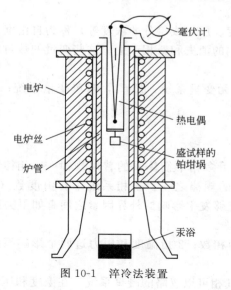

图 10-1　淬冷法装置

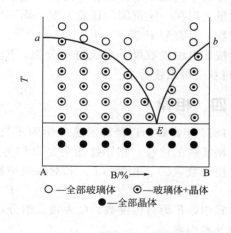

图 10-2　淬冷法测定相图

系统状态点处于液相线 aE、bE 以上的所有试样，经淬冷处理后，仅能观察到玻璃体；系统状态点处于液相线和固相线之间的两相区的所有淬冷试样，可以观察到 A 晶体（或 B

晶体）与玻璃体；而在低共熔温度以下恒温的所有淬冷试样，可以检定出 A 晶体与 B 晶体，但没有玻璃体。显然，用这样的方法确定相图上液相线与固相线的位置，试验点必须足够多，在液相线与固相线附近试验安排的温度间隔与组成间隔必须足够小，才能获得准确的结果。因此，用淬冷法制作一张凝聚系统相图，其工作量是相当大的。

淬冷法的最大优点是准确度高，因为试样经长时间保温比较接近于平衡状态，淬冷后在室温下又可对试样中平衡共存的相数、各相的组成、形态和数量直接进行测定。但对某些相变速度特别快的系统，淬冷难以完全阻止降温过程中发生新的相变化，此方法就不能适用。

用淬冷法测定相图的关键有两个。一是确保恒温的时间足以使系统达到该温度下的平衡状态，这需要通过实验来加以确定。通常采取改变恒温时间观察淬冷试样中相组成变化的办法，如果经过一定时间恒温后，淬冷样中的相组成不再随恒温时间延长而变化，一般可认为平衡已经达到。另一个则是确保淬冷速度足够快，使高温下已达到的平衡状态可以完全保存下来，这也需要通过实验加以检验。近年来，在相图测定中，已应用高温显微镜及高温 X 射线衍射方法检验在室温淬冷样品中观察到的相，在高温平衡状态中是否确实存在，从而检验淬冷效果。选择合适的淬冷剂（水、油、汞等）这一要求一般是可以达到的。

二、热分析法（动态法）

热分析法中最常用的是冷却曲线（或加热曲线）法及差热分析法。

冷却曲线法是通过测定系统冷却过程中的温度-时间曲线来判断相变温度。系统在环境温度恒定的自然冷却过程中，如果没有相变发生，其温度-时间曲线是连续的；如果有相变发生，则相变伴随的热效应将会使曲线出现折点或水平段，相变温度即可根据折点或水平段出现的温度加以确定。图 10-3 所示为具有一个低共熔点的简单二元相图是如何用冷却曲线法测定的。

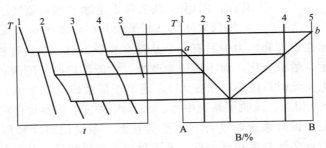

图 10-3　用冷却曲线法测定简单二元系统相图

如果相变热效应很小，冷却曲线上的折点不明显，可以采用灵敏度较高的差热分析法。差热分析的原理是将被测试样及一参比物（无任何相变发生的惰性物质）放在相同热环境中，在程序控温下以相同速度升温。如果试样中没有相变产生的热效应，则被测试样与参比物应具有相同的温度。反之，试样与参比物之间就会产生温差。这个温差可以被差热分析仪中的差热电偶检测到。因此，通常所称的差热曲线实际上是温差-温度曲线。根据差热曲线上峰或谷的位置，可以判断试样中相变发生的温度。

热分析法正好与静态法相反，适用于相变速度快的体系，而不适用于相变缓慢、容易过冷或过热的系统。热分析法的最大优点是简便，不像淬冷法那样费时费力，缺点则由于本质上是一种动态法，不像静态法那样更符合相平衡的热力学要求，所测得的相变温度实际上是近似值。此外，热分析法只能测出相变温度，不能确定相变前后的物相，要确定物相，仍需要其他方法的配合。

第三节　单元系统相图

单元系统中只有一种组分，不存在浓度问题，影响系统的平衡因素只有温度和压力，因此单元系统相图是用温度和压力两个坐标表示的。

单元系统中 $C=1$，相律 $F=C-P+2=3-P$。系统中的相数不可能少于一个，因此单元系统的最大自由度为 2，这两个自由度即温度和压力；自由度最少为零，所以系统中平衡共存的相数最多三个，不可出现四相平衡或五相平衡状态。

在单元系统中，系统的平衡状态取决于温度和压力，只要这两个参变量确定，则系统中平衡共存的相数及各相的形态，便可根据其相图确定。因此相图上的任意一点都表示了系统的一定平衡状态，我们称之为"状态点"。

一、水的相图

单元系统相图是温度和压力的 $p\text{-}T$ 图。图上不同的几何要素（点、线、面）表达系统

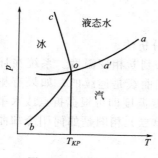

图 10-4　水的相图

的不同平衡状态。如图 10-4 是水的相图，整个图面被三条曲线划分为三个相区 cob、coa 及 boa，分别代表冰、水、汽的单相区。在这三个单相区内，显然温度和压力都可以在相区范围内独立改变而不会造成旧相消失或新相产生，因而自由度为 2。我们称这时的系统是双变量系统或说系统是双变量的。把三个单相区划分开来的三条界线代表了系统中的两相平衡状态：oa 代表水汽二相平衡共存，因而 oa 线实际上是水的饱和蒸气压曲线（蒸发曲线）；ob 代表冰汽二相的平衡共存，因而 ob 线实际上是冰的饱和蒸气压曲线（升华曲线）；oc 则代表冰水二相平衡共存，因而 oc 线是冰的熔融曲线。在这三条界线上，显然在温度和压力中只有一个是独立变量，当一个参数独立变化时，另一参量必须沿着曲线指示的数值变化，而不能任意改变，才能维持原有的两相平衡，否则必然造成某一相的消失。因而此时系统的自由度为 1，是单变量系统。三个单相区、三条界线会聚于 o 点，o 点是一个三相点，反映了系统中冰、水、汽的三相平衡共存状态。三相点的温度和压力是恒定的，要想保持系统的这种三相平衡状态，系统的温度和压力都不能有任何改变，否则系统的状态点必然要离开三相点，进入单相区或界线区，从三相平衡状态变为单相或两相平衡状态，即从系统中消失一个或两个旧相。因此，此时系统的自由度为零，处于无变量状态。

水的相图是一个生动的例子，说明相图如何用几何语言把一个系统所处的平衡状态直观而形象化地表示出来。只要知道了系统的温度和压力，即只要确定了系统的状态点在相图上的位置，我们便可以立即根据相图判断出此时系统所处的平衡状态：有几个相平衡共存，是哪几个相。

在水的相图上值得一提的是冰的熔点。曲线 oc 向左倾斜，斜率为负值，这意味着压力增大，冰的熔点下降，这是由于冰融化成水时体积收缩而造成的。oc 的斜率可以根据克拉贝龙-克劳修斯（Clausius-Clapeyron）方程计算：$\dfrac{\mathrm{d}p}{\mathrm{d}T}=\dfrac{\Delta H}{T\Delta V}$。冰融化成水时吸热 $\Delta H>0$，而体积收缩 $\Delta V<0$，因而造成 $\dfrac{\mathrm{d}p}{\mathrm{d}T}<0$。像冰这样熔融时体积收缩的物质并不多，统称为水型

物质。铋、镓、锗及三氯化铁等少数物质属于水型物质。大多数物质熔融时体积膨胀，相图上的熔点曲线向右倾斜，压力增加，熔点升高。这类物质统称为硫型物质。

二、具有同质多晶转变的单元系统相图

图 10-5 是具有同质多晶转变的单元系统相图的一般形式。图上的实线把相图划分为四个区：ABF 是低温稳定的晶形 I 的单相区；$FBCE$ 是高温稳定的晶形 II 的单相区；ECD 是液相（熔体）区；低压部分的 $ABCD$ 是气相区。把两个单相区划分开来的曲线代表了系统两相平衡状态：AB、BC 分别是晶形 I 和晶形 II 的升华曲线；CD 是熔体的蒸气压曲线；BF 是晶形 I 和晶形 II 之间的晶形转变线；CE 是晶形 II 的熔融曲线。代表系统中三相平衡的三相点有两个：B 点代表晶形 I、晶形 II 和气相的三相平衡；C 点表示晶形 II、熔体和气相的三相平衡。

图 10-5 中的虚线表示系统中可能出现的各种介稳平衡状态（在一个具体单元系统中，是否出现介稳状态，出现何种形式的介稳状态，依组分的性质而定）。$FBGH$ 是过热晶形 I 的单相区，$HGCE$ 是过冷熔体的介稳单相区，BGC 和 ABK 是过冷蒸气的介稳单相区，KBF 是过冷晶形 II 的介稳单相区。把两个介稳单相区划分开的虚线代表了相应的介稳两相平衡状态：BG 和 GH 分别是过热晶形 I 的升华曲线和熔融曲线；GC 是过冷熔体的蒸气压曲线；KB 是过冷晶形 II 的蒸气压曲线。三个介稳单相区会聚的 G 点代表过热晶形 I、过冷熔体和气相之间的三相介稳平衡状态，是一个介稳三相点。

图 10-5 具有同质多晶转变的单元系统相图

三、可逆（双向）多晶转变与不可逆（单向）多晶转变

从热力学观点来看，多晶转变分为可逆（双向）多晶转变与不可逆（单向）多晶转变。图 10-5 所示即为可逆多晶转变。为便于分析，将这种类型的相图表示于图 10-6。图 10-6 中 2 点是过热晶形 I 的蒸气压曲线与过冷液体蒸气压曲线的交点。由图可知，在不同压力条件下，点 2 相当于晶形 I 的熔点，点 1 为晶形 I 和晶形 II 的转变点，点 3 为晶形 II 的熔点。忽略压力对熔点和转变点的影响，其转变关系可用下式表达：

$$\text{晶形 I} \Longleftrightarrow \text{晶形 II} \Longleftrightarrow \text{熔体}$$

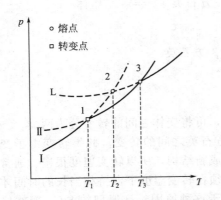

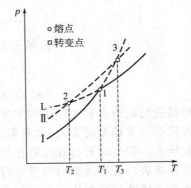

图 10-6 具有可逆多晶转变的单元相图   图 10-7 具有不可逆多晶转变的单元相图

这类转变相图的特点是，晶形Ⅰ和晶形Ⅱ均有自己稳定存在的温度范围。从图中可以看出，蒸气压比较小（相图中实线）的相是稳定相，而蒸气压较大（相图中虚线）的相是介稳相。另一显著特点是，晶形转变的温度低于两种晶形的熔点。

图 10-7 是具有不可逆（单向）多晶转变的单元相图。在相应的不同压力条件下，点 1 是晶形Ⅰ的熔点，点 2 是晶形Ⅱ的熔点，点 3 是多晶转变点。然而，这个三相点实际上是得不到的，因为晶体不可能过热而超过其熔点。

由图 10-7 可见，晶形Ⅱ的蒸气压在整个温度范围内高于晶形Ⅰ，处于介稳状态，随时都有转变为晶形Ⅰ的倾向。但要获得晶形Ⅱ，必须先将晶形Ⅰ熔融，然后使它过冷，而不能直接加热晶形Ⅰ来得到。其转变关系表达如下：

可以看出这类多晶转变的特点：一是晶形Ⅱ没有自己稳定存在的温度范围，二是多晶转变的温度高于两种晶形的熔点。

SiO_2 的各种变体之间的转变大部分属于可逆多晶转变。$\beta\text{-}C_2S$ 和 $\gamma\text{-}C_2S$ 为不可逆转变。只能 $\beta\text{-}C_2S \rightarrow \gamma\text{-}C_2S$，而 $\gamma\text{-}C_2S$ 不能直接转变为 $\beta\text{-}C_2S$。

第四节　单元系统相图应用

一、SiO_2 系统相图的应用

SiO_2 是自然界分布极广的物质。它的存在形态很多，以原生态存在的有水晶、脉石英、玛瑙，以次生态存在的则有砂岩、蛋白石、玉髓及燧石等，此外尚有变质作用的产物如石英岩等。SiO_2 在工业上应用极为广泛，透明水晶可用来制造紫外光谱仪棱镜、补色器、压电元件等；而石英砂则是玻璃、陶瓷、耐火材料工业的基本原料，特别是在熔制玻璃和生产硅质耐火材料中用量更大。

SiO_2 的一个最重要的性质就是其多晶性。实验证明，在常压和有矿化剂（或杂质）存在时，SiO_2 能以七种晶相、一种液相和一种气相存在。近年来，随着高压实验技术的进步又相继发现了新的 SiO_2 变体。它们之间在一定的温度和压力下可以互相转变。因此，SiO_2 系统是具有复杂多晶转变的单元系统。SiO_2 变体之间的转变如下所示：

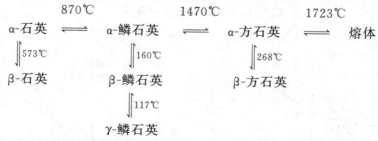

根据转变时的速度和晶体结构发生变化的不同，可将变体之间的转变分为两类。

一级转变（重建型转变）。如石英、鳞石英与方石英之间的转变。此类转变由于变体之间结构差异大，转变时要打开原有化学键，重新形成新结构，所以转变速度很慢。通常这种转变由晶体的表面开始逐渐向内部进行。因此，必须在转变温度下保持相当长的时间才能实现这种转变。要使转变加快，必须加入矿化剂。由于这种原因，高温型的 SiO_2 变体经常以介稳状态在常温下存在，而不发生转变。

二级转变（位移型转变或叫高低温型转变）。如同系列中 α、β、γ 形态之间的转变。各变体间结构差别不大，转变时不需打开原有化学键，只是原子发生位移或 Si—O—Si 键角稍有变化，转变速度迅速而且是可逆转变，转变在一个确定的温度下在全部晶体内部发生。

SiO_2 发生晶形转变时，必然伴随体积的变化，表 10-1 列出了多晶转变体积变化的理论值，（＋）指标膨胀，（一）表示收缩。

表 10-1　SiO_2 多晶转变时体积的变化

一级变体间的转变	计算采取的温度/℃	在该温度下转变时体积效应/%	二级变体间的转变	计算采取的温度/℃	在该温度下转变时体积效应/%
α-石英→α-鳞石英	1000	+16.0	β-石英→α-石英	573	+0.82
α-石英→α-方石英	1000	+15.4	γ-鳞石英→β-鳞石英	117	+0.2
α-石英→石英玻璃	1000	+15.5	β-鳞石英→α-鳞石英	163	+0.2
石英玻璃→α-方石英	1000	−0.9	β-方石英→α-方石英	150	+2.8

从表 10-1 中可以看出，一级变体之间的转变以 α-石英 α-鳞石英时体积变化最大，二级变体之间的转变以方石英的体积变化最大，鳞石英的体积变化最小。必须指出，一级转变虽然体积变化大，但由于转变速度慢、时间长，体积效应的矛盾不突出，对工业生产影响不大；而位移型转变虽然体积变化小，但由于转变速度快，对工业生产影响很大。

图 10-8 是 SiO_2 系统相图，图中给出了各变体的稳定范围以及它们之间的晶形转化关系。SiO_2 各变体及熔体的饱和蒸气压极小（2000K 时仅 $10^{-7}MPa$），相图上的纵坐标是故意放大的，以便于表示各界线上的压力随温度的变化趋势。

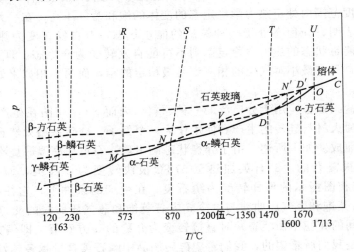

图 10-8　SiO_2 系统相图

此相图的实线部分把全图划分成六个单相区，分别代表了 β-石英、α-石英、α-鳞石英、α-方石英、SiO_2 高温熔体及 SiO_2 蒸气六个热力学稳定态存在的相区。每两个相区之间的界线代表了系统中的两相平衡状态。如 LM 代表了 β-石英与 SiO_2 蒸气之间的两相平衡，因而实际上是 β-石英的饱和蒸气压曲线。OC 代表了 SiO_2 熔体与 SiO_2 蒸气之间的两相平衡，因而实际上是 SiO_2 高温熔体的饱和蒸气压曲线。MR、NS、DT 是晶形转变线，反映了相应的两种变体之间的平衡共存。如 MR 线表示出了 β-石英与 α-石英之间相互转变的温度随压力的变化。OU 线则是 α-方石英的熔融曲线，表示了 α-方石英与 SiO_2 熔体之间的两相平衡，每三个相区会聚的一点都是三相点。图中有四个三相点，如 M 点是代表 β-石英、α-石英与 SiO_2 蒸气三相平衡共存的三相点，O 点则是 α-方石英、SiO_2 熔体与 SiO_2 蒸气的三相点。

如前所述，α-石英、α-鳞石英与 α-方石英之间的晶形转变困难。而石英、鳞石英与方石英的高低温型，即 α、β、γ 型之间的转变则速度很快。只要不是非常缓慢的平衡加热或冷却，则往往会产生一系列介稳状态。这些可能发生的介稳态都用虚线表示在相图上。如 α-石英加热到 870℃时应转变为 α-鳞石英，但如加热速度不是足够慢则可能成为 α-石英的过热体，这种处于介稳态的 α-石英可能一直保持到 1600℃（N' 点）直接熔融为过冷的 SiO_2 熔体。因此 NN' 实际上是过热 α-石英的饱和蒸气压曲线，反映了过热 α-石英与 SiO_2 蒸气两相之间的介稳平衡状态。DD' 则是过热 α-鳞石英的饱和蒸气压曲线，这种过热的 α-鳞石英可以保持到 1670℃（D' 点）直接熔融为 SiO_2 过冷熔体。在不平衡冷却过程中，高温 SiO_2 熔体可能不在 1713℃结晶出 α-方石英，而成为过冷熔体。虚线 ON'，在 CO 的延长线上，是过冷 SiO_2 熔体的饱和蒸气压曲线，反映了过冷 SiO_2 熔体与 SiO_2 蒸气两相之间的介稳平衡。α-方石英冷却到 1470℃时应转变为 α-鳞石英，实际上却往往过冷到 230℃转变成与 α-方石英结构相近的 β-方石英。α-鳞石英则往往不在 870℃转变成 α-石英，而是过冷到 163℃转变为 β-鳞石英，β-鳞石英在 120℃下又转变成 γ-鳞石英。β-方石英、β-鳞石英与 γ-鳞石英虽然都是低温下的热力学不稳定态，但由于它们转变为热力学稳定态的速度极慢，实际上可以长期保持自己的形态。α-石英与 β-石英在 573℃下的相互转变，由于彼此间结构相近，转变速度很快，一般不会出现过热或过冷现象。由于各种介稳状态的出现，相图上不但出现了这些介稳态的饱和蒸气压曲线及介稳晶形转变线，而且出现了相应的介稳单相区以及介稳三相点（如 N'、D'），从而使相图呈现出复杂的形态。

对 SiO_2 相图稍加分析，不难发现，SiO_2 所有处于介稳状态的变体（或熔体）的饱和蒸气压都比相同温度范围内处于热力学稳定态的变体的饱和蒸气压高。在一元系统中，这是一条普遍规律。这表明，介稳态处于一种较高的能量状态，有自发转变为热力学稳定态的趋势，而处于较低能量状态的热力学稳定态则不可能自发转变为介稳态。理论和实践都证明，在给定温度范围，具有最小蒸气压的相一定是最稳定的相，而两个相如果处于平衡状态，其蒸气压必定相等。

石英是硅酸盐工业上应用十分广泛的一种原料。因而 SiO_2 相图在生产和科学研究中有重要价值。现举耐火材料硅砖的生产和使用作为一个例子。硅砖系用天然石英（β-石英）做原料经高温煅烧而成。如上所述，由于介稳状态的出现，石英在高温煅烧冷却过程中实际发生的晶体转变是很复杂的。β-石英加热至 573℃很快转变为 α-石英，而 α-石英当加热到 870℃时并不是按相图指示的那样转变为鳞石英。在生产的条件下，它往往过热到 1200～1350℃（过热 α-石英饱和蒸气压曲线与过冷 α-方石英饱和蒸气压曲线的交点 V，此点表示了这两个介稳相之间的介稳平衡状态）时直接转变为介稳的 α-方石英（即偏方石英）。这种实际转变过程并不是我们所希望的，我们希望硅砖制品中鳞石英含量越多越好，而方石英含量越少越好。这是因为在石英、鳞石英、方石英三种变体的高低温型转变中（即 α，β，γ 二级变体之间的转变），方石英体积变化最大（2.8%），石英次之（0.28%），而鳞石英最小（0.2%）（表 10-1）。如果制品中方石英含量高，则在冷却到低温时由于 α-方石英转变成 β-方石英伴随着较大的体积收缩而难以获得致密的硅砖制品。那么，如何促使介稳的 α-方石英转变为稳定态的 α-鳞石英呢？生产上一般是加入少量氧化铁和氧化钙作为矿化剂。这些氧化物在 1000℃左右可以产生一定量的液相，α-石英和 α-方石英在此液相中的溶解度大，而 α-鳞石英在其中的溶解度小，因而，α-石英和 α-方石英不断溶入液相。而 α-鳞石英则不断从液相析出。一定量液相的生成，还可以缓解由于 α-石英转化为介稳态的 α-方石英时因巨大的体积膨胀而在坯体内所产生的应力（表 10-1）。虽然在硅砖生产中加入矿化剂，创造了有利的动力学条件，促成大部分介稳的 α-方石英转变成 α-鳞石英，但事实上最后必定还会有一部分未转变的方石英残留于制品中。因此，在硅砖使用时，必须根据 SiO₂ 相图制订合理的升温制度，防止残留的方石英发生多晶转变时使窑炉砌砖炸裂。

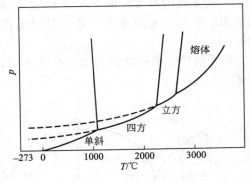

图 10-9　ZrO₂ 相图

二、ZrO₂ 系统相图

ZrO₂ 相图（图 10-9）比 SiO₂ 相图要简单得多。这是由于 ZrO₂ 系统中出现的多晶现象和介稳状态不像 SiO₂ 系统那样复杂。ZrO₂ 有三种晶形，单斜 ZrO₂、四方 ZrO₂ 和立方 ZrO₂。它们之间具有如下的转变关系：

$$单斜\ ZrO_2 \underset{约1000℃}{\overset{约1200℃}{\rightleftharpoons}} 四方\ ZrO_2 \overset{约2370℃}{\rightleftharpoons} 立方\ ZrO_2$$

单斜 ZrO₂ 加热到 1200℃ 时转变为四方 ZrO₂，这个转变速度很快，并伴随 7％～9％ 的体积收缩。但在冷却过程中，四方 ZrO₂ 往往不在 1200℃ 转变成单斜 ZrO₂，而在 1000℃ 左右转变，即从相图上虚线表示的介稳的四方 ZrO₂ 转变成稳定的单斜 ZrO₂（图 10-10）。这种滞后现象在多晶转变中是经常可以观察到的。

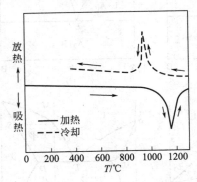

图 10-10　ZrO₂ 的 DTA 曲线

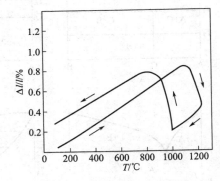

图 10-11　ZrO₂ 的膨胀曲线

ZrO₂ 是特种陶瓷的重要原料，其膨胀曲线如图 10-11 所示。由于其单斜形与四方形之间的晶形转变伴有显著的体积变化，造成 ZrO₂ 制品在烧成过程中容易开裂，生产上需采取稳定措施，通常是加入适量 CaO 或 Y₂O₃。在 1500℃ 以上四方 ZrO₂ 可以与这些稳定剂形成立方晶形的固溶体。在冷却过程中，这种固溶体不会发生晶形转变，没有体积效应，因而可以避免 ZrO₂ 制品的开裂。这种经稳定处理的 ZrO₂ 称为稳定化立方 ZrO₂。

第五节　二元系统相图类型和重要规则

二元系统存在两种独立组分，由于这两种组分之间可能存在各种不同的物理作用和化学作用，因而二元系统相图的类型比一元相图要多得多。对于二元相图，重要的是必须弄清如何通过不同几何要素（点、线、面）来表达系统的不同平衡状态。在本节中，仅讨论无机非金属材料所涉及的凝聚系统。对于二元凝聚系统：

$$F = C - P + 1 = 3 - P$$

当 $F = 0$，$P = 3$ 即二元凝聚系统中可能存在的平衡共存的相数最多为三个。当 $P = 1$，

$F=2$，即系统的最大自由度数为 2。由于凝聚系统不考虑压力的影响，这两个自由度显然指温度和浓度。二元凝聚系统相图是以温度为纵坐标，系统中任一组分浓度为横坐标来绘制的。

依系统中二组分之间的相互作用不同，二元凝聚系统相图可以分成若干基本类型（图 10-12）。

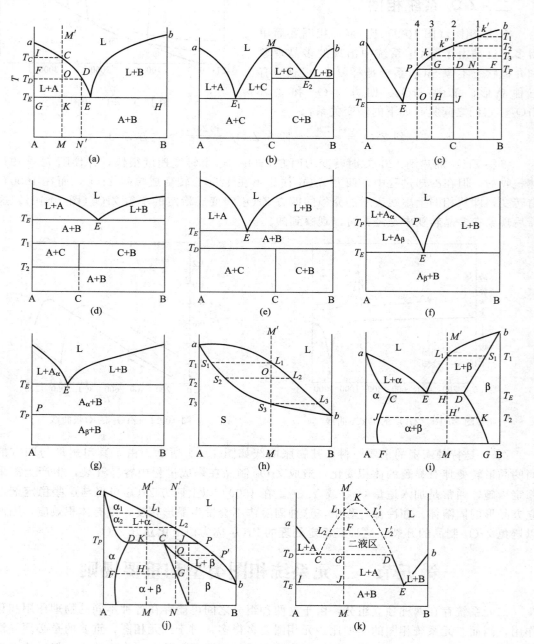

图 10-12　二元相图类型

（a）具有一个低共熔点的二元相图；（b）生成一个一致熔融化合物的二元相图；（c）生成一个不一致熔融化合物的二元相图；（d）、（e）生成在固相分解的化合物的二元相图；（f）、（g）具有多晶转变的二元相图；（h）、（i）、（j）生成固溶体的二元相图；（k）具有液相分层的二元相图

一、具有一个低共熔点的简单二元系统相图

如图 10-12(a) 所示，图中的 a 点是组分 A 的熔点，b 点是组分 B 的熔点，E 点是组分 A 和组分 B 的二元低共熔点。液相线 aE、bE 和固相线 GH 把整个相图划分成四个相区。相区中各点、线、面的含义如表 10-2 所示。

表 10-2　相图 10-12(a) 中各相区点、线、面的含义

点、线、面	性　质	相平衡	点、线、面	性　质	相平衡
aEb	液相区，$P=1$，$F=2$	L	aE	液相线，$P=2$，$F=1$	$L \rightleftharpoons A$
aT_EE	固液共存，$P=2$，$F=1$	L+A	bE	液相线，$P=2$，$F=1$	$L \rightleftharpoons B$
EbH	固液共存，$P=2$，$F=1$	L+B	E	低共熔点，$P=3$，$F=0$	$L \rightleftharpoons A+B$
$AGHB$	固相区，$P=2$，$F=1$	A+B			

掌握此相图的关键是理解 aE、bE 两条液相线及低共熔点 E 的性质。液相线 aE 实质上是一条饱和曲线，任何富 A 高温熔体冷却到 aE 线上的温度，即开始对组分 A 饱和而析出 A 晶体。同样，液相线 bE 则是组分 B 的饱和曲线，任何富 B 高温熔体冷却到 bE 线上的温度，即开始析出 B 晶体。E 点处于这两条饱和曲线的交点，意味着 E 点液相同时对组分 A 和组分 B 饱和。因而，从 E 点液相中将同时析出 A 晶体和 B 晶体，此时系统中三相平衡，$F=0$，即系统处于无变量平衡状态，因而低共熔点 E 是此二元系统中的一个无量变点。E 点组成称为低共熔组成，E 点温度则称为低共熔温度。

现以组成为 M 的配料加热到高温完全熔融然后平衡冷却析晶的过程来说明系统的平衡状态如何随温度变化。将 M 配料加热到高温的 M' 点，因 M' 处于 L 相区，表明系统中只有单相的高温熔体（液相）存在。将此高温熔体冷却到 T_C 温度，液相开始对组分 A 饱和，从液相中析出第一粒 A 晶体，系统从单相平衡状态进入两相平衡状态。根据相律，$F=1$，即为了保持这种二相平衡状态，在温度和液相组成二者之间只有一个是独立变量。事实上，A 晶体的析出，意味着液相必定是 A 的饱和溶液，温度继续下降时，液相组成必定沿着 A 的饱和曲线 aE 从 C 点向 E 点变化，而不能任意改变。系统冷却到低共熔温度 T_E，液相组成到达低共熔点 E，从液相中将同时析出 A 晶体和 B 晶体，系统从两相平衡状态进入三相平衡状态。按照相律，此时系统的 $F=0$，系统是无变量的，即只要系统中维持着这种三相平衡关系，系统的温度就只能保持在低共熔温度 T_E 不变，液相组成也只能保持在 E 点的低共熔组成不变。此时，从 E 点液相中不断按 E 点组成中 A 和 B 的比例析出晶体 A 和晶体 B。当最后一滴低共熔组成的液相析出 A 晶体和 B 晶体后，液相消失，系统从三相平衡状态回到两相平衡状态，因而系统温度又可继续下降。

利用杠杆规则还可以对析晶过程的相变化进一步做定量分析。在运用杠杆规则时，需要分清系统组成点、液相点、固相点的概念。系统组成点（简称系统点）取决于系统的总组成，是由原始配料组成决定的。在加热或冷却过程中，尽管组分 A 和组分 B 在固相与液相之间不断转移，但仍在系统内，不会逸出系统以外，因而系统的总组成是不会改变的。对于 M 配料而言，系统状态点必定在 MM' 线上变化。系统中的液相组成和固相组成是随温度不断变化的，因而液相点、固相点的位置也随温度而不断变化。把 M 配料加热到高温的 M' 点，配料中的组分 A 和组分 B 全部进入高温熔体，因而液相点与系统点的位置是重合的。冷却到 T_C 温度，从 C 点液相中析出第一粒 A 晶体，系统中出现了固相，固相点处于表示纯 A 晶体和 T_C 温度的 I 点。进一步冷却到 T_D 温度，液相点沿液相线从 C 点运动到 D 点，从液相中不断析出 A 晶体，因而 A 晶体的量不断增加，但组成仍为纯 A，所以固相组成并无变化。随着温度的下降，固相点从 I 点变化到 F 点。系统点则沿 MM' 从 C 点变化到 O

点。因为固液两相处于平衡状态，温度必定相同，因而任何时刻系统点、液相点、固相点三点一定处在同一条等温的水平线上（FD 线称为结线，它把系统中平衡共存的两个相的相点连接起来），又因为固液两相系统从高温单相熔体 M' 分解而来，这两相的相点在任何时刻必定都分布在系统组成点两侧。以系统组成点为杠杆支点，运用杠杆规则可以方便地计算任一温度处于平衡的固液两相的数量。如在 T_D 温度下的固相量和液相量，根据杠杆规则：

$$\frac{固相量}{液相量}=\frac{OD}{OF}$$

$$\frac{固相量}{固液总量（原始配料量）}=\frac{OD}{FD}$$

$$\frac{液相量}{固液总量（原始配料量）}=\frac{OF}{FD}$$

系统温度从 T_D 继续下降到 T_E 时，液相点从 D 点沿液相线到达 E 点，从液相中同时析出 A 晶体和 B 晶体，液相点停在 E 点不动，但其数量则随共析晶过程的进行而不断减少。固相中则除了 A 晶体（原先析出的加 T_E 温度下析出的），又增加了 B 晶体，而且此时系统温度不能变化，固相点位置必离开表示纯 A 的 G 点沿等温线 GK 向 K 点运动。当最后一滴 E 点液相消失，液相中的 A、B 组分全部结晶为晶体时，固相组成必然回到原始配料组成，即固相点到达系统点 K。析晶过程结束以后，系统温度又可继续下降，固相点与系统点一起从 K 点向 M 点移动。

上述析晶过程中固液相点的变化即结晶路程用文字叙述比较繁琐，常用下列简便的表达式表示：

$$M'（熔体）\xrightarrow[P=1,F=2]{\text{L}} C[I,(A)] \xrightarrow[P=2,F=1]{\text{L}\to\text{A}} E（到达）[G,A+(B)] \xrightarrow[P=3,F=0]{\text{L}\to\text{A}+\text{B}}$$

$$E（消失）[K,A+B]$$

上面析晶路程的表达式中，$M'\to C\to E$ 表示液相的变化；箭头上方表示析晶、熔化或转熔的反应式；箭头下方表示相数和自由度；方括号内表示固相的变化，如 $[I,(A)]$ 表示固相总组成点在 I 点，(A) 表示晶体 A 刚要析出；$[G,A+(B)]$ 表示固相总组成点在 G 点，固相中有 A 晶体，B 晶体刚要析出；$[K,A+B]$ 表示固相由 A 和 B 组成，总组成点在 K。

平衡加热熔融过程恰是上述平衡冷却析晶过程的逆过程。若将组分 A 和组分 B 的配料 M 加热，则该晶体混合物在 T_E 温度下低共熔形成 E 组成的液相，由于三相平衡，系统温度保持不变，随着低共熔过程的进行，A、B 晶相量不断减少，E 点液相量不断增加。当固相点从 K 点到达 G 点，意味着 B 晶相已全部熔完，系统进入两相平衡状态，温度又可继续上升，随着 A 晶体继续熔入液相，液相点沿着液相线从 E 点向 C 点变化。加热到 T_C 温度，液相点到达 C 点，与系统点重合，意味着最后一粒 A 晶体在 I 点消失，A 晶体和 B 晶体全部从固相转入液相，因而液相组成回到原始配料组成。

二、生成一个一致熔融化合物的二元系统相图

一致熔融化合物是一种稳定的化合物。它与正常的纯物质一样具有固定的熔点，熔化时，所产生的液相与化合物组成一致，故称一致熔融。这类系统的典型相图如图 10-12（b）所示。组分 A 与组分 B 生成一个一致熔融化合物 C，M 点是该化合物的熔点。曲线 aE_1 是组分 A 的液相线，bE_2 是组分 B 的液相线，E_1ME_2 则是化合物 C 的液相线。一致熔化合物在相图上的特点是，化合物组成点位于其液相线的组成范围内，即表示化合物晶相的 CM 线直接与其液相线相交，交点 M（化合物熔点）是液相线上的温度最高点。因此，CM 线将此

相图划分成两个简单分二元系统。E_1 是 A-C 分二元的低共熔点，E_2 是 C-B 分二元的低共熔点。讨论任一配料的结晶路程与上述讨论简单二元系统的结晶路程完全相同。原始配料如落在 A-C 范围，最终析晶产物为 A 和 C 两个晶相。原始配料位于 C-B 区间，则最终析晶产物为 C 和 B 两个晶相。

三、生成一个不一致熔融化合物的二元系统相图

不一致熔融化合物是一种不稳定的化合物。加热这种化合物到某一温度便发生分解，分解产物是一种液相和一种晶相，二者组成与化合物组成皆不相同，故称不一致熔融。图 10-12(c) 是此类二元系统的典型相图。加热化合物 C 到分解温度 T_P，化合物 C 分解为 P 点组成的液相和组分 B 的晶体。在分解过程中，系统处于三相平衡的无变量状态（$F=0$），因而 P 点也是一个无量变点，称为转熔点（又称回吸点、反应点）。相区中各点、线、面的含义如表 10-3 所示。

表 10-3　相图 10-12(c) 中各相区点、线、面的含义

点、线、面	性　质	相平衡	点、线、面	性　质	相平衡
aEb	液相面，$P=1,F=2$	L	aE	共熔线，$P=2,F=1$	L $\rightleftharpoons$ A
aT_EE	固液共存，$P=2,F=1$	L+A	EP	共熔线，$P=2,F=1$	L $\rightleftharpoons$ C
$EPDJ$	固液共存，$P=2,F=1$	L+C	bP	共熔线，$P=2,F=1$	L $\rightleftharpoons$ B
bPT_P	固液共存，$P=2,F=1$	L+B	E	低共熔点，$P=3,F=0$	L $\rightleftharpoons$ A+C
DT_PBC	两固相共存，$P=2,F=1$	C+B	P	转熔点，$P=3,F=0$	L+B $\rightleftharpoons$ C
AT_EJC	两固相共存，$P=2,F=1$	A+C			

需要注意，转熔点 P 位于与 P 点液相平衡的两个晶相 C 和 B 的组成点 D、F 的同一侧，这是与低共熔点 E 的情况不同的。运用杠杆规则不难理解这种差别。不一致熔融化合物在相图上的特点是化合物 C 的组成点位于其液相线 PE 的组成范围以外，即 CD 线偏在 PE 的一边，而不与其直接相交。因此，表示化合物的 CD 线不能将整个相图划分为两个分二元系统。

该相图由于转熔点的存在而变得比较特殊，现将图 10-12（c）中标出的 1、2、3、4 熔体的析晶路程分析如下，这四个熔体具有一定的代表性。

熔体 1 的析晶路程：

$$1(熔体) \xrightarrow[P=1,F=2]{L} k'[T_1,(B)] \xrightarrow[P=2,F=1]{L \rightarrow B} P(到达)[T_P，开始回吸 B+(C)] \xrightarrow[P=3,F=0]{L+B \rightarrow C}$$
$$P(消失)[N,B+C]$$

熔体 2 的析晶路程：

$$2(熔体) \xrightarrow[P=1,F=2]{L} k''[T_2,(B)] \xrightarrow[P=2,F=1]{L \rightarrow B} P(到达)[T_P，开始回吸 B+(C)] \xrightarrow[P=3,F=0]{L+B \rightarrow C}$$
$$P(消失)[D,C(液相与晶体 B 同时消失)]$$

熔体 3 的析晶路程：

$$3(熔体) \xrightarrow[P=1,F=2]{L} k[T_3,(B)] \xrightarrow[P=2,F=1]{L \rightarrow B} P(到达)[T_P，开始回吸 B+(C)] \xrightarrow[P=3,F=0]{L+B \rightarrow C}$$
$$P(离开)[D，晶体 B 消失+C] \xrightarrow[P=2,F=1]{L \rightarrow C} E(到达)[J,C+(A)] \xrightarrow[P=3,F=0]{L \rightarrow A+C}$$
$$E(消失)[H,A+C]$$

熔体 4 的析晶路程：

$$4(熔体) \xrightarrow[P=1,F=2]{L} P(不停留)[D,(C)] \xrightarrow[P=2,F=1]{L \rightarrow C} E(到达)[J,C+(A)] \xrightarrow[P=3,F=0]{L \rightarrow A+C}$$

$$E(消失)[O, A+C]$$

以上四个熔体析晶路程具有一定的规律性，现将其总结于表 10-4 中。

表 10-4　不同组成熔体的析晶规律

组　　成	在 P 点的反应	析晶终点	析晶终相
组成在 PD 之间	$L+B \rightleftharpoons C$，B 先消失	E	$A+C$
组成在 DF 之间	$L+B \rightleftharpoons C$，L_P 先消失	P	$B+C$
组成在 D 点	$L+B \rightleftharpoons C$，B 和 L_P 同时消失	P	C
组成在 P 点	在 P 点不停留	E	$A+B$

四、生成在固相分解的化合物的二元系统相图

化合物 C 加热到低共熔温度 T_E 以下的 T_D 温度即分解为组分 A 和组分 B 的晶体，没有液相生成 [图 10-12(e)]。相图上没有与化合物 C 平衡的液相线，表明从液相中不可能直接析出 C，C 只能通过 A 晶体和 B 晶体之间的固相反应生成。由于固态物质之间的反应速率很小（尤其在低温下），因而达到平衡状态需要的时间将是很长的。将晶体 A 和晶体 B 配料，按照相图即使在低温下也应获得 A+C 或 C+B，但事实上，如果没有加热到足够高的温度并保温足够长的时间，上述平衡状态是很难达到的，系统往往处于 A、C、B 三种晶体同时存在的非平衡状态。

若化合物 C 只在某一温度区间存在，即在低温下也要分解，则其相图形式如图10-12(d)所示。

五、具有多晶转变的二元系统相图

同质多晶现象在无机非金属材料中十分普遍。图 10-12(g) 中组分 A 在晶形转变点 P 发生 A_α 与 A_β 的晶形转变，显然在 A-B 二元系统中的纯 A 晶体在 T_P 温度下都会发生这一转变，因此 P 点发展为一条晶形转变等温线。在此线以上的相区，A 晶体以 α 形态存在，此线以下的相区，则以 β 形态存在。

如晶形转变温度 T_P 高于系统开始出现液相的低共熔温度 T_E，则 A_α 与 A_β 之间的晶形转变在系统带有 P 组成液相的条件下发生，因为此时系统中三相平衡共存，所以 P 点也是一个无量变点，如图 10-12(f) 所示。

六、形成连续固溶体的二元系统相图

这类系统的相图形式如图 10-12(h) 所示。液相线 aL_2b 以上的相区是高温熔体单相区，固相线 aS_3b 以下的相区是固溶体单相区，处于液相线与固相线之间的相区则是液态溶液与固态溶液平衡的固液两相区。固液两相区内的结线 L_1S_1、L_2S_2、L_3S_3 分别表示不同温度下互相平衡的固液两相的组成。此相图的最大特点是没有一般二元相图上常出现的二元无量变点，因为此系统内只存在液态溶液和固态溶液两个相，不可能出现三相平衡状态。

M' 熔体的析晶路程如下：

$$M'(熔体) \xrightarrow[P=1, F=2]{L} L_1[S_1, (S_1)] \xrightarrow[P=2, F=1]{L \to S} L_2[S_2, S_2] \xrightarrow[P=2, F=1]{L \to S} L_3(消失)[S_3, S_3]$$

在液相从 L_1 到 L_3 的析晶过程中，固溶体组成需从原先析出的 S_1 相应变化到最终与 L_3 平衡的 S_3，即在析晶过程中固溶体需随时调整组成以与液相保持平衡。固溶体是晶体，原子的扩散迁移速率很慢，不像液态溶液那样容易调节组成，可以想象，只要冷却过程不是足够缓慢，不平衡析晶是很容易发生的。

七、形成有限固溶体的二元系统相图

组分 A、B 间可以形成固溶体，但溶解度是有限的，不能以任意比例互溶。图 10-12 (i)、(j) 上的 α 表示 B 组分溶解在 A 晶体中所形成的固溶体，β 表示 A 组分溶解在 B 晶体中所形成的固溶体。aE 是与 α 固溶体平衡的液相线，bE 是与 β 固溶体平衡的液相线。从液相中析出的固溶体组成可以通过等温结线在相应的固相线 aC 和 bD 上找到，如结线 L_1S_1 表示从 L_1 液相中析出的 β 固溶体组成是 S_1。E 点是低共熔点，从 E 点液相中将同时析出组成为 C 的 α 固溶体和组成为 D 的 β 固溶体。C 点表示了组分 B 在组分 A 中的最大固溶度，D 点则表示了组分 A 在组分 B 中的最大固溶度。CF 是固溶体 α 的溶解度曲线，DG 则是固溶体 β 的溶解度曲线。根据这两条溶解度曲线的走向，A、B 两个组分在固态互溶的溶解度是随温度下降而下降的。相图上六个相区的平衡各项已在相图上标注出。

图 10-12(i) 中 M' 熔体的结晶路程表示如下：

$$M'(熔体) \xrightarrow[P=1,F=2]{L} L_1[S_1,\beta] \xrightarrow[P=2,F=1]{L\to\beta} E(到达)[D,\beta+(\alpha)] \xrightarrow[P=3,F=0]{L\to\alpha+\beta}$$
$$E(消失)[H,\alpha+\beta]$$

图 10-12(j) 是形成转熔型的不连续固溶体的二元相图。α 和 β 之间没有低共熔点，而有一个转熔点 P。冷却时，当温度降到 T_P 时，液相组成变化到 P 点，将发生转熔过程：$L_P+D(\alpha)\rightleftharpoons C(\beta)$。各相区的含义已在图中标明。现分析 M' 熔体和 N' 熔体的析晶路程。

M' 熔体的析晶路程：

$$M'(熔体) \xrightarrow[P=1,F=2]{L} L_1[\alpha_1,(\alpha)] \xrightarrow[P=2,F=1]{L\to\alpha} P(到达)[D,\alpha+(\beta)] \xrightarrow[P=3,F=0]{L+\alpha\to\beta}$$
$$P(消失)[K,\alpha+\beta]$$

N' 熔体的析晶路程：

$$N'(熔体) \xrightarrow[P=1,F=2]{L} L_2[\alpha_2,(\alpha)] \xrightarrow[P=2,F=1]{L\to\alpha} P(到达)[D,\alpha+(\beta)] \xrightarrow[P=3,F=0]{L+\alpha\to\beta}$$
$$P[C,\beta(\alpha 消失)]$$
$$\xrightarrow[P=2,F=1]{L\to\beta} P'(消失)[O,\beta] \xrightarrow[P=1,F=2]{固相冷却} [G,\alpha+(\beta)] \xrightarrow[P=2,F=1]{固相冷却} [N,\alpha+\beta]$$

值得注意的是，N' 熔体的析晶在液相线 bP 上的 P' 点结束。现将此类相图上不同组成点的析晶规律总结于表 10-5。

表 10-5　不同组成熔体的析晶规律

组　成	在 P 点的反应	析晶终点	析晶终相
组成在 DC 之间	$L+\alpha\rightleftharpoons\beta$，$L_P$ 先消失	P	$\alpha+\beta$
组成在 CJ 之间	$L+\alpha\rightleftharpoons\beta$，α 先消失	BP 线上	$\alpha+\beta$
组成在 JP 之间	$L+\alpha\rightleftharpoons\beta$，α 先消失	BP 线上	β
组成在 C 点	$L+\alpha\rightleftharpoons\beta$，α 和 L_P 同时消失	P	$\alpha+\beta$
组成在 P 点	$L+\alpha\rightleftharpoons\beta$，在 P 点不停留	BP 线上	β

八、具有液相分层的二元系统相图

前面所讨论的各类二元系统中两个组分在液相都是完全互溶的。但在某些实际系统中，两个组分在液态并不完全互溶，只能有限互溶。这时，液相分为两层，一层可视为组分 B 在组分 A 中的饱和溶液（L_1），另一层则可视为组分 A 在组分 B 中的饱和溶液（L_2）。图 10-12(k) 中的 CKD 帽形区即是一个液相分层区。等温结线 L_1L_1'、L_2L_2' 表示不同温度下互相平衡的两个液相的组成。温度升高，两层液相的溶解度都增大，因而其组成越来越接近，到达帽形区最高点 K，两层液相的组成已完全一致，分层现象消失，故 K 点是一个临界点，K 点温度叫临界温度。在 CKD 帽形区以外的其他液相区域，均不发生液相分层现象，为单相区。曲线 aC、DE 均为与 A 晶相平衡的液相线，bE 是与 B 晶相平衡的液相线。除低共熔点 E 外，系统中还有另一个无量变点 D。在 D 点发生的相变化为 $L_C \rightleftharpoons L_D + A$，即冷却时从 C 组成液相中析出晶体 A，而 L_C 液相转变为含 A 低的 L_D 液相。

M' 熔体的析晶路程表示如下：

$$M'(\text{熔体}) \xrightarrow[P=1,F=2]{L} L_1 + (L_1') \xrightarrow[P=2,F=1]{\text{液相分离}} L_2 + L_2' \xrightarrow[P=2,F=1]{\text{液相分离}} G(L_C + L_D) \xrightarrow[P=3,F=0]{L_C \rightarrow L_D + A}$$

$$D(L_C \text{消失})[T_D,(A)] \xrightarrow[P=2,F=1]{L \rightarrow A} E(\text{到达})[I, A+(B)] \xrightarrow[P=3,F=0]{L \rightarrow A+B} E(\text{消失})[J, A+B]$$

第六节　二元相图及应用

一、CaO-SiO$_2$ 系统相图

对 CaO-SiO$_2$ 系统（图 10-13）这种比较复杂的二元相图，首先要看系统中生成几个化合物以及各化合物的性质，根据一致熔融化合物可把系统划分成若干分二元系统，然后再对这些分二元系统逐一加以分析。

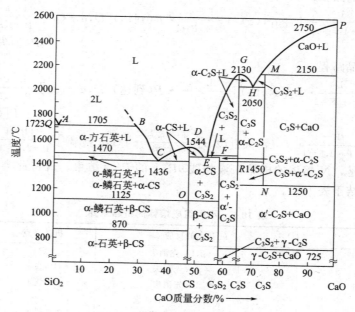

图 10-13　CaO-SiO$_2$ 系统相图

根据相图上的竖线可知 CaO-SiO$_2$ 二元系统中共生成四个化合物。CS（CaO·SiO$_2$，硅灰石）和 C$_2$S（2CaO·SiO$_2$，硅酸二钙）是一致熔融化合物，C$_3$S$_2$（3CaO·2SiO$_2$，硅钙石）和 C$_3$S（3CaO·SiO$_2$，硅酸三钙）是不一致熔融化合物，因此，CaO-SiO$_2$ 系统可以划分成 SiO$_2$-CS、CS-C$_2$S、C$_2$S-SiO$_2$ 三个分二元系统。对这三个分二元系统逐一分析各液相线和相区，特别是无量变点的性质，判明各无量变点所代表的具体相平衡关系。相图上的每一条横线都是一根三相线，当系统的状态点到达这些线上时，系统都处于三相平衡的无变状态。其

中有低共熔线、转熔线、化合物分解或液相分解线以及多条晶形转变线。晶形转变线上所发生的具体晶形转变，需要根据和此线紧邻的上下两个相区所标示的平衡相加以判断。如 1125℃的晶形转变线，线上相区的平衡相为 α-鳞石英和 α-CS，而线下相区则为 α-鳞石英和 β-CS，此线必为 α-CS 和 β-CS 的转变线。

我们先讨论相图左侧的 SiO_2-CS 分二元系统。在此分二元的富硅液相部分有一个液相分层区，C 点是此分二元的低共熔点，C 点温度 1436℃，组成是含 37%CaO。由于在与方石英平衡的液相线上插入了 2L 分液区，使 C 点位置偏向 CS 一侧，而距 SiO_2 较远，液相线 CB 也因而较为陡峭。这一相图上的特点常被用来解释为何在硅砖生产中可以采取 CaO 作矿化剂而不会严重影响其耐火度。用杠杆规则计算，如向 SiO_2 中加入 1%CaO，在低共熔温度 1436℃下所产生的液相量为 1:37=2.7%。这个液相量是不大的，并且由于液相线 CB 较陡峭，温度继续升高时，液相量的增加也不会很多，这就保证了硅砖的高耐火度。

在 CS-C_2S 这个分二元系统中，有一个不一致熔化合物 C_3S_2，其分解温度是 1464℃。E 点是 CS 与 C_3S_2 的低共熔点。F 点是转熔点，在 F 点发生 $L_F + α\text{-}C_2S \rightleftharpoons C_3S_2$ 的相变化。C_3S_2 常出现于高炉矿渣，也存在于自然界。

最右侧的 C_2S-CaO 分二元系统，含有硅酸盐水泥的重要矿物 C_3S 和 C_2S。C_3S 是一个不一致熔融化合物，仅能稳定存在于 1250℃、2150℃ 的温度区间。在 1250℃ 分解为 α'-C_2S 和 CaO，在 2150℃ 则分解为 M 组成的液相和 CaO。C_2S 有 α、α'、β、γ 之间的复杂晶形转变（图 10-14）。常温下稳定的 γ-C_2S 加热到 725℃ 转变为 α'-C_2S，α'-C_2S 则在 1420℃ 转变为高温稳定的 α-C_2S。但在冷却过程中，α'-C_2S 往往不转变为 γ-C_2S，而是过冷到 670℃ 左右转变为介稳态的 β-C_2S，β-C_2S 则在 525℃ 再转变为稳定态 γ-C_2S。β-C_2S 向 γ-C_2S 的晶形转变伴随 9% 的体积膨胀，可以造成水泥熟料的粉化。由于 β-C_2S 是一种热力学非平衡态，没有能稳定存在的温度区间，因而在相图上没有出现 β-C_2S 的相区。C_3S 和 β-C_2S 是硅酸盐水泥中含量最高的两种水硬性矿物，但当水泥熟料缓慢冷却时，C_3S 将会分解，β-C_2S 将转变为无水硬活性的 γ-C_2S。为了避免这种情况发生，生产上采取急冷措施，将 C_3S 和 β-C_2S 迅速越过分解温度或晶形转变温度，在低温下以介稳态保存下来。介稳态是一种高能量状态，有较强的反应能力，这或许就是 C_3S 和 β-C_2S 具有较高水硬活性的热力学性的原因。

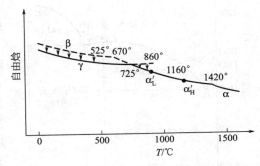

图 10-14 C_2S 的多晶转变

CaO-SiO_2 系统中的无量变点的性质如表 10-6 所示。

表 10-6 CaO-SiO_2 系统中的无量变点

无量变点	相平衡	平衡性质	组成/%		温度/℃
			CaO	SiO_2	
P	CaO $\rightleftharpoons$ L	熔化	100	0	2570
Q	SiO_2 $\rightleftharpoons$ L	熔化	0	100	1723
A	α-方石英+L_B $\rightleftharpoons$ L_A	分解	0.6	99.4	1705
B	α-方石英+L_B $\rightleftharpoons$ L_A	分解	28	72	1705
C	α-CS+α-鳞石英 $\rightleftharpoons$ L	低共熔	37	63	1436
D	α-CS $\rightleftharpoons$ L	熔化	48.2	51.8	1544

续表

无量变点	相平衡	平衡性质	组成/%		温度/℃
			CaO	SiO₂	
E	$\alpha\text{-}CS+C_3S_2 \rightleftharpoons L$	低共熔	54.5	45.5	1460
F	$C_3S_2 \rightleftharpoons \alpha\text{-}C_2S+L$	转熔	55.5	44.5	1464
G	$\alpha\text{-}C_2S \rightleftharpoons L$	熔化	65	35	2130
H	$\alpha\text{-}C_2S+C_3S \rightleftharpoons L$	低共熔	67.5	22.5	2050
M	$C_3S \rightleftharpoons CaO+L$	转熔	73.6	26.4	2150
N	$\alpha'\text{-}C_2S+CaO \rightleftharpoons C_3S$	固相反应	73.6	26.4	1250
O	$\beta\text{-}CS \rightleftharpoons \alpha\text{-}CS$	多晶转变	51.8	48.2	1125
R	$\alpha'\text{-}C_2S \rightleftharpoons \alpha\text{-}C_2S$	多晶转变	65	35	1450
T	$\gamma\text{-}C_2S \rightleftharpoons \alpha'\text{-}C_2S$	多晶转变	65	35	725

二、Al_2O_3-SiO_2 系统相图

图 10-15 是 Al_2O_3-SiO_2 系统相图。在该二元系统中，只生成一个一致熔融化合物 A_3S_2（$3Al_2O_3 \cdot 2SiO_2$，莫来石）。A_3S_2 中可以固溶少量 Al_2O_3，固溶体组成摩尔分数在 60%～63% 之间。莫来石是普通陶瓷及黏土质耐火材料的重要矿物。

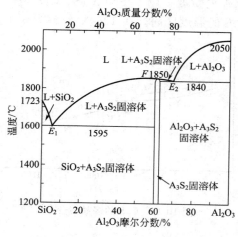

图 10-15　Al_2O_3-SiO_2 系统相图

黏土是硅酸盐工业的重要原料。黏土加热脱水后分解为 Al_2O_3 和 SiO_2，因此人们很早就对 Al_2O_3-SiO_2 系统相平衡产生了广泛的兴趣，先后发表了许多不同形式的相图。这些相图的主要分歧是莫来石的性质，最初认为是不一致熔融化合物，后来认为是一致熔融化合物，到 20 世纪 70 代又有人提出是不一致熔融化合物。这种情况在硅酸盐体系相平衡研究中是屡见不鲜的，因为硅酸盐物质熔点高，液相黏度大，高温物理化学过程速度缓慢，容易形成介稳态，这就给相图制作造成了实验上的很大困难。

以 A_3S_2 为界，可以将 Al_2O_3-SiO_2 系统划分成两个分二元系统。在 SiO_2-A_3S_2 这个分二元系统中，有一个低共熔点 E_1，加热时 SiO_2 和 A_3S_2 在低共熔温度 1595℃下生成含 Al_2O_3 质量分数 5.5% 的 E_1 点液相。与 CaO-SiO_2 系统中 SiO_2-CS 分二元的低共熔点 C 不同，E_1 点距 SiO_2 一侧很近。如果在 SiO_2 中加入质量分数 1% 的 Al_2O_3，根据杠杆规则，在 1595℃下就会产生 $1:5.5=18.2\%$ 的液相量，这样就会使硅砖的耐火度大大下降。此外，由于与 SiO_2 平衡的液相线从 SiO_2 熔点 1723℃向 E_1 点迅速下降，Al_2O_3 的加入必然造成硅砖耐火度的急剧下降。因此，对于硅砖来说，Al_2O_3 是非常有害的杂质，其他氧化物都没有像 Al_2O_3 这样大的影响。在硅砖的制造和使用过程中，要严防 Al_2O_3 混入。

系统中液相量随温度的变化取决于液相线的形状。本分二元系统中莫来石的液相线 E_1F 在 1595～1700℃ 的区间比较陡峭，而在 1700～1850℃ 区间则比较平坦。根据杠杆规则，这意味着一个处于 E_1F 组成范围内的配料加热到 1700℃ 前系统中的液相量随温度升高增加并不多，但在 1700℃ 以后，液相量将随温度升高而迅速增加。这是使用化学组成处于这一范围，以莫来石和石英为主要晶相的黏土质和高铝质耐火材料时，需要引起注意的。

在 $A_3S_2\text{-}Al_2O_3$ 分二元系统中，A_3S_2 熔点（1850℃）、Al_2O_3 熔点（2050℃）以及低共熔点（1840℃）都很高。因此，莫来石质及刚玉质耐火砖都是性能优良的耐火材料。

三、 MgO-SiO₂ 系统相图

图 10-16 是 MgO-SiO₂ 系统相图。本系统中有一个一致熔融化合物 $M_2S(Mg_2SiO_4$，镁橄榄石）和一个不一致熔融化合物 $MS(MgSiO_3$，顽火辉石）。M_2S 的熔点很高，达 1890℃。MS 则在 1557℃分解为 M_2S 和 D 组成的液相。表 10-7 列出了 MgO-SiO₂ 中的无量变点。

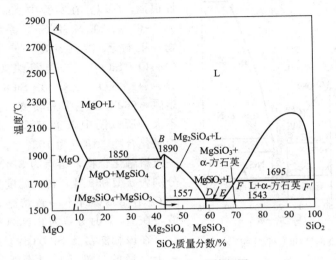

图 10-16   MgO-SiO₂ 系统相图

表 10-7   MgO-SiO₂ 中的无量变点

无量变点	相 平 衡	平衡性质	温度/℃	组成/%	
				MgO	SiO₂
A	液体 $\rightleftharpoons$ MgO	熔化	2800	100	0
B	液体 $\rightleftharpoons$ Mg₂SiO₄	熔化	1890	57.2	42.8
C	液体 $\rightleftharpoons$ MgO+Mg₂SiO₄	低共熔	1850	约57.7	约42.3
D	Mg₂SiO₄+液体 $\rightleftharpoons$ MgSiO₃	转熔	1557	约38.5	约61.5
E	液体 $\rightleftharpoons$ MgSiO₃+α-方石英	低共熔	1543	约35.5	约64.5
F	液体 F′ $\rightleftharpoons$ 液体 F+α-方石英	分解	1659	约30	约70
F'	液体 F′ $\rightleftharpoons$ 液体 F+α-方石英	分解	1659	约0.8	约99.2

在 MgO-Mg₂SiO₄ 这个分二元系统中，有一个溶有少量 SiO₂ 的 MgO 有限固溶体单相区以及此固溶体与 Mg₂SiO₄ 形成的低共熔点 C，低共熔温度是 1850℃。

在 Mg₂SiO₄-SiO₂ 分二元系统中，有一个低共熔点 E 和一个转熔点 D，在富硅的液相部分出现液相分层。这种在富硅液相发生分液的现象，不但在 MgO-SiO₂、CaO-SiO₂ 系统，而且在其他碱金属和碱土金属氧化物与 SiO₂ 形成的二元系统中也是普遍存在的。MS 在低温下的稳定晶形是顽火辉石，1260℃转变为高温稳定的原顽火辉石。但在冷却时，原顽火辉石不易转变为顽火辉石，而以介稳态保持下来或在 700℃以下转变为另一介稳态斜顽火辉石，伴随 2.6% 的体积收缩。原顽火辉石是滑石瓷中的主要晶相，如果制品中发生向斜顽火辉石的晶形转变，将会导致制品气孔率增加，机械强度下降，因而在生产上要采取稳定措施予以防止。

可以看出，在 MgO-Mg₂SiO₄ 这个分系统中的液相线温度很高（在低共熔温度 1850℃

以上），而在 Mg_2SiO_4-SiO_2 分系统中液相线温度要低得多，因此，镁质耐火材料配料中 MgO 含量应大于 Mg_2SiO_4 中的 MgO 含量，否则配料点落入 Mg_2SiO_4-SiO_2 分系统，开始出现液相温度及全熔温度急剧下降，造成耐火度大大下降。

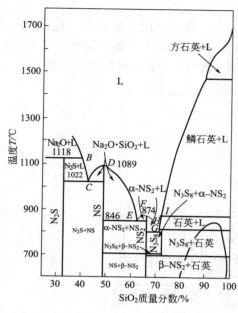

图 10-17　Na_2O-SiO_2 系统相

四、Na_2O-SiO_2 系统

Na_2O-SiO_2 系统相图如图 10-17 所示。由于在碱含量高时熔融碱的挥发，以及熔融物的腐蚀性很强，所以，在实验中 Na_2O 的摩尔分数只取 $0\%\sim67\%$。在 Na_2O-SiO_2 系统中存在四种化合物：正硅酸钠（$2Na_2O \cdot SiO_2$）、偏硅酸钠（$Na_2O \cdot SiO_2$）、二硅酸钠（$Na_2O \cdot 2SiO_2$）和 $3Na_2O \cdot 8SiO_2$。$2Na_2O \cdot SiO_2$ 在 1118℃时不一致熔融，960℃发生多晶转变，因为在实用上关系不大，所以图中未予表示。$Na_2O \cdot SiO_2$ 为一致熔融化合物，熔点为 1089℃。$Na_2O \cdot 2SiO_2$ 也为一致熔融化合物，熔点为 874℃，它有两种变体，分别为 α 型和 β 型，转化温度为 710℃。$3Na_2O \cdot 8SiO_2$ 在 808℃时不一致熔融，分解为石英和熔液，在 700℃ 时分解为 β-$Na_2O \cdot 2SiO_2$ 和石英。

在该相图富含 SiO_2（$80\%\sim90\%$）的地方有一个介稳的二液区，以虚线表示。组成在这个范围的透明玻璃重新加热到 $580\sim750℃$时，玻璃就会分相，变得乳浊。

这个系统的熔融物，经过冷却、粉碎倒入水中，加热搅拌，就得水玻璃。水玻璃的组分常有变动，通常是三个 SiO_2 分子与一个 Na_2O 分子结合在一起。

Na_2O-SiO_2 系统相图中各无量变点的性质如表 10-8 所示。

表 10-8　Na_2O-SiO_2 系统相图中各无量变点的性质

无量变点	相 平 衡	平衡性质	温度/℃	组成/% Na₂O	组成/% SiO₂
B	Na_2O＋液体 $\rightleftharpoons 2Na_2O \cdot SiO_2$	转熔	1118	58	42
C	液体 $\rightleftharpoons 2Na_2O \cdot SiO_2 + Na_2O \cdot SiO_2$	低共熔点	1022	56	44
D	液体 $\rightleftharpoons Na_2O \cdot SiO_2$	熔化	1089	50.8	49.2
E	液体 $\rightleftharpoons Na_2O \cdot SiO_2 + \alpha$-$Na_2O \cdot 2SiO_2$	低共熔点	846	37.9	62.1
F	液体 $\rightleftharpoons \alpha$-$Na_2O \cdot SiO_2$	熔化	874	34.0	66.0
G	液体 $\rightleftharpoons \alpha$-$Na_2O \cdot SiO_2 + 3Na_2O \cdot 8SiO_2$	低共熔点	799	约 28.6	约 71.4
H	SiO_2＋液体 $\rightleftharpoons 3Na_2O \cdot 8SiO_2$	转熔	808	28.1	71.9
I	α-鳞石英 $\rightleftharpoons \alpha$-石英（液体参与）	多晶转变	870	27.2	72.8
J	α-方石英 $\rightleftharpoons \alpha$-鳞石英（液体参与）	多晶转变	1470	约 11	约 89

第七节　三元系统相律及组成表示

一、三元系统相律

对于三元凝聚系统，相律的表达式：

$$F=C-P+1=4-P$$

当 $F=0$，$P=4$，即三元凝聚系统中可能存在的平衡共存的相数最多为四个。当 $P=1$，$F=3$，即系统的最大自由度数为 3。这三个自由度指温度和三个组分中任意两个的浓度。由于描述三元系统的状态需要三个独立变量，其完整的状态图应是一个三坐标的立体图，但这样的立体图不便于应用，我们实际使用的是它的平面投影图。

二、三元系统组成表示方法

三元系统的组成与二元系统一样，可以用质量分数，也可以用摩尔分数。由于增加了一个组分，其组成已不能用直线表示。通常是使用一个每条边被均分为一百等份的等边三角形（浓度三角形）来表示三元系统的组成。图 10-18 是一个浓度三角形。浓度三角形的三个顶点表示三个纯组分 A、B、C 的一元系统；三条边表示三个二元系统 A-B、B-C、C-A 的组成，其组成表示方法与二元系统相同；而在三角形内的任意一点都表示一个含有 A、B、C 三个组分的三元系统的组成。

设一个三元系统的组成在 M（图 10-18）点，其组成可以用下面的方法求得。过 M 点作 BC 边的平行线，在 AB、AC 边上得到截距 $a=$ A% $=50\%$；过 M 点作 AC 边的平行线在 BC、AB 边上得到截距 $b=$ B% $=30\%$；过 M 点作 AB 边的平行线，在 AC、BC 边上得到截距 $c=$ C% $=20\%$；根据等边三角形的几何性质，不难证明：

$$a+b+c=BD+AE+ED=AB=BC=CA=100\%。$$

事实上，M 点的组成可以用双线法，即过 M 点引三角形两条边的平行线，根据它们在第三条边上的交点来确定，如图 10-19 所示。反之，若一个三元系统的组成已知，也可用双线法确定其组成点在浓度三角形内的位置。

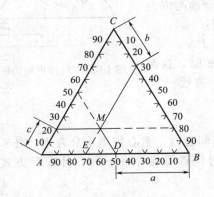

图 10-18　浓度三角形

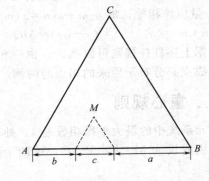

图 10-19　双线法确定三元组成

根据浓度三角形的这种表示组成的方法，不难看出一个三元组成点愈靠近某一角顶，该角顶所代表的组分含量必定愈高。

第八节　三元系统相图规则

一、等含量规则和定比例规则

在浓度三角形内，等含量规则和定比例规则对我们分析实际问题是十分有用的。

（1）等含量规则　平行于浓度三角形某一边的直线上的各点，其第三组分的含量不变

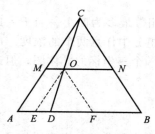

图 10-20　定比例规则的证明

（等浓度线）。图 10-20 中 $MN /\!/ AB$，则 MN 线上任一点的 C 含量相等，变化的只是 A、B 的含量。

（2）定比例规则　从浓度三角形某角顶引出射线上各点，另外二个组分含量的比例不变。图 10-20 中 CD 线上各点 A、B、C 三组分的含量皆不同，但 A 与 B 含量的比值是不变的，都等于 $BD : AD$。

此规则不难证明。在 CD 线上任取一点 O，用双线法确定 A 含量为 BF，B 含量为 AE，则 $BF : AE = NO : MO = BD : AD$。

上述两规则对不等边浓度三角形也是适用的。不等边浓度三角形表示三元组成的方法与等边三角形相同，唯各边须按本身边长均分为一百等份。

二、杠杆规则

这是讨论三元相图十分重要的一条规则，它包括两层含义：①在三元系统内，由两个相（或混合物）合成一个新相（或新的混合物）时，新相的组成点必在原来两相组成点的连线上；②新相组成点与原来两相组成点的距离和两相的量成反比。

设 $m\text{kg}M$ 组成的相与 $n\text{kg}N$ 组成的相合成为一个 $(m+n)$ kg 的新相 P（图 10-21）。按杠杆规则，新相的组成点 P 必在 MN 连线上，并且 $MP : PN = n : m$。

上述关系可以证明如下：过 M 点作 AB 边平行线 MR，过 M、P、N 点作 BC 边平行线，在 AB 边上所得截距 a_1、x、a_2 分别表示 M、P、N 各相中 A 的百分含量。两相混合前与混合后的 A 量应该相等，即 $a_1 m + a_2 n = x(m+n)$，因而：

$$n : m = (a_1 - x) : (x - a_2) = MQ : QR = MP : PN$$

根据上述杠杆规则可以推论，由一相分解为二相时，这两相的组成点必分布于原来的相点的两侧，且三点成一直线。

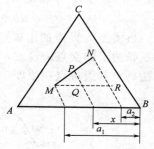

图 10-21　杠杆规则的证明

三、重心规则

三元系统中的最大平衡相数是 4。处理四相平衡问题时，重心规则十分有用。处于平衡的四相组成设为 M、N、P、Q，这四个相点的相对位置可能存在下列三种配置方式（图 10-22）。

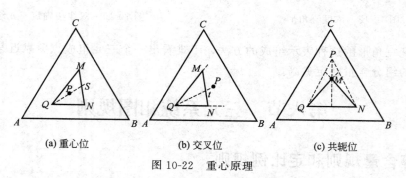

(a) 重心位　　　　　(b) 交叉位　　　　　(c) 共轭位

图 10-22　重心原理

（1）P 点处在 $\triangle MNQ$ 内部 ［图 10-22(a)］。根据杠杆规则，M 与 N 可以合成 S 相，而 S 相与 Q 相可以合成 P 相，即 M＋N＝S，S＋Q＝P，因而：

$$M+N+Q=P$$

表明 P 相可以通过 M、N、Q 三相而合成，反之，从 P 相可以分解出 M、N、Q 三相。P 点所处的这种位置，叫做重心位。

（2）P 点处于 △MNQ 某条边（如 MN）的外侧，且在另两条边（QM、QN）的延长线范围内〔图 10-22（b）〕。根据杠杆规则，P+Q=t，M+N=t，因而：

$$P+Q=M+N$$

即从 P 和 Q 两相可以合成 M 和 N 相，反之，从 M、N 相可以合成 P、Q 相。P 点所处的这种位置，叫做交叉位。

（3）P 点处于 △MNQ 某一角顶（如 M）的外侧，且在形成此角顶的两条边（QM、NM）的延长线范围内〔图 10-22（c）〕。此时，运用两次杠杆规则可以得到：

$$P+Q+N=M$$

即从 P、Q、N 三相可以合成 M 相，按一定比例同时消耗 P、Q、N 三相可以得到 M 相。P 点所处的这种位置，叫做共轭位。

第九节　三元相图类型

一、具有一个低共熔点的三元立体相图及平面投影图

图 10-23（a）是这一系统的立体状态图。它是一个以浓度三角形为底，以垂直于浓度三角形平面的纵坐标表示温度的三方棱柱体。三条棱边 AA'、BB'、CC' 分别表示 A、B、C 三个一元系统，A'、B'、C' 是三个组分的熔点，即一元系统中的无量变点；三个侧面分别表示三个简单二元系统 A-B、B-C、C-A 的状态图，E_1、E_2、E_3 为相应的二元低共熔点。

二元系统中的液相线在三元立体相图中发展为液相面，如 $A'E_1E'E_3$ 液相面即是一个饱和曲面，任何富 A 的三元高温熔体冷却到该液相面上的温度，即开始析出 A 晶体。所以液相面代表了两相平衡状态。$B'E_2E'E_1$、$C'E_3E'E_2$ 分别是 B、C 二组分的液相面。在三个液相面的上部空间则是熔体的单相区。

三个液相面彼此相交得到三条空间曲线 E_1E'、E_2E' 及 E_3E'，称为界线。在界线上的液相同时饱和着两种晶相，如 E_1E' 上任一点的液相对 A 和 B 同时饱和，冷却时同时析出 A 晶体和 B 晶体，因此界线代表了系统的三相平衡状态，$F=4-P=1$。三个液相面、三条界线相交于 E' 点，E' 点的液相同时对三个组分饱和，冷却时将同时析出 A 晶体、B 晶体和 C 晶体。因此，E' 点是系统的三元低共熔点。在 E' 点系统处于四相平衡状态，自由度 $F=0$，因而是一个三元无量变点。

为了便于实际应用，将立体图向浓度三角形底面投影成平面图〔图 10-23（b）〕。在平面投影图上，立体图上的空间曲面（液相面）投影为初晶区Ⓐ、Ⓑ、Ⓒ，空间界线投影为平面界线 e_1E、e_2E、e_3E。e_1、e_2、e_3 分别是三个二元低共熔点 E_1、E_2、E_3 在平面上的投影，E 是三元低共熔点 E' 的投影。在平面投影图上表示温度，有如下几种表示办法。

① 采取等温线表示，如图 10-23（b）所示。在立体图上每隔一定温度间隔做平行于浓度三角形底面的等温截面，这些等温截面与液相面相交即得到许多等温线，然后将其投影到底面并在投影线上标上相应的温度值。很明显，液相面越陡，投影平面图上的等温线愈密集。因此，投影图上等温线的疏密可以反映出液相面的倾斜程度。由于等温线使相图图面变得复

杂，有些三元相图上是不画的。

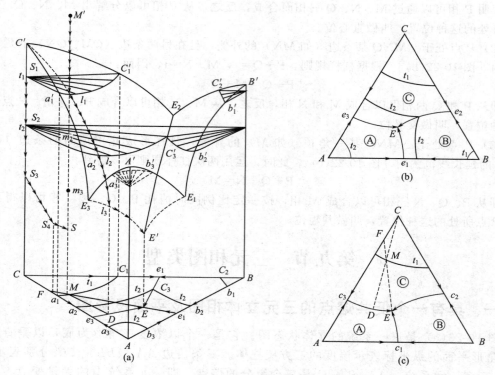

图 10-23　具有一个低共熔点的简单三元系统相图

② 在界线上（包括三角形的边上）用箭头表示二元液相线和三元界线的温度下降方向。如图 10-23(b) 所示。

③ 对于一些特殊点，如各组分及化合物的熔点，二元、三元无量变点的温度也往往直接在图上无量变点附近注明（如专业相图 10-28 CaO-Al_2O_3-SiO_2 系统相图）。

④ 对于无量变点，其温度也常列表表示（如专业相图 10-33 MgO-Al_2O_3-SiO_2 系统相图）。

⑤ 也可根据分析析晶路程来判断点、线、面上温度的相对高低，对于界线的温度下降方向则往往需要运用后面将要学习的连线规则独立加以判断。

简单三元系统的析晶路程分析用图 10-23(a)、(c) 来讨论。将组成为 M 的高温熔体 M' 冷却，当其沿 $M'M$ 线向下移动到达 C 的液相面上的 l_1 点（l_1 点温度为 t_1，其位于 $a_1'C_1'$ 等温线上），液相开始析出 C 的第一粒晶体，因为固相中只有 C 晶体，固相点的位置处于 CC' 上的 S_1 点。液相点随后将随着温度下降沿着此液相面变化，但液相面上的温度下降方向有许多路线，根据定比例规则（或杠杆规则），当从液相只析出 C 晶体时，留在液相中的 A、B 两组分含量的比例不会改变，所以液相组成必沿着平面投影图上 [图 10-23(c)]CM 连线延长线的方向变化（或根据杠杆规则，析出的晶相 C、系统总组成与液相组成必在一条直线上）。在空间图上，就是沿着 l_1l_3 变化。当系统冷却到 t_2 温度时，系统点到达 m_2，液相点到达 l_2，固相点则到达 S_2。根据杠杆规则，系统中的固相量随温度下降不断增加（虽然组成未变，仍为纯 C）。当冷却过程中系统点到达 m_3 时，液相点到达 E_3E' 界线上的 l_3 点（投影图上的 D 点），由于此界线是组分 A 和 C 的液相面的交线，因此从 l_3 液相中将同时析出 C 和 A 晶体，而液相组成必沿着 E_3E' 界线，向三元低共熔点 E' 的方向变化（在投影图上沿

平面界线 e_3E 向温度下降的 E 点变化）。在此析晶过程中，固相除了 C 晶相外，还增加了 A 晶体，因而固相点将离开 S_3 向 S_4 点移动（在投影图上离开 C 点向 F 点移动）。当系统冷却到低共熔温度 T_E 时，系统点到达 S 点，液相点到达 E' 点，固相点到达 S_4 点（投影图上的 F 点）。按杠杆规则，这三点必在同一条等温的直线上。此时，从液相中开始同时析出 C、A、B 三种晶体，系统进入四相平衡状态，$F=0$。在这个等温析晶过程中，固相中除了 C、A 晶体又增加了 B 晶体，固相点必离开 S_4 点向三棱柱内部运动，按照杠杆规则，固相点必定沿着 $E'SS_4$ 直线向 S 点推进（投影图上离开 F 点沿 FE 线向三角形内的 M 点运动）。当固相点回到系统点 S（投影图上固相点回到原始配料组成点 M），意味着最后一滴液相在 E' 结束结晶。此时系统重新获得一个自由度，系统温度又可继续下降。最后获得的结晶产物为晶相 A、B、C。

上面讨论 M 熔体的结晶路程用文字表达冗繁，我们常用平面投影图上固相、液相点位置的变化简明地加以表述。M 熔体的结晶路程可以表示为 [图 10-23(c)]：

$$M(熔体) \xrightarrow[P=2, F=2]{L \rightarrow C} D[C, C+(A)] \xrightarrow[P=3, F=1]{L \rightarrow A+C} E(到达)[F, A+C(B)] \xrightarrow[P=4, F=0]{L \rightarrow A+B+C}$$
$$E(消失)[M, A+B+C]$$

上述结晶路程分析中各项的含义与二元系统相同，在此不重复说明。按照杠杆规则，液相点、固相点、总组成点这三点在任何时刻必须处于一条直线上。这就使我们能够在析晶的不同阶段，根据液相点或固相点的位置反推另一相组成点的位置，也可以利用杠杆规则计算某一温度下系统中的液相量和固相量。如液相到达 D 点时 [图 10-23(c)]：

$$固相量 : 液相量 = MD : CM$$
$$液相量 : 液固总量（配料量）= CM : CD$$
$$固相量 : 液固总量（配料量）= MD : CD$$

二、三元凝聚系统相图基本类型

三元凝聚系统相图基本类型如图 10-24(a)～(k) 所示，现分别讨论如下。

1. 生成一个一致熔融二元化合物的三元系统相图

由某两个组分间生成的二元化合物，其组成点必处于浓度三角形的某一条边上。设在 A、B 两组分间生成一个一致熔融化合物 S[图 10-24(a)]，其熔点为 S'，S 与 A 的低共熔点为 e'_1，S 与 B 的低共熔点为 e'_2，图 10-24(a) 下部用虚线表示的就是 A-B 二元相图。在 A-B 二元相图上的 $e'_1S'e'_2$ 是化合物 S 的液相线，这条液相线在三元相图上必然会发展出一个 S 的液相面，即Ⓢ初晶区。这个液相面与 A、B、C 的液相面在空间相交，共得五条界线、两个三元低共熔点 E_1 和 E_2。在平面图上 E_1 位于Ⓐ、Ⓢ、Ⓒ三个初晶区的交汇点，与 E_1 点液相平衡的晶相是 A、S、C。E_2 位于Ⓐ、Ⓢ、Ⓒ三个初晶区的交汇点，与 E_2 点液相平衡的是 S、B、C 晶相。

一致熔融化合物 S 的组成点位于其初晶区Ⓢ内，这是所有一致熔融二元或一致熔融三元化合物在相图上的特点。由于 S 是一个稳定化合物，它可以与组分 C 形成新的二元系统，从而将 A-B-C 三元系统划分为两个三元分系统 ASC 和 BSC。这两个三元分系统的相图形式与简单三元系统完全相同。显然，如果原始配料点落在△ASC 内，液相必在 E_1 点结束析晶，析晶产物为 A、S、C 晶体；如落在△SBC 内，则液相在 E_2 点结束析晶，析晶产物为 S、B、C 晶体。

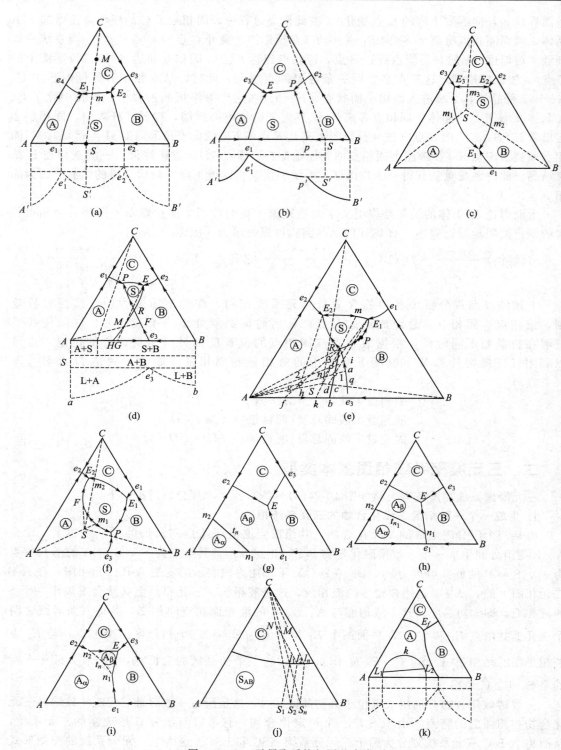

图 10-24 三元凝聚系统相图基本类型

（a）生成一个一致熔融二元化合物的三元相图；（b）具有一个不一致熔融二元化合物的三元相图；（c）具有一个一致熔融的三元化合物的三元相图；（d）生成一个固相分解的二元化合物的三元相图；（e）有双降点的生成不一致熔融三元化合物的三元相图；（f）有双升点的生成不一致熔融三元化合物的三元相图；（g）、（h）、（i）具有多晶转变的三元相图；（j）形成一个二元连续固溶体的三元相图；（k）具有液相分层的三元相图

如同 e_4 是 A-C 二元低共熔点一样，连线 CS 上的 m 点必定是 C-S 二元系统中的低共熔点。而在分三元 A-S-C 的界线 mE_1 上，m 必定是整条 E_1E_2 界线上的温度最高点。同时 m 点又是 SC 连线（S-C 二元系统）上的温度最低点。因此，m 点通常叫"马鞍点"或叫"范雷恩点"（图 10-25）。

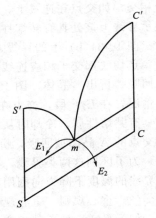

图 10-25　马鞍点

2. 生成一个不一致熔融二元化合物的三元系统相图

图 10-24(b) 是生成一个不一致熔融二元化合物的三元系统相图。A、B 组分间生成一个不一致熔融化合物 S。在 A-B 二元相图中，$e_1'p'$ 是与 S 的平衡液相线，而化合物 S 的组成点不在 $e_1'p'$ 的组成范围内。液相线 $e_1'p'$ 在三元相图中发展为液相面，即 Ⓢ 初晶区。显然，在三元相图中不一致熔融二元化合物 S 的组成点仍然不在其初晶区范围内。这是所有不一致熔二元或三元化合物在相图上的特点。

由于 S 是一个高温分解的不稳定化合物，在 A-B 二元系统中，它不能和组分 A、组分 B 形成分二元系统。在 A-B-C 三元系统中，连线 CS 与图 10-24(a) 中的连线 CS 不同，它不代表一个真正的二元系统，它不能把 A-B-C 三元系统划分成两个分三元系统。相图中各相区、界线及无量变点的含义如表 10-9 所示。

表 10-9　图 10-24(b) 中各点、线、面的含义

点、线、面	性　质	相平衡	点、线、面	性　质	相平衡
e_1E	共熔线，$P=3$，$F=1$	$L \rightleftharpoons A+S$	Ⓑ	B 的初晶区，$P=2$，$F=2$	$L \rightleftharpoons B$
pP	转熔线，$P=3$，$F=1$	$L+B \rightleftharpoons S$	Ⓒ	C 的初晶区，$P=2$，$F=2$	$L \rightleftharpoons C$
e_2P	共熔线，$P=3$，$F=1$	$L \rightleftharpoons C+B$	Ⓢ	S 的初晶区，$P=2$，$F=2$	$L \rightleftharpoons S$
e_3E	共熔线，$P=3$，$F=1$	$L \rightleftharpoons A+C$	E	低共熔点，$P=4$，$F=0$	$L_E \rightleftharpoons A+C+S$
Ⓐ	A 的初晶区，$P=2$，$F=2$	$L \rightleftharpoons A$	P	转熔点，$P=4$，$F=0$	$L_P+B \rightleftharpoons S+C$

一个复杂的三元相图上往往有许多界线和无量变点，只有首先判明这些界线和无量变点的性质，才有可能讨论系统中任一配料在加热和冷却过程中发生的相变化。所以，在分析三元相图析晶路程以前，我们首先学习几条十分重要的规则。

(1) 连线规则　连线规则是用来判断界线温度变化方向的。

将一界线（或延长线）与相应的连线（或延长线）相交，其交点是该界线上的温度最高点。连线与界线相交有三种情况，如图10-26所示。SC 为连线，E_1E_2 为相应界线。

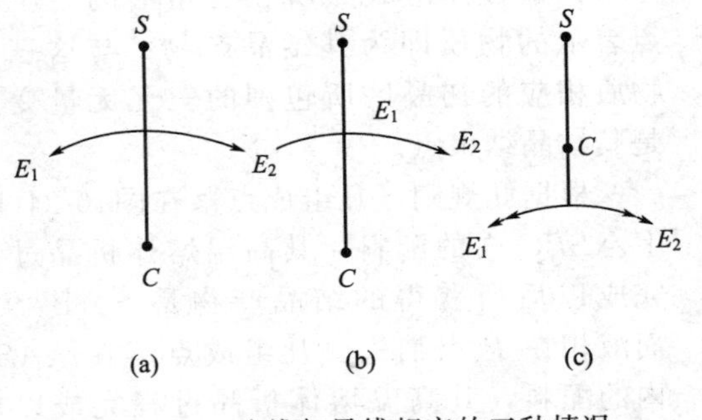

所谓相应的连线指与界线上液相平衡的两晶相组成点的连接直线。如图 10-24(b) 中界线 e_2P 界线与其组成点连线 BC，交于 e_2 点，则 e_2 点是界线上的温度最高点，表示温度下降方向的箭头应指向 P 点。界线 EP 与其相应连线 CS 不直接相交，此时需延长界线使其相交，交点在 P 点右侧，因此，温降箭头应从 P 点指向 E 点。

(2) 切线规则　切线规则用于判断三元相图上界线的性质。

将界线上某一点所做的切线与相应的连

图 10-26　连线与界线相交的三种情况

(a) 连线与界线 E_1E_2 相交，交点是界线 E_1E_2 上的温度最高点；(b) 连线与界线 E_1E_2 延长线相交，交点是界线 E_1E_2 上的温度最高点；(c) 连线的延长线与界线 E_1E_2 相交，交点是界线 E_1E_2 上的温度最高点

线相交，如交点在连线上，则表示界线上该处具有共熔性质；如交点在连线的延长线上，则表示界线上该处具有转熔性质，远离交点的晶相被回吸。

图 10-24(b) 上的界线 e_1E 上任一点切线都交于相应连线 AS 上，所以是共熔线。pP 上任一点切线都交于相应连线 BS 的延长线上，所以是一条转熔线，冷却时远离交点的 B 晶体被回吸，析出 S 晶体。图 10-24(f) 上的界线 E_2P 上任一点切线与相应的连线 AS 相交有两种情况，在 E_2F 段，交点在连线上；而在 FP 段，交点在 AS 的延长线上。因此，E_2F 段界线具有共熔性质，冷却时从液相中同时析出 A、S 晶体；而 FP 段具有转熔性质，冷却时远离交点的 A 晶体被回吸，析出 S 晶体。F 点是界线上的一个转折点。

为了区别这两类界线，在三元相图上共熔界线的温度下降方向规定用单箭头表示，而转熔界线的温度下降方向则用双箭头表示。

（3）重心规则 重心规则用于判断无量变点的性质。

如无量变点处于其相应副三角形的重心位，则该无量变点为低共熔点；如无量变点处于其相应副三角形的交叉位，则该无量变点为单转熔点；如无量变点处于其相应副三角形的共轭位，则该无量变点为双转熔点。

所谓相应副三角形指与该无量变点液相平衡的三个晶相组成点连成的三角形。图 10-24(f) 无量变点 E_1 处于相应副三角形△SBC 的重心位，因而是低共熔点。无量变点 P 处于其相应副三角形△ABS 的交叉位，因此 P 点是一个单转熔点，回吸的晶相是远离 P 点的角顶 A，析出的晶相是 S 和 B。在 P 点发生下列相变化：$L_P+A \rightarrow S+B$。图 10-24(e) 中无量变点 R 处于相应的副三角形△ABS 的共轭位，因而 R 是一个双转熔点。根据重心原理，被回吸的两种晶相是 A 和 B，析出的则是晶相 S。在 R 点发生下列相变化：$L_R+A+B \rightarrow S$。

判断无量变点性质，除了上述重心规则，还可以根据界线的温降方向。凡属低共熔点，则三条界线的温降箭头一定都指向它；凡属单转熔点，两条界线的温降箭头指向它，另一条界线的温降箭头则背向它。被回吸的晶相是温降箭头指向它的两条界线所包围的初晶区的晶相［如图 10-24(b) 中的 P 点，回吸的是晶相 B］。因为从该无量变点出发有两个温度升高的方向，所以单转熔点又称"双升点"。凡属双转熔点，只有一条界线的温降箭头指向它，另两条界线的温降箭头则背向它，所析出的晶体是温降箭头背向它的两条界线所包围的初晶区的晶相［如图 10-24(e) 中的 R 点，回吸的是 A、B 晶体，析出的是 S 晶体］。因为从该无量变点出发，有两个温度下降的方向，所以双转熔点又称"双降点"。

（4）三角形规则 三角形规则用于确定结晶产物和结晶终点。

原始熔体组成点所在三角形的三个顶点表示的物质即为其结晶产物；与这三个物质相应的初晶区所包围的三元无量变点是其结晶结束点。

根据此规则，凡组成点落在图10-24(b) 上△SBC 内的配料，其高温熔体析晶过程完成以后所获得的结晶产物是 S、B、C，而液相在 P 点消失。凡组成点落在△ASC 内的配料，其高温熔体析晶过程完成以后所获得的析晶产物为 A、S、C，液相则在 E 点消失。运用这一规律，我们可以验证对结晶路程的分析是否正确。

图 10-27 是图 10-24(b) 中富 B 部分的

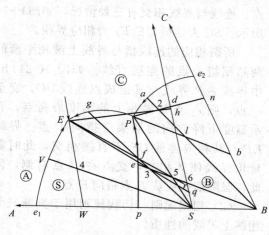

图 10-27　析晶路程分析

放大图。图上共列出六个配料点，其析晶路程具有代表性。我们分别讨论其冷却析晶过程。

熔体 1 的析晶路程：

$$熔体 1 \xrightarrow[P=1,F=3]{L} 1[B,(B)] \xrightarrow[P=2,F=2]{L \to B} a[B,B+(C)] \xrightarrow[P=3,F=1]{L \to B+C} P(到达)$$

$$[b,B+C+(S)] \xrightarrow[P=4,F=0]{L+B \to S+C} P(消失)[1,S+B+C]$$

熔体 2 的析晶路程：

$$熔体 2 \xrightarrow[P=1,F=3]{L} 2[B,(B)] \xrightarrow[P=2,F=2]{L \to B} a[B,B+(C)] \xrightarrow[P=3,F=1]{L \to B+C} P(到达)$$

$$[n,B+C+(S)] \xrightarrow[P=4,F=0]{L+B \to S+C} P(离开)[d,S+C(B 消失)] \xrightarrow[P=3,F=1]{L \to S+C} E(到达)$$

$$[h,S+C+(A)] \xrightarrow[P=4,F=0]{L \to A+S+C} E(消失)[2,A+S+C]$$

熔体 3 的析晶路程：

$$熔体 3 \xrightarrow[P=1,F=3]{L} 3[B,(B)] \xrightarrow[P=2,F=2]{L \to B} e[B,B+(S)] \xrightarrow[P=3,F=1]{L+B \to S} f[S,B+(B 消失)]$$

$$\xrightarrow[P=2,F=2]{L \to S,(穿相区)} g[S,S+(C)] \xrightarrow[P=3,F=1]{L \to S+C} E(到达)[q,S+C+(A)] \xrightarrow[P=4,F=0]{L \to A+S+C}$$

$$E(消失)[3,A+S+C]$$

熔体 4 的析晶路程：

$$熔体 4 \xrightarrow[P=1,F=3]{L} 4[S,(S)] \xrightarrow[P=2,F=2]{L \to S} V[S,S+(A)] \xrightarrow[P=3,F=1]{L \to A+S} E(到达)$$

$$[W,A+S+(C)] \xrightarrow[P=4,F=0]{L \to A+S+C} E(消失)[4,A+S+C]$$

熔体 5 的析晶路程：

$$熔体 5 \xrightarrow[P=1,F=3]{L} 5[B,(B)] \xrightarrow[P=2,F=2]{L \to B} e[B,B+(S)] \xrightarrow[P=3,F=1]{L+B \to S} p(不停留)[S,S+(C)]$$

$$\xrightarrow[P=3,F=1]{L \to S+C} E(到达)[r,S+C+(A)] \xrightarrow[P=4,F=0]{L \to A+S+C} E(消失)[5,A+S+C]$$

熔体 6 的组成刚好在 SC 连线上，最终的析晶产物为晶体 S 和晶体 C，在 P 点析晶结束，其析晶路程请读者自己分析。

从以上析晶路程分析，可得到许多规律性的东西，现总结于表 10-10 中。

表 10-10 不同组成熔体的析晶规律

组 成	无量变点的反应	析晶终点	析晶终相
组成在 △ASC 内	$L_E \rightleftharpoons A+S+C$，B 先消失	E	A+S+C
组成在 △BSC 内	$L_P+B \rightleftharpoons S+C$，$L_P$ 先消失	P	B+S+C
组成在 SC 连线上	$L_P+B \rightleftharpoons S+C$，B 和 L_P 同时消失	P	S+C
组成在 pPS 扇形区	$L_E \rightleftharpoons A+S+C$，穿相区，不经过 P 点	E	A+S+C
组成在 PS 连线上	$L_E \rightleftharpoons A+S+C$，在 P 点不停留	E	A+S+C

上面讨论的都是平衡析晶过程，平衡加热过程应是上述平衡析晶过程的逆过程。从高温平衡冷却和从低温平衡加热到同一温度，系统所处的状态应是完全一样的。在分析了平衡析晶以后，我们再以配料 4 为例说明平衡加热过程。配料 4 处于 △ASC 内，其高温熔体平衡析晶终点是 E 点，因而配料中开始出现液相的温度应是 T_E，此时，$A+S+C \rightleftharpoons L_E$（注意：原始配料用的是 A、B、C 三组分，但按热力学平衡状态的要求，在低温下 A、B 已通过固相反应生成化合物 S、B 已耗尽。由于固相反应速率很慢，实际过程往往并非如此。这里讨

论的前提是平衡加热），即在 T_E 温度下 A、S、C 晶体不断低共熔生成 E 组成的熔体。由于四相平衡，液相点保持在 E 点不变，固相点则沿 E4 连线延长线方向变化，当固相点到达 AB 边上的 W 点，表明固相中的 C 晶体已熔完，系统温度可以继续上升。由于系统中此时残留的晶相是 A 和 S，因而液相点不可能沿其他界线变化，只能沿与 A、S 晶相平衡的 e_1E 界线向温升方向的 e_1 点运动。e_1E 是一条共熔界线，升温时发生共熔过程 A+S $\rightleftharpoons$ L，A 和 S 晶体继续熔入熔体。当液相点到达 V 点，固相组成从 W 点沿 AS 线变化到 S 点，表明固相中的 A 晶体已全部熔完，系统进入液相与 S 晶体的两相平衡状态。液相点随后将随温度升高，沿 S 点的液相面从 V 点向 4 点接近。温度升到液相面上的 4 点温度，液相点与系统点（原始配料点）重合，最后一粒 S 晶体熔完，系统进入高温熔体的单相平衡状态。不难看出，此平衡加热过程是配料 4 熔体的平衡冷却析晶过程的逆过程。

3. 生成一个固相分解的二元化合物的三元系统相图

图 10-24（d）中，A、B 二组分间生成一个固相分解的化合物 S，其分解温度低于 A、B 二组分的低共熔温度，因而不可能从 A、B 二元的液相线 ae_3' 及 be_3' 直接析出 S 晶体。但从二元发展到三元时，液相面温度是下降的，如果降到化合物 S 的分解温度 T_R 以下，则有可能从液相中直接析出 S。图中Ⓢ即为二元化合物 S 在三元中的初晶区。

该相图的一个异常特点是系统具有三个无量变点 P、E、R，但只能划出与 P、E 点相应的副三角形。与 R 点液相平衡的三晶相 A、S、B 组成点处于同一直线，不能形成一个相应的副三角形。根据三角形规则，在此系统内任一三元配料只可能在 P 点或 E 点结束结晶，而不能在 R 点结束结晶。根据三条界线温降方向判断，R 点是一个双转熔点，在 R 点发生下列转熔过程：L_R+A+B $\rightleftharpoons$ S。如果分析 M 点结晶路程，可以发现，在 R 点进行上述转熔过程时，实际上液相量并未减少，所发生的变化仅仅是 A 和 B 生成化合物 S（液相起介质作用），R 点因此当然不可能成为析晶终点。像 R 这样的无量变点常被称为过渡点。

图 10-24（d）中 M 熔体在冷却过程中的析晶路程如下。

$$M（熔体）\xrightarrow[P=1,F=3]{L} M[A,(A)] \xrightarrow[P=2,F=2]{L\rightarrow A} F[A,A+(B)] \xrightarrow[P=3,F=1]{L\rightarrow A+B} R（到达）$$

$$[H,A+B+(S)] \xrightarrow[P=4,F=0]{L+A+B\rightarrow S} R（离开）[H,S+B+(A 消失)] \xrightarrow[P=3,F=1]{L\rightarrow S+B} E（到达）$$

$$[G,S+B+(C)] \xrightarrow[P=4,F=0]{L\rightarrow S+B+C} E（消失）[M,S+B+C]$$

4. 具有一个一致熔融三元化合物的三元系统相图

图 10-24（c）中的三元化合物 S 的组成点处于其初晶区Ⓢ内，因而是一个一致熔融化合物。由于生成的化合物是一个稳定化合物，连线 SA、SB、SC 都代表一个独立的二元系统，m_1、m_2、m_3 分别是其二元低共熔点。整个系统被三根连线划分成三个简单三元 A-B-S、B-S-C 及 A-S-C，E_1、E_2、E_3 分别是它们的低共熔点。

5. 具有一个不一致熔融三元化合物的三元系统相图

图 10-24（e）及图 10-24（f）中三元化合物 S 的组成点位于其初晶区Ⓢ以外，因而是一个不一致熔融化合物。在划分成副三角形后，根据重心规则判断，图 10-24（f）中的 P 点是单转熔点，在 P 点发生转熔过程 L_P+A $\rightleftharpoons$ B+S。图 10-24（e）中的 R 点是一个双转熔点，在 R 点发生的相变化是 L_R+A+B $\rightleftharpoons$ S。按照切线规则判断界线性质时，发现图 10-24（f）上的 E_2P 线具有从共熔性质变为转熔性质的转折点，因而在同一条界线上既有单箭头又有双箭头。

本系统配料的结晶路程可因配料点位置不同而出现多种变化，特别在转熔点的附近区域。图 10-24（e）中 1、2、3 点的析晶路程分析如下。

熔体 1 的析晶路程：

$$熔体 1 \xrightarrow[P=1,F=3]{L} 1[A,(A)] \xrightarrow[P=2,F=2]{L \to A} a[A,A+(B)] \xrightarrow[P=3,F=1]{L \to A+B} R(到达)$$

$$[b,A+B+(s)] \xrightarrow[P=4,F=0]{L+A+B \to S} R(离开)[c,S+B+(A 消失)] \xrightarrow[P=3,F=1]{L+B \to S} E(到达)$$

$$[d,S+B+(C)] \xrightarrow[P=4,F=0]{L \to S+B+C} E_1(消失)[1,S+B+C]$$

熔体 2 的析晶路程：

$$熔体 2 \xrightarrow[P=1,F=3]{L} 2[A,(A)] \xrightarrow[P=2,F=2]{L \to A} a[A,A+(B)] \xrightarrow[P=3,F=1]{L \to A+B} R(到达)$$

$$[f,A+B+(S)] \xrightarrow[P=4,F=0]{L+A+B \to S} R(消失)[g,A+S+(B 消失)] \xrightarrow[P=3,F=1]{L+A \to S} E_2(到达)$$

$$[h,A+S+(C)] \xrightarrow[P=4,F=0]{L \to A+S+C} E_2(消失)[2,A+S+C]$$

熔体 3 的析晶路程：

$$熔体 3 \xrightarrow[P=1,F=3]{L} 3[A,(A)] \xrightarrow[P=2,F=2]{L \to A} i[A,A+(B)] \xrightarrow[P=3,F=1]{L \to A+B} R(到达)$$

$$[k,A+B+(S)] \xrightarrow[P=4,F=0]{L+A+B \to S} R(离开)[S,S+(A,B 同时消失)] \xrightarrow[P=2,F=2]{L \to S(穿相区)}$$

$$m[S,S+(C)] \xrightarrow[P=3,F=1]{L \to S+C} E_1(到达)[n,S+C+(B)] \xrightarrow[P=4,F=0]{L \to S+B+C}$$

$$E_1(消失)[3,S+B+C]$$

6. 具有多晶转变的三元系统相图

图 10-24(g)、(h) 和 (i) 中的组分 A 高温下的晶形是 α 型，t_n 温度下转变为 β 型。t_n 和 A-B、A-C 两个系统的低共熔点有不同的相对位置，分为三种不同的情况。第一种，$t_n > e_1$，$t_n > e_2$[图 10-24(g)]；第二种情况，$t_n < e_1$，$t_n > e_2$[图 10-24(h)]；第三种情况，$t_n < e_1$，$t_n < e_2$[图 10-24(i)]。

显然，三元相图上的晶形转变线与某一等温线是重合的，该等温线表示的温度即晶形转变温度。

7. 形成一个二元连续固溶体的三元系统相图

这类系统的相图见图 10-24(j)。组分 A、B 形成连续固溶体，而 A-C、B-C 则为两个简单二元系统。在此相图上有一个 C 的初晶区，一个 $S_{A(B)}$ 固溶体的初晶区。从界线液相中同时析出 C 晶体和 $S_{A(B)}$ 固溶体。结线 $l_1 S_1$、$l_2 S_2$、$l_n S_n$ 表示与界线上不同组成液相相平衡的 $S_{A(B)}$ 固溶体的不同组成。由于此相图上只有二个初晶区和一条界线，不可能出现四相平衡，所以相图上没有三元无量变点。

M 熔体冷却时首先析出 C 晶体，液相点到达界线上的 l_1 后，从液相中同时析出 C 晶体和 S_1 组成的固溶体。当液相点随温度下降沿界线变化到 l_2 点时，固溶体组成到达 S_2 点，固相总组成点在 $l_2 M$ 的延长线与 $C S_2$ 连线的交点 N。当固溶体组成到达 S_n 点，C、M、S_n 三点成一直线时，液相必在 l_n 消失，析晶过程结束。

8. 具有液相分层的三元系统相图

图 10-24(k) 中的 A-C、B-C 均为简单二元系统，而 A-B 二元中有液相分层现象。从二元发展为三元时，C 组分的加入使分液范围逐渐缩小，最后在 K 点消失。在分液区内，两个相互平衡的液相组成，由一系列结线表示（如图中的结线 $L_1 L_2$）。

第十节 三元系统相图应用

一、CaO-Al₂O₃-SiO₂ 系统

1. CaO-Al₂O₃-SiO₂ 系统相图

CaO-Al₂O₃-SiO₂ 系统的三元相图图形比较复杂（图 10-28），可按如下步骤详细阅读。

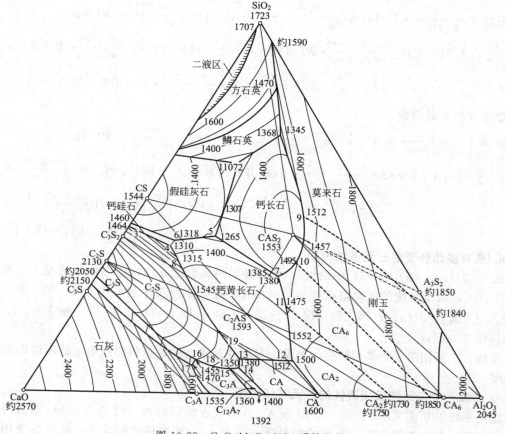

图 10-28 CaO-Al₂O₃-SiO₂ 系统相图

① 首先看系统中生成多少化合物，找出各化合物的初晶区，根据化合组成点与其初晶区的位置关系，判断化合物的性质。本系统共有十个二元化合物，其中四个是一致熔融化合物：CS、C_2S、$C_{12}A_7$、A_3S_2，六个不一致熔融化合物：C_3S_2、C_3S、C_3A、CA、CA_2、CA_6。两个三元化合物 CAS_2（钙长石）及 C_2AS（铝方柱石）都是一致熔融的。这些化合物的熔点或分解温度都标在相图上各自的组成点附近。

② 如果界线上未标明等温线，也未标明界线的温降方向，则需要运用连线规则，首先判明各界线的温度下降方向，再用切线规则判明界线性质。然后，在界线上打上相应的单箭头或双箭头。

③ 运用重心规则判断各无量变点性质。

如果在判断界线性质时，已经先画出了与各界线相应的连线，则与无量变点相应的副三角形已经自然形成；如果先画出与各无量变点相应的副三角形，则与各界线相应的连线也会

自然形成。

　　需要注意的是，不能随意在两个组成点间连线或在三个组成点间连副三角形。如 A_3S_2 与 CA 组成点间不能连线，因为相图上这两个化合物的初晶区并无共同界线，液相与这两个晶相并无平衡共存关系；在 A_3S_2、CA、Al_2O_3 的组成点间也不能连副三角形，因为相图上不存在这三个初晶区相交的无量变点，它们并无共同析晶关系。

　　三元相图上的无量变点必定都处于三个初晶区、三条界线的交点，而不可能出现其他的形式，否则是违反相律的。

　　在一般情况下，有多少个无量变点，就可以将系统划分成多少相应的副三角形（有时副三角形的数目可能少于无量变点数目）。本系统共有 19 个无量变点，除去晶形转变点，整个相图可以划分成 15 个副三角形。在副三角形划分以后，根据配料点所处的位置，运用三角形规则，就可以很容易地预先判断任一配料的结晶产物和结晶终点。

　　本系统 15 个无量变点的性质、温度和组成如表 10-11 所示。

表 10-11　系统中的无量变点及其性质

图中点号	相　平　衡	平衡性质	平衡温度/℃	化学组成/%（质量分数）		
				CaO	Al_2O_3	SiO_2
1	$L \rightleftharpoons$ 鳞石英 $+ CAS_2 + A_3S_2$	低共熔点	1345	9.8	19.8	70.4
2	$L \rightleftharpoons$ 鳞石英 $+ CAS_2 + \alpha\text{-}CS$	低共熔点	1170	23.3	14.7	62.0
3	$\alpha\text{-}CS \rightleftharpoons \alpha'\text{-}CS$（存在液相及 C_3S_2）	多晶转变	1450	53.3	4.2	42.8
4	$\alpha'\text{-}CS + L \rightleftharpoons C_3S_2 + C_2AS$	单转熔点	1315	48.2	11.9	39.9
5	$L \rightleftharpoons CAS_2 + C_2AS + \alpha\text{-}CS$	低共熔点	1265	38.0	20.0	42.0
6	$L \rightleftharpoons C_2AS + C_3S_2 + \alpha\text{-}CS$	低共熔点	1310	47.2	11.8	41.0
7	$L \rightleftharpoons CAS_2 + C_2AS + CA_6$	低共熔点	1380	29.4	39.0	31.8
8	$\alpha\text{-}C_2S \rightleftharpoons \alpha'\text{-}C_2S$（存在液相及 C_2AS）	多晶转变	1450	49.0	14.4	36.6
9	$Al_2O_3 + L \rightleftharpoons CAS_2 + A_3S_2$	单转熔点	1512	15.6	36.5	47.0
10	$Al_2O_3 + L \rightleftharpoons CA_6 + CAS_2$	单转熔点	1495	23.0	41.0	36.0
11	$CA_2 + L \rightleftharpoons C_2AS + CA_6$	单转熔点	1475	31.2	44.5	24.3
12	$L \rightleftharpoons C_2AS + CA + CA_2$	低共熔点	1500	37.5	53.2	9.3
13	$C_2AS + L \rightleftharpoons \alpha'\text{-}C_2S + CA$	单转熔点	1380	48.3	42.0	9.7
14	$L \rightleftharpoons \alpha'\text{-}C_2S + CA + C_{12}A_7$	低共熔点	1335	49.5	43.7	6.8
15	$L \rightleftharpoons \alpha'\text{-}C_2S + C_3A + C_{12}A_7$	低共熔点	1335	52.0	41.2	6.8
16	$C_3S + L \rightleftharpoons C_3A + \alpha\text{-}C_2S$	单转熔点	1455	58.3	33.0	8.7
17	$CaO + L \rightleftharpoons C_3S + C_3A$	单转熔点	1470	59.7	32.8	7.5
18	$\alpha\text{-}C_2S \rightleftharpoons \alpha'\text{-}C_2S$（存在液相及 C_3A）	多晶转变	1450			
19	$\alpha\text{-}C_2S \rightleftharpoons \alpha'\text{-}C_2S$（存在液相及 C_2AS）	多晶转变	1450			

　　④ 仔细观察相图上是否存在晶形转变、液相分层或形成固溶体等现象。本相图在富硅部分液相有分液区（2L），它是从 $CaO\text{-}SiO_2$ 二元的分液区发展而来的。此外，在 SiO_2 初晶区还有一条 1470℃ 的方石英与鳞石英之间的晶形转变线。

　　$CaO\text{-}Al_2O_3\text{-}SiO_2$ 系统与许多硅酸盐产品有关，其富钙部分相图与硅酸盐水泥生产关系尤为密切。在这一部分相图上（图 10-29），共有三个无量变点 h、k、F（表 10-11 中的 17、16、15），h、k 是单转熔点，F 是低共熔点。与这三个无量变点相应的副三角形是 $CaO\text{-}C_3A\text{-}C_3S$、$C_3S\text{-}C_3A\text{-}C_2S$、$C_2S\text{-}C_3A\text{-}C_{12}A_7$。用切线规则判断，$CaO$ 与 C_3S 初晶区的界线在 Z 点从转熔界线变为共熔界线，而 C_3S 与 C_2S 初晶区的界线则在 y 点从共熔性质变为转熔性质。在 yk 段，冷却时，$L + C_2S \rightleftharpoons C_3S$，即 C_2S 被回吸，生成 C_3S。但到达 k 点，$L_k + C_3S \rightleftharpoons C_2S + C_3A$，即 C_3S 被回吸，生成 C_2S。这个有趣的现象说明，系统从三相平衡进入四相平衡是一种质的

飞跃，而不是量的渐变，不能简单地从三相平衡关系类推四相平衡关系。

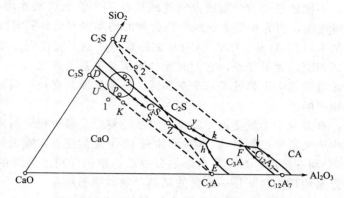

图 10-29　CaO-Al$_2$O$_3$-SiO$_2$ 系统富钙部分相图

我们以硅酸盐水泥熟料的典型配料图上的点 3 为例，分析一下结晶路程。将配料 3 加热到高温完全熔融（约 2000℃），然后平衡冷却析晶，从熔体中首先析出 C$_2$S，液相组成沿 C$_2$S-3 连线的延长线变化到 C$_2$S-C$_3$S 界线时，开始从液相中同时析出 C$_2$S 与 C$_3$S。液相点随温度下降沿界线变化到 y 点时，共析晶过程结束，转熔过程开始，C$_3$S 被回吸，析出 C$_2$S。当系统冷却到 k 点温度（1455℃），液相点沿 yk 界线到达 k 点，系统进入无量变状态，L$_k$ 液相与 C$_3$S 晶体不断反应生成 C$_2$S 与 C$_3$A。由于配料点处于三角形 C$_3$S-C$_2$S-C$_3$A 内，最后 L$_k$ 首先耗尽，结晶过程在 k 点结束。获得的结晶产物是 C$_3$S、C$_2$S、C$_3$A。

2. CaO-Al$_2$O$_3$-SiO$_2$ 系统相图应用

下面我们就硅酸盐水泥生产中的配料、烧成及冷却，结合相图加以讨论，以提高利用相图分析实际问题的能力。

（1）硅酸盐水泥的配料　硅酸盐水泥熟料中含有 C$_3$S、C$_2$S、C$_3$A、C$_4$AF 四种矿物，相应的组成氧化物为 CaO、SiO$_2$、Al$_2$O$_3$、Fe$_2$O$_3$。因为 Fe$_2$O$_3$ 含量较低（2%～5%），可以合并入 Al$_2$O$_3$ 考虑，C$_4$AF 则相应计入 C$_3$A，这样可以用 CaO-Al$_2$O$_3$-SiO$_2$ 三元系统来表示硅酸盐水泥的配料组成。

根据三角形规则，配料点落在哪个副三角形，最后析晶产物便是这个副三角形三个角顶所表示的三种晶相。图 10-29 中 1 点配料处于三角形 CaO-C$_3$A-C$_3$S 中，平衡析晶产物中将有游离 CaO。2 点配料处于三角形 C$_2$S-C$_3$A-C$_{12}$A$_7$ 内，平衡析晶产物中将有 C$_{12}$A 而没有 C$_3$S，前者的水硬活性很差，而后者是水泥中最重要的水硬矿物。因此，这两种配料都不符合硅酸盐水泥熟料矿物组成的要求。硅酸盐水泥生产中熟料的实际组成是 2%～67% CaO、20%～24% SiO$_2$ 和 6.5%～13%（Al$_2$O$_3$＋Fe$_2$O$_3$），即在三角形 C$_3$S-C$_3$A-C$_2$S 内的小圆圈内波动。从相平衡的观点看这个配料是合理的，因为最后析晶产物都是水硬性能良好的胶凝矿物。以 C$_3$S-C$_2$S-C$_3$A 作为一个浓度三角形，根据配料点在此三角形中的位置，可以读出平衡析晶时水泥熟料中各矿物的含量。

（2）烧成　工艺上不可能将配料加热到 2000℃ 左右完全熔融，然后平衡冷却析晶。实际上是采用部分熔融的烧结法生产熟料。因此，熟料矿物的形成并非完全来自液相析晶，固态组分之间的固相反应起着更为重要的作用。为了加速固相反应，液相开始出现的温度及液相量至关重要。如果是非常缓慢的平衡加热，则加热熔融过程应是缓慢冷却平衡析晶的逆过程，且在同一温度下，应具有完全相同的平衡状态。以配料 3 为例，其结晶终点是 k 点，则平衡加热时应在 k 点出现与 C$_3$S、C$_2$S、C$_3$A 平衡的 L$_k$ 液相。但 C$_3$S 很难通过纯固相反应生成（如果很容易，水泥就不需要在 1450℃ 的高温下烧成了），在 1200℃ 以下组分间通过固相反应生成的是反应速率较快的 $C_{12}A_7$、C_3A、C_2S。因此，液相开始出现的温度并不是 k 点的 1445℃，而是与这三个晶相平衡的 F 点温度 1335℃（事实上，由于工艺配料中含有 Na_2O、K_2O、MgO 等其他氧化物，液相开始出现的温度还要低，约 1250℃）。F 点是一个低共熔点，加热时 $C_2S + C_3A + C_{12}A_7 \rightleftharpoons L_k$，即 C_3S、C_2A、$C_{12}A_7$ 低共熔形成 F 点液相。当 $C_{12}A_7$ 熔完后，液相组成将沿 Fk 界线变化，升温过程中 C_2S 与 C_3A 继续熔入液相，液相量随温度升高不断增加。系统中一旦形成液相，生成 C_3S 的固相反应 $C_2S + CaO \rightleftharpoons C_3S$ 的反应速率即大大增加。从某种意义上说，水泥烧成的核心问题是如何创造良好的动力条件促成熟料中的主要矿物 C_3S 大量生成。$C_{12}A_7$ 是在非平衡加热过程中在系统中出现的一个非平衡相，但它的出现降低了液相开始形成温度，对促进热力学平衡相 C_3S 的大量生成是有帮助的。

（3）冷却　水泥配料达到烧成温度时所获得的液相量约 20%～30%。在随后降温过程中，为了防止 C_3S 分解及 β-C_2S 发生晶形转化，工艺上采取快速冷却措施，因而冷却过程也是不平衡的，这种不平衡的冷却过程可以用下面两种模式加以讨论。

① 急冷。此时冷却速率超过熔体的临界冷却速率，液相完全失去析晶能力，全部转变为低温下的玻璃体。

② 液相独立析晶。如果冷却速率不是快到使液相完全失去析晶能力，但也不是慢到足以使它能够和系统中其他晶相保持原有相平衡关系，此时液相犹如一个原始配料高温熔体那样独自析晶，重新建立一个新的平衡体系，不受系统中已存在的其他晶相的制约。这种现象特别容易发生在转熔点上的液相，譬如在 k 点，$L_k + C_3S \rightleftharpoons C_2S + C_3A$，生成的 C_2S 和 C_3A 往往包裹在 C_3S 表面，阻止了 L_k 与 C_3S 的进一步反应，此时液相将作为一个原始熔体开始独立析晶，沿 kF 界线析出 C_2S 和 C_3A，到 F 点后又有 $C_{12}A_7$ 析出。因为 k 点在三角形 C_2S-C_3A-$C_{12}A_7$ 内，独立析晶的析晶终点必在与其相应的无量变点 F。因此，在发生液相独立析晶时，尽管原始配料点处在三角形 C_3S-C_3A-C_2S 内，其最终获得的产物中可能有四个晶相，除了 C_3S、C_2S、C_3A 外，还可能有 $C_{12}A_7$，这是由过程的非平衡性质造成的。由于冷却时在 k 点发生 $L_k + C_3S \rightleftharpoons C_2S + C_3A$ 的转熔过程，C_3S 要消耗，如在 k 点发生液相独立析晶或急冷成玻璃体，可以阻止这一转熔过程。因此，对某些硅酸盐水泥配料，快速冷却反而可以增加熟料中 C_3S 含量。

必须指出，所谓急冷成玻璃体或发生液相独立析晶，这不过是非平衡冷却过程的两种理想化了的模式，实际过程很可能比这两种理想模式更复杂或者二者兼而有之。

在 CaO-Al_2O_3-SiO_2 系统中，各种重要的硅酸盐制品的组成范围如图 10-30 所示。

二、K_2O-Al_2O_3-SiO_2 系统

本系统有 5 个二元化合物及 4 个三元化合物。在这 4 个三元化合物的组成中，K_2O 含量与 Al_2O_3 含量的比值是相等的，因而它们排列在一条 SiO_2 与二元化合物 $K_2O \cdot Al_2O_3$ 的连线上。三元化合物钾长石 KAS_6（图 10-31 中的 W 点）是一个不一致熔融化合物，

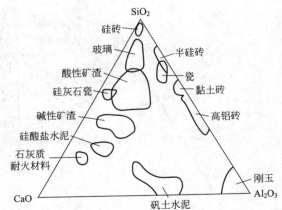

图 10-30　CaO-Al_2O_3-SiO_2 系统中工艺组成范围

其分解温度较低，在 1150℃ 即分解为 KAS₄ 和富硅液相（液相量约 50％），因而是一种熔剂性矿物。白榴石 KAS₄（图 10-31 中的 X 点）是一致熔融化合物，熔点 1686℃。钾霞石 KAS₂（图 10-31 中的 Y 点）也是一个一致熔融化合物，熔点 1800℃。化合物 KAS（图 10-31 中的 Z 点）的性质迄今未明，其初晶区范围尚未能予以确定。K_2O 高温下易于挥发引起实验上的困难，本系统的相图不是完整的，仅给出了 K_2O 含量在 50％ 以下部分的相图。

图 10-31 中的 M 点和 E 点是两个不同的无量变点。M 点处于莫来石、鳞石英和钾长石三个初晶区的交点，是一个三元无量变点，按照重心规则，它是一个低共熔点（985℃）。M 点左侧的 E 点是鳞石英和钾长石初晶区界线与相应连线 SiO_2-W 的交点，是该界线上的温度最高点，也是鳞石英与钾长石的低共熔点（990℃）。

本系统与日用陶瓷及普通电瓷生产密切相关。日用陶瓷及普通电瓷一般用黏土（高岭土）、长石和石英配料。高岭土的主要矿物组成是高岭石 $Al_2O_3 \cdot 2SiO_2 \cdot 2H_2O$，煅烧脱水后的化学组成为 $Al_2O_3 \cdot 2SiO_2$，称为烧高岭。图 10-32 上的 D 点即为烧高岭的组成点，D 点不是相图上固有的一个二元化合物组成点，而是一个附加的辅助点，用以表示配料中的一种原料的组成。根据重心原理，用高岭土、长石、石英三种原料配制的陶瓷坯料组成点必处于辅助△QWD（常被称为配料三角形）内，而在相图上则是处于副△QWm（常被称为产物三角形）内。这就是说，配料经过平衡析晶（或平衡加热）后在制品中获得的晶相应为莫来石、石英和长石。在配料△QWD 中，1-8 线平行于 QW 边，根据等含量规则，所有处于该线上的配料中烧高岭的含量是相等的。而在产物△QWm 中，1-8 线平行于 QW 边，意味着

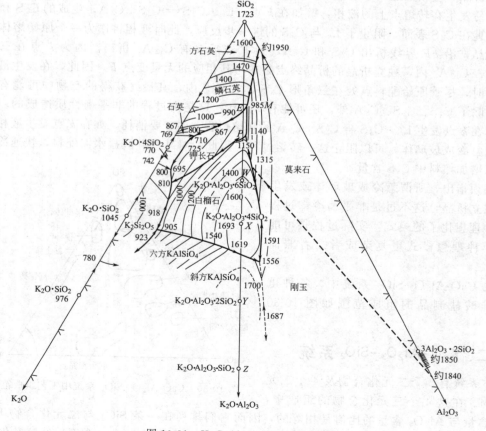

图 10-31　K_2O-Al_2O_3-SiO_2 系统相图

在平衡析晶（或平衡加热）时从 1-8 线上各配料所获得的产品中莫来石量是相等的。也就是说，产品中莫来石的量取决于配料中的黏土量。莫来石是日用陶瓷中的重要晶相。

如将配料 3 加热到高温完全熔融，平衡析晶时首先析出莫来石，液相点沿 A_3S_2-3 连线延长线方向变化到石英与莫来石初晶区的界线后（图 10-31），从液相中同时析出莫来石与石英，液相沿此界线到达 985℃的低共熔点 M 后，同时析出莫来石、石英与长石，析晶过程在 M 点结束。当将配料 3 平衡加热，长石、石英及通过固相反应生成的莫来石将在 985℃下低共熔生成 M 组成的液相，即 $A_3S_2+KAS_6+S \rightleftharpoons L_M$。此时系统处于四相平衡，$F=0$，液相点保持在 M 点不变，固相点则从 M 点沿 M-3 连线延长线方向变化，当固相点到达 Qm 边上的点 10，意味着固相中的 KAS_6 已首先熔完，固相中保留下来的晶相是莫来石和石英。因消失了一个晶相，系统可继续升温，液相将沿与莫来石和石英平衡的界线向温度升高方向移动，莫来石与石英继续熔入液相，固相点则相应从点 10 沿 Qm 边向 A_3S_2 移动。由于 M 点附近界线上的等温线很紧密，说明此阶段液相组成及液相量随温度升高变化并不急剧，日用瓷的烧成温度大致处于这一区间。当固相点到达 A_3S_2，意味着固相中的石英已完全熔入液相。此后液相组成将离开莫来石与石英平衡的界线，沿 A_3S_2-3 连线的延长线进入莫来石初晶区，当液相点回到配料点 3，最后一粒莫来石晶体熔完。可以看出，上述平衡加热熔融过程是平衡冷却析晶过程的逆过程。

料在 985℃下低共熔过程结束时首先消失的晶相取决于配料点的位置。如配料 7，因 M-7 连线的延长线交于 Wm 边的点 15，表明首先熔完的晶相是石英，固相中保留的是莫来石和长石。而在低共熔温度下所获得的最大液相量，根据杠杆规则，应为线段 7-15 与线段 M-15 之比。

日用瓷的实际烧成温度在 1250℃、1450℃，系统中要求形成适宜数量的液相，以保证坯体的良好烧结，液相量不能过少，也不能太多。由于 M 点附近等温线密集，液相量随温度变化不很敏感，使这类瓷的烧成温度范围较宽，工艺上较易掌握。此外，因 M 点及邻近界线均接近 SiO_2 角顶，熔体中的 SiO_2 含量很高，液相黏度大，结晶困难，在冷却时系统中的液相往往形成玻璃相，从而使瓷质呈半透明状。

实际工艺配料中不可避免地会含有其他杂质组分，实际生产中的加热和冷却过程不可能是平衡过程，也会出现种种不平衡现象，因此，开始出现液相的温度，液相量以及固液相组成的变化事实上都不会与相图指示的热力学平衡态完全相同。但相图指出了过程变化的方向及限度，对我们分析问题仍然是很有帮助的。譬如，根据配料点的位置，我们有可能大体估计烧成时液相量的多少以及烧成后所获得的制品中的相组成。在图 10-32 上列出的从点 1 到点 8 的八个配料中，只要工艺过程离平衡过程不是太远，则可以预测，配料 1~5 的制品中

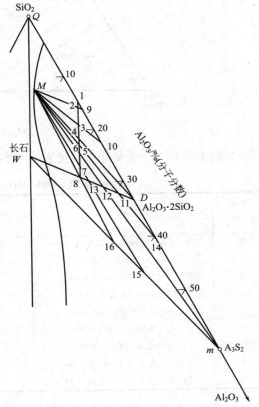

图 10-32 配料三角形与产物三角形

可能以莫来石、石英和玻璃相为主，配料 6 则以莫来石和玻璃相为主，而配料 7～8 则很可能以莫来石、长石及玻璃相为主。

三、MgO-Al$_2$O$_3$-SiO$_2$ 系统

图 10-33 是 MgO-Al$_2$O$_3$-SiO$_2$ 系统相图。本系统共有四个二元化合物 MS、M$_2$S、MA、A$_3$S$_2$ 和两个三元化合物 M$_2$A$_2$S$_5$（董青石）、M$_4$A$_5$S$_2$（假蓝宝石）。董青石和假蓝宝石都是不一致熔融化合物。董青石在 1465℃分解为莫来石和液相，假蓝宝石则在 1482℃分解为尖晶石、莫来石和液相（液相组成即无量变点 8 的组成）。

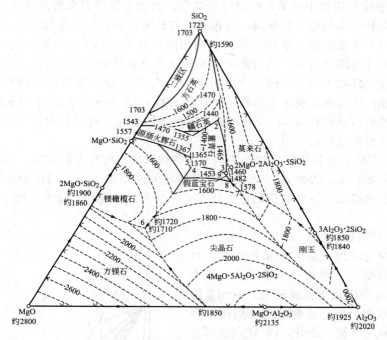

图 10-33 MgO-Al$_2$O$_3$-SiO$_2$ 系统相图

相图上共有九个无量变点（见表 10-12）。相应地，可将相图划分成 9 个副三角形。

表 10-12 MgO-Al$_2$O$_3$-SiO$_2$ 系统的三元无量变点

图中点号	相 平 衡	平衡性质	平衡温度/℃	化学组成/%（质量分数）		
				MgO	Al$_2$O$_3$	SiO$_2$
1	L $\rightleftharpoons$ MS+S+M$_2$A$_2$S$_5$	低共熔点	1355	20.5	17.5	62
2	A$_3$S$_2$+L $\rightleftharpoons$ M$_2$A$_2$S$_5$+S	双升点	1440	9.5	22.5	68
3	A$_3$S$_2$+L $\rightleftharpoons$ M$_2$A$_2$S$_5$+M$_4$A$_5$S$_2$	双升点	1460	16.5	34.5	49
4	MA+L $\rightleftharpoons$ M$_2$A$_2$S$_5$+M2S	双升点	1370	26	23	51
5	L $\rightleftharpoons$ M$_2$S+MS+M$_2$A$_2$S$_5$	低共熔点	1365	25	21	54
6	L $\rightleftharpoons$ M$_2$S+MA+M	低共熔点	1710	51.5	20	28.5
7	A+L $\rightleftharpoons$ MA+A$_3$S$_2$	双升点	1578	15	42	43
8	MA+A$_3$S$_2$+L $\rightleftharpoons$ M$_4$A$_5$S$_2$	双降点	1482	17	37	46
9	M$_4$A$_5$S$_2$+L $\rightleftharpoons$ M$_2$A$_2$S$_5$+MA	双升点	1453	17.5	33.5	49

本系统内各组分氧化物及多数二元化合物熔点都很高，可制成优质耐火材料。但是三元无量变点的温度大大下降。因此，不同二元系列的耐火材料不应混合使用，否则会降低液相

出现温度和材料耐火度。

副三角形 SiO_2-MS-$M_2A_2S_5$ 与镁质陶瓷生产密切相关。镁质陶瓷是一种用于无线电工业的高频瓷料，其介电损耗低，镁质陶瓷以滑石和黏土配料。图 10-34 上画出了经煅烧脱水后的偏高岭土（烧高岭）及偏滑石（烧滑石）的组成点的位置，镁质瓷配料点大致在这两点连线上或其附近区域。L、M、N 各配料以滑石为主，仅加入少量黏土，故称为滑石瓷。其配料点接近 MS 角顶，因而制品中的主要晶相是顽火辉石。如果在配料中增加黏土含量，即把配料点拉向靠近 $M_2A_2S_5$ 一侧（有时在配料中还另加 Al_2O_3 粉），则瓷坯中将以堇青石为主晶相，这种瓷叫堇青石瓷。在滑石瓷配料中加入 MgO，把配料点移向接近顽火辉石和镁橄榄石初晶区的界线（如图 10-34 中的 P 点），可以改善瓷料电学性能，制成低损耗滑石瓷。如果加入的 MgO 量足够使坯料组成点到达 M_2S 组成点附近，则将制得以镁橄榄石为主晶相的镁橄榄石瓷。

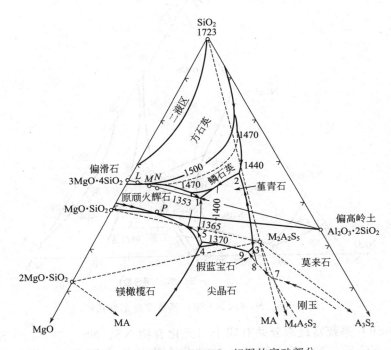

图 10-34 MgO-Al_2O_3-SiO_2 相图的富硅部分

滑石瓷的烧成温度范围狭窄，这可从相图上得到解释。滑石瓷配料点处于三角形 SiO_2-MS-$M_2A_2S_5$ 内，与此副三角形相应的无量变点是点 1，点 1 是一个低共熔点，因此，在平衡加热时，滑石瓷坯料将在点 1 的 1355℃ 出现液相。根据配料点位置（L、M 等）可以判断，低共熔过程结束时消失的晶相是 $M_2A_2S_5$，其后液相组成将离开点 1 沿与石英和顽火辉石平衡的界线向温度升高的方向变化，相应的固相组成点则可在 SiO_2-MS 边上找到。运用杠杆规则，可以计算出任一温度下系统中出现的液相量。在石英与顽火辉石初晶区的界线上画出了 1400℃、1470℃、1500℃ 三条等温线，这些等温线分布宽疏，意味着温度升高时，液相点位置变化迅速，液相量将随温度升高迅速增加。滑石瓷瓷坯在液相量 35% 时可以充分烧结，但液相量 45% 时则已过烧变形。根据相图进行的计算表明，L、M 配料（分别含烧高岭 5%、10%）的烧成温度范围仅 30～40℃，而 N 配料（含烧高岭 15%）则在低共熔点 1355℃ 已出现 45% 的液相。因此，在滑石瓷中一般限制黏土用量在 10% 以下。在低损耗滑石瓷及堇青石瓷配料中用类似方法计算其液相量随温度的变化，发现它们的烧成温度范围都很窄，工艺上常需加入助烧结剂以改善其烧结性能。

在本系统中熔制的玻璃，配料组成位于接近低共熔点 1 及邻近界线区域，因而熔制温度约在 1355℃。由于这种玻璃的析晶倾向大，加入适当促进熔体结晶的成核剂可以制得以堇青石为主要晶相的低热膨胀系数的微晶玻璃材料。

四、Na_2O-CaO-SiO_2 系统

本系统的富硅部分与 Na_2O-CaO-SiO_2 硅酸盐玻璃的生产密切相关。图 10-35 是 SiO_2 含量在 50% 以上的富硅部分相图。

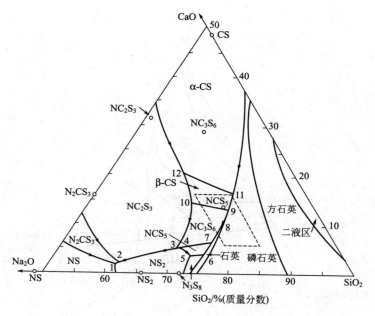

图 10-35 Na_2O-CaO-SiO_2 系统富硅部分相图

Na_2O-CaO-SiO_2 系统富硅部分共有四个二元化合物 NS、NS_2、N_3S_8、CS 及四个三元化合物 N_2CS_3、NC_2S_3、NC_3S_6、NCS_5。这些化合物的性质和熔点（或分解温度）如表 10-13 所示。

表 10-13　Na_2O-CaO-SiO_2 系统富硅部分化合物

化 合 物	性 质	熔点/℃	化 合 物	性 质	熔点/℃
$Na_2O \cdot SiO_2$（NS）	一致熔融	1088	$2Na_2O \cdot CaO \cdot 3SiO_2$（$N_2CS_3$）	不一致熔融	1141
$Na_2O \cdot 2SiO_2$（NS_2）	一致熔融	874	$Na_2O \cdot 3CaO \cdot 6SiO_2$（$NC_3S_6$）	不一致熔融	1047
$CaO \cdot SiO_2$（CS）	一致熔融	1540	$3Na_2O \cdot 8SiO_2$（N_3S_8）	不一致熔融	793
$Na_2O \cdot 2CaO \cdot 3SiO_2$（$NC_2S_3$）	一致熔融	1284	$Na_2O \cdot CaO \cdot 5SiO_2$（$NCS_5$）	不一致熔融	827

每个化合物都有其初晶区，加上组分 SiO_2 的初晶区，相图上共有 9 个初晶区。在 SiO_2 初晶区内有两条表示方石英、鳞石英和石英间多晶转变的晶形转变线和一个分液区。在 CS 初晶区内有一条表示 α-CS 与 β-CS 晶形转化的晶形转变线。相图上共有 12 个无量变点，这些无量变点的性质、温度和组成如表 10-14 所示。

表 10-14　Na_2O-CaO-SiO_2 系统富硅部分的无量变点的性质

图中点号	相 平 衡	平衡性质	平衡温度/℃	化学组成/%（质量分数）		
				Na_2O	Al_2O_3	SiO_2
1	$L \rightleftharpoons NS + NS_2 + N_2CS_3$	低共熔点	821	37.5	1.8	60.7
2	$L + NC_2S_3 \rightleftharpoons NS_2 + N_2CS_3$	双升点	827	36.6	2.0	61.4
3	$L + NC_2S_3 \rightleftharpoons NS_2 + NC_3S_6$	双升点	785	25.4	5.4	69.2
4	$L + NC_3S_6 \rightleftharpoons NS_2 + NCS_5$	双升点	785	25.0	5.4	69.6
5	$L \rightleftharpoons NS_2 + N_3S_8 + NCS_5$	低共熔点	755	24.4	3.6	72.0
6	$L \rightleftharpoons N_3S_8 + NCS_5 + S(石英)$	低共熔点	755	22.0	3.8	74.2
7	$L + S(石英) + NC_3S_6 \rightleftharpoons NCS_5$	双降点	827	19.0	6.8	74.2
8	α-石英 $\rightleftharpoons$ α-鳞石英（存在 L 及 NC_3S_6）	晶形转变	870	18.7	7.0	74.3
9	$L + \beta$-$CS \rightleftharpoons NC_3S_6 + S(石英)$	双升点	1035	13.7	12.9	73.4
10	$L + \beta$-$CS \rightleftharpoons NC_2S_3 + NC_3S_6$	双升点	1035	19.0	14.5	66.5
11	α-$CS \rightleftharpoons \beta$-$CS$（存在 L 及 α-鳞石英）	晶形转变	1110	14.4	15.6	73.0
12	α-$CS \rightleftharpoons \beta$-$CS$（存在 L 及 NC_2S_3）	晶形转变	1110	17.7	16.5	62.8

　　玻璃是一种非晶态的均质体。玻璃中如出现析晶，将会破坏玻璃的均一性，造成玻璃的一种严重缺陷，称为失透。玻璃中的析晶不仅会影响玻璃的透光性，还会影响其机械强度和热稳定性。因此，在选择玻璃的配料方案时，析晶性能是必须加以考虑的一个重要因素，而相图可以帮助我们选择不易析晶的玻璃组成。大量试验结果表明，组成位于低共熔点的熔体比组成位于界线上的熔体析晶能力小，而组成位于界线上的熔体又比组成位于初晶区内的熔体析晶能力小。这是由于组成位于低共熔点或界线上的熔体有几种晶体同时析出的趋势，而不同晶体结构之间的相互干扰，降低了每种晶体的析晶能力。除了析晶能力较小，这些组成的配料熔化温度一般也比较低，这对玻璃的熔制也是有利的。

　　当然，在选择玻璃组成时，除了析晶性能外，还必须综合考虑到玻璃的其他工艺性能和使用性能。各种实用的 Na_2O-CaO-SiO_2 硅酸盐玻璃的化学组成一般波动于下列范围内：12%～18%Na_2O、6%～16%CaO、68%～82%SiO_2，即其组成点位于图 10-35 上用虚线画出的平行四边形区域内，而并不在低共熔点 6。这是由于尽管点 6 组成的玻璃析晶能力最小，但其中的氧化钠含量太高（22%），其化学稳定性和强度不能满足使用要求。

　　相图还可以帮助我们分析玻璃生产中产生失透现象的原因。对上述成分的玻璃的析晶能力进行的研究表明，析晶能力最小的玻璃是 Na_2O 与 CaO 含量之和等于 26%、SiO_2 含量74%的那些玻璃，即配料组成位于 8-9 界线附近的玻璃。这与我们在上面所讨论的玻璃析晶能力的一般规律是一致的。配料中 SiO_2 含量增加，组成点离开界线进入 SiO_2 初晶区，则从熔体中析出鳞石英或方石英的可能性增加；配料中 CaO 含量增加，容易出现硅灰石（CS）析晶；Na_2O 含量增加时，则容易析出失透石（NC_3S_6）晶体。因此，根据对玻璃中失透石的鉴定，结合相图可以为分析其产生原因及提出改进措施提供一定的理论依据。

　　熔制玻璃时，除了参照相图选择不易析晶而又符合性能要求的配料组成，严格控制工艺条件也是十分重要的。高温熔体在析晶温度范围停留时间过长或混料不匀而使局部熔体组成偏离配料组成，都容易造成玻璃的析晶。

第十一节　交互三元系统相图概念

　　设想有两个无共同离子的盐 AX 和 BY，它们发生了置换反应：

$$AX + BY \rightleftharpoons AY + BX$$

由这样的盐构成的体系就是交互体系。实际例子是很多的，如压电和铁电材料中：

$$PbZrO_3 + BaTiO_3 \rightleftharpoons PbTiO_3 + BaZrO_3$$
$$PbTiO_3 + SrZrO_3 \rightleftharpoons PbZrO_3 + SrTiO_3$$

氮化物陶瓷中：

$$Si_3N_4 + Al_4O_6 \rightleftharpoons Si_3O_6 + Al_4N_4$$

上述反应中，反应前后均为两个不具共同离子的盐对。我们把交互体系中两个没有共同离子的但能进行置换反应的盐称为交互盐对。

从表面上看，容易把这种体系看做四元体系，因为构成这种体系有 4 种盐。然而，正如我们在前面已讨论过的，这种体系由于发生了一个置换反应，其组分数等于其中实有物质的数目减去有这些物质参加的独立化学反应数目 4−1=3，所以称为三元交互体系。

三元交互系统可用正方形的相图来表示。在正方形的四个角顶分别表示系统中的四种纯

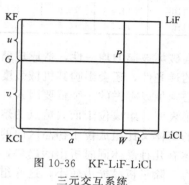

图 10-36　KF-LiF-LiCl
三元交互系统

化学物质，规定在反应方程式同一边的两种物质必须置于正方形同一对角线的两个角顶。但需用下面的方法来表示体系的组成，即使各阳离子的摩尔分数之和等于各阴离子的摩尔分数之和，并都等于一个恒定值。从图 10-36 看就是：

$$x_{Li^+} + x_{K^+} = 1, \quad x_{Cl^-} + x_{F^-} = 1$$

式中，x_{Li^+}、x_{K^+} 分别为 Li^+ 和 K^+ 的摩尔分数；x_{Cl^-}、x_{F^-} 分别为 Cl^- 和 F^- 的摩尔分数。

在正方形中的任一点的组成表示法可以通过该点（图 10-36 中的 P 点）作各边的垂直线，与边的交点 G 和 W 把各边分成两段。其中 a 段表示 x_{Li^+}，b 段表示 x_{K^+}；u 段表示 x_{Cl^-}，v 段表示 x_{F^-}。

例如，由 0.1mol KNO_3、0.7mol KCl、0.8mol $NaNO_3$ 构成的熔盐，其组成点可根据各离子的摩尔分数来确定。在此熔体中，各离子的物质的量为：$K^+ = 0.8$mol，$Na^+ = 0.8$mol，$Cl^- = 0.7$mol，$NO_3^- = 0.9$mol。各离子的摩尔分数为：

$$Na^+ = \frac{0.8}{0.8 + 0.8} = 50\%, \qquad K^+ = 50\%$$

$$Cl^- = \frac{0.7}{0.7 + 0.9} = 43.75\%, \quad NO_3^- = 56.25\%$$

在浓度正方形上，把此三元交互系统的四种盐按图 10-37 放置于四个角顶。正方形每条对角线两端角顶的盐处于反应方程式的同一边。从 NaCl 角顶出发，具有相同阴离子的 NaCl-KCl 边表示阳离子的摩尔分数，具有相同阳离子的 NaCl-NaNO$_3$ 边则表示阴离子的摩尔分数。在 NaCl-KCl 边上根据 K^+ 的摩尔分数为 50% 得到 E 点。在 NaCl-NaNO$_3$ 边上根据 NO_3^- 的摩尔分数为 56.25% 得到 D 点。过 E 点、D 点分别作各边的垂直线 EE'、DD'。EE' 和 DD' 相交于 P 点，P 点即为该系统的组成点。

如果参加系统的盐价数不同，为了能保持正方形，每个角上化合物正离子的电价应相等，负离子的电价也应相等。例如：

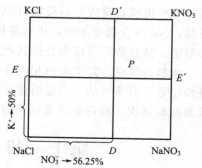

图 10-37　KNO_3-KCl-$NaNO_3$
三元交互相图

$$2KCl + MgSO_4 \Longrightarrow MgCl_2 + K_2SO_4$$

对于 K^+ 和 Cl^- 应该用双倍值才能满足上述要求。

上述方程可改写为：

$$K_2Cl_2 + MgSO_4 \Longrightarrow MgCl_2 + K_2SO_4$$

在浓度正方形角顶分别标注 KCl_2、$MgSO_4$、$MgCl_2$、K_2SO_4，各离子分数则分别以离子基 $2K^+$、Mg^{2+}、SO_4^{2-}、$2Cl^-$ 作为计算基准。

在上例中，也可将已知的 KNO_3、KCl、$NaNO_3$ 的物质的量换算成各物质的摩尔分数，将 KNO_3-KCl-$NaNO_3$ 作为一个浓度三角形，按浓度三角形表示组成的方法同样可确定 P 点。

第十二节　交互三元系统相图常见类型及应用

除了正方形和物质的量表示法上有些区别外，在绘制这类相图时其余各步骤和绘制普通三元相图时所用的方法完全相同。在垂直于组成正方形图的各垂直线上标出各相应温度，并通过得到的各点连成曲面，这些曲面及位于其间的各体积就形成了空间图形，这就是该类相图的立体图。空间图上部为液相面包围着，液相面包括若干曲面，这些曲面是各组分以及由它们生成的化合物的第一次结晶区；空间图的下部为固相面包围着，在无固溶体的情况下，此固相面包括位于不同高度的各水平面。在液相面和固相面之间有第一次结晶体（或区域）和第二次结晶体。其划分方法和普通三元立体相图中的情况相同。

上述立体相图同样可以投影在底部的平面上，即引一系列水平等温平面，并将这些平面与空间图中的各液相面的交线（恒温线）投影在正方形组成图上（图 10-38）。所得到的平面图具普通三元体系相图的许多几何性质：如杠杆规则、重心规则、连线规则；同样也有低共熔点、转熔点、双转熔点及共熔线和转熔界线。

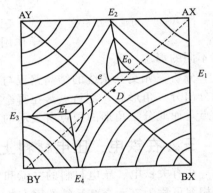

图 10-38　不可逆交互系统

一、不可逆交互系统

如图 10-38 所示，图中有 AX、BY、AY、BX 四种物质的初晶区，五条界线及两个三元无量变点 E_1、E_0。对角线 AY-BX 将系统划分为两个简单三元 BY-AY-BX 和 AX-AY-BX。根据重心规则，E_1、E_0 分别是这两个分三元系统的低共熔点。E_1、E_2、E_3、E_4 则是各相应二元系统的低共熔点。

界线 E_1E_0 与相应连线 AY-BX 相交的 e 点是界线上的温度最高点，也是 AY-BX 这个二元系统的二元低共熔点。任何 AY 和 BX 的配料，即组成点落在 AY-BX 线上的配料，其高温熔体都在 e 点结束析晶，析晶产物是 AY 和 BX。另一条对角线情况就不同了。如将 BY 和 AX 配料，加热到高温完全熔融获得熔体 D，冷却时首先析出 BX，液相点到达界线后析出 AY 和 BX，最后在低共熔点 E_0 析出 AX、AY 和 BX。其析晶产物不是 BY 和 AX，表明 BY-AX 并不能构成一个真正的二元系统。我们把 AY-BX 这条对角线称为稳定对角线，因为这条对角线两端的两个盐的混合物是稳定的，BY-AX 则称为不稳定对角线。稳定对角线不但有其相应的界线，而且与相应界线直接相交。

三元交互系统中是否具有稳定对角线是由系统中离子互换反应的方向所决定的。在不可逆交互系统中，平衡强烈偏向反应的某一方。在反应 AX＋BY $\rightleftharpoons$ AY＋BX 中，如果平衡强烈偏向 AY＋BX 一方，则在相图中会出现稳定对角线，这条稳定对角线就是 AY-BX，它只与 AY、BX 两个初晶区相截。

二、具有单转熔点 P 的三元交互系统图

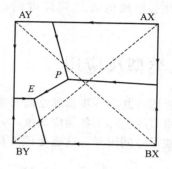

图 10-39 可逆交互系统

如图 10-39 所示，对角线 BY-AX 没有相应的界线，对角线 AY-BX 虽有相应的界线，但并不和相应界线直接相交，因而系统中不存在稳定对角线，不能把系统划分成两个分三元系统，P 点是一个单转熔点，它和 E 点不同，不是同时析出三种晶相，而是回吸 AX 晶体，析出 AY 和 BX 晶体。

图 10-39 所示的相图也是可逆交互系统相图。在该系统中，平衡不是显著偏向某一方，这时在相图上就不会出现稳定对角线。在可逆交互系统的相图上，两条对角线所穿过的相区中，至少有一个属于反应方程式右边某个盐，一个属于反应方程式左边某个盐。

三元交互系统的组分间同样可能有各种不同的物理、化学作用（形成固溶体、生成化合物等），其相图图形因而会具有不同的形态。

分析三元交互系统的结晶路程与分析一般三元系统的结晶路程完全相同。根据无量变点划分出分三角形后，配料点落在哪个副三角形内，与此分三角形相应的无量变点即是其析晶终点，而此分三角形的顶点所表示的三种晶相物质即其结晶产物。

三、在铁电、压电材料上的应用

在有关铁电、压电材料的文献和书籍中，我们常常可以看到如图 10-40 那样的相图，这类相图可称为三元交互系统的固态相变图。前面我们只讨论了三元交互系统的立体相图中液相面到固相面一段的情况，实际上在固相面之下往往还有变化。其一是随温度变化置换固溶体固溶度的变化，其二是随温度变化还要发生相变，这些是人们在制备铁电和压电材料时比较关心的问题。在文献中见到的不同温度下的固态相变图，就是为了反映上述情况的。当然，固相面以下的固溶度变化以及是否发生相变，必须观察几个不同温度的等温截面之后才能清楚。图 10-40(a)、(b) 两张相图都是在室温下的等温截面。单是一个等温截面能说明什么问题呢？它说明这几种化合物的各种配方冷却到室温时形成铁电体的范围在哪里，这点很重要，因为有时为了改变居里温度或改进其他性能，经常采用调整配比的方法。例如，当 Sr^{2+} 取代 Pb^{2+} 时，Sr^{2+} 的摩尔分数每增加 0.01 可使居里温度下降 9.5K。从图 10-40(a) 相图可知，Sr^{2+} 取代 Pb^{2+} 是有一定限度的，因为当 Sr^{2+} 过多时配方就进入了顺电相的范围了。又如在 $PbTiO_3$-$PbZrO_3$ 二元系统中，F_T 和 F_R 之间的界线称为准同型相界。当锆钛原子比例数量在这个界线附近时（约 53/47）晶胞参数将发生演变。钛锆酸铅陶瓷（简称 PZT）中钛锆比接近 53/47 时，物理性能上出现一些"异常"现象。例如，机电耦合系数 K_P 和介电常数都出现最大值，而机械品质因数 Q_m 则表现为最小值。之所以这样是由于准同型相界处组成的晶体结构属于四方-三方两相过渡的特殊情况。四方、三方两种结构同时存在，在电场或外力作用下容易发生相变，即从四方相转变到三方相或从三方相转变到四方相。这有利于铁电活性离子（如钛离子）的迁移和极化，因而在这种结构状态介电常数（它部分地反映了电场作用下离子

位移的影响）以及 K_P（反映了机械能与电能之间转换的难易）能够达到最大。

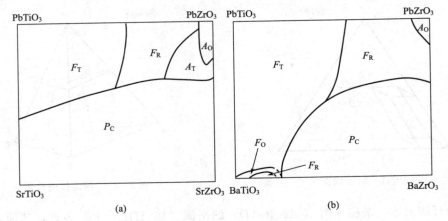

图 10-40　等温截面图

F—铁电相；A—反铁电相；P—顺电相；T—四方晶相；R—三方晶相；O—斜方晶相；C—立方晶相

由于准同型相界处的组成使铁电活性离子容易迁移，所以电畴运动就比较容易，能量的机械损耗大（或者说内摩擦大），因而 Q_m 值就小。图 10-40(a) 中的 F_T 和 F_R 的界线表明加入 Sr^{2+} 之后准同型相界变化情况。当 Sr^{2+} 取代 Pb^{2+} 时，界线先是偏向 $PbZrO_3$，随着 Sr^{2+} 的增加，逐渐偏向 $PbTiO_3$。这样为配方中添加 Sr^{2+} 后如何调整锆钛比，以保证高的介电常数和机电耦合系数提供了指导作用。

第十三节　四元系统相图简介

对于四元凝聚系统，相律的表达式为：

$$F = C - P + 1 = 4 - P + 1 = 5 - P$$

当 $F=0$ 时，$P=5$，即在无量变点上，平衡共存的有五相——四个晶相和一个液相。

当 $P=1$ 时，$F=4$，即系统有四个自由度——温度和三个组分的组成。

一、系统的组成表示法及四面体的性质

通常用正四面体作为浓度四面体来表示四元系统的组成，如图 10-41 所示。四面体的四个顶点 A、B、C、D 分别代表 4 个组分，6 条棱分别代表 6 个二元系统，4 个三角形代表 4 个三元系统。在四面体内的任一点表示四元系统的组成点。

四面体内一组成点中各组成的含量可用下述方法求得。设 $ABCD$ 四元系统内有一组成点 P（图 10-41），通过 P 点引三个平面分别平行于四面体的三个面（如平行于 ACD、ABD、ABC），四面体三个平面在各相当的棱上如 AB、AC、AD 截取的线段 b、c、d，就表示三个组分 B、C、D 的含量。若把每条棱分成 100 等分，截取的线段即表示百分含量，如：$C(B)=b$；$C(C)=c$；$C(D)=d$。第四个组分 A 的含量即可按下式求得：

$$C(A) = 100 - (b + c + d) = a$$

将这代表四个组分含量的线段移到一条边（AB）上，即可读出 P 点 A、B、C、D 的百分含量。

与浓度三角形相似，浓度四面体中也有几个性质，它有助于我们分析四元系统相图。

① 四面体中任意平行于一个面的平面（图 10-42 中 $A'B'C'$）上任何点所代表的组成与

其对面顶角组分（即 D）的含量相等。

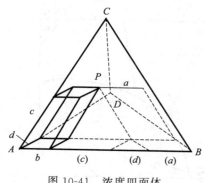

图 10-41　浓度四面体

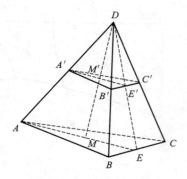

图 10-42　四面体的性质

② 通过四面体一条棱（图 10-42 中 AD）的平面（如 ADE）上的各点，其他两个组分（即 B、C）含量之比是相同的。

③ 通过四面体一个顶点（图 10-42 中 D）的直线（如 DM）上的各点，其他三个组分（即 A、B、C）含量之比是相同的。

二、最简单的四元系统相图

1. 相图的构成

图 10-43 是 A、B、C、D 四个组分所构成的最简单的四元系统相图。从图中可看出有四

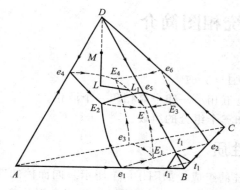

图 10-43　最简单的四元系统相图

个最简单的三元系统，其中 e_1 到 e_6 为六个二元低共熔点，E_1 到 E_4 为四个三元低共熔点。E 点为第四个组分加入后形成的四元低共熔点。

四面体的四个顶点 A、B、C、D 分别代表四个纯组分，每个组分附近有一个相应的初晶空间（也叫结晶容积，共有四个），空间内表示液相与初晶相两相平衡。在冷却时，液相就析出这个初晶空间顶角所表示的那个组分的晶相。每个初晶空间交界处的曲面是相区界面（共有六个界面），在界面上，液相与共析的两种晶相三相平衡。相邻三个初晶空间交界处的曲线是相区界线，也就是三元低共熔线（共有四条界线），在界线上，液

相与共析的三种晶相四相平衡。四个初晶空间交界处有一点，即四条界线的交点 E，为四元最低共熔点。在 E 点，液相与共析的四种晶相五相平衡。

在四面体的三度空间中没有温度轴，用界线上的箭头表示温度下降的方向或以等温曲面来表示温度（图 10-43 所示的 t_1 等温曲面）。和三元系统的浓度三角形一样，四元相图中的每一点既表示组成，同时亦表示温度。因此，对于一些重要的点（如无量变点和化合物的熔点）的温度，往往用数字直接标出或以表列出。

2. 结晶过程

四元熔体的结晶过程虽比三元的复杂，但其依据的基本原理仍是一样的。现以 M 组成熔体的结晶过程举例说明。

熔体 M 的组成点位于四面体 ABCD 之内，并且在组分 D 的初晶空间（图 10-43）。冷却

后，当达到析晶温度时，首先析出纯组分 D 的晶体，由于液相中 D 的含量减少，而其余三组分 A、B、C 的含量比例不变，因此液相的组成离开原始组成点 M，沿着 DM 射线方向变化。当到达 D-A 相区界面上的 L 点时，液相除了对组分 D 饱和外，对组分 A 也达到饱和，故 A 和 D 同时结晶析出。由于留在液相中的其余二组分 B、C 的含量比例不变，以后的液相组成将沿着通过 M 点与 AD 棱所决定的平面和 D-A 界线相交的曲线（即 LL_1 曲线）移向 D-A-C 界线（即 E_4E 线）。在液相组成达到 E_4E 线上的 L_1 点时，组分 C 也达到饱和，于是 A、D、C 同时析出。此时，$P=4$，$F=1$，随着系统温度的降低，液相组成沿 E_4E 曲线移向无量变点 E（为清晰起见，被界面遮住部分的结晶路程仍以实线表示）。当系统温度降低到 T_E，液相组成到达 E 点时，组分 B 也达到饱和，这时 A、B、C、D 四种晶相同时析出，因 $F=0$，系统温度保持不变，直至液相消失，结晶结束。结晶产物为 A、B、C、D 四种晶相。

从 M 点组成熔体的结晶产物也可看出，和在三元系统中一样，重心规则仍然适用。

三、界面、界线及无量变点上的结晶过程

在四元系统相图上如果没有表明温度下降的方向时，仍可参照三元系统的连线规则确定之。若有化合物生成，则不一致熔融化合物的组成点一定在其初晶区空间处；反之，一致熔融化合物的组成点一定在其初晶空间之内，而且该点是这个空间中的最高温度点。

在最简单四元系统中的界面、界线和无量变点上进行的都是低共熔过程，但是在有的四元系统中会遇到发生转熔过程的情况。现将在界面、界线和无量变点上进行结晶过程时出现的几种情况及其判断方法归纳如下。

1. 在界面上的结晶过程

沿着相区界面上进行的结晶过程是三相平衡过程，即同时有两种晶相（A 和 B）与液相处于平衡态。可能有两种不同情况。

一种是低共熔的（一致熔融的）冷却，两种晶体同时析出：

$$L \longrightarrow A+B+L_1$$

一种是转熔的（不一致熔融的）冷却，一种晶体析出，而原先析出的一种晶相被吸回：

$$L+A \longrightarrow B+L_1 \quad \text{或} \quad L+B \longrightarrow A+L_1$$

判断过程是属于低共熔的还是转熔的，如果是转熔的，哪一个晶相被吸回，可以应用以前讨论过的切线规则来判断结晶过程的性质。

图 10-44 表示 M 组成熔体的结晶过程达界面后结晶情况。AB 是两个固相组成的连线。点 l 是连线与 A-B 界面的交点，是界面上的温度最高点，连线上的最低温度点，也是四元系统内两个化合物所形成的最简单二元系统的二元低共熔点。熔体 M 的原始组成点位于组分 A 的初晶空间内，在熔体的结晶过程未达界面前，一直是析出晶相 A，液相组成沿着 AM 射线方向变化，到达 A-B 界面上的 L 点时，产生三相平衡过程，液相组成将沿 ABM 平面与 A-B 界面相交的曲线 lL_n 从 L 点向 L_n 点变化。在 L 点处作切线可交在 AB 连线上，故在 L 点进行的是低共熔过程，从液相中同时析出 A 和 B 的晶相。

图 10-45 与图 10-44 不同，它表示了界面上的结晶过程为转熔时的情况。在这里组分 A 的组成点在它自己的初晶空间之外，而位于组分 B 的初晶空间内，是一个不一致熔融化合物。熔体 M 的原始组成点位于组分 B 的初晶空间，因此，在冷却时，首先析出 B 晶体相，然后液相组成沿 BM 射线方向变化，一直到 A-B 界面上的 L 点。在 A-B 界面上液相组成将沿着 LL_n 曲线变化。通过曲线上任意一点作切线，均与 AB 连线的延长线相交，所以在这一段曲线上进行的结晶过程是转熔过程（曲线 LL_n，以双箭头表示）。因此，在液相组成到达 L 点时，原先析出的 B 晶体将被转熔而析出 A 晶体。当液相组成到达 L_n 点时，固相组成已

变化到 A 点，说明被回吸的晶相 B 已全部消失，这时 $P=2$，$F=3$，液相组成点将脱离相区界面，沿着原始组成点与保存的晶相（即 A）的组成点连线的射线方向，穿入该晶体（即 A）的初晶空间。

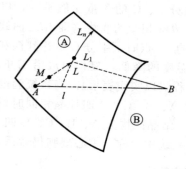
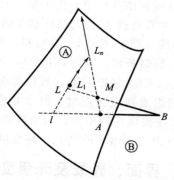

图 10-44　界面上的结晶过程
为低共熔时示意

图 10-45　界面上的结晶过程
为转熔时示意

2. 在界线上的结晶过程

在相区界线上进行的结晶过程是四相平衡过程，即三种晶相与液相平衡共存。若以 A、B、C 表示三个平衡共存的晶相，以 L 和 L_1 表示结晶过程前后的液相组成，则可能有三种情况。

（1）低共熔过程　冷却时，三种晶相同时析出：$L \rightarrow A+B+C+L_1$。

（2）一次转熔过程　冷却时，两种晶相析出，一种晶相被转熔：$L+A \rightarrow B+C+L_1$（或 $L+B \rightarrow A+C+L_1$ 或 $L+C \rightarrow A+B+L_1$）。

（3）二次转熔过程　冷却时，一种晶相析出，两种晶相被转熔：$L+A+B \rightarrow C+L_1$（或 $L+B+C \rightarrow A+L_1$，或 $L+A+C \rightarrow B+L_1$）

对于过程的性质以及转熔时吸回哪一个晶相，则可以按照三元系统的切线规则和重心规则来判断。

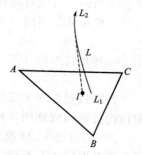

图 10-46　低共熔的
相区界线

例如在图 10-46 中，A、B、C 三个初晶空间相交的界线 L_1L_2 上的一点 L 的性质，可通过 L 点对 L_1L_2 曲线作切线，使与 A、B、C 晶相的组成点所构成的平面相交于 l 点。如 l 点在三角形 ABC 内（重心位置），则过程是低共熔的，如图 10-47(a) 所示；如 l 点在三角形 ABC 一条边的一侧（交叉位置），则为一次转熔过程，如图 10-47(b) 所示，析出 B、C，吸回 A；如 l 点在三角形 ABC 一个顶点的一侧，并在相交两边延长线范围内（共轭位置），则为二次转熔过程，如图 10-47(c) 所示，析出 C，吸回 A 与 B。

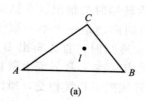
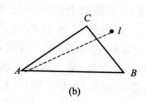
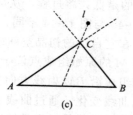

(a)　　　　　　　(b)　　　　　　　(c)

图 10-47　交点的三种不同情形
(a) 低共熔过程；(b) 一次转熔过程；(c) 二次转熔过程

3. 在无量变点上的结晶过程

在无量变点 L_1 上的结晶过程是五相平衡过程——四个晶相（A、B、C、D）与液相平衡共存。冷却时，可能有四种不同的情况。

(1) 低共熔过程　　　$L_1 \rightarrow A+B+C+D$，对应为四元低共熔点。

(2) 一次转熔过程　　$L_1+A \rightarrow B+C+D$，对应为一次转熔点。

(3) 二次转熔过程　　$L_1+A+B \rightarrow C+D$，对应为二次转熔点。

(4) 三次转熔过程　　$L_1+A+B+C \rightarrow D$，对应为三次转熔点。

怎样判断无量变点上过程的性质？若为转熔过程，则哪些晶相析出？哪些晶相被转熔？判断方法与三元系统中的重心规则类似，可以根据无量变点与对应的四个晶相组成点所构成四面体的相对位置来判断或由交于无量变点的四条相区界线的温度下降方向作出判断。

图 10-48 列出四元系统无量变点 L_1 的四种类型，以及它们与四个平衡晶相的组成点构成的四面体之间的相对位置。

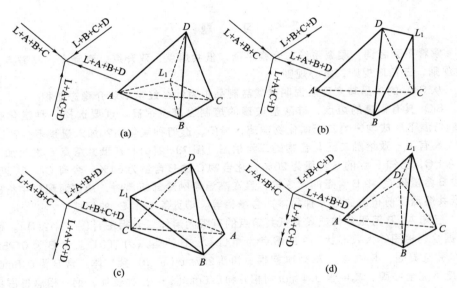

图 10-48　四个平衡晶相组成点构成的四面体之间的相对位置

图 10-48（a）所示为四元低共熔点。这时 L_1 点在相对应四面体 $ABCD$ 的重心位置。同时相交的四条相区界线按其温度下降方向来说，全部指向低共熔点。

图 10-48（b）所示为一次转熔点。这时 L_1 点在四面体一个面 BCD 的一侧，因此是一次转熔点，并且 L_1 点上是 B、C、D 结晶析出，晶体 A 被转熔。从相交的四条相区界线中可见，有一条离开此点后温度继续下降，并且此界线没有晶体 A（也说明是吸回了晶相 A）。如果原始组成点 M 在四面体 $ABCD$ 内，则此点就是结晶结束点。如果原始组成点 M 在四面体 $BCDL_1$ 内，则晶体 A 首先用完，液相组成将离开此点沿相区界线 $L_1+B+C+D$ 变化。

图 10-48（c）所示为二次转熔点。这时 L_1 点在四面体一条棱 CD 的一侧，因此是二次转熔点，并且在 L_1 点是 C、D 结晶析出，A 及 B 被转熔。从相交的四条相区界线中可见，有两条是离开此点后温度继续下降的。

若原始组成点 M 在四面体 $ABCD$ 内，当系统温度降低到 T_{L_1}，液相组成到达 L_1 点时，

则在 L_1 点液相首先用完,结晶过程结束。若原始组成点 M 在四面体 $BCDL_1$ 内时,A 晶体首先用完。若原始组成点 M 在四面体 $ACDL_1$ 内时,则 B 晶体首先用完。当原始组成点 M 在三角形 CDL_1 内时,则晶体 A 与 B 将同时用完。

图 10-48(d) 所示为三次转熔点。这时 L_1 点在四面体的一个顶点 D 的一侧,因此是三次转熔点,并且在 L_1 点上是 D 晶体析出而晶体 A、B、C 被转熔。从相交的四条相区界线中可见,有三条离开此点后温度继续下降。

结晶过程中,液相组成到达 L_1 点时,若原始组成点 M 在四面体 $ABCD$ 内,则液相首先用完,结晶结束。若 M 点在 L_1D 及另外两顶点所构成的四面体内(如 $ABDL_1$ 四面体内),则另一个晶相(C 晶相)首先消耗完毕,液相组成即沿不包含此相的一条相区界线($L_1+A+B+D$)变化。若 M 点在 L_1D 及另外一个顶点所构成的三角形内(如 ADL_1 三角形内),则另外两个晶相(B、C 晶相)将同时消耗完毕,液相组成点将沿着此三角形决定的平面(MAD 平面)与 AD 的相区界面的交线继续变化。若原始组成点 M 在 L_1D 线上,并在该线段内,则 A、B、C 三晶相同时用完,液相组成将沿 MD 连线的延长线方向,穿入 D 晶相的初晶空间。

习 题

10-1 解释下列名词:凝聚系统,介稳平衡,低共熔点,双升点,双降点,马鞍点,连线规则,切线规则,三角形规则,重心规则。

10-2 从 SiO_2 的多晶转变现象说明硅酸盐制品中为什么经常出现介稳态晶相。

10-3 SiO_2 具有很高的熔点,硅酸盐玻璃的熔制温度也很高。现要选择一种氧化物与 SiO_2 在 800℃ 的低温下形成均一的二元氧化物玻璃,请问,选何种氧化物? 加入量是多少?

10-4 具有不一致熔融二元化合物的二元相图 [图 10-12(c)] 在低共熔点 E 发生如下析晶过程:L $\rightleftharpoons$ A+C,已知 E 点的 B 含量为 20%,化合物 C 的 B 含量为 64%。今有 C_1、C_2 两种配料,已知 C_1 中 B 含量是 C_2 中 B 含量的 1.5 倍,且在高温熔融冷却析晶时,从该两配料中析出的初相(即达到低共熔温度前析出的第一种晶体)含量相等。请计算 C_1、C_2 的组成。

10-5 已知 A、B 两组分构成具有低共熔点的有限固溶体二元相图 [图 10-12(i)]。试根据下列实验数据绘制相图的大致形状。A 的熔点为 1000℃,B 的熔点为 700℃。含 B 为 0.25mol 的试样在 500℃ 完全凝固,其含 0.733mol 初相 α 和 $0.267mol(\alpha+\beta)$ 共生体。含 B 为 0.5mol 的试样在同一温度下完全凝固,其含 0.4 mol 初相 α 和 $0.6mol(\alpha+\beta)$ 共生体,而 α 相总量占晶相总量的 50%。实验数据均在达到平衡状态时测定。

10-6 在三元系统的浓度三角形上画出下列配料的组成点,并注意其变化规律。

(1) $C(A)=10\%$,$C(B)=70\%$,$C(C)=20\%$(质量分数,下同)

(2) $C(A)=10\%$,$C(B)=20\%$,$C(C)=70\%$

(3) $C(A)=70\%$,$C(B)=20\%$,$C(C)=10\%$

今有配料 (1) 3kg,配料 (2) 2kg,配料 (3) 5kg,若将此三配料混合加热至完全熔融,试根据杠杆规则用作图法求熔体的组成。

10-7 图 10-24(e) 是具有双降点的生成一个不一致熔融三元化合物的三元相图。请分析 1、2、3 点的析晶路程的各自特点,并在图中用阴影标出析晶时可能发生穿相区的组成范围。组成点 n 在 SC 连线上,请分析它的析晶路程。

10-8 在图 10-49 中划分副三角形;用箭头标出界线上温度下降的方向及界线的性质;判断化合物 S 的性质;写出各无量变点的性质及反应式;分析 M 点的析晶路程,写出刚到达析晶终点时各晶相的含量。

10-9 分析相图 (图 10-50) 中点 1、2 熔体的析晶路程(注:S、1、E_3 在一条直线上)。

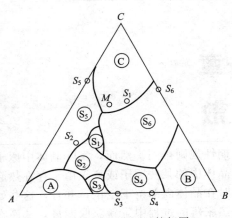

图 10-49　习题 10-8 的相图

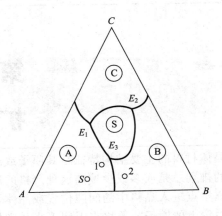

图 10-50　习题 10-9 的相图

10-10　Na_2O-CaO-SiO_2 相图（图 10-35）中，划分出全部的副三角形；判断界线的温度变化方向及界线的性质；写出无量变点的平衡关系式；分析并写出 M 点的析晶路程（M 点在 CS 与 NC_3S_6 连线的延长线上，注意穿相区的情况）。

10-11　一个陶瓷配方，含长石（$K_2O \cdot Al_2O_3 \cdot 6SiO_2$）39%，脱水高岭土（$Al_2O_3 \cdot 2SiO_2$）61%，在 1200℃ 烧成。问：（1）瓷体中存在哪几相？（2）所含各相的质量分数是多少？

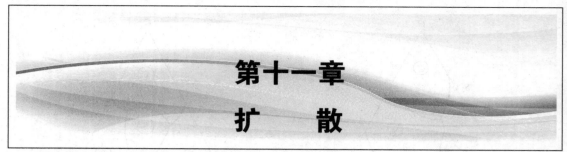

第十一章

扩　散

晶体材料的主要结构特征是其原子或离子的周期性规则排列。然而，实际晶体中原子或离子的排列总是或多或少偏离这种严格的周期性。晶体中的某些原子或离子由于存在热起伏会脱离格点进入晶格中的间隙位置或晶体表面，同时在晶体内部留下空位；并且，这些处于间隙位置上的原子或原格点上留下来的空位可以从热胀落的过程中重新获取能量，从而在晶体结构中不断地改变位置而出现由一处向另一处的无规则迁移运动，这就是晶格中原子或离子的扩散。原子或离子的这种扩散迁移运动不仅可以出现在晶体材料中，同样可以发生在结构无序的非晶态材料中（如玻璃、高分子有机材料等）。

原子或离子的扩散过程是一种不可逆过程，它与热传导、导电、黏滞等不可逆过程一样，都是由于物质内部存在某些物性的不均匀性而发生的物质迁移过程。具体来说，扩散现象是由于物质中存在浓度梯度、化学位梯度、温度梯度和其他梯度所引起的物质输运过程。无机非金属材料制备、使用中很多重要的物理化学过程都与扩散有着密切的联系，如半导体的掺杂、离子晶体的导电、固溶体的形成、相变过程、固相反应、烧结、材料表面处理、玻璃的熔制、陶瓷材料的封接、耐火材料的侵蚀性等。因此，研究并掌握固体中扩散的基本规律对认识材料的性质、制备和生产具有一定性能的固体材料均有十分重要的意义。

第一节　扩散的基本特点及扩散方程

一、扩散的基本特点

发生在流体（气体或液体）中的传质过程是一个早为人们所认识的自然现象。对于流体，由于质点间相互作用比较弱，且无一定的结构，故质点的迁移可如图 11-1 中所描述的那样，完全随机地朝三维空间的任意方向发生，每一步迁移的自由行程（与其他质点发生碰撞之前所行走的路程）也随机地决定于该方向上最邻近质点的距离。流体的质点密度越低（如在气体中），质点迁移的自由程也就越大。因此发生在流体中的扩散传质过程往往总是具有很大的速率和完全的各向同性。

与流体中的情况不同，质点在固体介质中的扩散远不如在流体中那样显著。固体中的扩散有其自身的特点：①构成固体的所有质点均束缚在三维周期性势阱中，质点之间的相互作用强，故质点的每一步迁移必须从热胀落或外场中获取足够的能量以克服势阱的能量。因此固体中明显的质点扩散常开始于较高的温度，但实际上又往往低于固体的熔点。②固体中原子或离子迁移的方向和自由行程还受到结构中质点排列方式的限制，依一定方式所堆积成的结构将以一定的对称性和周期性限制着质点每一步迁移的方向和自由行程。如图 11-2 所示，处于平面点阵内间隙位置的原子，只存在四个等同的迁移方向，每一迁移的发生均需获取高于能垒 ΔG 的能量，迁移自由程则相当于晶格常数大小。因此，固体中的质点扩散往往具有各向异性和扩散速率低的特点。

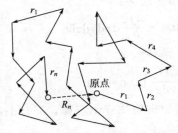

图 11-1　扩散质点的无规行走轨迹

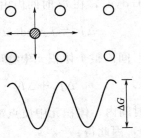

图 11-2　间隙原子扩散势场

二、菲克定律与扩散动力学方程

1. 菲克定律

虽然在微观上流体和固体介质中，由于其本身结构的不同而使质点的扩散行为彼此存在较大的差异。但从宏观统计的角度看，介质中质点的扩散行为都遵循相同的统计规律。德国物理学家菲克（Adolf Fick）于 1855 年在研究大量扩散现象的基础之上，首先对这种质点扩散过程作出了定量描述，得出了著名的菲克定律，建立了浓度场下物质扩散的动力学方程。

菲克第一定律认为：在扩散体系中，参与扩散质点的浓度 c 是位置坐标 x、y、z 和时间 t 的函数，即浓度因位置而异，且可随时间而变化。在扩散过程中，单位时间内通过单位横截面的扩散流量密度 J（或质点数目）与扩散质点的浓度梯度 ∇C 成正比，即有如下扩散第一方程：

$$J = -D\ \nabla C = -D\left(i\frac{\partial c}{\partial x} + j\frac{\partial c}{\partial y} + k\frac{\partial c}{\partial z}\right) \tag{11-1}$$

式中，D 为扩散系数，其量纲为 $L^2 T^{-1}$（在 SI 和 CGS 单位制中分别为 m^2/s 和 cm^2/s）；负号表示粒子从浓度高处向浓度低处扩散，即逆浓度梯度的方向扩散。

式(11-1) 同时表明，若质点在晶体中扩散，则其扩散行为还依赖于晶体的具体结构，对于大部分的玻璃或各向同性的多晶陶瓷材料，可以认为扩散系数 D 将与扩散方向无关而为一标量。但在一些存在各向异性的单晶材料中，扩散系数的变化取决于晶体结构的对称性，对于一般非立方对称结构晶体，扩散系数 D 为二阶张量，此时式(11-1)可写成分量的形式：

$$J_x = -D_{xx}\frac{\partial c}{\partial x} - D_{xy}\frac{\partial c}{\partial y} - D_{xz}\frac{\partial c}{\partial z}$$

$$J_y = -D_{yx}\frac{\partial c}{\partial x} - D_{yy}\frac{\partial c}{\partial y} - D_{yz}\frac{\partial c}{\partial z} \tag{11-2}$$

$$J_z = -D_{zx}\frac{\partial c}{\partial x} - D_{zy}\frac{\partial c}{\partial y} - D_{zz}\frac{\partial c}{\partial z}$$

菲克第一定律（扩散第一方程）是质点扩散定量描述的基本方程。它可以直接用于求解扩散质点浓度分布不随时间变化的稳定扩散问题。但同时又是不稳定扩散（质点浓度分布随时间变化）动力学方程建立的基础。

2. 扩散动力学方程

现考虑如图 11-3 所示的不稳定扩散体系中任

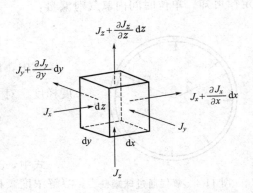

图 11-3　扩散体积元

一体积元 $dxdydz$，在 δt 时间内由 x 方向流进的净物质增量应为：

$$\Delta J_x = J_x dydz\delta t - \left(J_x + \frac{\partial J_x}{\partial x}dx\right)dydz\delta t = -\frac{\partial J_x}{\partial x}dxdydz\delta t \tag{11-3}$$

在 δt 时间内整个体积元中物质净增量为：

$$\Delta J_x + \Delta J_y + \Delta J_z = -\left(\frac{\partial J_x}{\partial x} + \frac{\partial J_y}{\partial y} + \frac{\partial J_z}{\partial z}\right)dxdydz\delta t \tag{11-4}$$

若 δt 时间内，体积元中质点浓度平均增量为 δc，则根据物质守恒定律，$\delta c\,dxdydz$ 应等于式(11-4)，因此得：

$$\frac{\delta c}{\delta t} = -\left(\frac{\partial J_x}{\partial x} + \frac{\partial J_y}{\partial y} + \frac{\partial J_z}{\partial z}\right)$$

或

$$\frac{\partial c}{\partial t} = -\boldsymbol{\nabla} \cdot \boldsymbol{J} = \boldsymbol{\nabla} \cdot (D\,\boldsymbol{\nabla} C) \tag{11-5}$$

若假设扩散体系具各向同性，且扩散系数 D 不随位置坐标变化，则有：

$$\frac{\partial c}{\partial t} = D\left(\frac{\partial^2 c}{\partial x^2} + \frac{\partial^2 c}{\partial y^2} + \frac{\partial^2 c}{\partial z^2}\right) \tag{11-6}$$

对于球对称扩散，上式可变换为球坐标表达式：

$$\frac{\partial c}{\partial t} = D\left(\frac{\partial^2 c}{\partial r^2} + \frac{2}{r}\times\frac{\partial c}{\partial r}\right) \tag{11-7}$$

式(11-5)为不稳定扩散的基本动力学方程式，它可适用于不同性质的扩散体系。但在实际应用中，往往为了求解简单起见，而常采用式(11-6)的形式。

三、扩散动力学方程的应用举例

在实际固体材料的研制生产过程中，经常会遇到众多与原子或离子扩散有关的实际问题。因此，求解不同边界条件的扩散动力学方程式往往是解决这类问题的基本途径。一般情况下，所有的扩散问题可归结成稳定扩散与不稳定扩散两大类。所谓稳定扩散，正如前面所言，是指扩散物质的浓度分布不随时间变化的扩散过程，使用菲克第一定律可解决稳定扩散问题。不稳定扩散是指扩散物质浓度分布随时间变化的一类扩散，这类问题的解决应借助于菲克第二定律。

1. 稳定扩散

以一高压氧气球罐的氧气泄漏问题为例。如图 11-4 所示，氧气球罐内外直径分别为 r_1 和 r_2，罐中氧气压力为 p_1，罐外氧气压力即为大气中氧分压为 p_2。由于氧气泄漏量极微，故可认为 p_1 不随时间变化。因此当达到稳定状态时氧气将以一恒定速率泄漏。由扩散第一定律可知，单位时间内氧气泄漏量：

$$\frac{dG}{dt} = -4\pi r^2 D\frac{dc}{dr} \tag{11-8}$$

式中，D 和 $\frac{dc}{dr}$ 分别为氧分子在钢罐壁内的扩散系数和浓度梯度。对上式积分得：

$$\frac{dG}{dt} = -4\pi D\frac{c_2-c_1}{\frac{1}{r_1}-\frac{1}{r_2}} = -4\pi D r_1 r_2 \frac{c_2-c_1}{r_2-r_1} \tag{11-9}$$

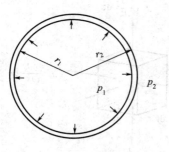

图 11-4　氧气通过球罐壁扩散泄漏

式中，c_2 和 c_1 分别为氧气分子在球罐外壁和内壁表面的溶解浓度。根据 Sievert 定律：双原子分子气体在固体中的溶解度通常与压力的平方根成正比 $c = K\sqrt{p}$，于是可得单位时间内氧气泄漏量：

$$\frac{dG}{dt} = -4\pi Dr_1 r_2 K \frac{\sqrt{p_2} - \sqrt{p_1}}{r_2 - r_1} \tag{11-10}$$

2. 不稳定扩散

不稳定扩散中典型的边界条件可分成两种情况，它们对应于不同扩散特征的体系。一种情况是扩散长度远小于扩散体系的尺度，故可引入无限大或半无限大边界条件使方程得到简单的解析解；另一种情况是扩散长度与体系尺度相当，此时方程的解往往具有级数的形式。下面对前一种情况的两个例子进行讨论。

如图 11-5 所示的扩散体系为一长棒 B，其端面暴露于扩散质 A 的恒压蒸气中，因而扩散质将由端面不断扩散至棒 B 的内部。不难理解，该扩散过程可由如下方程及其初始条件和边界条件得到描述：

$$\frac{\partial c}{\partial t} = D \frac{\partial^2 c}{\partial x^2}; \quad t=0; \quad x \geqslant 0, c(x,t)=0; \quad t>0, \ c(0,\ t)=c_0 \tag{11-11}$$

通过引入新的变量 $u = x/\sqrt{t}$，并考虑在任意时刻 $c(\infty,\ t)=0$ 和 $c(0,\ t)=c_0$ 的边界条件，可以解得长棒 A 中扩散质浓度分布为：

$$c(x,t) = c_0 \left[1 - erf\left(\frac{x}{2\sqrt{Dt}}\right) \right] \tag{11-12}$$

式中 $erf(z)$ 为高斯误差函数：

$$erf(z) = \frac{2}{\sqrt{\pi}} \int_0^z \exp(-\xi^2) d\xi \tag{11-13}$$

其函数关系如图 11-6 所示。

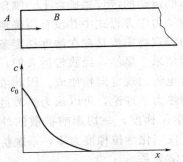

图 11-5 端面处于恒定蒸气压下的
半无限大固体一维扩散

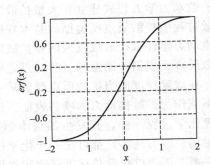

图 11-6 高斯误差函数曲线

由式(11-12) 可看出，对于一定值的 $c(x,t)/c_0$，所对应的扩散深度 x 与时间 t 有着确定的关系。例如假定 $c/c_0 = 0.5$，由图 11-6 可知 $x/2(Dt)^{1/2} = 0.52$，即在任何时刻 t，对于半浓度的扩散距离 $x = 1.04(Dt)^{1/2}$，并有更一般的关系：

$$x^2 = Kt \tag{11-14}$$

式中 K 为比例系数，这个关系式常成为抛物线时间定则。可知在一指定浓度 c 时，增加一倍扩散深度则需延长四倍的扩散时间。这一关系被广泛地应用于如钢铁渗碳、晶体管或集成电路生产等工艺环节中控制扩散质浓度分布和扩散时间以及温度的关系。

长棒扩散的另一个典型例子是所谓的扩散薄膜解。如图 11-7 所示，在一半无限长棒的一个端面上沉积 Q 量的扩散质薄膜，此时扩散过程的初始和边界条件可描述为：

$$\frac{\partial c}{\partial t} = D \frac{\partial^2 c}{\partial x^2}; \quad c(x>0,0)=0; \quad \int_0^\infty c(x)dx = Q(t>0) \tag{11-15}$$

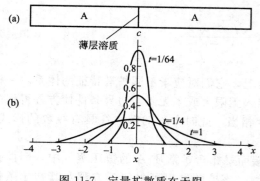

图 11-7　定量扩散质在无限
长棒中扩散的薄膜解

其相应的解有如下形式：

$$c(x,t) = \frac{Q}{\sqrt{\pi Dt}} \exp\left(-\frac{x^2}{4Dt}\right) \quad (11\text{-}16)$$

扩散薄膜解的一个重要应用是测定固体材料中有关的扩散系数。将一定量的放射性示踪原子涂于长棒的一个端面上，测量经历一定时间后放射性示踪原子离端面不同深度处的浓度，然后利用式（11-16）求得扩散系数 D，其数据处理步骤如下。

将（11-16）式两边取对数：

$$\ln c(x,t) = \ln \frac{Q}{2\sqrt{\pi Dt}} - x^2/4Dt$$

$$(11\text{-}17)$$

对所获实验数据作 $\ln c(x,t)$-x^2 直线，其斜率为 $-\dfrac{1}{4Dt}$，截距为 $\ln Q/2\sqrt{\pi Dt}$，由此即可求出扩散系数 D。

第二节　扩散的推动力

一、扩散的一般推动力

扩散动力学方程式建立在大量扩散质点作无规则布朗运动的统计基础之上，唯象地描述了扩散过程中扩散质点所遵循的基本规律。但是在扩散动力学方程式中并没有明确地指出扩散的推动力是什么，而仅仅表明在扩散体系中出现定向宏观物质流是存在浓度梯度条件下大量扩散质点无规则布朗运动（非质点定向运动）的必然结果。显然，经验告诉人们，即使体系不存在浓度梯度而当扩散质点受到某一力场的作用时也将出现定向物质流。因此浓度梯度显然不能作为扩散推动力的确切表征。根据广泛适用的热力学理论，可以认为扩散过程与其他物理化学过程一样，其发生的根本驱动力应该是化学位梯度。一切影响扩散的外场（电场、磁场、应力场等）都可统一于化学位梯度之中，且仅当化学位梯度为零，系统扩散方可达到平衡。下面以化学位梯度概念建立扩散系数的热力学关系。

设一多组分体系中，i 组分的质点沿 x 方向扩散所受到的力应等于该组分化学位（μ_i）在 x 方向上梯度的负值：

$$F_i = -\partial \mu_i / \partial x \quad (11\text{-}18)$$

相应的质点运动平均速率 V_i 正比于作用力 F_i：

$$V_i = B_i F_i = -B_i \partial \mu_i / \partial x \quad (11\text{-}19)$$

式中，比例系数 B_i 为单位力作用下，组分 i 质点的平均速率或称淌度。显然此时组分 i 的扩散通量 J_i 等于单位体积中该组成质点数 C_i 和质点移动平均速率的乘积：

$$J_i = C_i V_i \quad (11\text{-}20)$$

将式（11-19）代入式（11-20），便可得用化学位梯度概念描述扩散的一般方程式：

$$J_i = -C_i B_i \frac{\partial \mu_i}{\partial x} \quad (11\text{-}21)$$

若所研究体系不受外场作用，化学位为系统组成活度和温度的函数，则式（11-21）可写成：

$$J_i = -C_i B_i \frac{\partial \mu_i}{\partial c_i} \times \frac{\partial C_i}{\partial x}$$

将上式与菲克第一定律比较得扩散系数 D_i：

$$D_i = C_i B_i \frac{\partial \mu_i}{\partial C_i} = B_i \partial \mu_i / \partial \ln C_i$$

因 $C_i / C = N_i$，$d \ln C_i = d \ln N_i$

故有：

$$D_i = B_i \partial \mu_i / \partial \ln N_i \tag{11-22}$$

又因：

$$\mu_i = \mu_i^{\ominus}(T, P) + RT \ln a_i = \mu_i^{\ominus} + RT(\ln N_i + \ln \gamma_i)$$

则：

$$\frac{\partial \mu_i}{\partial \ln N_i} = RT(1 + \partial \ln \gamma_i / \partial \ln N_i) \tag{11-23}$$

将式(11-23)代入式(11-22)得：

$$D_i = RTB_i(1 + \partial \ln \gamma_i / \partial \ln N_i) \tag{11-24}$$

上式便是扩散系数的一般热力学关系。式中 $\left(1 + \frac{\partial \ln \gamma_i}{\partial \ln N_i}\right)$ 称为扩散系数的热力学因子。

对于理想混合体系活度系数 $\gamma_i = 1$，此时 $D_i = D_i^* = RTB_i$。通常称 D_i^* 为自扩散系数，而 D_i 为本征扩散系数。对于非理想混合体系存在两种情况：①当 $(1 + \partial \ln \gamma_i / \partial \ln N_i) > 0$，此时 $D_i > 0$，称为正常扩散，在这种情况下物质流将由高浓度处流向低浓度处，扩散的结果使溶质趋于均匀化。②当 $(1 + \partial \ln \gamma_i / \partial \ln N_i) < 0$，此时 $D_i < 0$，称为反常扩散或逆扩散。与上述情况相反，扩散结果使溶质偏聚或分相。

二、逆扩散实例

逆扩散在无机非金属材料领域中也是经常见到的。如固溶体中有序无序相变、玻璃在旋节区（spinodal range）分相以及晶界上选择性吸附过程，某些质点通过扩散而富集于晶界上等过程都与质点的逆扩散有关。下面简要介绍几种逆扩散实例。

1. 玻璃分相

在旋节分解区，由于 $\partial^2 G / \partial c^2 < 0$，产生上坡扩散，在化学位梯度推动下由浓度低处向浓度高处扩散。

2. 晶界的内吸附

晶界能量比晶粒内部高，如果溶质原子位于晶界上，可降低体系总能量，它们就会扩散而富集在晶界上，因此溶质在晶界上的浓度就高于在晶粒内的浓度。

3. 固溶体中发生某些元素的偏聚

在热力学平衡状态下，固溶体的成分从宏观看是均匀的，但微观上溶质的分布往往是不均匀的。溶质在晶体中位置是随机的分布称为无序分布，当同类原子在局部范围内的浓度大大超过其平均浓度时称为偏聚。

第三节　扩散机制和扩散系数

一、扩散的布朗运动理论

菲克第一、第二定律定量地描述了质点扩散的宏观行为，在人们认识和掌握扩散规律过程中起了重要的作用。然而，菲克定律仅仅是一种现象的描述，它将除浓度以外的一切影响扩散的因素都包括在扩散系数之中，而又未能赋予其明确的物理意义。

1905 年爱因斯坦（Einstein）在研究大量质点作无规则布朗运动的过程中，首先用统计的方法得到扩散方程，并使宏观扩散系数与扩散质点的微观运动得到联系。爱因斯坦最初得到的一维扩散方程为：

$$\frac{\partial c}{\partial t}=\frac{1}{2\tau}\overline{\xi^2}\frac{\partial^2 c}{\partial x^2} \tag{11-25}$$

若质点可同时沿三维空间方向跃迁，且具有各向同性，则其相应扩散方程应为：

$$\frac{\partial c}{\partial t}=\frac{1}{6\tau}\overline{\xi^2}\left(\frac{\partial^2 c}{\partial x^2}+\frac{\partial^2 c}{\partial y^2}+\frac{\partial^2 c}{\partial z^2}\right) \tag{11-26}$$

将式（11-26）与式（11-6）比较，可得菲克扩散定律中的扩散系数：

$$D=\overline{\xi^2}/6\tau \tag{11-27}$$

式中，$\overline{\xi^2}$ 为扩散质点在时间 τ 内位移平方的平均值。对于固态扩散介质，设原子迁移的自由程为 r，原子的有效跃迁频率为 f，于是有 $\overline{\xi^2}=f\tau r^2$。将此关系代入式（11-27）中，便有：

$$D=\overline{\xi^2}/6\tau=\frac{1}{6}f\overline{r^2} \tag{11-28}$$

由此可见，扩散的布朗运动理论确定了菲克定律中扩散系数的物理含义，为从微观角度研究扩散系数奠定了物理基础。在固体介质中，作无规则布朗运动的大量质点的扩散系数决定于质点的有效跃迁频率 f 和迁移自由程 r 平方的乘积。显然，对于不同的晶体结构和不同的扩散机构，质点的有效跃迁频率 f 和迁移自由程 r 将具有不同的数值。因此，扩散系数既是反映扩散介质微观结构，又是反映质点扩散机构的一个物性参数，它是建立扩散微观机制与宏观扩散系数间关系的桥梁。

二、质点迁移的微观机构

由于构成晶体的每一质点均束缚在三维周期性势阱中，故而固体中质点的迁移方式或称扩散的微观机构将受到晶体结构对称性和周期性的限制。到目前为止已为人们所认识的晶体中原子或离子的迁移机构主要可分为两种：空位机构和间隙机构。

所谓空位机构的原子或离子迁移过程如图 11-8 中 c 所描述的情况，晶格中由于本征热缺陷或杂质离子不等价取代而存在空位，于是空位周围格点上的原子或离子就可能跳入空位，此时空位与跳入空位的原子分别作了相反方向的迁移。因此在晶体结构中，空位的移动意味着结构中原子或离子的相反方向移动。这种以空位迁移作为媒介的质点扩散方式就称为空位机构。无论金属体系或离子化合物体系，空位机构是固体材料中质点扩散的主要机构。在一般情况下离子晶体可由离子半径不同的阴、阳离子构成晶格，而较大离子的扩散多半是通过空位机构进行的。

图 11-8 中 d 则给出了质点通过间隙机构进行扩散的物理图像。在这种情况下，处于间隙位置的质点从一间隙位移入另一邻近间隙位的过程必须引起其周围晶格的变形。与空位机构相比，间隙机构引起的晶格变形大。因此间隙原子相对晶格位上原子尺寸越小，间隙机构越容易发生；反之间隙原子越大，间隙机构越难发生。

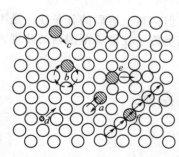

图 11-8　晶体中质点的扩散机构
a—直接交换；b—环形交换；c—空位；d—间隙；e—填隙；f—挤列

除以上两种扩散机构以外，还存在如图 11-8 中 a、b、

e 等几种扩散方式，e 称为亚间隙机构。这种扩散机构所造成的晶格变形程度居于空位机构和间隙机构之间。已有文献报道，AgBr 晶体中 Ag^+ 和具有萤石结构的 UO_{2+x} 晶体中的 O^{2-} 的扩散属这种机构。此外，a、b 分别称为直接易位和环易位机构。在这些机构中处于对等位置上的两个或两个以上的结点原子同时跳动进行位置交换，由此而发生位移。

三、扩散系数

虽然晶体中以不同微观机构进行的质点扩散有不同的扩散系数，但通过爱因斯坦扩散方程 $D=\dfrac{1}{6}f\overline{r^2}$ 所赋予扩散系数的物理含义，则有可能建立不同扩散机构与相应扩散系数的关系。

在空位机构中，结点原子成功跃迁到空位中的频率应为原子成功跃过能垒 ΔG_m 的次数和该原子周围出现空位的概率的乘积所决定：

$$f=A\nu_0 N_V \exp\left(-\frac{\Delta G_m}{RT}\right) \tag{11-29}$$

式中 ν_0——格点原子振动频率（约 $10^{13}/s$）；

  N_V——空位浓度；

  A——比例系数。

若考虑空位来源于晶体结构中本征热缺陷（例如 Schottkey 缺陷），则式（11-29）中 $N_V=\exp\{-\Delta G_f/2RT\}$，此处 ΔG_f 为空位形成能。将该关系式与式（11-29）一并代入式（11-28），便得空位机构扩散系数：

$$D=\frac{A}{6}\overline{r^2}\nu_0 \exp\left(-\frac{\Delta G_m}{RT}\right)\exp\left(-\frac{\Delta G_f}{2RT}\right) \tag{11-30}$$

因空位来源于本征热缺陷，故该扩散系数称为本征扩散系数或自扩散系数。考虑 $\Delta G=\Delta H-T\Delta S$ 热力学关系以及空位跃迁距离 r 与晶胞参数 a_0 成正比 $r=Ka_0$，式（11-30）可改写成：

$$D=\gamma a_0^2 \nu_0 \exp\left\{\frac{\Delta S_f/2+\Delta S_m}{R}\right\}\exp\left\{-\frac{\Delta H_f/2+\Delta H_m}{RT}\right\} \tag{11-31}$$

式中，γ 为新引进的常数，$\gamma=\dfrac{A}{6}K^2$，它因晶体的结构不同而不同，故常称为几何因子。

对于以间隙机构进行的扩散，由于晶体中间隙原子浓度往往很小，所以实际上间隙原子所有邻近的间隙位都是空着的。因此间隙机构扩散时可提供间隙原子跃迁的位置概率可近似地看成为 100%。基于与上述空位机构同样的考虑，间隙机构的扩散系数可表达为：

$$D=\gamma a_0^2 \nu_0 \exp\left\{\frac{\Delta S_m}{R}\right\}\exp\{-\Delta H_m/RT\} \tag{11-32}$$

比较式（11-31）和式（11-32）容易得出它们均具有相同的形式。为方便起见，习惯上将各种晶体结构中空位间隙扩散系数统一于如下表达式：

$$D=D_0 \exp\{-Q/RT\} \tag{11-33}$$

式中，D_0 为式（11-31）或式（11-32）中非温度显函数项，称为频率因子；Q 称为扩散活化能。显然空位扩散活化能由形成能和空位迁移能两部分组成，而间隙扩散活化能只包括间隙原子迁移能。

由于在实际晶体材料中空位的来源除本征热缺陷提供的以外，还往往包括杂质离子固溶所引入的空位。因此，空位机构扩散系数中应考虑晶体结构中总空位浓度 $N_V=N'_V+N_I$。其中 N'_V 和 N_I 分别为本征空位浓度和杂质空位浓度。此时扩散系数应由下式表达：

$$D = \gamma a_0^2 \nu_0 (N'_V + N_I) \exp\left(\frac{\Delta S_m}{R}\right) \exp\left(-\frac{\Delta H_m}{RT}\right) \tag{11-34}$$

在温度足够高的情况下，结构中来自于本征缺陷的空位浓度 N'_V 可远大于 N_I，此时扩散为本征缺陷所控制，式(11-34)完全等价于式(11-31)，扩散活化能 Q 和频率因子 D_0 分别等于：

$$\begin{cases} Q = \Delta H_f/2 + \Delta H_m \\ D_0 = \gamma a_0^2 \nu_0 \exp\left\{\left(\frac{\Delta S_f}{2} + \Delta S_m\right)/R\right\} \end{cases}$$

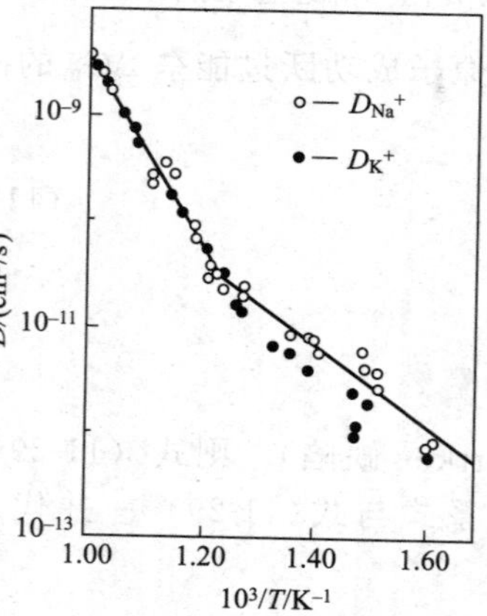

当温度足够低时，结构中本征缺陷提供的空位浓度 N'_V 可远小于 N_I，从而式(11-34)变为：

$$D = \gamma a_0^2 \nu_0 N_I \exp\{\Delta S_m/R\} \exp\{-\Delta H_m/RT\} \tag{11-35}$$

因扩散受固溶引入的杂质离子的电价和浓度等外界因素所控制，故称之为非本征扩散。相应的 D 则称为非本征扩散系数，此时扩散活化能 Q 与频率因子 D_0 为：

$$\begin{cases} Q = \Delta H_m \\ D_0 = \gamma a_0^2 \nu_0 N_I \exp\{\Delta S_m/R\} \end{cases}$$

图 11-9 表示了含微量 $CaCl_2$ 的 $NaCl$ 晶体中，Na^+ 的自扩散系数 D 与温度 T 的关系。在高温区活化能较大的应为本征扩散。在低温区活化能较小的则相应于非本征扩散。

图 11-9　NaCl 单晶中 Na$^+$ 的自扩散系

Patterson 等人测量了单晶 NaCl 中 Na$^+$ 和 Cl$^-$ 的本征扩散系数并得到了活化能数据，如表 11-1 所示。

表 11-1　NaCl 单晶中自扩散活化能

离子	活化能 Q/(kJ/mol)		
	$\Delta H_m + \Delta H_f/2$	ΔH_m	ΔH_f
Na$^+$	174	74	199
Cl$^-$	261	161	199

第四节　固体中的扩散

一、金属中的扩散

金属中扩散的基本步骤是金属原子从一个平衡位置转移到另一个平衡位置，也就是说，通过原子在整体材料中的移动而发生质量迁移，在自扩散的情况下，没有净质量迁移，而是原子从一种无规则状态在整个晶体中移动，在互扩散中几乎都发生质量迁移，从而减少成分上的差异。许多学者已经提出了各种关于自扩散和互扩散的原子机制。从能量角度看，最有利的过程是一个原子与其相邻的空位互相交换位置，实验证明，这种过程在大多数金属中都占优势。在溶质原子比溶剂原子小到一定程度的合金中，溶质原子占据了间隙的位置。这时在互扩散中，间隙机制占优势。因此，氢、碳、氮和氧在多数金属中是间隙扩散的。由于与间隙原子相邻的未被占据的间隙数目通常是很多的，所以扩散的激活能仅仅与原子的移动有关，故间隙溶质原子在金属中的扩散比置换溶质原子的扩散要快得多。实验表明，金属和合金自扩散的激活能随熔点升高而增加，这说明原子间的结合能强烈地影响扩散进行的速率。

二、离子固体和共价固体中的扩散

大多数离子固体中的扩散是按空位机制进行的，但是在某些开放的晶体结构中，例如在萤石（CaF_2）和 UO_2 中，阴离子却是按间隙机制进行扩散的。在离子型材料中，影响扩散的缺陷来自两方面：①本征点缺陷，例如热缺陷，其数量取决于温度；②掺杂点缺陷，它来源于价数与溶剂离子不同的杂质离子。前者引起的扩散与温度的关系类似于金属中的自扩散，后者引起的扩散与温度的关系则类似于金属中间隙溶质的扩散。纯 NaCl 中阳离子 Na^+ 的扩散率与金属中的自扩散相差不大，Na 在 NaCl 中扩散激活能为 41kcal/mol，因为在 NaCl 中，Schottkey 缺陷比较容易形成。而在非常纯的化学比的金属氧化物中，相应于本征点缺陷的能量非常高，以至于只有在很高温度时，其浓度才足以引起明显的扩散。在中等温度时，少量杂质能大大加速扩散。

三、非晶体中的扩散

玻璃中的物质扩散可大致分为以下四种类型。

（1）原子或分子的扩散　稀有气体 He、Ne、Ar 等在硅酸盐玻璃中的扩散；N_2、O_2、SO_2、CO_2 等气体分子在熔体玻璃中的扩散；Na、Au 等金属以原子状态在固体玻璃中的扩散。这些分子或原子的扩散，在 SiO_2 玻璃中最容易进行，随着 SiO_2 中其他网络外体氧化物的加入，扩散速率开始降低。

（2）一价离子的扩散　主要是玻璃中碱金属离子的扩散，以及 H^+、Tl^+、Ag^+、Cu^+ 等其他一价离子在硅酸盐玻璃中的扩散。玻璃的电学性质、化学性质、热学性质几乎都是由碱金属离子的扩散状态决定的。一价离子易于迁移，在玻璃中的扩散速率最快，也是扩散理论研究的主要对象。

（3）碱土金属、过渡金属等二价离子的扩散　这些离子在玻璃中的扩散速率较慢。

（4）氧离子及其他高价离子（如 Al^{3+}、Si^{4+}、B^{3+} 等）的扩散　在硅酸盐玻璃中，硅原子与邻近氧原子的结合非常牢固。因而即使在高温下，它们的扩散系数也是小的，在这种情况下，实际上移动的是单元，硅酸盐网络中有一些相当大的孔洞，因而像氢和氦那样的小原子可以很容易地渗透通过玻璃，此外，这类原子对于玻璃组分在化学上是惰性的，这增加了它们的扩散率。这种观点解释了氢和氦对玻璃有明显的穿透性，并且指出了玻璃在某些高真空应用中的局限性。钠离子和钾离子由于其尺寸较小，也比较容易扩散穿过玻璃。但是，它们的扩散速率明显地低于氢和氦，因为阳离子受到 Si—O 网络中原子的周围静电吸引。尽管如此，这种相互作用要比硅原子所受到相互作用的约束性小得多。

四、非化学计量氧化物中的扩散

除掺杂点缺陷引起非本征扩散外，非本征扩散亦发生于一些非化学计量氧化物晶体材料中，特别是过渡金属元素氧化物。例如 FeO、NiO、CoO 和 MnO 等。在这些氧化物晶体中，金属离子的价态常因环境中的气氛变化而改变，从而引起结构中出现阳离子空位或阴离子空位并导致扩散系数明显地依赖于环境中的气氛。在这类氧化物中典型的非化学计量空位形成可分成如下两类情况。

（1）金属离子空位型　造成这种非化学计量空位的原因往往是环境中氧分压升高迫使部分 Fe^{2+}、Ni^{2+}、Mn^{2+} 等二价过渡金属离子变成三价金属离子：

$$2M_M + \frac{1}{2}O_2(g) = O_0 + V_M'' + 2M_M^{\cdot} \tag{11-36}$$

当缺陷反应平衡时，平衡常数 K_p 由反应自由能 ΔG_0 控制：

$$K_p = \frac{[V_M''][M_M^{\cdot}]^2}{p_{O_2}^{1/2}} = \exp\{-\Delta G_0/RT\}$$

并有 $[M_M^{\cdot}] = 2[V_M'']$ 关系，因此非化学计量空位浓度 $[V_M'']$：

$$[V_M''] = \left(\frac{1}{4}\right)^{1/3} p_{O_2}^{1/6} \exp\{-\Delta G_0/3RT\} \tag{11-37}$$

将式（11-37）代入式（11-34）中空位浓度项，则得非化学计量空位浓度对金属离子空位扩散系数的贡献：

$$D_M = \left(\frac{1}{4}\right)^{1/3} \gamma a_0^2 \nu_0 p_{O_2}^{1/6} \exp\{(\Delta S_M + \Delta S_0/3)/R\} \exp\left\{-\frac{\Delta H_m + \Delta H_0/3}{RT}\right\} \tag{11-38}$$

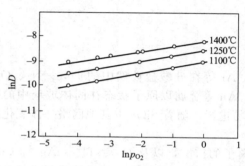

图 11-10　氧分压对 CoO 中 Co^{2+} 扩散系数的影响

显然若温度不变，根据式（11-38）用 $\ln D$ 与 $\ln p_{O_2}$ 作图所得直线斜率为 $1/6$，若氧分压 p_{O_2} 不变，$\ln D$-$1/T$ 图直线斜率负值为 $(\Delta H_m + \Delta H_0/3)/R$。图 11-10 为实验测得氧分压对 CoO 中钴离子空位扩散系数影响关系。其直线斜率为 $1/6$。因而理论分析与实验结果是一致的。

（2）氧离子空位型　以 ZrO_2 为例，高温氧分压的降低将导致下列缺陷反应发生：

$$O_0 = \frac{1}{2}O_2(g) + V_O'' + 2e'$$

其反应平衡常数为：

$$K_p = p_{O_2}^{1/2}[V_O''][e']^2 = \exp\{\Delta G_0/RT\}$$

考虑平衡时 $[e'] = 2[V_O'']$，故有：$[V_O''] = \left(\frac{1}{4}\right)^{-1/3} p_{O_2}^{-1/6} \exp\left\{-\frac{\Delta G_0}{3RT}\right\}$ (11-39)

于是非化学计量空位对氧离子的空位扩散系数贡献为：

$$D_0 = \left(\frac{1}{4}\right)^{-1/3} \gamma a_0^3 \nu_0 p_{O_2}^{-1/6} \exp\left\{\frac{\Delta S_m + \Delta S_0/3}{R}\right\} \exp\left\{-\frac{\Delta H_m + \Delta H_0/3}{RT}\right\} \tag{11-40}$$

可以看出，对过渡金属非化学计量氧化物，氧分压 p_{O_2} 的增加将有利于金属离子的扩散而不利于氧离子的扩散。

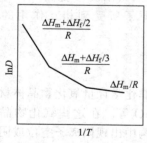

图 11-11　在缺氧的氧化物中，扩散与温度关系

无论是金属离子或氧离子，其扩散系数的温度依赖关系在 $\ln D$-$1/T$ 直线中均有相同的斜率负值表达式 $\frac{\Delta H_m + \Delta H_0/3}{R}$。倘若在非化学计量氧化物中同时考虑本征缺陷空位、杂质缺陷空位以及由于气氛改变所引起的非化学计量空位对扩散系数的贡献，其 $\ln D$-$1/T$ 图由含两个转折点的直线段构成。高温段与低温段分别为本征空位和杂质空位所致，而中温段则为非化学计量空位所致。图 11-11 示意地给出了这一关系的图像。

第五节　影响扩散的因素

对于各种固体材料而言，扩散问题远比上面所讨论的要复杂得多。材料的组成、结构与键性以及除点缺陷以外的各种晶粒内部的位错、多晶材料内部的晶界以及晶体的表面等各种材料结构缺陷都将对扩散产生不可忽视的影响。

一、晶体组成的复杂性

在大多数实际固体材料中，往往具有多种化学成分。因而一般情况下整个扩散并不局限于某一种原子或离子的迁移，而可能是两种或两种以上的原子或离子同时参与的集体行为，所以实际测得的相应扩散系数已不再是自扩散系数而应是互扩散系数。互扩散系统不仅要考虑每一种扩散组成与扩散介质的相互作用，同时要考虑各种扩散组分本身彼此间的相互作用。对于多元合金或有机溶液体系，尽管每一扩散组成具有不同的自扩散系数 D_i，但它们均具有相同的互扩散系数 $\widetilde{D}$，并且各扩散系数间将由下面所谓的 Darken 方程得到联系：

$$\widetilde{D} = (N_1 D_2 + N_2 D_1)(1 + \frac{\partial \ln \gamma_1}{\partial \ln N_1}) \tag{11-41}$$

式中，N、D 分别表示二元体系各组成摩尔分数和自扩散系数。

式(11-41)已在金属材料的扩散实验中得到了证实，但对于离子化合物的固溶体，上式不能直接用于描述离子的互扩散过程，而应进一步考虑体系电中性等复杂因素。

二、化学键的影响

不同的固体材料其构成晶体的化学键性质不同，因而扩散系数也就不同。尽管在金属键、离子键或共价键材料中，空位扩散机构始终是晶粒内部质点迁移的主导方式，且因空位扩散活化能由空位形成能 ΔH_f 和原子迁移能 ΔH_m 构成，故激活能常随材料熔点升高而增加。但当间隙原子比格点原子小得多或晶格结构比较开放时，间隙机构将占优势。例如氢、碳、氮、氧等原子在多数金属材料中依间隙机构扩散。又如在萤石 CaF_2 结构中，F^- 和 UO_2 中的 O^{2-} 也依间隙机构进行迁移。而且在这种情况下原子迁移的活化能与材料的熔点无明显关系。

在共价键晶体中，由于成键的方向性和饱和性，它较金属和离子型晶体是较开放的晶体结构。但正因为成键方向性的限制，间隙扩散不利于体系能量的降低，而且表现出自扩散活化能通常高于熔点相近金属的活化能。例如，虽然 Ag 和 Ge 的熔点仅相差几摄氏度，但 Ge 的自扩散活化能为 $289kJ/mol$，而 Ag 的活化能却只有 $184kJ/mol$。显然共价键的方向性和饱和性对空位的迁移是有强烈影响的。一些离子型晶体材料中扩散活化能列于表 11-2 中。

表 11-2　一些离子材料中离子扩散活化能

扩散离子	活化能/(kJ/mol)	扩散离子	活化能/(kJ/mol)
Fe^{2+}/FeO	96	$O^{2-}/NiCr_2O_4$	226
O^{2-}/UO_2	151	Mg^{2+}/MgO	348
U^{4+}/UO_2	318	Ca^{2+}/CaO	322
Co^{2+}/CoO	105	Be^{2+}/BeO	477
Fe^{3+}/Fe_3O_4	201	Ti^{4+}/TiO_2	276
$Cr^{3+}/NiCr_2O_4$	318	Zr^{4+}/ZrO_2	389
$Ni^{2+}/NiCr_2O_4$	272	O^{2-}/ZrO_2	130

三、结构缺陷的影响

多晶材料由不同取向的晶粒相结合而构成，因此晶粒与晶粒之间存在原子排列非常紊

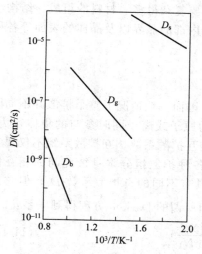

图 11-12　Ag 的自扩吸系数 D_b、

晶界扩散系数 D_g 和

表面扩散系数 D_s

乱、结构非常开放的晶界区域。实验表明，在金属材料、离子晶体中，原子或离子在晶界上的扩散远比在晶粒内部扩散来得快；在某些氧化物晶体材料中，晶界对离子的扩散有选择性增强作用，例如在 Fe_2O_3、CoO、$SrTiO_3$ 材料中晶界或位错有增强 O^{2-} 的扩散作用，而在 BeO、UO_2、Cu_2O 和（ZrCa）O_2 等材料中则无此效应。这种晶界对离子扩散的选择性增强作用是和晶界区域内电荷分布密切相关的。

图 11-12 表示了金属银中 Ag 原子在晶粒内部扩散系数 D_b、晶界区域扩散系数 D_g 和表面区域扩散系数 D_s 的比较。其活化能数值大小各为 193kJ/mol、85kJ/mol 和 43kJ/mol。显然活化能的差异与结构缺陷之间的差别是相对应的。

在离子型化合物中，一般规律为：

$$Q_s = 0.5Q_b；Q_g = 0.6 \sim 0.7Q_b$$

（Q_s、Q_g 和 Q_b 分别为表面扩散、晶界扩散和晶格内扩散的活化能）。

$$D_b : D_g : D_s = 10^{-14} : 10^{-10} : 10^{-7}$$

除晶界以外，晶粒内部存在的各种位错也往往是原子容易移动的途径。结构中位错密度越高，位错对原子（或离子）扩散的贡献越大。

四、温度与杂质对扩散的影响

正如前面所说，在固体中原子或离子的迁移实质是一个热激活过程。因此，温度对于扩散的影响具有特别重要的意义。一般而言，扩散系数与温度的依赖关系服从式：

$$D = D_0 \exp\{-Q/RT\}$$

扩散活化能 Q 值越大，说明温度对扩散系数的影响越敏感。图 11-13 为一些常见氧化物中阳离子或阴离子的扩散系数随温度的变化关系。应该指出，对于大多数实用晶体材料，由于其或多或少地含有一定量的杂质以及具有一定的热历史，因而温度对其扩散系数的影响往往不完全是 $\ln D-1/T$ 间均呈直线关系，而可能出现曲线或在不同温度区间出现不同斜率的直线段。显然，这一差别主要是由于活化能随温度变化所引起的。

温度和热过程对扩散影响的另一种方式是通过改变物质结构来达成的。例如，在硅酸盐玻璃中网络变性离子 Na^+、K^+、Ca^{2+} 等在玻璃中的扩散系数随玻璃的热历史有明显差别。在急冷的玻璃中扩散系数一般高于同组分充分退火的玻璃中的扩散系数。两者可相差一个数量级或更多，这可能与玻璃中网络结构疏密程度有关。图 11-14 给出硅酸盐玻璃中 Na^+ 随温度升高而变化的规律，中间的转折应与玻璃在反常区间结构变化相关。对于晶体材料，温度和热历史对扩散也可引起类似的影响，如晶体从高温急冷时，高温时所出现的高浓度肖特基空位将在低温下保留下来，并在较低温度范围内显示出本征扩散。

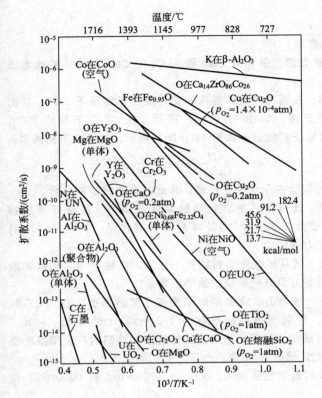

图 11-13 一些氧化物中离子扩散系数与温度的关系

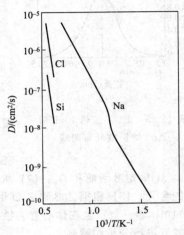

图 11-14 硅酸盐玻璃中阳
离子的扩散系数

利用杂质对扩散的影响是人们改善扩散的主要途径。一般而言，高价阳离子的引入可造成晶格中出现阳离子空位并产生晶格畸变，从而使阳离子扩散系数增大；且当杂质含量增加，非本征扩散与本征扩散温度转折点升高，这表明在较高温度时杂质扩散仍超过本征扩散。然而，应该注意的是，若所引入的杂质与扩散介质形成化合物，或发生淀析则将导致扩散活化能升高，使扩散速率下降；反之当杂质原子与结构中部分空位发生缔合，往往会使结构中总空位浓度增加而有利于扩散，如 KCl 中引入 $CaCl_2$，倘若结构中 $Ca_K^{\cdot}$ 和部分 V_K' 之间发生缔合，则总的空位浓度 $[V_K']\Sigma$ 应为：

$$[V_K']\Sigma = [V_K'] + (Ca_K^{\cdot} V_K')。$$

总之，杂质对扩散的影响较为复杂，必须考虑晶体结构缺陷缔合、晶格畸变等众多因素的影响。

习 题

11-1 名词解释（试比较异同）

(1) 无序扩散和晶格扩散；

(2) 本征扩散和非本征扩散；

(3) 自扩散和互扩散；

(4) 稳定扩散与不稳定扩散。

11-2 欲使 Mg^{2+} 在 MgO 中的扩散直至 MgO 的熔点（2825℃）都是非本征扩散，要求三价杂质离子有什么样的浓度？试对你在计算中所作的各种特性值的估计作充分说明。（已知 MgO 肖特

基缺陷形成能为 6eV)

11-3 试根据图 11-14 查取：

（1）CaO 在 1145℃ 和 1650℃ 的扩散系数值；

（2）Al_2O_3 在 1393℃ 和 1716℃ 的扩散系数值；并计算 CaO 和 Al_2O_3 中 Ca^{2+} 和 Al^{3+} 扩散激活能和 D_0 值。

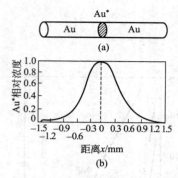

图 11-15 920℃加热 100h 后 Au^* 的扩散分布曲线

11-4 在两根金晶体圆棒的端点涂上示踪原子 Au^*，并把两棒端点连接，如图 11-15(a) 所示。在 920℃ 下加热 100h，Au^* 示踪原子扩散分布如图 11-15(b) 所示，并满足下列关系：

$$c = \frac{M}{2(\pi Dt)^{1/2}} \exp\left(-\frac{X^2}{4Dt}\right)$$

M 为实验中示踪原子总量，求此时金的自扩散系数。

11-5 试讨论从室温到熔融温度范围内，氯化锌添加剂（摩尔分数为 10^{-4}）对 NaCl 单晶中所有离子（Zn、Na 和 Cl）的扩散能力的影响。

11-6 试从扩散介质的结构、性质、晶粒尺寸、扩散物浓度、杂质等方面分析影响扩散的因素。

11-7 根据 ZnS 烧结的数据测定了扩散系数。在 450℃ 和 563℃ 时，分别测得扩散系数为 1.0×10^{-4} cm^2/s 和 3×10^{-4} cm^2/s。（1）确定激活能和 D_0；（2）根据你对结构的了解，请从运动的观点和缺陷的产生来推断激活能的含义；（3）根据 ZnS 和 ZnO 相互类似，预测 D 随硫的分压而变化的关系。

11-8 碳、氮、氢在体心立方铁中扩散的激活能分别为 84kJ/mol、75kJ/mol 和 13kJ/mol，试对此差异进行分析和解释。

11-9 （1）试推测在贫铁的 Fe_3O_4 中铁离子扩散系数与氧分压的关系。（2）推测在铁过剩的 Fe_2O_3 中氧分压与氧扩散的关系。

11-10 由 MgO 和 Fe_2O_3 制取 $MgFe_2O_4$ 时，预先在界面上埋入标志物，然后让其进行反应，（1）若反应是由 Mg^{2+} 和 Fe^{3+} 互扩散进行的，标志物的位置将如何改变？（2）当只有 Fe^{3+} 和 O^{2-} 共同向 MgO 中扩散时，情况又如何？（3）在存在氧化还原反应的情况下，Fe^{2+} 和 Mg^{2+} 互扩散时，标志物又将如何移动？

11-11 利用电导与温度的依赖关系求得的扩散系数和用示踪原子等方法直接测得的值经常不一样，试分析其原因。

第十二章

相 变

在一定的温度、压强等条件下，物质将以一种与外界条件相适应的聚集状态或结构形式存在，这种形式就是相。相变过程是物质从一个相转变为另一个相的过程，是指在外界条件发生变化的过程中物相于某一特定的条件下（临界值）发生突变，表现为：①从一种结构变化为另一种结构，如气相、液相和固相间的相互转变，或固相中不同的晶体结构或原子、离子聚集状态之间的转变；②化学成分的不连续变化，如均匀溶液的脱溶沉淀或固溶体的脱溶分解等；③更深层次序结构的变化并引起物理性质的突变，如顺磁体-铁磁体转变、顺电体-铁电体转变、正常导体-超导体转变等。这些相变的发生往往伴随着某种长程序结构的出现或消失。实际材料中所发生的相变形式可以是上述中的一种，也可以是它们之间的复合，如脱溶沉淀往往是结构和成分变化同时发生，铁电相变则总是和结构相变耦合在一起。

相变在硅酸盐工业中十分重要。例如陶瓷、耐火材料的烧成和重结晶，或引入矿化剂控制其晶形转化；玻璃中防止失透或控制结晶来制造各种微晶玻璃；单晶、多晶和晶须中采用的液相或气相外延生长；瓷釉、搪瓷和各种复合材料的熔融和析晶；新型铁电材料中由自发极化产生的压电、热释电、电光效应等都归之为相变过程。相变过程中涉及的基本理论对获得特定性能的材料和制订合理的工艺过程是极为重要的。

第一节　相变的分类

物质的相变种类和方式很多，特征各异，很难将其归类，常见的分类方法有按热力学分类、按相变方式分类、按相变时质点迁移情况分类等。

一、按热力学分类

热力学中处理相变问题是讨论各个相的能量状态在不同的外界条件下所发生的变化。热力学分类把相变分为一级相变与二级相变。

体系由一相变为另一相时，两相的化学势相等但化学势的一级偏微商（一级导数）不相等的称为一级相变，即

$$\mu_1 = \mu_2; \quad (\partial\mu_1/\partial T)_p \neq (\partial\mu_2/\partial T)_p; \quad (\partial\mu_1/\partial T)_T \neq (\partial\mu_2/\partial T)_T$$

由于$(\partial\mu/\partial T)_p = -S$，$(\partial\mu/\partial T)_T = V$，也即一级相变时$S_1 \neq S_2$，$V_1 \neq V_2$。因此在一级相变时熵（$S$）和体积（$V$）有不连续变化，如图12-1所示。即相变时有相变潜热，并伴随有体积改变。晶体的熔化、升华，液体的凝固、气化，气体的凝聚以及晶体中大多数晶形转变都属一级相变，这是最普遍的相变类型。

二级相变的特点是相变时两相化学势相等，其一级偏微商也相等，但二级偏微商不等，即

$$\mu_1 = \mu_2$$
$$(\partial\mu_1/\partial T)_p = (\partial\mu_2/\partial T)_p; \quad (\partial\mu_1/\partial p)_T = (\partial\mu_2/\partial p)_T$$

$$(\partial^2\mu_1/\partial T^2)_p \neq (\partial^2\mu_2/\partial T^2)_p\,;\ (\partial^2\mu_1/\partial p^2)_T \neq (\partial^2\mu_2/\partial p^2)_T$$
$$(\partial^2\mu_1/\partial T\partial p) \neq (\partial^2\mu_2/\partial T\partial p)$$

上面一组数学式也可写成：

$$\mu_1 = \mu_2\,;\ S_1 = S_2\,;\ V_1 = V_2\,;\ C_{p_1} \neq C_{p_2}\,;\ \beta_1 \neq \beta_2\,;\ \alpha_1 \neq \alpha_2 \qquad (12\text{-}1)$$

式中，β 和 α 分别为等温压缩系数和等压膨胀系数。式(12-1)表明，二级相变时两相的化学势、熵和体积相等，但热容、热膨胀系数、压缩系数却不相等，即无相变潜热，没有体积的不连续变化（图 12-2），而只有热容量、热膨胀系数和压缩系数的不连续变化。由于这类相变中热容随温度的变化在相变温度 T_0 时趋于无穷大，因此可根据 C_p-T 曲线具有 λ 形状而称二级相变为 λ 相变，其相变点可称 λ 点或居里点。

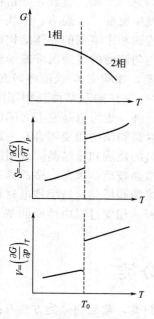

图 12-1　一级相变时两相的自由能、
熵及体积的变化

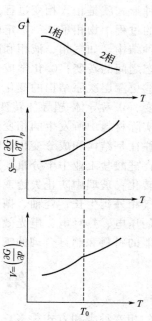

图 12-2　二级相变时两相的自由能、
熵及体积的改变

一般合金的有序-无序转变、铁磁性-顺磁性转变、超导态转变等均属于二级相变。

虽然热力学分类方法比较严格，但并非所有的相变形式都能明确划分。例如，$BaTiO_3$ 的相变具有二级相变的特征，然而它又有不大的相变潜热；KH_2PO_4 的铁电体相变在理论上是一级相变，但它实际上却符合二级相变的某些特征。在许多一级相变中都重叠有二级相变的特征，因此有些相变实际上是混合型的。

二、按相变方式分类

Gibbs（吉布斯）将相变过程分为两种不同方式：一种是由程度大、范围小的浓度起伏开始发生相变并形成新相核心，称为成核-长大型相变；另一种却由程度小、范围广的浓度起伏连续地长大形成新相，称为连续型相变，如不稳分解。

三、按质点迁移特征分类

根据相变过程中质点的迁移情况，可以将相变分为扩散型和无扩散型两大类。

扩散型相变的特点是相变依靠原子（或离子）的扩散来进行的。如晶形转变、熔体中析晶、气-固、液-固相变和有序-无序转变。

无扩散型相变主要是低温下进行的纯金属（锆、钛、钴等）同素异构转变以及一些合金（Fe-C、Fe-Ni、Cu-Al 等）中的马氏体转变。

相变分类方法除以上三种外，还可按成核特点而分为均质转变和非均质转变，也可按成分、结构的变化情况而分为重建式转变和位移式转变。由于相变涉及新旧相能量变化、原子迁移、成核方式、晶相结构等的复杂性，很难用一种分类法描述。下面介绍陶瓷材料相变的综合分类概况。

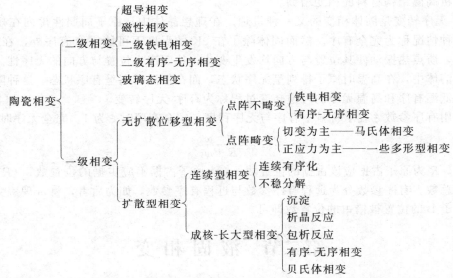

在此简单介绍一下在材料制造与使用中常见的马氏体相变与有序-无序转变。

马氏体（Martensite）是在钢淬火时得到的一种高硬度产物的名称，马氏体转变是固态相变的基本形式之一。一个晶体在外加应力的作用下通过晶体的一个分立体积的剪切作用以极大的速率而进行相变的过程称为马氏体转变。这种转变最主要的特征是其结晶学特征。

检查马氏体相变的重要结晶学特征是相变后存在习性平面和晶面的定向关系。图 12-3(a) 为一四方形的母相——奥氏体块。图 12-3(b) 是从

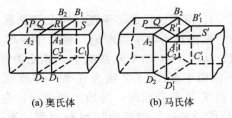

(a) 奥氏体　　　(b) 马氏体

图 12-3　从一个母晶体四方块
形成一个马氏体的示意

母相中形成马氏体的示意图。其中 $A_1B_1C_1D_1$-$A_2B_2C_2D_2$ 由母相奥氏体转变为 $A_2B_2C_2D_2$-$A_1'B_1'C_1'D_1'$ 马氏体。在母相内 $PQRS$ 为直线，相变时被破坏成为 PQ、QR'、$R'S'$ 三条直线。$A_2B_2C_2D_2$ 和 $A_1'B_1'C_1'D_1'$ 两个平面在相变前后保持既不扭曲变形也不旋转的状态，这两个把母相奥氏体和转变相马氏体之间连接起来的平面称为习性平面。马氏体是沿母相的习性平面生长并与奥氏体母相保持一定的取向关系。

马氏体相变的另一特征是它的无扩散性。马氏体相变是点阵有规律的重组，其中原子并不调换位置，而只变更其相对位置，其相对位移不超过原子间距，因而它是无扩散性的位移式相变。

马氏体相变往往以很快的速度进行，有时高达声速。例如，Fe-C 和 Fe-Ni 合金中，马氏体的形成速度很高，在 $-20\sim-195℃$，每一片马氏体形成时间为 $0.05\sim5\mu s$。一般说在

这么低的温度下，原子扩散速率很低，相变不可能以扩散方式进行。

马氏体相变没有一个特定的温度，而是在一个温度范围内进行的。在母相冷却时，奥氏体开始转变为马氏体的温度称为马氏体开始形成温度，以 M_s 表示。完成马氏体转变的温度称为马氏体转变终了温度，以 M_f 表示。低于 M_f 马氏体转变基本结束。

马氏体相变不仅发生在金属中，在无机非金属材料中也有出现。例如，钙钛矿结构型的 $BaTiO_3$、$KTa_{0.65}Nb_{0.35}O(KTN)$、$PbTiO_3$ 由高温顺电性立方相转变为低温铁电正方相。ZrO_2 中也存在这种相变，目前广泛应用 ZrO_2 由四方晶系转变为单斜晶系的马氏体相变过程进行无机高温结构材料的相变增韧。

有序-无序转变是固体相变的又一种机理。在理想晶体中，原子周期性排列在规则的位置上，这种情况称为完全有序。然而固体除了在 0K 的温度下可能完全有序外，在高于 0K 的温度下，质点热振动使其位置与方向均发生变化，从而产生位置与方向的无序性。在许多合金与固溶体中，在高温时原子排列呈无序状态，而在低温时则呈有序状态，这种随温度升降而出现低温有序和高温无序的可逆转变过程称为有序-无序转变。

一般用有序参数 ξ 表示材料中有序与无序程度，完全有序时 ξ 为 1，完全无序时 ξ 为 0。

$$\xi = \frac{R-\omega}{R+\omega} \tag{12-2}$$

式中，R 为原子占据应该占据的位置数；ω 为原子占据不应占据的位置数；$(R+\omega)$ 为该原子的总数。有序参数分为远程有序参数与近程有序参数，如为后者，将 ω 理解为原子 A 最近邻原子 B 的位置被错占的位置数即可。

第二节　液固相变

一、液-固相变过程热力学

1. 相变过程的不平衡状态及亚稳区

根据热力学平衡理论，将物体冷却（或者加热）到相转变温度，就会发生相变而形成新相。从图 12-4 的单元系统 T-p 相图中可以看到，OX 线为气-液相平衡线（界线），OY 线为液-固相平衡线，OZ 线为气-固相平衡线。当处于 A 状态的气相在恒压 p' 下冷却到 B 点时，达到气-液平衡温度，开始出现液相，直到全部气相转变为液相为止，然后离开 B 点，进入 BD 段液相区。继续冷却到 D 点到达液-固反应温度，开始出现固相，直至全部转变为固相，温度才能下降离开 D 点进入 Dp' 段的固相区。但是实际上，当温度冷到 B 或 D 的相变温度时，系统并不会自发产生相变，也不会有新相产生，而要冷却到比相变温度更低的某一温度例如 C（气-液）和 E（液-固）点时才能发生相变，即凝结出液相或析出固相。这种在理论上应发生相变而实际上不能发生相转变的区域（如图 12-4 所示的阴影区）称为亚稳区。在亚稳区内，旧相能以亚稳态存在，而新相还不能生成。这是由于当一个新相形成时，它是以一微小液滴或微小晶粒出现，由于颗粒很小，因此其饱和蒸气压和溶解度却远高于平面状态的蒸气压和溶解度，在相平衡温度下，这些微粒还未达到饱和而重新蒸发和溶解。

由此得出：①亚稳区具有不平衡状态的特征，是

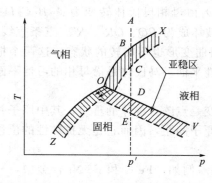

图 12-4　单元系统相变过程

物相在理论上不能稳定存在，而实际上却能稳定存在的区域；②在亚稳区内，物系不能自发产生新相，要产生新相，必然要越过亚稳区，这就是过冷却的原因；③在亚稳区内虽然不能自发产生新相，但是当有外来杂质存在时，或在外界能量的影响下，也有可能在亚稳区内形成新相，此时使亚稳区缩小。

2. 相变过程推动力

相变过程的推动力是相变过程前后自由能的差值。

$\Delta G_{T,p} < 0$，过程自发进行；$\Delta G_{T,p} = 0$，过程达到平衡。

（1）相变过程的温度条件　由热力学可知，在等温等压下有：

$$\Delta G = \Delta H - T\Delta S$$

在平衡条件下，$\Delta G = 0$，则有 $\Delta H - T\Delta S = 0$

$$\Delta S = \Delta H / T_0 \tag{12-3}$$

式中，T_0 为相变的平衡温度；ΔH 为相变热。

若在任意一温度 T 的不平衡条件下，则有：

$$\Delta G = \Delta H - T\Delta S \neq 0$$

若 ΔH 与 ΔS 不随温度而变化，将式（12-3）代入上式得：

$$\Delta G = \Delta H - T\Delta H / T_0 = \Delta H \frac{T_0 - T}{T_0} = \Delta H \frac{\Delta T}{T_0} \tag{12-4}$$

从式（12-4）可见，相变过程要自发进行，必须有 $\Delta G < 0$，则 $\Delta H \Delta T / T_0 < 0$。若相变过程放热（如凝聚过程、结晶过程等）$\Delta H < 0$，要使 $\Delta G < 0$，必须有 $\Delta T > 0$，$\Delta T = T_0 - T > 0$，即 $T_0 > T$，这表明在该过程中系统必须过冷却，或者说系统实际温度比理论相变温度还要低，才能使相变过程自发进行。若相变过程吸热（如蒸发、熔融等）$\Delta H > 0$，要满足 $\Delta G < 0$ 这一条件则必须 $\Delta T < 0$，即 $T_0 < T$，这表明系统要发生相变过程必须过热。由此得出结论：相变驱动力可以表示为过冷度（过热度）的函数，因此相平衡理论温度与实际温度之差即为该相变过程的推动力。

（2）相变过程的压力和浓度条件　从热力学知道，在恒温可逆不做有用功时：

$$dG = Vdp$$

对理想气体而言：

$$\Delta G = \int Vdp = \int \frac{RT}{p}dp = RT \ln p_2 / p_1$$

当过饱和蒸汽压力为 p 的气相凝聚成液相或固相（其平衡蒸汽压为 p_0）时，有：

$$\Delta G = RT \ln p_0 / p \tag{12-5}$$

要使相变能自发进行，必须 $\Delta G < 0$，即 $p > p_0$，也即要使凝聚相变自发进行，系统的饱和蒸汽压应大于平衡蒸汽压 p_0。这种过饱和蒸气压差为凝聚相变过程的推动力。

对溶液而言，可以用浓度 c 代替压力 p，式（12-5）写成：

$$\Delta G = RT \ln c_0 / c \tag{12-6}$$

若是电解质溶液还要考虑电离度 α，即 1mol 能离解出 α 个离子：

$$\Delta G = \alpha RT \ln \frac{c_0}{c} = \alpha RT \ln \left(1 + \frac{\Delta c}{c}\right) \approx \alpha RT \frac{\Delta c}{c} \tag{12-7}$$

式中，c_0 为饱和溶液浓度；c 为过饱和溶液浓度。

要使相变过程自发进行，应使 $\Delta G < 0$，式（12-7）右边 α、R、T、c 都为正值，要满足这一条件必须 $\Delta c < 0$，即 $c > c_0$，液相要有过饱和浓度。它们之间的差值 $c - c_0$，即为这一相变过程的推动力。

综上所述，相变过程的推动力应为过冷度、过饱和浓度、过饱和蒸汽压，即相变时系统温度、浓度和压力与相平衡时温度、浓度和压力之差。

3. 晶核形成条件

均匀单相并处于稳定条件下的熔体或溶液，一旦进入过冷却或过饱和状态，系统就具有结晶的趋向，但此时所形成的新相的晶胚十分微小，其溶解度很大，很容易溶入母相溶液（熔体）中。只有当新相的晶核形成足够大时，它才不会消失而继续长大形成新相。那么，至少要多大的晶核才不会消失而形成新相呢？

当一个熔体（熔液）冷却发生相转变时，则系统由一相变成两相，这就使体系在能量上出现两个变化。一是系统中一部分原子（离子）从高自由能状态（如液态）转变为低自由能的另一状态（如晶态），这就使系统的自由能减少（ΔG_1）；另一是由于产生新相，形成了新的界面（如固-液界面），这就需要做功，从而使系统的自由能增加（ΔG_2）。因此系统在整个相变过程中自由能的变化（ΔG）应为此两项的代数和：

$$\Delta G = \Delta G_1 + \Delta G_2 = V\Delta G_V + A\gamma \tag{12-8}$$

式中，V 为新相的体积；ΔG_V 为单位体积中旧相和新相之间的自由能之差 $G_{液} - G_{固}$；A 为新相总表面积；γ 为新相界面能。

若假设生成的新相晶胚呈球形，则式（12-8）写作：

$$\Delta G = \frac{4}{3}\pi r^3 n\Delta G_V + 4\pi r^2 n\gamma \tag{12-9}$$

式中，r 为球形晶胚半径；n 为单位体积中半径 r 的晶胚数。

将式（12-4）代入式（12-8）得：

$$\Delta G = \frac{4}{3}\pi r^3 n\Delta H\Delta T/T_0 + 4\pi r^2 n\gamma \tag{12-10}$$

由式（12-10）可见 ΔG 是晶胚半径 r 和过冷度 ΔT 的函数。图 12-5 表示 ΔG 与晶胚半径 r 的关系，系统自由能 ΔG 是由两项之和决定的。图中曲线 ΔG_1 为负值，它表示由液态转变为晶态时，自由能是降低的。图中曲线 ΔG_2 表示新相形成的界面自由能，它为正值。当新相晶胚十分小（r 很小）和 ΔT 也很小时，也即系统温度接近 T_0（相变温度）时，$\Delta G_1 < \Delta G_2$。如图中 T_3 温度时，ΔG 随 r 增加而增大并始终为正值。当温度远离 T_0 即温度下降并晶胚半径逐渐增大，ΔG 开始随 r 而增加，接着随 r 增加而降低，此时 ΔG-r 曲线出现峰值如图中 T_1、T_2 温度时。在这两条曲线峰值的左侧，ΔG 随 r 增长而增加，即 $\Delta G > 0$，此时系统内产生的新相是不稳定的。反之在曲线峰值的右侧，ΔG 随新相晶胚长大而减少，即 $\Delta G < 0$，故此晶胚在母相中能稳定存在，并继续长大。显然，相对于曲线峰值的晶胚半径 r_k 是划分这两个不同过程的界限，r_k 称为临界半径。从图 12-5 还可以看到，在低于熔点的温度下 r_k 才能存在，而且温度愈低，

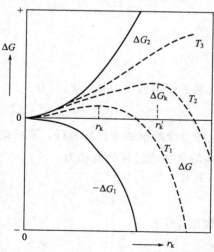

图 12-5　晶核大小与体系自由能关系之图解（据 Mullin，1972）

r_k值愈小。图中$T_3 > T_2 > T_1$，$r_{k_2} > r_{k_1}$。r_k值可以通过求曲线的极值来确定。

$$d(\Delta G)/dr = 4\pi n \frac{\Delta H \Delta T}{T_0} r^2 + 8\pi \gamma n r = 0$$

$$r_k = -\frac{2\gamma T_0}{\Delta H \Delta T} = -2\gamma / \Delta G_V \tag{12-11}$$

从式（12-11）可以得出：

① r_k是新相可以长大而不消失的最小晶胚半径，r_k值愈小，表示新相愈易形成。r_k与温度的关系是系统温度接近相变温度时，即$\Delta T \to 0$，则$r_k \to \infty$。这表示析晶相变在熔融温度时，要求r_k无限大，显然析晶不可能发生的。ΔT愈大则r_k愈小，相变愈易进行。

② 在相变过程中，γ和T_0均为正值，析晶相变为放热过程，则$\Delta H < 0$，若要式（12-11）成立（r_k永远为正值），则$\Delta T > 0$，也即$T_0 > T$，这表明系统要发生相变必须过冷，而且过冷度愈大，则r_k值就愈小。例如铁，当$\Delta T = 10℃$时，$r_k = 0.04\mu m$，临界核胚由1700万个晶胞所组成。而当$\Delta T = 100℃$时，$r_k = 0.004\mu m$，即由1.7万个晶胞就可以构成一个临界核胚。从熔体中析晶，一般r_k值在$10 \sim 100nm$的范围内。

③ 由式（12-11）指出，影响r_k因素有物系本身的性质如γ和ΔH，以及外界条件如ΔT两类。晶核的界面能降低和相变热ΔH增加均可使r_k变小，有利于新相形成。

④ 相应于临界半径r_k时系统中单位体积的自由能变化可计算如下，以方程式（12-11）代入方程式（12-10）得到：

$$\Delta G_k = -\frac{32}{3} \times \frac{\pi n \gamma^3}{\Delta G_V^2} + 16 \frac{\pi n \gamma^3}{\Delta G_V^2} = \frac{1}{3}\left(16 \frac{\pi n \gamma^3}{\Delta G_V^2}\right) \tag{12-12}$$

式（12-12）中第二项为：

$$A_k = 4\pi r_k^2 n = 16 \frac{\pi n \gamma^2}{\Delta G_V^2} \tag{12-13}$$

因此可得：

$$\Delta G_k = \frac{1}{3} A_k \gamma \tag{12-14}$$

由方程式（12-14）可见，要形成临界半径大小的新相，则需要对系统做功，其值等于新相界面能的1/3。这个能量（ΔG_k）称为成核位垒，它描述相变发生时所必须克服的位垒。这一数值越低，相变过程越容易进行。式（12-14）还表明，液-固相之间的自由能差值只能供给形成临界晶核所需表面能的2/3。而另外的$1/3(\Delta G_k)$，对于均匀成核而言，则需依靠系统内部存在的能量起伏来补足。通常我们描述系统的能量均为平均值，但从微观角度看，系统内不同部位由于质点运动的不均衡性，而存在能量起伏，动能低的质点偶尔较为集中，即引起系统局部温度的降低，为临界晶核产生创造了必要条件。

系统内能形成r_k大小的粒子数n_k可用下式描述：

$$\frac{n_k}{n} = \exp\left(-\frac{\Delta G_k}{RT}\right) \tag{12-15}$$

式中，n_k/n表示半径大于和等于尺寸为r_k粒子的分数。由此式可见，ΔG_k愈小，具有临界半径r_k的粒子数愈多。

二、液-固相变过程动力学

1. 晶核形成过程动力学

晶核形成过程是析晶的第一步，它分为均匀成核和非均匀成核两类。所谓均匀成核是指晶核从均匀的单相熔体中产生的概率是处处相同的。非均匀成核是指借助于表面、界面、微粒裂纹、器壁以及各种催化位置等而形成晶核的过程。

（1）均匀成核　当母相中产生临界核胚以后，从母相中必须有原子或分子一个个逐步加到核胚上，使其生长成稳定的晶核。因此成核速率除了取决于单位体积母相中核胚的数目以外，还取决于母相中原子或分子加到核胚上的速率，可以表示为：

$$I_v = \nu n_i n_k \tag{12-16}$$

式中，I_v 为成核率，指单位时间、单位体积中所生成的晶核数目，其单位通常是晶核个数$/(s \cdot cm^3)$；ν 为单个原子或分子同临界晶核碰撞的频率；n_i 为临界晶核周界上的原子或分子数。

碰撞频率表示为：

$$\nu = \nu_0 \exp(-\Delta G_m / RT) \tag{12-17}$$

式中，ν_0 为原子或分子的跃迁频率；ΔG_m 为原子或分子跃迁新旧界面的迁移活化能。因此成核速率可以写成：

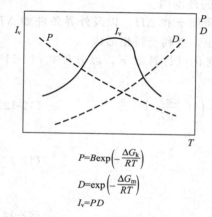

$$P = B\exp\left(-\frac{\Delta G_k}{RT}\right)$$

$$D = \exp\left(-\frac{\Delta G_m}{RT}\right)$$

$$I_v = PD$$

图 12-6　成核速度与温度关系

$$\begin{aligned} I_v &= \nu_0 n_i n \exp\left(-\frac{\Delta G_k}{RT}\right)\exp(-\Delta G_m / RT) \\ &= B\exp\left(-\frac{\Delta G_k}{RT}\right)\exp\left(-\frac{\Delta G_m}{RT}\right) = PD \end{aligned} \tag{12-18}$$

式中，P 为受核化位垒影响的成核率因子；D 为受原子扩散影响的成核率因子；B 为常数。

式（12-18）表示成核速率随温度变化的关系。当温度降低，过冷度增大，由于 $\Delta G_k \propto \dfrac{1}{\Delta T^2}$，因而成核位垒下降，成核速率增大，直至达到最大值。

若温度继续下降，液相黏度增加，原子或分子扩散速率下降，ΔG_m 增大，使 D 因子剧烈下降，致使 I_v 降低，成核率 I_v 与温度的关系应是曲线 P 和 D 的综合结果，如图 12-6 中 I_v 曲线所示。在温度低时，D 项因子抑制了 I_v 的增长；温度高时，P 项因子抑制了 I_v 的增长，只有在合适的过冷度下，P 与 D 因子的综合结果使 I_v 有最大值。

（2）非均匀成核　熔体过冷或液体过饱和后不能立即成核的主要障碍是晶核要形成液-固相界面需要能量。如果晶核依附于已有的界面上（如容器壁、杂质粒子、结构缺陷、气泡等），则高能量的晶核与液体的界面被低能量的晶核与成核基体之间的界面所取代。成核基体的存在可降低成核位垒，使非均匀成核能在较小的过冷度下进行。

非均匀成核的临界位垒 ΔG_k^* 在很大程度上取决于接触角 θ 的大小。当新相的晶核与平面成核基体接触时，形成接触角 θ，如图 12-7 所示。晶核形成一个具有临界大小的球冠粒子，这时成核位垒为：

$$\Delta G_k^* = \Delta G_k f(\theta) \tag{12-19}$$

式中，ΔG_k^* 为非均匀成核时自由能变化（临界成核位垒）；ΔG_k 为均匀成核时自由能变化。$f(\theta)$ 可由图 12-7 球冠模型的简单几何关系求得：

$$f(\theta) = \frac{(2+\cos\theta)(1-\cos\theta)^2}{4} \tag{12-20}$$

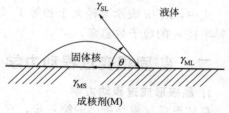

图 12-7　非均匀成核的球帽状模型

由式(12-19)可见，在成核基体上形成晶核时，成核位垒应随着接触角 θ 的减小而下降。若 $\theta=180°$，则 $\Delta G_k^* = \Delta G_k$；若 $\theta=0°$，则 $\Delta G_k^* = 0$。由于 $f(\theta) \leqslant 1$，所以非均匀成核比均匀成核的位垒低，析晶过程容易进行，而润湿的非均匀成核又比不润湿的位垒更低，更易形成晶核。因此在实际生产中，为了在制品中获得晶体，往往选定某种成核基体加入到熔体中去。例如，在铸石生产中，一般用铬铁砂作为成核基体。在陶瓷结晶釉中，常加入硅酸锌和氧化锌作为核化剂。

非均匀晶核形成速率为：

$$I_s = B_s \exp\left(-\frac{\Delta G_k^* + \Delta G_m}{RT}\right) \tag{12-21}$$

式中，ΔG_k^* 为非均匀成核位垒；B_s 为常数。I_s 与均匀成核速率 I_v 公式极为相似，只是以 ΔG_k^* 代替 ΔG_k，用 B_s 代 B 而已。

2. 晶体生长过程动力学

在稳定的晶核形成后，母相中的质点按照晶体格子构造不断地堆积到晶核上去，使晶体得以生长。晶体生长速率 u 受温度（过冷度）和浓度（过饱和度）等条件所控制。它可以用物质扩散到晶核表面的速率和物质由液态转变为晶体结构的速率来确定：

$$u = B\nu\left[1 - \exp\left(-\frac{\Delta H \Delta T}{RTT_0}\right)\right] \tag{12-22}$$

当过程离开平衡态很小时，即 $T \to T_0$，$\Delta G \ll RT$，则式(12-22)可写成：

$$u \approx B\nu\left(\frac{\Delta H \Delta T}{RTT_0}\right) \approx B\nu\frac{\Delta H}{RT_0^2}\Delta T \tag{12-23}$$

这就是说，此时晶体生长速率与过冷度 ΔT 呈线性关系。

当过程离平衡很远，即 $T \ll T_0$ 时，则 $\Delta G \gg RT$，方程式(12-22)可以写为 $u \approx B\nu(1-0) \approx B\nu$。亦即此时晶体生长速率达到了极限值，约在 10^{-5} cm/s 的范围内。

乌尔曼曾对 GeO_2 晶体研究，作出了生长速率与过冷度关系图，如图 12-8 所示，在熔点时生长速率为零。开始时它随着过冷度的增加而增加，并呈直线关系，增至最大值后，由于进一步过冷，黏度增加使相界面迁移的频率因子 ν 下降，故导致生长速率下降。u-ΔT 曲线之所以出现峰值是由于在高温阶段主要由液相变成晶相的速率控制，增大过冷度，对该过程有利，故生长速率增加；在低温阶段，过程主要由相界面扩散所控制，低温对扩散不利，故生长速率减慢，这与晶核形成速率与过冷度的关系相似，只是其最大值较晶核形成速率的最大值对应的过冷度更小而已。

3. 总的结晶速率

结晶过程包括成核和晶体生长两个过程，若考虑总的相变速率，则必须将这两个过程结合起来。总的结晶速率常用结晶过程中已经结晶出的晶体体积占原来液体体积的分数和结晶时间（t）的关系来表示。

$$V_\beta/V = \frac{4}{3}\pi I_v u^3 \int_0^t t^3 dt = \frac{1}{3}\pi I_v u^3 t^4 \tag{12-24}$$

式(12-24)是析晶相变初期的近似速度方程，随

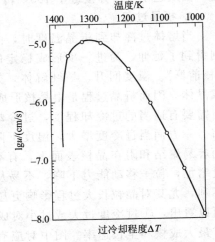

图 12-8 GeO_2 生长速率与过冷度关系

着相变过程的进行，I_v 与 u 并非都与时间无关，而且 V_β 也不等于 V，所以该方程会产生偏差。

阿弗拉米（M. Avrami）1939 年对相变动力学方程作了适当的校正，导出公式：

$$V_\beta/V = 1 - \exp\left[-\frac{1}{3}\pi u^3 I_v t^4\right] \tag{12-25}$$

在相变初期，转化率较小时则方程式（12-25）可写成：

$$V_\beta/V \approx \frac{1}{3}\pi u^3 I_v t^4$$

可见在这种特殊条件下式（12-25）可还原为式（12-24）。

克拉斯汀（I. W. Christion）在 1965 年对相变动力学方程作了进一步的修正，考虑到时间 t 对新相核的形成速率 I_v 及新相的生长速率 u 的影响，导出如下公式：

$$V_\beta/V = 1 - \exp(-Kt^n) \tag{12-26}$$

式中，V_β/V 为相转变的转变率；n 通常称为阿弗拉米指数；K 是包括新相核形成速率及新相的生长速率的系数。

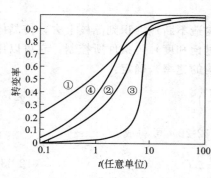

图 12-9　根据阿弗拉米方程计算所作的转变动力学曲线

曲线①②和③K 值相同，n 值分别为 1/2、1 和 4；曲线④，$n=1$，而 K 值是前面几条线 K 值的一半

阿弗拉米方程可用来研究两类相变，其一是属于扩散控制的转变，另一类是蜂窝状转变，其典型代表为多晶转变。转变率 V_β/V 随时间 t 的典型变化曲线称为转变动力学曲线，如图 12-9 所示。根据阿弗拉米方程计算所作的转变动力学曲线均以 $V_\beta/V=100\%$ 的水平线为渐近线。在转变曲线开始阶段，形成新相核的速率 I_v 的影响较大，新相长大速率 u 的影响稍次，曲线平缓，这阶段主要为进一步相变创造条件，故称为诱导期。中间阶段由于大量新相核已存在，故可以在这些大量核上长大，此时 u 较大，而它是以 u^3 形式对 V_β/V 产生影响，所以转化率迅速增长，曲线变陡，类似加入催化剂使化学反应速率加快，故称为自动催化期。相变的后期，相变已接近结束，新相大量形成，过饱和度减少，故转化率减慢，曲线趋于平滑并接近 100% 转化率。

4. 析晶过程

当熔体过冷却到析晶温度时，由于粒子动能的降低，液体中粒子的"近程有序"排列得到了延伸，为进一步形成稳定的晶核准备了条件，这就是"核胚"，也有人称之为"核前群"。温度回升，核胚解体。如果继续冷却，可以形成稳定的晶核，并不断长大形成晶体。因而析晶过程是由晶核形成过程和晶粒长大过程共同构成的。这两个过程都各自需要有适当的过冷却程度，过冷却程度 ΔT 对晶核形成和长大速率的影响必有一最佳值。一方面当过冷度增大，温度下降，熔体质点动能降低，粒子间吸引力相对增大，因而容易聚结和附在晶核表面上，有利于晶核形成。另一方面，由于过冷度增大，熔体黏度增加，粒子移动能力下降，不易从熔体中扩散到晶核表面，对晶核形成和长大过程都不利，尤其对晶粒长大过程影响更甚。以 ΔT 对成核和生长速率作图（图 12-10），从图中可以看出：①过冷度过大或过小对成核与生长速率均不利，只有在一定的过冷度下才能有最大成核和生长速率。图中对应有 I_v 和 u 的两个峰值。从理论上峰值的过冷度可以用 $\partial I_v/\partial T=0$ 和 $\partial u/\partial T=0$ 来求得。由于 $I_v=f_1(T)$，$u=f_2(T)$，$f_1(T)\neq f_2(T)$，因此成核速率和生长速率两曲线峰值往往不重叠，而且成核速率曲线的峰值一般位于较低温度处。②成核速率与晶体生长速率两曲线的重叠区通常称为析晶区。在这一区域内，两个速率都有一个较大的数值，所以最有利于析晶。③图中 T_m（A 点）为熔融温度，两侧阴影区是亚稳区。高温亚稳区表示理论上应该析出晶体，而实际上却不能析晶的区域。B 点对应的温度为初始析晶温度。在 T_m 温度（相当于图中 A 点），$\Delta T \to 0$ 而 $r_k \to \infty$，此时无晶核产生。此时如有外加成核剂，晶体仍能在成核剂上成长，因此

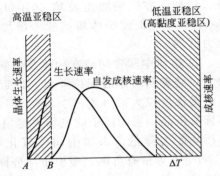

图 12-10 冷却程度对晶核生长及晶体生长速率的影响

晶体生长速率在高温亚稳区内不为零，其曲线起始于 A 点。图中右侧为低温亚稳区，在此区域内，由于速率太低，黏度过大，以致质点难以移动而无法成核与生长。在此区域内不能析晶而只能形成过冷液体——玻璃体。④成核速率与晶体生长速率两曲线峰值的大小、它们的相对位置（即曲线重叠面积的大小）、亚稳区的宽狭等都是由系统本身性质决定的，而它们又直接影响析晶过程及制品的性质。如果成核与生长曲线重叠面积大，析晶区宽，则可以用控制过冷度大小来获得数量和尺寸不等的晶体。若 ΔT 大，控制在成核率较大处析晶，则往往容易获得晶粒多而尺寸小的细晶，如搪瓷中 TiO_2 析晶；若 ΔT 小，控制在生长速率较大处析晶则容易获得晶粒少而尺寸大的粗晶，如陶瓷结晶釉中的大晶花。如果成核与生长两曲线完全分开而不重叠，则无析晶区，该熔体易形成玻璃而不易析晶；若要使其在一定的过冷度下析晶，一般采用移动成核曲线的位置，使它向生长曲线靠拢。可以加入适当的核化剂，使成核位垒降低，用非均匀成核代替均匀成核，使两曲线重叠而容易析晶。

熔体形成玻璃正是由于过冷熔体中晶核形成最大速率对应的温度低于晶体生长最大速率对应的温度所致。当熔体冷却到生长速率最大处，成核率很小，当温度降到最大成核速率时，生长速率又很小，因此，两曲线重叠区愈小，愈易形成玻璃。反之，重叠区愈大，则容易析晶而难于玻璃化。由此可见，要使自发析晶能力大的熔体形成玻璃，只有采取增加冷却速率以迅速越过析晶区的方法，使熔体来不及析晶而玻璃化。

5. 影响析晶能力的因素

（1）熔体组成 根据相平衡观点，熔体系统中组成愈简单，则当熔体冷却到液相线温度时，化合物各组成部分相互碰撞排列成一定晶格的概率愈大，这种熔体也愈容易析晶。同理，相应于相图中一定化合物组成的玻璃也较易析晶。当熔体组成位于相图中的相界线上，特别是在低共熔点上时，由于系统要同时析出两种以上的晶体，在初期形成晶核结构时相互产生干扰，从而降低玻璃的析晶能力。因此从降低熔制温度和防止析晶的角度出发，玻璃的组分应考虑多组分并且其组成应尽量选择在相界线或共熔点附近。

（2）熔体的结构 从熔体的结构分析，还应考虑熔体中不同质点间的排列状态及其相互作用的化学键强度和性质。干福熹认为熔体的析晶能力主要决定于以下两方面因素。

① 熔体结构网络的断裂程度。网络断裂愈多，熔体愈易析晶。在碱金属氧化物含量相同时，阳离子对熔体结构网络的断裂作用大小决定于其离子半径。例如，一价离子中随半径的增大而析晶本领增加，即 $Na^+ < K^+ < Cs^+$。而在熔体结构网络破坏比较严重时，加入中间体氧化物可使断裂的硅氧四面体重新相连接，从而熔体析晶能力下

降。例如，在钡硼酸盐玻璃 $60B_2O_3 \cdot 10R_mO_n \cdot 20BaO$ 中添加网络外氧化物如 K_2O、CaO、SrO 等促使熔体析晶能力增加，而添加中间体氧化物如 Al_2O_3、BeO 等则使析晶能力减弱。

② 熔体中所含网络变性体及中间体氧化物的作用。电场强度较大的网络变性体离子由于对硅氧四面体的配位要求，使近程有序范围增加，容易产生局部积聚现象，因此含有电场强度较大的（$Z/r^2 > 1.5$）网络变性离子（如 Li^+、Mg^{2+}、La^{3+}、Zr^{4+} 等）的熔体皆易析晶。当阳离子的电场强度相同时，加入易极化的阳离子（Pd^{2+} 及 Bi^{3+} 等）使熔体析晶能力降低。添加中间体氧化物如 Al_2O_3、Ge_2O_3 等时，由于四面体 $[AlO_4]^{5-}$、$[GaO_4]^{4-}$ 等带有负电，吸引了部分网络变性离子使积聚程度下降，因而熔体析晶能力也减弱。

以上两种因素应全面考虑。当熔体中碱金属氧化物含量高时，前一因素对析晶起主要作用；当碱金属氧化物含量不多时，则后一因素影响较大。

（3）界面情况　虽然晶态比玻璃态更稳定，具有更低的自由能。但由过冷熔体变为晶态的相变过程却不会自发进行。如要使这过程得以进行，必须消耗一定的能量用以克服由亚稳的玻璃态转变为稳定的晶态所需越过的势垒。从这个观点看，各相的分界面对析晶最有利，存在相分界面是熔体析晶的必要条件。

（4）外加剂　微量外加剂或杂质会促进晶体的生长，因为外加剂在晶体表面上引起的不规则性犹如晶核的作用。熔体中杂质还会增加界面处的流动度，使晶格更快地定向。

第三节　液液相变

一、液相的不混溶现象（玻璃的分相）

一个均匀的玻璃相在一定的温度和组成范围内有可能分成两个互不溶解或部分溶解的玻璃相（或液相）并相互共存，这种现象称为玻璃的分相（或称液相不混溶现象）。分相现象首先在硼硅酸盐玻璃中发现，用 $75\%SiO_2$、$20\%B_2O_3$ 和 $5\%Na_2O$ 熔融并形成玻璃，再在 $500\sim600℃$ 范围内进行热处理，结果使玻璃分成两个截然不同的相，一相几乎是纯 SiO_2，而另一相富含 Na_2O 和 B_2O_3。这种玻璃经酸处理除去 Na_2O 和 B_2O_3 后，可以制得包含 $4\sim15nm$ 微孔的纯 SiO_2 多孔玻璃。分相是玻璃形成过程中的普遍现象，它对玻璃结构和性质有重大影响。

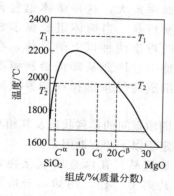

图 12-11　$MgO-SiO_2$ 系统相图中，富 SiO_2 部分的不混合区

在硅酸盐或硼酸盐熔体中，发现在液相线以上或以下有两类液相的不混溶区。

在 $MgO-SiO_2$ 系统中，液相线以上出现的相分离现象如图 12-11 所示。在 T_1 温度时，任何组成都是均匀熔体。在 T_2 温度时，原始组成 C_0 分为 C^α 和 C^β 两个熔融相。

常见的另一类液-液不混溶区是出现在 S 形液相线以下。如 Na_2O、Li_2O、K_2O 和 SiO_2 的二元系统。图 12-12（b）为 Na_2O 和 SiO_2 二元系统液相线以下的分相区。在 T_K 温度以上（图中约 850℃），任何组成都是单一均匀的液相，在 T_K 温度以下该区又分为两部分。

（1）亚稳定区（成核-生长区）　图 12-12（b）中有剖面线的区域。如系统组成点落在①区域的 c_1 点，在 T_1 温度时不混溶的第二相（富 SiO_2 相）通过成核-生长而从母液（富 Na_2O 相）中析出。颗粒状的富 SiO_2 相在母液中是不连续的。颗粒尺寸在 $3\sim15nm$，其亚微观结构示意见图 12-12(c)。若组成点落在该区的 C_3 点，在温度 T_1 时，同样通过成核-生长从富 SiO_2 的母液中析出富 Na_2O 的第二相。

（2）不稳区（Spinodal） 当组成点落在②区如图 12-12 的 C_2 点时，在温度 T_1 时熔体迅速分为两个不混溶的液相。相的分离不是通过成核-生长，而是通过浓度的波形起伏，相界面开始时是弥散的，但逐渐出现明显的界面轮廓。在此时间内相的成分在不断变化，直至达到平衡值为止。析出的第二相（富 Na_2O 相）在母液中互相贯通、连续，并与母液交织而成为两种成分不同的玻璃，其亚微观结构示意见图 12-12(c)。

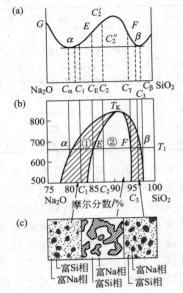

图 12-12　Na_2O-SiO_2 系统的
分相区

(a) 自由能-组成图；(b) Na_2O-SiO_2 系统
分相区；(c) 各分相区的亚微观结构

两种不混溶区的浓度剖面示意如图 12-13 所示。图 12-13(a) 表示亚稳区内第二相成核-生长的浓度变化。若分相时母液平均浓度为 c_0，第二相浓度为 c_a'，成核-生长时，由于核的形成，使局部地区由平均浓度 c_0 降至 c_a，同时出现一个浓度为 c_a' 的"核胚"，这是一种由高浓度 c_0 向低浓度 c_a 的正扩散，这种扩散的结果导致核胚粗化直至最后"晶体"长大。这种分相的特点是起始时浓度的变化程度大，而涉及的空间范围小，分相自始至终第二相成分不随时间而变化。分相析出的第二相始终有显著的界面，但它是玻璃而不是晶体。图 12-13(b) 表示不稳分解时第二相浓度的变化。相变开始时浓度变化程度很小，但空间范围很大，它是发生在平均浓度 c_0 的母相中瞬间的浓度波形起伏。相变早期类似组成波的生长，出现浓度从低处 c_0 向浓度高处 c_a' 的负扩散（爬坡扩散）。第二相浓度随时间而持续变化直至达平衡成分。

从相平衡角度考虑，相图上平衡状态下析出的固态都是晶体，而在不混溶区中析出的是富 Na_2O 或富 SiO_2 的非晶态固体。严格地说不应该用相图表示，因为析出产物不是处于平衡状态。为了示意液相线以下的不混溶区，一般在相图中用虚线画出分相区。

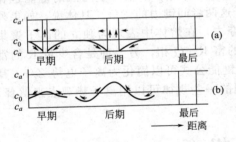

图 12-13　浓度剖面示意
(a) 成核-生长；(b) 不稳分解

液相线以下不混溶区的确切位置可以从一系列的热力学活度数据根据自由能-组成的关系式推算出来。图 12-12(a) 即为 Na_2O-SiO_2 二元系统在温度 T_1 时的自由能（G）-组成（c）曲线。曲线由两条正曲率曲线和一条负曲率曲线组成。G-c 曲线存在一条公切线 $\alpha\beta$。根据吉布斯（Gibbs）自由能-组成曲线建立相图的两条基本原理：①在温度、压力和组成不变的条件下，具有最小 Gibbs 自由能的状态是最稳定的。②当两相平衡时，两相的自由能-组成曲线上具有公切线，切线上的切点分别表示两平衡相的成分。

系统在亚稳区和不稳区的分解如表 12-1 所列。

表 12-1　亚稳区和不稳区分解比较

项目	亚　稳　区	不　稳　区
热力学	$(\partial^2 G/\partial c^2)_{T,p} > 0$	$(\partial^2 G/\partial c^2)_{T,p} < 0$
成分	第二相组成不随时间变化	第二相组成随时间而连续向两个极端组成变化,直至达到平衡组成变化
形貌	第二相分离成孤立的球形颗粒	第二相分离成高度连续性的非球形颗粒
有序	颗粒尺寸和位置在母液中是无序的	第二相分布在尺寸上和间距上均有规则
界面	在分相开始界面有突变	分相开始界面是弥散的并逐渐明显
能量	分相需要位垒	不存在位垒
扩散	正扩散	负扩散
时间	分相所需时间长,动力学障碍大	分相所需时间极短,动力学障碍小

玻璃分相及其形貌几乎对玻璃的所有性质都会发生或大或小的影响。例如凡是与迁移性能有关的性质,如黏度、电导、化学稳定性等都与玻璃分相及其形貌有很大关系。在 $Na_2O\text{-}SiO_2$ 系统玻璃中,当富钠相连续时,其电阻和黏度低,而当富硅相连续时,其电阻与黏度均可高几个数量级,其电阻近似于高 SiO_2 端组成玻璃的数值。经研究发现,玻璃态的分相过程总是发生在核化和晶化之前,分相为析晶成核提供了驱动力;分相产生的界面为晶相成核提供了有利的成核位。总之,玻璃分相是一个广泛而又十分有意义的研究课题,它对充实玻璃结构理论、改进生产工艺、制造激光、光敏、滤色、微晶玻璃和玻璃层析等方面都具有重要意义。

二、分相的结晶化学观点

关于结晶化学观点解释分相原因的理论有能量观点、静电键观点、离子势观点等,这方面理论尚在发展中,这里仅作简单介绍。

玻璃熔体中离子间相互作用程度与静电键 E 的大小有关。$E = Z_1 Z_2 e^2/r_{1,2}$,其中 Z_1、Z_2 是离子 1 和 2 的电价,e 是电荷,$r_{1,2}$ 是两个离子的间距。例如,玻璃熔体中 $Si\text{—}O$ 间键能较强,而 $Na\text{—}O$ 间键能相对较弱。如果除 $Si\text{—}O$ 键外还有另一个阳离子与氧的键能也相当高时,就容易导致不混溶。这表明分相结构取决于这两者间键力的竞争。具体说,如果外加阳离子在熔体中与氧形成强键,以致氧很难被硅夺去,在熔体中表现为独立的离子聚集体。这样就出现了两个液相共存,一种是含少量 Si 的富 $R\text{—}O$ 相,另一种是含少量 R 的富 $Si\text{—}O$ 相,造成熔体的不混溶。若对于氧化物系统,键能公式可以简化为离子电势 Z/r,其中 r 是阳离子半径。从热力学相平衡角度分析所得到的一些规律可以用离子势观点来解释,也就是说离子势差别(场强差)愈小,愈趋于分相。

第四节　固　固　相　变

晶体由一种结构向另一种结构的转变在硅酸盐中是常见的。晶体在一定温度范围内如有一种结构的自由焓最低,则这种结构的晶体就是晶体在这温度范围内最稳定的晶相;而在另一温度范围内常是另一种结构晶相的自由焓最低、结构最稳定。因此随着温度的变化,晶体就从一种晶形转变为另一种晶形。如大家熟知的 α-方石英⇌β-方石英,单斜 ZrO_2⇌四方 ZrO_2 等相变引起的体积变化对耐火材料、发热元件性能的影响。此外,$BaTiO_3$ 等各种铁氧体、铁电体的相变理论对材料微观结构和性质的影响也是近些年硅酸盐领域的重要课题。下面以 Al_2O_3、SiO_2、TiO_2 等相变为例简要介绍固相→固相的相变过程。

一、Al_2O_3 的相变动力学过程

Al_2O_3 的相变过程为:熔体→γ-Al_2O_3→δ-Al_2O_3→θ-Al_2O_3→α-Al_2O_3。和一般相变一样

分为晶核生成和晶体长大两个步骤进行的。在 Al_2O_3 相变初期可能取决于成核速率，特别当颗粒内出现很少晶核时，一旦形成晶核，相转变就以这晶核为中心，围绕着它生长，并迅速扩散到颗粒整体，使全体转变为另一晶相。但要使相变继续进行下去，必须在别的颗粒内再次出现新晶核。由于成核速率小于晶核长大速率，相变速率取决于前者，而服从于一级反应的速度规律。当 Al_2O_3 相变进行一段时间以后，新相体积已发育到相当程度，新相的表面积也相对变大，这时成核所提供的相变量相对较小，相变速率就取决于晶核成长速率了。少量的 TiO_2 添加物能提高 Al_2O_3 的相变速率。根据相变前后折射率的测定，在氧化气氛下，TiO_2 并不进入 Al_2O_3 晶格形成固溶体，而很可能是通过晶界作用来加快晶粒的长大。

二、石英的相变动力学过程

石英的转变 [SiO_2（石英）$\rightleftharpoons$ 鳞石英，α-石英 $\rightleftharpoons$ β-石英，α-鳞石英 $\rightleftharpoons$ β-鳞石英，α-方石英 $\rightleftharpoons$ β-方石英] 均属于一级相变。

纯石英的相变速率一般由晶核形成和晶体长大两个过程同时控制。晶核往往在石英颗粒的表面缺陷处形成，其形成速率按玻耳兹曼分布定律计算，即服从一级反应动力学方程式。晶核形成后向周围延伸，形成一片连续的新相层，继而向颗粒内部扩散，新的晶相不断长大。在晶体长大过程中，相变速率是一常数，也服从一级反应动力学方程式。

石英的相变速率除和温度直接有关外，也和石英颗粒大小、杂质等有关。颗粒越小，比表面积越大，表面缺陷也越多，成核速率就越快。Fe、Mn、Ca、Ti 等氧化物除了能和 SiO_2 生成液相，利用各晶形在液相中的不同溶解度促使方石英溶解，鳞石英析出，起液相催化作用外，还可起固相催化作用，即促使与之邻接的 SiO_2 局部表面强烈活化。而电荷高、体积小的离子（如 Al^{3+}）则能屏蔽易极化的氧离子，起阻碍相变的作用。

三、TiO_2 相变动力学过程

从热力学观点 TiO_2 的转变是不可逆（单向）的转变。按结晶学观点则符合下式：锐钛矿型（完全结晶）→锐钛矿型（不完全结晶）→金红石型（不完全结晶）→金红石型（完全结晶）。

影响 TiO_2 转变速率的因素有：①外加剂。如氧化铜、氧化钴、氧化铬能促进转变。氧化钨和氧化钠则使转变减慢。一般情况下，凡使 TiO_2 晶格缺陷增大的外加剂能促进扩散和相变。②气氛。TiO_2 为 n 型半导体，氧气分压越小，生成晶格缺陷越多，越能促进金红石的转化。

四、铁电体的相变

铁电相变是一种结构相变，很多铁电现象都能从相变理论中得到解释。其中最重要的是自发极化的产生及其变化。在相变过程中某些力学、电学、热学参数发生突变。目前铁电体已成为能把机、电、光、热性质都联系起来的重要材料。通过相变产生的自发极化随着各种外界因素又产生了各种新效应。例如，随压力变化导致压电效应，随温度变化导致热释电效应，随电场变化导致电光效应等。所以自发极化又是铁电材料相变的研究中心。

钙钛矿型的 $BaTiO_3$ 在结构上的特点是氧八面体中心为一个尺寸较小的 Ti 离子占据。钛氧离子间的中心距离 0.205nm，大于它们的半径之和 0.195nm。因此，Ti 离子的位移在小于等于 0.005nm 时所受到的阻力很小。故可近似地把钛离子的这种移动看做是在非简谐振动中。铁电体的相变就是运用了晶格振动的基本概念——晶格振动是无数个离子或原子在晶格上作简谐振动。从晶体的对称性、离子或原子排列的周期性以及近程、远程相互作用力

的相对平衡来看，相变是由于晶格振动的不稳定性引起的。一旦在我们所讨论的简正坐标系统中，某种离子沿某一坐标轴作简谐振动的恢复力变小，晶格振动变得不稳定起来，这种离子就有可能位移到新的平衡位置，晶体出现相变。这是近年发展起来的相变理论——软模理论的最基本概念。

第五节　气固相变

硅酸盐材料除了用烧结、熔融等典型方法来制备外，也可通过气相凝聚来制备。例如，从气相沉积制得结构完整的单晶、晶须和薄膜等。这类硅酸盐材料具有独特的电学、力学和光学性能，对半导体材料和新工艺的发展有重大贡献。此外，固→气的蒸发损失（如玻璃和耐火材料在还原气氛中的 SiO_2 蒸发），也是重要的研究课题。

一、蒸发

固体或液体材料中蒸发主要用来获得原子或分子颗粒流，使其沉积在一些固体上。所有金属几乎都能作此处理，但硅的蒸发在半导体工艺中有特殊应用。使硅在真空中达到一定的蒸发速率，蒸气压必须达到 10^{-5} atm（1atm = 100kPa）左右。因此把硅加热到熔点（1410℃）以上，通常是 1558℃，达到有效蒸发，蒸发速率是 $7 \times 10^{-5} g/(cm^2 \cdot s)$。用化学蒸发也可达到物理蒸发的同样效果，在化学蒸发中借化学反应，化学蒸气将原子从材料表面移出，如钼和硅的蒸发。

蒸发速率可用不同的方法控制。采用高温和保持 $\alpha_v = 1$ 能提高蒸发速率。通常比较困难的是要在高温操作时减小蒸发，引入杂质可以降低 α_v，有时可以降低几个数量级。例如，灯泡中以 N_2 代替真空可以阻止钨丝蒸发，α_v 从 1 减到 10^{-3}。少数材料自身能抑制蒸发，例如磷，其蒸气中含有多聚物 P_4，α_v 降低到 10^{-4}。

二、凝聚

当蒸气温度低于物质熔点，且系统压力中固相的饱和蒸气压大时，可从蒸气相直接析出固相。在许多情况下，晶体从气相生长时会出现液相的过渡薄层，这对晶须生长很重要。

许多高温陶瓷和电子薄膜材料是由化学蒸气沉积而得。物理沉积和化学沉积硅的主要差别是：硅的物理蒸发要求供应蒸发热，温度高时，硅蒸气较活泼，常在室温的基体上直接沉积而成；而硅的化学蒸发是 $SiCl_4$ 的稳定化合物在较低温度就能自发反应而形成硅蒸气，其蒸发的产物能储藏，而且控制气相很方便。化学反应的速度不仅由温度决定，也由蒸气的组成决定。增加气相中 $SiCl_4$ 的浓度将增大沉积的初始速率，但浓度大时会发生下面过程：

$$SiCl_4(气) + Si(固) \longrightarrow 2SiCl_2(气)$$

因此沉积膜的生长速率随 $SiCl_4$ 浓度而变化，有一个生长速率最大值。蒸气沉积材料的晶体结构和形态变化范围很大，低温沉积的可能是无定形或小的不完整颗粒，高温沉积的可能是定向或柱状晶体。

习　题

12-1　名词解释

① 一级相变与二级相变；

② 玻璃析晶与玻璃分相；

③ 均匀成核与非均匀成核；

④ 马氏体相变。

12-2　当一个球形晶核在液态中形成时，其自由能的变化 $\Delta G = 4\pi r^2 \gamma + \frac{4}{3}\pi r^3 \Delta G_V$。式中 r 为球形晶核的半径；γ 为液态中晶核的表面能；ΔG_V 为单位体积晶核形成时释放的体积自由能。求临界半径 r_k 和临界核化自由能 ΔG_k。

12-3　如果液态中形成一个边长为 a 的立方体晶核时，其自由能 ΔG 将写成什么形式？求出此时晶核的临界立方体边长 a_k 和临界核化自由能 ΔG_k，并与 12-2 题比较，哪一种形状的 ΔG 大，为什么？

12-4　在析晶相变时，若固相分子体积为 V，试求在临界球形粒子中新相分子数 i 应为何值？

12-5　由 A 向 B 转变的相变中，单位体积自由能变化 ΔG_V 在 1000℃ 时为 -419kJ/mol，在 900℃ 时为 -2093kJ/mol，设 A-B 间界面能为 0.5N/m，求：

① 在 900℃ 和 1000℃ 时的临界半径；

② 在 1000℃ 进行相变时所需的能量。

12-6　什么是亚稳分解和旋节分解？并从热力学、动力学、形貌等比较这两种分相过程。简述如何用实验方法区分这两种过程。

12-7　试用图例说明过冷度对核化、晶化速率、析晶范围、析晶数量和晶粒尺寸等的影响。

12-8　如果直径为 $20\mu\text{m}$ 的液滴，测得成核速率 $I_V = 10^{-1}$ 个/s·cm³，如果锗能够过冷 227℃，试计算锗的晶-液表面能？（$T_m = 1231\text{K}$，$\Delta H = 34.8\text{kJ/mol}$，$\rho = 5.35\text{g/cm}^3$）

12-9　下列多晶转变中，哪一个转变需要的激活能最少，哪一个最多，为什么？

① 体心立方 Fe → 面心立方 Fe；石墨 → 金刚石；立方 $BaTiO_3$ → 四方 $BaTiO_3$

② α-石英 → α-鳞石英；α-石英 → β-石英。

（两组分别讨论之）

第十三章

固相反应

第一节 固相反应类型

固相反应在无机非金属固体材料的高温过程中是一个普遍的物理化学现象，它是一系列金属合金材料、传统硅酸盐材料以及各种新型无机材料制备涉及的基本过程之一。广义地讲，凡是有固相参与的化学反应都可称为固相反应，如固体的热分解、氧化以及固体与固体、固体与液体之间的化学反应等都属于固相反应范畴。但在狭义上，固相反应常指固体与固体间发生化学反应生成新的固相产物的过程。

固相反应与一般气、液反应相比在反应机构、反应速率等方面有其自己的特点。①与大多数气、液反应不同，固相反应属非均相反应，因此参与反应的固相相互接触是反应物间发生化学作用和物质输送的先决条件。②固相反应开始温度常远低于反应物的熔点或系统的低共熔温度。这一温度与反应物内部开始呈现明显扩散作用的温度相一致，常称为泰曼温度或烧结开始温度。不同物质的泰曼温度与其熔点（T_m）间存在一定的关系。例如，金属为$(0.3\sim0.4)T_m$，盐类和硅酸盐则分别为$0.57T_m$和$(0.8\sim0.9)T_m$。此外当反应物之一存在有多晶转变时，则此转变温度也往往是反应开始变得显著的温度，这一规律常称为海德华定律。

固相反应的实际研究常将固相反应依参加反应物质的聚集状态、反应的性质或反应进行的机理进行分类。按反应物质状态可分为：①纯固相反应。即反应物和生成物都是固体，没有液体和气体参加，反应式可以写为$A(s)+B(s)\rightarrow AB(s)$。②有液相参与的反应。在固相反应中，液相可来自反应物的熔化$A(s)\rightarrow A(l)$，反应物与反应物生成低共熔物$A(s)+B(s)\rightarrow(A+B)(l)$，$A(s)+B(s)\rightarrow(A+AB)(l)$或$(A+B+AB)(l)$。例如，硫和银反应生成硫化银，就是通过液相进行的，硫首先熔化$S(s)\rightarrow S(l)$，液态硫与银反应生成硫化银$S(l)+2Ag(s)\rightarrow Ag_2S(s)$。③有气体参与的反应。在固相反应中，如有一个反应物升华$A(s)\rightarrow A(g)$或分解$AB(s)\rightarrow A(g)+B(s)$或反应物与第三组分反应都可能出现气体$A(s)+C(g)\rightarrow AC(g)$。普遍反应式为：$A(s)\rightarrow A(g)$，$A(g)+B(s)\rightarrow AB(s)$。在实际的固相反应中，通常是三种形式的各种组合。

另一种分类方法是根据反应的性质划分，分为氧化反应、还原反应、加成反应、置换反应和分解反应，如表13-1所列。此外还可按反应机理划分，分为扩散控制过程、化学反应速率控制过程、晶核成核速率控制过程和升华控制过程等。显然，分类的研究方法往往强调了问题的某一个方面，以寻找其内部规律性的东西，实际上不同性质的反应，其反应机理可以相同也可以不同，甚至不同的外部条件也可导致反应机理的改变。因此，欲真正了解固相反应遵循的规律，在分类研究的基础上应进一步作结果的综合分析。

表 13-1 固相反应依性质分类

名 称	反 应 式	例 子
氧化反应	$A(s)+B(g) \rightarrow AB(s)$	$2Zn+O_2 \rightarrow 2ZnO$
还原反应	$AB(s)+C(g) \rightarrow A(s)+BC(g)$	$Cr_2O_3+3H_2 \rightarrow 2Cr+3H_2O$
加成反应	$A(s)+B(s) \rightarrow AB(s)$	$MgO+Al_2O_3 \rightarrow MgAl_2O_4$
置换反应	$A(s)+BC(s) \rightarrow AC(s)+B(s)$	$Cu+AgCl \rightarrow CuCl+Ag$
	$AC(s)+BD(s) \rightarrow AD(s)+BC(s)$	$AgCl+NaI \rightarrow AgI+NaCl$
分解反应	$AB(s) \rightarrow A(s)+B(g)$	$MgCO_3 \rightarrow MgO+CO_2\uparrow$

第二节 固相反应机理

从热力学的观点看，系统自由焓的下降就是促使一个反应自发进行的推动力，固相反应也不例外。为了理解方便，可以将其分成三类：①反应物通过固相产物层扩散到相界面，然后在相界面上进行化学反应，这一类反应有加成反应、置换反应和金属氧化；②通过一个流体相传输的反应，这一类反应有气相沉积、耐火材料腐蚀及汽化；③反应基本上在一个固相内进行，这类反应主要有热分解和在晶体中的沉淀。

固相反应绝大多数是在等温等压下进行的，故可用 ΔG 来判别反应进行的方向及其限度。可能发生的几个反应生成几个变体（A_1、A_2、A_3、…、A_n），若相应的自由焓变化值大小的顺序为 $\Delta G_1 < \Delta G_2 < \Delta G_3 < \Delta G_4 < \cdots < \Delta G_n$，则最终产物将是 ΔG 的最小变体，即 A_1 相。但当 ΔG_2、ΔG_3、ΔG_n 都是负值时，则生成这些相的反应均可进行，而且生成这些相的实际顺序并不完全由 ΔG 值的相对大小决定，而是和动力学（即反应速率）有关。在这种条件下，反应速率愈大，反应进行的可能也愈大。

反应物和生成物都是固相的纯固相反应，总是往放热的方向进行，一直到反应物之一耗完为止，出现平衡的可能性很小，只在特定的条件下才有可能。这种纯固相反应，其反应的熵变小到可认为忽略不计，则 $T\Delta S \rightarrow 0$，因此 $\Delta G \approx \Delta H$。所以，没有液相或气相参与的固相反应，只有 $\Delta H < 0$，即放热反应才能进行，这称为范特霍夫规则。如果过程中放出气体或有液体参加，由于 ΔS 很大，这个原则就不适用。

要使 ΔG 趋向于零，有下列几种情况：

① 纯固相反应中反应产物的生成热很小时，ΔH 很小，使得差值 $(\Delta H - T\Delta S) \rightarrow 0$。

② 当各相能够相互溶解，生成混合晶体或者固溶体、玻璃体时，均能导致 ΔS 增大，促使 $\Delta G \rightarrow 0$。

③ 当反应物和生成物的总热容差很大时，熵变就变得大起来，因为 $\Delta S_r = \int_0^r \frac{\Delta C_p}{T} \times dT$，促使 $\Delta G \rightarrow 0$。

④ 当反应中有液相或气相参加时，ΔS 可能会达到一个相当大的值，特别在高温时，因为 $T\Delta S$ 项增大，使得 $T\Delta S \rightarrow \Delta H$，即 $(\Delta H - T\Delta S) \rightarrow 0$。

一般认为，为了在固相之间进行反应，放出的热大于 4.184kJ/mol 就够了。在晶体混合物中许多反应的产物生成热相当大，大多数硅酸盐反应测得的反应热为每摩尔几十到几百千卡（1cal=4.184J）。因此，从热力学观点看，没有气相或液相参与的固相反应，会随着放热反应而进行到底。实际上，由于固体之间的反应主要是通过扩散进行，如果接触不良，反应就不能进行到底，即反应会受到动力学因素的限制。

在反应过程中，系统处于更加无序的状态，它的熵必然增大。在温度上升时，熵项 $T\Delta S$ 总是起着"促进"反应向着增大液相数量或放出气体的方向进行。例如，在高温下碳的燃烧优先向如下反应方向进行：$2C+O_2 == 2CO$。虽然在任何温度下存在着：$C+O_2 == CO_2$ 的反应，而且其反应热比前者大得多。高于 700℃ 下的反应 $C+CO_2 == 2CO$，虽然伴随着很大的吸热效应，反应还是能自动地往右边进行，这是因为系统中气态分子增加时，熵增大，导致 $T\Delta S$ 的乘积超过反应的吸热效应值。因此，当固相反应中有气体或液相参与时，范特霍夫规则就不适用了。

各种物质的标准生成热 $\Delta H^\ominus$ 和标准生成熵 $\Delta S^\ominus$ 几乎与温度无关。因此，$\Delta G^\ominus$ 基本上与 T 成比例，其比例系数等于 $\Delta S^\ominus$。当金属被氧化生成金属氧化物时，反应的结果使气体数量减少，$\Delta S^\ominus < 0$，这时 $\Delta G^\ominus$ 随着温度的上升而增大，如 $Ti+O_2 == TiO_2$ 反应。当气体的数量没有增加，$\Delta S \approx 0$，在 $\Delta G^\ominus$-T 关系中出现水平直线，如碳的燃烧反应 $C+O_2 == CO_2$。对于 $2C+O_2 == 2CO$ 的反应，由于气体量增大，$\Delta S > 0$，随着温度的上升，ΔG 是直线下降的，因此温度升高对之是有利的。

当反应物和产物都是固体时，$\Delta S \approx 0$，$T\Delta S \approx 0$，则 $\Delta G^\ominus \approx \Delta H^\ominus$，$\Delta G$ 与温度无关，故在 ΔG-T 图中是一条平行于 T 轴的水平线。

第三节 固相反应动力学

固相反应动力学旨在通过反应机理的研究，提供有关的反应体系、反应随时间变化的规律性信息。由于固相反应的种类和机理可以是多样的，对于不同的反应，乃至同一反应的不同阶段，其动力学关系也往往不同。固相反应的基本特点在于反应通常是由几个简单的物理化学过程，如化学反应、扩散、熔融、升华等步骤构成。因此，整个反应的速度将受到其涉及的各动力学阶段所进行速度的影响。

一、固相反应一般动力学关系

图 13-1 描述了物质 A 和 B 进行化学反应生成 C 的一种反应历程。反应一开始是反应物

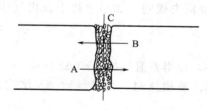

图 13-1 固相物质 A、B 化学
反应过程的模型

颗粒之间的混合接触，并在表面发生化学反应形成细薄且含大量结构缺陷的新相，随后发生产物新相的结构调整和晶体生长。当在两反应颗粒间所形成的产物层达到一定厚度后，进一步的反应将依赖于一种或几种反应物通过产物层的扩散而得以进行，这种物质的输运过程可能通过晶体晶格内部、表面、晶界、位错或晶体裂缝进行。当然对于广义的固相反应，由于反应体系存在气相或液相，故而进一步反应所需要的传质过程往往可在气相或液相中发生。此时气相或液相的存在可能对固相反应起到重要作用。由此可以认为固相反应是固体直接参与化学作用并起化学变化，同时至少在固体内部或外部的某一过程起着控制作用的反应。显然此时控制反应速率的不仅限于化学反应本身，反应新相晶格缺陷调整速率、晶粒生长速率以及反应体系中物质和能量的输送速率都将影响着反应速率。显然所有环节中速度最慢的一环，将对整体反应速率有着决定性的影响。

现以金属氧化过程为例，建立整体反应速率与各阶段反应速率间的定量关系。

设反应依图 13-2 所示模式进行，其反应方程式为：

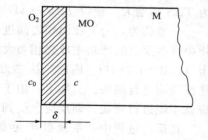

图 13-2 金属 M 表面氧化反应模型

$$M(s) + \frac{1}{2}O_2(g) \longrightarrow MO(s)$$

反应经 t 时间后，金属 M 表面已形成厚度为 δ 的产物层 MO。进一步的反应将由氧气 O_2 通过产物层 MO 扩散到 M-MO 界面和金属氧化两个过程组成。根据化学反应动力学一般原理和扩散第一定律，单位面积界面上金属氧化速率 V_R 和氧气扩散速率 V_D 分别有如下关系：

$$V_R = Kc \; ; \quad V_D = D\frac{dc}{dx}\bigg|_{x=\delta} \tag{13-1}$$

式中，K 为化学反应速率常数；c 为界面处氧气浓度；D 为氧气在产物层中的扩散系数。显然，当整个反应过程达到稳定时整体反应速率 V 为：

$$V = V_R = V_D$$

由 $Kc = D\dfrac{dc}{dx}\bigg|_{x=\delta} = D\dfrac{c_0 - c}{\delta}$ 得界面氧浓度：

$$c = c_0 \bigg/ \left(1 + \frac{K\delta}{D}\right)$$

故

$$\frac{1}{V} = \frac{1}{Kc_0} + \frac{1}{Dc_0/\delta} \tag{13-2}$$

由此可见，由扩散和化学反应构成的固相反应过程其整体反应速率的倒数为扩散最大速率的倒数和化学反应最大速率的倒数之和。若将反应速率的倒数理解成反应的阻力，则式 (13-2) 将具有大家所熟悉的串联电路欧姆定律相似的形式：反应的总阻力等于各环节分阻力之和。反应过程与电路的这一类同对于研究复杂反应过程有着很大的方便。例如，当固相反应不仅包括化学反应、物质扩散，还包括结晶、熔融、升华等物理化学过程，且当这些单元过程间又以串联模式依次进行时，那么固相反应的总速率应为：

$$V = 1\bigg/ \left(\frac{1}{V_{1max}} + \frac{1}{V_{2max}} + \frac{1}{V_{3max}} + \cdots + \frac{1}{V_{nmax}}\right) \tag{13-3}$$

式中，V_{1max}、V_{2max}、$\cdots$、V_{nmax} 分别代表构成反应过程各环节的最大可能速率。

因此，为了确定过程总的动力学速率，确定整个过程中各个基本步骤的具体动力学关系是应该首先予以解决的问题。但是对实际的固相反应过程，掌握所有反应环节的具体动力学关系往往十分困难，故需抓住问题的主要矛盾才能使问题比较容易地得到解决。例如，若在固相反应环节中，物质扩散速率较其他各环节都慢得多，则由式 (13-3) 可知反应阻力主要来源于扩散过程。此时，若其他各项反应阻力较扩散项是一小量并可忽略不计时，则总反应速率将几乎完全受控于扩散速率。

二、化学控制反应动力学

化学反应是固相反应过程的基本环节。根据物理化学原理，对于二元均相反应系统，若化学反应依反应式 $m\text{A} + n\text{B} \rightarrow p\text{C}$ 进行，则化学反应速率的一般表达式为：

$$V_R = \frac{dc_C}{dt} = Kc_A^m c_B^n \tag{13-4}$$

式中，c_A、c_B、c_C 分别代表反应物 A、B 和 C 的浓度；K 为反应速率常数。它与温度间存在阿累尼乌斯关系：

$$K = K_0 \exp\{-\Delta G_R / RT\}$$

式中，K_0 为常数；ΔG_R 为反应活化能。

然而，对于非均相的固相反应，式 (13-4) 不能直接用于描述化学反应的动力学关系。

这是因为对于大多数的固相反应，浓度的概念已失去应有的意义。其次，多数固相反应以固相反应物间的机械接触为基本条件。因此，在固相反应中将引入转化率 G 的概念以取代式 (13-4) 中的浓度，同时考虑反应过程中反应物间的接触面积。

所谓转化率是指参与反应的一种反应物，在反应过程中被反应了的体积分数。设反应物颗粒呈球状，半径为 R_0，经 t 时间反应后，反应物颗粒外层 x 厚度已被反应，则定义转化率 G：

$$G = \frac{R_0^3 - (R_0 - x)^3}{R_0^3} = 1 - \left(1 - \frac{x}{R_0}\right)^3 \qquad (13-5)$$

根据式 (13-4) 的含义，固相化学反应中动力学一般方程式可写成：

$$\frac{dG}{dt} = KF(1 - G)^n \qquad (13-6)$$

式中，n 为反应级数，K 为反应速率常数；F 为反应截面。当反应物颗粒为球形时，$F = 4\pi R_0^2 (1 - G)^{2/3}$。不难看出式 (13-6) 与式 (13-4) 具有完全类同的形式和含义。在式 (13-4) 中浓度 c 既反映了反应物的多寡又反映了反应物之中接触或碰撞的概率，而这两个因素在式 (13-6) 中则通过反应截面 F 和剩余转化率 $(1 - G)$ 得到了充分的反映。考虑一级反应，由式 (13-6) 则有动力学方程式：

$$\frac{dG}{dt} = KF(1 - G) \qquad (13-7)$$

当反应物颗粒为球形时：

$$\frac{dG}{dt} = 4K\pi R_0^2 (1 - G)^{2/3} (1 - G) = K_1 (1 - G)^{5/3} \qquad (13-8a)$$

若反应截面在反应过程中不变（如金属平板的氧化过程）则有：

$$\frac{dG}{dt} = K_1' (1 - G) \qquad (13-8b)$$

积分式 (13-8a) 和式 (13-8b)，并考虑到初始条件 $t = 0$，$G = 0$，得反应截面分别依球形和平板模型变化时，固相反应转化率或反应度与时间的函数关系：

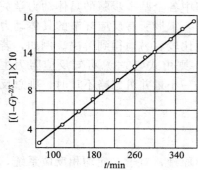

图 13-3 在 NaCl 参与下反应 $Na_2CO_3 + SiO_2 \longrightarrow Na_2O \cdot SiO_2 + CO_2$ 动力学曲线 $(T = 740℃)$

$$F_1(G) = [(1 - G)^{-2/3} - 1] = K_1 t \qquad (13-9a)$$

$$F_1'(G) = \ln(1 - G) = -K_1' t \qquad (13-9b)$$

碳酸钠（Na_2CO_3）和二氧化硅（SiO_2）在 740℃ 下进行固相反应：

$$Na_2CO_3(s) + SiO_2(s) \longrightarrow$$
$$Na_2SiO_3(s) + CO_2(g)$$

当颗粒 $R_0 = 36\mu m$，并加入少许 NaCl 作溶剂时，整个反应动力学过程完全符合式 (13-9a) 关系，如图 13-3 所示。这说明该反应体系于该反应条件下，反应总速率为化学反应动力学过程所控制，而扩散的阻力已小到可忽略不计，且反应属于一级化学反应。

三、扩散控制反应动力学

固相反应一般都伴随着物质的迁移。由于在固相结构内部扩散速率通常较为缓慢，因而在多数情况下，扩散速率控制着整个反应的总速率。由于反应截面变化的复杂性，扩散控制的反应动力学方程也将不同。在众多的反应动力学方程式中，基于平行板模型和球体模型导出的杨德尔（Jander）和金斯特林格（Ginsterlinger）

方程式具有一定的代表性。

1. 杨德尔方程

如图 13-4(a) 所示，设反应物 A 和 B 以平板模式相互接触反应和扩散，并形成厚度为 x 的产物 AB 层，随后物质 A 通过 AB 层扩散到 B-AB 界面继续与 B 反应。若界面化学反应速率远大于扩散速率，则可认为固相反应总速率由扩散过程控制。

设 t 到 $t+dt$ 时间内通过 AB 层单位截面的 A 物质量为 dm。显然，在反应过程中的任一时刻，反应界面 B-AB 处 A 物质的浓度为零。而界面 A-AB 处 A 物质的浓度为 c_0。由扩散第一定律得：

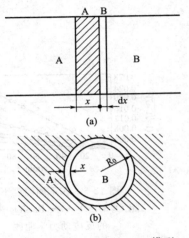

图 13-4　固相反应 Jander 模型
(a) 反应物以平行板模式接触；
(b) 反应物以球粒模式接触

$$\frac{dm}{dt} = D\left(\frac{dc}{dx}\right)_{x=\xi}$$

设反应产物 AB 密度为 ρ，相对分子质量为 M，则 $dm = \frac{\rho dx}{M}$；又考虑扩散属稳定扩散，因此有：

$$\left(\frac{dc}{dx}\right)_{x=\xi} = c_0/x; \quad \frac{dx}{dt} = \frac{MDc_0}{\rho x} \tag{13-10}$$

积分上式并考虑边界条件 $t=0$，$x=0$ 得：

$$x^2 = \frac{2MDc_0}{\rho}t = Kt \tag{13-11}$$

式(13-11) 说明，反应物以平行板模式接触时，反应产物层厚度与时间的平方根成正比。由于式(13-11) 存在二次方关系，故常称之为抛物线速率方程式。

考虑实际情况中固相反应通常以粉状物料为原料。为此杨德尔假设：①反应物是半径为 R_0 的等径球粒。②反应物 A 是扩散相，即 A 成分总是包围着 B 的颗粒，而且 A、B 与产物是完全接触，反应自球面向中心进行，如图 13-4(b) 所示。于是由式(13-5) 得：

$$x = R_0[1-(1-G)^{1/3}]$$

将上式代入式(13-11) 得杨德尔方程积分式：

$$x^2 = R_0^2[1-(1-G)^{1/3}]^2 = Kt \tag{13-12a}$$

或

$$F_J(G) = [1-(1-G)^{1/3}]^2 = \frac{K}{R_0^2}t = K_J t \tag{13-12b}$$

对式(13-12b) 微分得杨德尔方程微分式：

$$\frac{dG}{dt} = K_J \frac{(1-G)^{2/3}}{1-(1-G)^{1/3}} \tag{13-13}$$

杨德尔方程作为一个较经典的固相反应动力学方程已被广泛地接受，但仔细分析杨德尔方程的推导过程可以发现，将圆球模型的转化率公式(13-5) 代入平板模型的抛物线速率方程的积分式(13-11)，就限制了杨德尔方程只能用于反应转化率较小$\left(\text{或}\frac{x}{R_0}\text{比值很小}\right)$和反应截面 F 可近似地看成常数的反应初期。

杨德尔方程在反应初期的正确性在许多固相反应的实例中都得到证实。图 13-5 和图 13-6分别表示了反应 $BaCO_3 + SiO_2 \longrightarrow BaSiO_3 + CO_2$ 和 $ZnO + Fe_2O_3 \longrightarrow ZnFe_2O_4$ 在不同温度下 $F_J(G)$-t 关系。显然温度的变化所引起直线斜率的变化完全由反应速率常数 K_J 变化所致。由此变化可求得反应的活化能：

$$\Delta G_R = \frac{R T_1 T_2}{T_2 - T_1} \ln \frac{K_J(T_2)}{K_J(T_1)} \qquad (13-14)$$

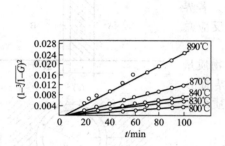

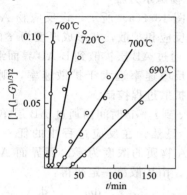

图 13-5　在不同温度下
$BaCO_3 + SiO_2 \longrightarrow BaSiO_3 + CO_2$
的反应动力学曲线

图 13-6　在不同温度下
$ZnO + Fe_2O_3 \longrightarrow ZnFe_2O_4$
的反应动力学曲线

2. 金斯特林格方程

金斯特林格针对杨德尔方程只能适用于转化率较小的情况，考虑在反应过程中反应截面随反应进程变化这一事实，认为实际反应开始以后生成产物层是一个厚度逐渐增加的球壳而不是一个平面。

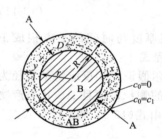

图 13-7　金斯特林格
反应模型

c_0—在产物层中 A 的浓度；
c_1—在 A-AB 界面上 A 的浓度；
D—A 在 AB 中的扩散系数；
r—在扩散方向上产物层中
任意时刻的球面的半径

为此，金斯特林格提出了如图 13-7 所示的反应扩散模型。当反应物 A 和 B 混合均匀后，若 A 的熔点低于 B 的熔点，A 可以通过表面扩散或通过气相扩散而布满整个 B 的表面。在产物层 AB 生成之后，反应物 A 在产物层中扩散速率远大于 B 的扩散速率，且 AB-B 界面上，由于化学反应速率远大于扩散速率，扩散到该处的反应物 A 可迅速与 B 反应生成 AB，因而 AB-B 界面上 A 的浓度可恒为零。但在整个反应过程中，反应生成物球壳外壁（即 A 界面）上，扩散相 A 的浓度恒为 c_0，故整个反应速率完全由 A 在生成物球壳 AB 中的扩散速率所决定。设单位时间内通过 $4\pi r^2$ 球面扩散入产物层 AB 中 A 的量为 dm_A/dt，由扩散第一定律：

$$dm_A/dt = D4\pi r^2 (\partial c/\partial r)_{r=R-x} = M_{(x)} \qquad (13-15)$$

假设这是稳定扩散过程，因而单位时间内将有相同数量的 A 扩散通过任一指定的 r 球面，其量为 $M(x)$。若反应生成物 AB 密度为 ρ，相对分子质量为 M，AB 中 A 的分子数为 n，令 $\rho \cdot n/\mu = \varepsilon$。这时产物层 $4\pi r^2 dx$ 体积中积聚 A 的量为：

$$4\pi r^2 dx\,\varepsilon = D4\pi r^2 (\partial c/\partial r)_{r=R-x} dt$$

所以

$$dx/dt = \frac{D}{\varepsilon}(\partial c/\partial r)_{r=R-x} \qquad (13-16)$$

由式（13-15）移项并积分可得：

$$(\partial c/\partial r)_{r=R-x} = \frac{c_0 R(R-x)}{r^2 x} \qquad (13-17)$$

将式（13-17）代入式（13-16），令 $K_0 = D/\varepsilon \cdot c_0$ 得：

$$\mathrm{d}x/\mathrm{d}t = K_0 \frac{R}{x(R-x)} \tag{13-18a}$$

积分式 (13-18a) 得：
$$x^2\left(1 - \frac{2}{3}\times\frac{x}{R}\right) = 2K_0 t \tag{13-18b}$$

将球形颗粒转化率关系式 (13-5) 代入式 (13-18b) 并经整理即可得出以转化率 G 表示的金斯特林格动力学方程的积分和微分式：

$$F_K(G) = 1 - \frac{2}{3}G - (1-G)^{2/3} = \frac{2DMc_0}{R_0^2 \rho n}t = K_K t \tag{13-19}$$

$$\frac{\mathrm{d}G}{\mathrm{d}t} = K_K' \frac{(1-G)^{1/3}}{1-(1-G)^{1/3}} \tag{13-20}$$

式中，$K_K' = \frac{1}{3}K_K$，称为金斯特林格动力学方程速率常数。

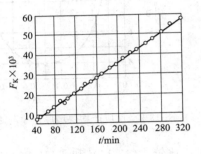

图 13-8　碳酸钠和二氧化硅
的反应动力学
$[\mathrm{SiO}_2] : [\mathrm{Na}_2\mathrm{CO}_3] = 1$
$r = 36,\ T = 820\,°\!C$

大量的实验研究表明，金斯特林格方程比杨德尔方程能适用于更大的反应程度。例如，碳酸钠与二氧化硅在 820℃下的固相反应，测定不同反应时间的二氧化硅转化率 G 得表 13-2 所示的实验数据。根据金斯特林格方程拟合实验结果，在转化率从 0.2458 变到 0.6156 区间内，$F_K(G)$ 关于 t 有相当好的线性关系，其速率常数 K_K 恒等于 1.83。但若以杨德尔方程处理实验结果，$F_J(G)$ 与 t 的线性关系较差，速率常数 K_K 值从 1.81 偏离到 2.25。图 13-8 给出了这一实验结果图线。

表 13-2　二氧化硅-碳酸钠反应动力学数据 ($R_0 = 0.036\mathrm{mm}$，$T = 820℃$)

时间/min	SiO_2 转化率	$K_K \times 10^4$	$K_J \times 10^4$	时间/min	SiO_2 转化率	$K_K \times 10^4$	$K_J \times 10^4$
41.5	0.2458	1.83	1.81	222.0	0.5196	1.83	2.14
49.0	0.2666	1.83	1.96	263.5	0.5600	1.83	2.18
77.0	0.3280	1.83	2.00	296.0	0.5876	1.83	2.20
99.5	0.3686	1.83	2.02	312.0	0.6010	1.83	2.24
168.0	0.4640	1.83	2.10	332.0	0.6156	1.83	2.25
193.0	0.4920	1.83	2.12				

此外，金斯特林格方程式有较好的普遍性，从其方程本身可以得到进一步的说明。

令 $\xi = \dfrac{x}{R}$，由式 (13-18a) 得：

$$\frac{\mathrm{d}x}{\mathrm{d}t} = K\frac{R_0}{(R_0-x)x} = \frac{K}{R_0}\times\frac{1}{\xi(1-\xi)} = \frac{K'}{\xi(1-\xi)} \tag{13-21}$$

作 $\dfrac{1}{K'}\times\dfrac{\mathrm{d}x}{\mathrm{d}t}$-$\xi$ 关系曲线（图 13-9），得产物层增厚速率 $\dfrac{\mathrm{d}x}{\mathrm{d}t}$ 随 ξ 变化规律。

当 ξ 很小即转化率很低时，$\dfrac{\mathrm{d}x}{\mathrm{d}t} = K/x$，方程转为抛物线速率方程。此时金斯特林格方程等价于杨德尔方程。随着 ξ 增大，$\dfrac{\mathrm{d}x}{\mathrm{d}t}$ 很快下降并经历一最小值（$\xi = 0.5$）后逐渐上升。当 $\xi \to 1$（或 $\xi \to 0$）时，$\dfrac{\mathrm{d}x}{\mathrm{d}t} \to \infty$，这说明在反应的初期或终期扩散速率极快，故而反应进入化学反应动力学范围，其速率由化学反应速率控制。

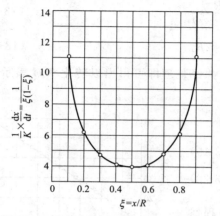

图 13-9　反应产物层增厚速率与 ξ 的关系

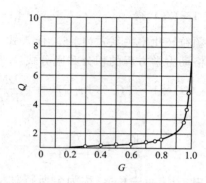

图 13-10　金斯特林格方程与杨德尔方程比较

比较式(13-14) 和式(13-20) 令 $Q=\left(\dfrac{\mathrm{d}G}{\mathrm{d}t}\right)_{\mathrm{K}}\Big/\left(\dfrac{\mathrm{d}G}{\mathrm{d}t}\right)_{\mathrm{J}}$ 得：

$$Q=\frac{K_{\mathrm{K}}(1-G)^{1/3}}{K_{\mathrm{J}}(1-G)^{2/3}}=K(1-G)^{-1/3}$$

依上式作关于转化率 G 图线 (图 13-10)，由此可见，当 G 值较小时，$Q=1$，这说明两方程一致。随着 G 逐渐增加，Q 值不断增大，尤其到反应后期 Q 值随 G 陡然上升，这意味着两方程的偏差越来越大。因此，如果说金斯特林格方程能够描述转化率很大情况下的固相反应，那么杨德尔方程只能在转化率较小时才适用。

　　然而，金斯特林格方程并非对所有扩散控制的固相反应都能适用。由以上推导可以看出，杨德尔方程和金斯特林格方程均以稳定扩散为基本假设，它们之间的不同仅在于其几何模型的差别。

　　因此，不同颗粒形状的反应物必然对应着不同形式的动力学方程。例如，对于半径为 R 的圆柱状颗粒，当反应物沿圆柱表面形成的产物层扩散的过程起控制作用时，其反应动力学过程符合依轴对称稳定扩散模式推得的动力学方程式：

$$F_0(G)=(1-G)\ln(1-G)+G=Kt \tag{13-22}$$

　　另外，金斯特林格动力学方程中没有考虑反应物与生成物密度不同带来的体积效应。实际上由于反应物与生成物的密度差异，扩散相 A 在生成物 C 中扩散路程并非是 $R_0\rightarrow r$，而是 $r_0\rightarrow r$（此处 $r_0\neq R_0$，为未反应的 B 加上产物层厚的临时半径），并且 $|R_0-r_0|$ 随着反应的进一步进行而增大。为此卡特（Carter）对金斯特林格方程进行了修正，得卡特动力学方程式为：

$$\begin{aligned}F_{\mathrm{ca}}(G)&=[1+(Z-1)G]^{2/3}+(Z-1)(1-G)^{2/3}\\&=Z+2(1-Z)Kt\end{aligned} \tag{13-23}$$

　　式中，Z 为消耗单位体积 B 组分所生成产物 C 组分的体积。

　　卡特将该方程用于镍球氧化过程的动力学数据处理，发现一直进行到 100% 方程仍然与事实结果符合得很好，如图 13-11 所示。H. O. Schmalyrieel 也在 ZnO 与 Al_2O_3 反应生成 $ZnAl_2O_4$ 实验中，证实卡

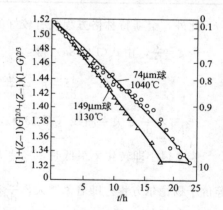

图 13-11　在空气中镍球氧化的
$[1+(Z-1)G]^{2/3}+(Z-1)$
$(1-G)^{2/3}$ 对时间 t 的关系

特方程在反应度为 100% 时仍然有效。

第四节　固相反应应用

黏土矿物是传统硅酸盐材料和制品生产中广泛应用的原料。因此高岭土的脱水和莫来石化过程对于普通陶瓷和耐火材料生产是经常涉及的重要反应过程，下面对此略加讨论。

一、高岭土的莫来石化过程

对黏土加热的莫来石化过程虽有许多研究，但仍很不充分，特别是对转变过程的详细机理了解甚少。一般认为是经由高岭土→偏高岭土→Al-Si 尖晶石→莫来石的连续变化过程，即

$$Al_2O_3 \cdot 2SiO_2 \cdot 2H_2O \xrightarrow{500\sim600℃} Al_2O_3 \cdot 2SiO_2 + 2H_2O$$
$$\text{(偏高岭土)}$$

$$2(Al_2O_3 \cdot 2SiO_2) \xrightarrow{约980℃} 2Al_2O_3 \cdot 3SiO_2 + SiO_2$$
$$\text{(Al-Si 尖晶石)}$$

$$2Al_2O_3 \cdot 3SiO_2 \xrightarrow{约1100℃} 2(Al_2O_3 \cdot SiO_2) + SiO_2$$
$$\text{(过渡过程的莫来石)}　\text{(方石英)}$$

$$3(Al_2O_3 \cdot SiO_2) \xrightarrow{1300\sim1400℃} 3Al_2O_3 \cdot 2SiO_2 + SiO_2$$
$$\text{(莫来石)}　\text{(方石英)}$$

有关莫来石化过程动力学所做的工作并不多，布德尼可夫等确定了高岭土莫来石化属于一级反应，并用化学方法测定其速度，得出以下动力学关系：

$$m = a\lg t + b \tag{13-24}$$

式中，m 是莫来石含量；t 是反应时间；a、b 是常数。

兰地（Lundjn）用 X 射线分析方法测定了几种高岭土在不同温度的莫来石化速度，他指出由于杂质或共存矿物（如云母等）的影响，很难明确探明莫来石的形成机理或速度控制范围，只能求得旨在表述实验结果的适当式子。设莫来石化过程是扩散控制，则莫来石生成量和平衡浓度及加热时间的关系可用式(13-25) 表述：

$$\frac{(m_\infty - m)}{m_\infty} = f\left(\frac{t}{\theta}\right) \tag{13-25}$$

式中，m_∞ 是 $t=\infty$ 时，即反应完全时试样中莫来石的含量；m 是 t 时刻时试样中莫来石的量；θ 是特性时间常数。根据测定结果，并把 θ 作为完成 50% 莫来石化所需时间 $t_{0.5}$，则式(13-25) 可表示成下式：

$$\lg\left(\frac{m_\infty - m}{m_\infty}\right) = \phi\left(\frac{t}{t_{0.5}}\right) \tag{13-26}$$

而 $t_{0.5}$ 和温度的关系可用阿累尼乌斯公式表述：

$$t_{0.5} = a\exp\left(\frac{E}{RT}\right) \tag{13-27}$$

式中，E 是活化能；a 是常数。

二、高岭土的脱水反应

黏土矿物的脱水过程对普通陶瓷和耐火材料的生坯干燥、烧成和反应活性都有重要的影响。由于黏土矿物组成和结构的复杂性，对其脱水机理尚未完全清楚。一般认为是属于不均

质的脱水机构，即黏土矿物受热时，在不高的温度下 H^+ 由于 OH-OH 间的共振而振动，并生成 H_2O。在该温度下生成的 H_2O 也以 $10^{10} \sim 10^{12}$ 次/s 的频率强烈振动和旋转，其振幅可以达到活化并跃迁到相邻晶格位置的程度。但由于 H_2O 的强烈旋转并比 OH^- 大，而在规则晶格内只有仅能容纳一个 H_2O 的空位，这时，H_2O 实际上是很难扩散迁移到相邻晶格，从而重新分解成 OH^-。只有在粒子表面、晶界或晶体缺陷处附近的 H_2O 才可能迁移扩散并自粒子的表面逸出，而残留的空位就使脱水过程得以继续。

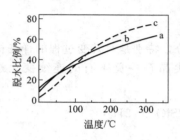

图 13-12　黏土的等温脱水曲线

由此可以认为，脱水首先是在粒子表面发生的。脱水开始的部分称脱水核，接着以它为中心，脱水范围向粒子中心扩展。整个过程是由脱水核形成和相当于核成长的脱水范围扩展这两个阶段组成。

图 13-12 是三种不同黏土的脱水曲线。对于高分散度的微粒子试样（图中 a 和 b），曲线呈指数函数特征，而对接近 1mm 的较粗粒度的试样（图中 c），曲线则呈 S 形，说明了试样分散度对脱水反应过程有重要影响。因为高分散的微粒子比表面积大，脱水核在粒子表面一旦形成，就立即扩展到整个微粒并迅速完成。因而脱水过程中的任一时候，只存在或是完全脱水或是尚未脱水的两种颗粒，故脱水仅由成核阶段所控制，脱水曲线表现出单一的指数规律。对大于一定尺寸的较粗颗粒，情况就不同了，因粒径大，比表面积就小，脱水范围从粒子表面向纵深扩展的速度就不能忽略。于是整个脱水过程可分为诱导期、加速期和主反应期两个阶段，使曲线成为 S 形。最后的主反应期即与脱水范围扩展过程相当，并控制整个过程。

由于不同粒度时控制脱水反应的因素不同，故反应动力学关系也各异。对于微小粒子试样，脱水速率由脱水核形成速率控制，是一级反应，其动力学关系为：

$$-\frac{\mathrm{d}n}{\mathrm{d}t} = Kn \tag{13-28}$$

式中，n 是在 t 时间时未脱水的颗粒数。在早期工作中，多数认为高岭土脱水是一级反应，不同作者求得的脱水活化能约为 167.36kJ/mol。此外 $Mg(OH)_2$、$Ca(OH)_2$ 等的脱水也属一级反应。

对于一般颗粒的试样，脱水速率是由脱水范围的扩展过程所控制，并不属于一级反应。一些实验指出，在脱水初期（约 40%），水蒸气压较低，高岭土脱水反比于脱水层厚度 x，脱水速率主要由沿垂直于高岭土（001）面的扩散所控制，并符合于抛物线速率方程：

$$F_4(G) = G^2 = \frac{K_4}{x^2}t \tag{13-29}$$

但是考虑到高岭土是层状结构的矿物，脱水沿层状方向扩散更为容易，这种扩散可视为向半径为 r 的圆柱体的放射状二维扩散，故有：

$$F_5(G) = (1-G)\ln(1-G) + G = K_5 t \tag{13-30}$$

同理，对于自半径为 r 球粒的三维扩散，则符合金斯特林格方程：

$$F_6(G) = 1 - \frac{2}{3}G - (1-G)^{2/3} = K_6 t \tag{13-31}$$

一般脱水前期符合式(13-30)，后期则接近式(13-31)。

第五节　影响固相反应的因素

由于固相反应过程涉及相界面的化学反应和相内部或外部的物质输运等若干环节，因此，除反应物的化学组成、特性和结构状态以及温度、压力等因素外，其他可能影响晶格活化，促进物质内外传输作用的因素均会对反应起影响作用。

一、反应物化学组成与结构的影响

反应物化学组成与结构是影响固相反应的内因，是决定反应方向和反应速率的重要因素。从热力学角度看，在一定温度、压力条件下，反应可能进行的方向是自由能减少（$\Delta G < 0$）的方向，而且 ΔG 的负值越大，反应的热力学推动力也越大。从结构的观点看，反应物的结构状态、质点间的化学键性质以及各种缺陷的多少都将对反应速率产生影响。事实表明，同组成反应物的结晶状态、晶形由于其热历史不同会出现很大的差别，从而影响到这种物质的反应活性。例如，用氧化铝和氧化钴合成钴铝尖晶石（$Al_2O_3 + CoO \rightarrow CoAl_2O_4$）的反应中，若分别采用轻烧 Al_2O_3 和在较高温度下过烧的 Al_2O_3 做原料，其反应速率可相差近 10 倍。研究表明，轻烧 Al_2O_3 是由于 $\gamma\text{-}Al_2O_3 \rightarrow \alpha\text{-}Al_2O_3$ 转变而大大地提高了 Al_2O_3 的反应活性，即在相转变温度附近物质质点可动性显著增大，晶格松懈、结构内部缺陷增多，从而反应和扩散能力增加。因此，在生产实践中往往可以利用多晶转变、热分解和脱水反应等过程引起的晶格活化效应来选择反应原料和设计反应工艺条件以达到高的生产效率。

其次，在同一反应系统中，固相反应速率还与各反应物间的比例有关。颗粒尺寸相同的 A 和 B 反应形成产物 AB，若改变 A 与 B 的比例就会影响到反应物表面积和反应截面积的大小，从而改变产物层的厚度和影响反应速率。例如，增加反应混合物中"遮盖"物的含量，则反应物接触机会和反应截面就会增加，产物层变薄，相应的反应速率就会增加。

二、反应物颗粒尺寸及分布的影响

反应物颗粒尺寸对反应速率的影响，首先在杨德尔、金斯特林格动力学方程式中明显地得到反映。

杨德尔动力学方程式：

$$F_J(G) = [1 - (1-G)^{1/3}]^2 = \frac{K}{R_0^2}t = K_J t \tag{13-32}$$

式中，$K_J = \dfrac{K}{R_0^2}$。

金斯特林格动力学方程式：

$$F_K(G) = 1 - \frac{2}{3}G - (1-G)^{2/3} = \frac{2DMc_0}{R_0^2 \rho n}t = K_K t \tag{13-33}$$

式中，$K_K = \dfrac{2DMc_0}{R_0^2 \rho n}$。

动力学方程的反应速率常数 K 值反比于颗粒半径的平方，因此，在其他条件不变的情况下，反应速率受到颗粒尺寸大小的强烈影响。图 13-13 表示出不同颗粒尺寸对 $CaCO_3$ 和 MoO_3 在 600℃反应生成 $CaMoO_4$ 的影响，比较曲线 1 和 2 可以看出颗粒尺寸的微小差别对反应速率的显著影响。

另一方面，颗粒尺寸大小对反应速率的影响是通过改变反应界面和扩散截面以及改变颗粒表面结构等效应来完成的，颗粒尺寸越小，反应体系比表面积越大，反应界面和扩散界面也相应增加，因此反应速率增大。同时按威尔表面学说，随颗粒尺寸减小，键强分布曲线变平，弱键比例增加，故而使反应和扩散能力增强。

应该指出，同一反应体系由于物料颗粒尺寸不同其反应机理也可能会发生变化，而属于不同的动力学范围控制。例如，前面提及的 $CaCO_3$ 和 MoO_3 反应，当取等分子比并在较高温度（600℃）下反应时，若 $CaCO_3$ 颗粒大于 MoO_3 则反应由扩散控制，反应速率随 $CaCO_3$ 颗粒度减少而加速。倘若 $CaCO_3$ 颗粒尺寸减少到小于 MoO_3 并且体系中存在过量的 $CaCO_3$ 时，则由于产物层变薄，扩散阻力减少，反应由 MoO_3 的升华过程所控制，并随 MoO_3 粒径减少而加强。图 13-14 给出了 $CaCO_3$ 与 MoO_3 反应受 MoO_3 升华所控制的动力学情况，其动力学规律符合由布特尼柯夫和金斯特林格推导的升华控制动力学方程：

$$F(G)=1-(1-G)^{2/3}=Kt \tag{13-34}$$

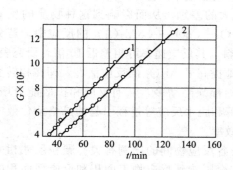 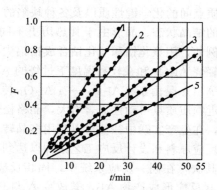

图 13-13　碳酸钙与氧化钼固相反应的动力学曲线
$MoO_3 : CaCO_3 = 1 : 1$，$r_{MoO_3} = 0.036mm$
1—$r_{CaCO_3} = 0.13mm$，$T = 600℃$；
2—$r_{CaCO_3} = 0.135mm$，$T = 600℃$

图 13-14　碳酸钙与氧化钼固相反应（升华控制）
$[CaCO_3] : [MoO_3] = 15$；$r_{CaCO_3} = 30$，$T = 620℃$
1—$r_{MoO_3} = 52\mu m$；2—$r_{MoO_3} = 64\mu m$；
3—$r_{MoO_3} = 119\mu m$；4—$r_{MoO_3} = 130\mu m$；
5—$r_{MoO_3} = 153\mu m$

反应物料粒径的分布对反应速率的影响同样是重要的。理论分析表明，由于物料颗粒大小以平方关系影响着反应速率，颗粒尺寸分布越是集中对反应速率越是有利。因此缩小颗粒尺寸的分布范围，以避免小量较大尺寸的颗粒存在而显著延缓反应进程，是生产工艺在减少颗粒尺寸的同时应注意到的另一问题。

三、反应温度、压力与气氛的影响

温度是影响固相反应速率的重要外部条件之一。一般可以认为温度升高均有利于反应进行。这是因为温度升高，固体结构中质点热振动动能增大、反应能力和扩散能力均得到增强。对于化学反应，其速率常数 $K = A\exp\left\{-\dfrac{\Delta G_R}{RT}\right\}$，式中，$\Delta G_R$ 为化学反应活化能，A 是与质点活化机构相关的指前因子。对于扩散，其扩散系数 $D = D_0\exp\left\{-\dfrac{Q}{RT}\right\}$。因此无论是扩散控制或化学反应控制的固相反应，温度的升高都将提高扩散系数或反应速率常数。而且由于扩散活化能 Q 通常比反应活化能 ΔG_R 小，而使温度的变化对化学反应的影响远大于对扩散的影响。

压力是影响固相反应的另一外部因素。对于纯固相反应，压力的提高可显著地改善粉料颗粒之间的接触状态，如缩短颗粒之间距离、增加接触面积等并提高固相的反应速率。但对于有液相、气相参与的固相反应中，扩散过程主要不是通过固相粒子直接接触进行的。因此提高压力有时并不表现出积极作用，甚至会适得其反。例如，黏土矿物脱水反应和伴有气相产物的热分解反应以及某些由升华控制的固相反应等，增加压力会使反应速率下降。由表

13-3 所列数据可见，随着水蒸气压的增高，高岭土的脱水温度和活化能明显提高，脱水速率降低。

表 13-3 不同水蒸气压力下高岭土的脱水活化能

水蒸气压力 p/Pa	温度 T/℃	活化能/(kJ/mol)
<0.10	390~450	214
613	435~475	352
1867	450~480	377
6265	470~495	469

此外气氛对固相反应也有重要的影响。它可以通过改变固体吸附特性而影响表面反应活性。对于一系列能形成非化学计量的化合物 ZnO、CuO 等，气氛可直接影响晶体表面缺陷的浓度、扩散机构和扩散速率。

四、矿化剂及其他影响因素

在固相反应体系中加入少量的非反应物物质或某些可能存在于原料中的杂质常会对反应产生特殊的作用，这些物质被称为矿化剂，它们在反应过程中不与反应物或反应产物起化学反应，但它们以不同的方式和程度影响着反应的某些环节。实验表明，矿化剂可以产生如下作用：①改变反应机构，降低反应活化能；②影响晶核的生成速率；③影响结晶速率及晶格结构；④降低体系共熔点，改善液相性质等。例如，在 Na_2CO_3 和 Fe_2O_3 反应体系加入 NaCl，可使反应转化率提高 1.5~1.6 倍之多。而且颗粒尺寸越大，这种矿化效果越明显。又如，在硅砖中加入 1%~3%[Fe_2O_3+Ca(OH)$_2$] 作为矿化剂，能使其大部分 α-石英不断熔解析出 α-鳞石英，从而促使 α-石英向鳞石英的转化。关于矿化剂的一般矿化机理是复杂多样的，可因反应体系的不同而完全不同，但可以认为矿化剂总是以某种方式参与到固相反应过程中去的。

以上从物理化学的角度对影响固相反应速率的诸因素进行了分析讨论，但必须提出，实际生产科研过程中遇到的各种影响因素可能会更多更复杂。对于工业性的固相反应除了有物理化学因素外，还有工程方面的因素。例如，水泥工业中的碳酸钙的分解速率，一方面受到物理化学基本规律的影响，另一方面与工程上的换热传质效率有关。在同温度下，普通旋窑中的分解率要低于窑外分解炉中的，这是因为在分解炉中处于悬浮状态的碳酸钙颗粒在传质换热条件上比普通旋窑中好得多。因此从反应工程的角度考虑传质传热效率对固相反应的影响是具有同样的重要性，尤其是硅酸盐材料生产通常都要求高温条件，此时传热速率对反应进行的影响极为显著。例如，把石英砂压成直径为 50mm 的球，以约 8℃/min 的速率进行加热使之进行 β→α 相变，约需 75min 完成。而在同样的加热速率下，用相同直径的石英单晶球做实验，则相变所需时间仅为 13min。产生这种差异的原因除两者的传热系数不同外 [单晶体约为 5.23W/(m^2·K)，而石英砂球约为 0.58W/(m^2·K)]，还由于石英单晶是透辐射的，其传热方式不同于石英砂球，即不是传导机构连续传热而可以直接进行透射传热。因此相变反应不是在依序向球中心推进的界面上进行，而是在具有一定的厚度范围内以至于在整个体积内同时进行，从而大大加速了相变反应的速度。

习 题

13-1 纯固相反应在热力学上有何特点？为何固相反应有气体或液体参加时，范特霍夫规则就不适用了？

13-2 MoO$_3$ 和 CaCO$_3$ 反应时，反应机理受到 CaCO$_3$ 颗粒大小的影响。当 MoO$_3$：CaCO$_3$=

259

$1 : 1$，$r_{MoO_3} = 0.036mm$，$r_{CaCO_3} = 0.13mm$ 时，反应是扩散控制的；当 $CaCO_3 : MoO_3 = 15$，$r_{CaCO_3} <$ $0.03mm$ 时，反应是升华控制的，试解释这种现象。

13-3 试比较杨德尔方程、金斯特林格方程和卡特方程的优缺点及其适用条件。

13-4 如果要合成镁铝尖晶石，可提供选择的原料为 $MgCO_3$、$Mg(OH)_2$、MgO、$Al_2O_3 \cdot 3H_2O$、$\gamma\text{-}Al_2O_3$、$\alpha\text{-}Al_2O_3$。从提高反应速率的角度出发，选择什么原料较好？说明原因。

13-5 当测量氧化铝-水化物的分解速率时，发现在等温实验期间，质量损失随时间线性增加到 50% 左右。超过 50% 时，质量损失的速率就小于线性规律。线性等温速率随温度指数的增加，温度从 $451℃$ 增大到 $493℃$ 时速率增大 10 倍，试计算激活能。并指出这是一个扩散控制的反应、一级反应还是界面控制的反应。

13-6 当通过产物层的扩散控制速率时，试考虑从 NiO 和 Cr_2O_3 的球形颗粒形成 $NiCr_2O_4$ 的问题。①认真绘出假定的几何形状示意图并推导出过程中早期的形成速率关系。②在颗粒上形成产物层后，是什么控制着反应？③在 $1300℃$，$NiCr_2O_4$ 中 $D_{Cr} > D_{Ni} > D_O$，试问哪一个控制着 $NiCr_2O_4$ 的形成速率，为什么？

13-7 由 MgO 和 Al_2O_3 固相反应生成 $MgAl_2O_4$，试问：①反应时什么离子是扩散离子？请写出界面反应方程。②当用 $MgO : Al_2O_3 = 1 : n$（分子比）进行反应时，在 $1415℃$ 测得尖晶石厚度为 $340\mu m$，分离比为 3.4，试求 n 值。③已知 $1415℃$ 和 $1595℃$ 时，生成 $MgAl_2O_4$ 的反应速率常数分别为 $1.4 \times 10^{-9} cm^2/s$ 和 $1.4 \times 10^{-3} cm^2/s$，试求反应活化能？

13-8 固体内的同质多晶转变导致的小尺寸（细晶粒的）或大尺寸（粗晶粒的）多晶材料，取决于成核率与晶体生长速率，①试问这些速率如何变化才能产生细晶粒或粗晶粒产品？②试对每个晶粒给出时间与尺寸的曲线，对比说明细晶粒长大与粗晶粒长大。在时间坐标轴上以转变的时刻为时间起点。

第十四章

烧 结

烧结是把粉状物料转变为致密体，是一个传统的工艺过程，人们很早就利用这个工艺来生产陶瓷、粉末冶金、耐火材料、超高温材料等。从古代的秦砖汉瓦到现代的精细陶瓷，无一例外均使用烧结工艺获得制品。当原料配方、粉体粒度、成型等工序完成以后，烧结是使材料获得预期的显微结构以使材料性能充分发挥的关键工序。

一般说来，粉体经过成型后，通过烧结得到的致密体是一种多晶材料，其显微结构由晶体、玻璃体和气孔组成。烧结过程直接影响显微结构中晶粒尺寸、气孔尺寸及晶界形状和分布。无机材料的性能不仅与材料组成（化学组成和矿物组成）有关，还与材料的显微结构有密切关系。

目前，对烧结的基本原理和各种传质机理的高温动力学的研究已经比较成熟，但是烧结是一个复杂的物理过程，完全定量地描述复杂多变的烧结还有一定的不足。烧结理论的继续完善有待于科学的发展，研究的深入。

本章重点讨论粉末烧结过程的现象和机理，介绍烧结的各种因素对控制和改进材料性能的影响。

第一节　烧结概论

一、烧结定义

宏观定义：粉体原料经过成型、加热到低于熔点的温度，发生固结、气孔率下降、收缩加大、致密度提高、晶粒增大，变成坚硬的烧结体，这个现象称为烧结。

微观定义：固态中分子（或原子）间存在相互吸引，通过加热使质点获得足够的能量进行迁移，使粉末体产生颗粒黏结，产生强度并导致致密化和再结晶的过程称为烧结。

二、烧结示意图

粉料成型后颗粒之间只有点接触，形成具有一定外形的坯体，坯体内一般包含气体（35%～60%）（图14-1）。在高温下颗粒间接触面积扩大、颗粒聚集、颗粒中心距逼近、逐渐形成晶界，气孔形状变化、体积缩小，从连通的气孔变成各自孤立的气孔并逐渐缩小，以致最后大部分甚至全部气孔从晶体中排除。这就是烧结所包含的主要物理过程，这些物理过程随烧结温度的升

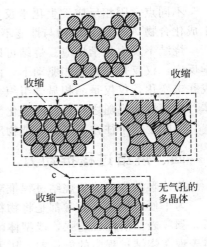

图 14-1　烧结示意图

a—气体以开口气孔排除；b—气体封闭在闭口气孔内；c—无闭口气孔的烧结体

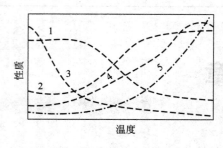

图 14-2　粉末压块性质与烧结温度的关系
1—气孔率变化曲线；2—密度变化曲线；
3—电阻变化曲线；4—强度变化曲线；
5—晶粒尺寸变化曲线

高而逐渐推进。

烧结体宏观上出现体积收缩、致密度提高和强度增加，因此烧结程度可以用坯体收缩率、气孔率、吸水率或烧结体密度与理论密度之比（相对密度）等指标来表示。同时，粉末压块的性质也随这些物理过程的进展而出现坯体收缩、气孔率下降、致密度提高、强度增加、电阻率下降等变化，如图14-2所示。随着烧结温度升高，气孔率下降、密度升高、电阻下降、强度升高、晶粒尺寸增大。

三、相关概念

1. 烧成

在多相系统内产生一系列的物理和化学变化，如脱水、坯体内气体分解、多相反应和熔融、溶解、烧结等。顾名思义，烧成是在一定的温度范围内烧制成致密体的过程。

2. 烧结

指粉料经加热而致密化的简单物理过程，不包括化学变化。烧结仅仅是烧成过程的一个重要部分。烧结是在低于固态物质的熔融温度下进行的。

3. 熔融

指固体融化成熔体过程。烧结和熔融这两个过程都是由原子热振动而引起的，但熔融时全部组元都转变为液相，而烧结时至少有一组元是处于固态的。

4. 烧结温度（T_s）和熔点（T_m）关系

金属粉末：$T_s \approx (0.3 \sim 0.4)T_m$

盐类：$T_s \approx 0.57T_m$

硅酸盐：$T_s \approx (0.8 \sim 0.9)T_m$

5. 烧结与固相反应的区别

相同点：这两个过程均在低于材料熔点或熔融温度之下进行，并且自始至终都至少有一相是固态。

不同点：固相反应发生化学反应。固相反应必须至少有两组元参加，如 A 和 B，最后生成化合物 AB。AB 结构与性能不同于 A 与 B。

烧结不发生化学反应。烧结可以只有单组元，也可以两组元参加，但两组元并不发生化学反应，仅仅是在表面能驱动下，由粉体变成致密体。烧结体除可见的收缩外，微观晶相组成并未变化，仅仅是晶相显微组织上排列致密和结晶程度更完善。当然随着粉末体变为致密体，物理性能也随之有相应的变化。

实际生产中往往不可能是纯物质的烧结。烧结、固相反应往往是同时穿插进行的。

四、烧结过程推动力

粉体颗粒表面能是烧结过程推动力。

为了便于烧结，通常都是将物料制备成超细粉末，粉末越细比表面积越大，表面能就越高，颗粒表面活性也越强，成型体就越容易烧结成致密的陶瓷。烧结过程推动力的表面能具体表现在烧结过程中的能量差、压力差、空位差。

1. 能量差

能量差是指粉状物料的表面能与多晶烧结体的晶界能之差。

粉料在粉碎与研磨过程中消耗的机械能以表面能形式储存在粉体中，又由于粉碎引起晶格缺陷，由于表面积大而使粉体具有较高的活性，粉末体与烧结体相比是处在能量的不稳定状态。任何系统降低能量是一种自发趋势，近代烧结理论的研究认为，粉体经烧结后，晶界能取代了表面能，这是多晶材料稳定存在的原因。

粒度为 $1\mu m$ 的材料烧结时所发生的自由焓降低约 8.3J/g。而 α-石英转变为 β-石英时能量变化为 1.7kJ/mol，一般化学反应前后能量变化超过 200kJ/mol。因此烧结推动力与相变和化学反应的能量相比还是极小的。烧结不能自发进行，必须对粉体加以高温，才能促使粉末体转变为烧结体。

常用 γ_{GB} 晶界能和 γ_{SV} 表面能之比来衡量烧结的难易，某材料 γ_{GB}/γ_{SV} 愈小愈容易烧结，反之难烧结。为了促进烧结，必须使 $\gamma_{SV} > \gamma_{GB}$。一般 Al_2O_3 粉的表面能约为 $1J/m^2$，而晶界能为 $0.4J/m^2$，两者之差较大，比较易烧结。而一些共价键化合物如 Si_3N_4、SiC、AlN 等，它们的 γ_{GB}/γ_{SV} 比值高，烧结推动力小，因而不易烧结。清洁的 Si_3N_4 粉末 γ_{SV} 为 $1.8J/m^2$，但它极易在空气中被氧污染而使 γ_{SV} 降低，同时由于共价键材料原子之间强烈的方向性而使 γ_{GB} 增高。固体表面能一般不等于表面张力，但界面上原子排列是无序的，或在高温下烧结时，这两者仍可当作数值相同来对待。

2. 压力差

颗粒弯曲的表面上与烧结过程出现的液相接触会产生压力差。粉末体紧密堆积以后，烧结产生的液相，在这些颗粒弯曲的表面上由于液相表面张力的作用而造成的压力差为：

$$\Delta p = 2\gamma/r \tag{14-1}$$

式中，γ 为粉末体表面张力（液相表面张力与表面能相同）；r 为粉末球形半径。

若为非球形曲面，可用两个主曲率 r_1 和 r_2 表示：

$$\Delta p = \gamma\left(\frac{1}{r_1} + \frac{1}{r_2}\right) \tag{14-2}$$

以上两个公式表明，弯曲表面上的附加压力与球形颗粒（或曲面）曲率半径成反比，与粉料表面张力（表面能）成正比。由此可见，粉料愈细，由曲率面引起的烧结动力愈大。同样，表面能越大附加压力就越大，推动烧结的力量就越大。

3. 空位差

颗粒表面上的空位浓度与内部的空位浓度之差称空位差。

颗粒表面上的空位浓度一般比内部空位浓度大，两者之差可以由下式描述：

$$\Delta c = \frac{\gamma\delta^3}{\rho RT}c_0 \tag{14-3}$$

式中，Δc 为颗粒内部与表面的空位差；γ 为表面能；δ^3 为空位体积；ρ 为曲率半径；c_0 为平表面的空位浓度。

粉料越细，ρ 曲率半径就越小，颗粒内部与表面的空位浓度差就越大；同时，粉料越细表面能也越大，由式(14-3)可知空位浓度差 Δc 就越大，烧结推动力就越大。所以，空位浓度差 Δc 导致内部质点向表面扩散，推动质点迁移，可以加速烧结。

五、烧结模型

烧结分烧结初期、中期、后期。中期和后期由于烧结历程不同，烧结模型各样，很难用一种模型描述。烧结初期因为是从初始颗粒开始烧结，可以看成是圆形颗粒的点接触，其烧结模型可以有下面三种形式。

图 14-3(a) 是球形颗粒的点接触模型，烧结过程的中心距离不变；(b) 是球形颗粒的

点接触模型，但是烧结过程的中心距离变小；（c）是球形颗粒与平面的点接触模型，烧结过程中心距离也变小。由简单的几何关系可以计算颈部曲率半径 ρ、颈部体积 V、颈部表面积 A、颗粒半径 r、接触颈部半径 x。

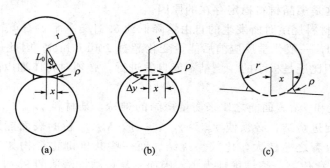

| (a) | (b) | (c) |

图 14-3　烧结模型

(a) $\rho=x^2/2r$，$A=\pi^2 x^3/r$，$V=\pi x^4/2r$；

(b) $\rho=x^2/4r$，$A=\pi^2 x^3/2r$，$V=\pi x^4/4r$；

(c) $\rho=x^2/2r$，$A=\pi x^3/r$，$V=\pi x^4/2r$

　　由于颗粒大小不一、形状不一、堆积紧密程度不一，因此无法进行复杂压块的定量化研究。但双球模型便于测定原子的迁移量，从而更易定量地掌握烧结过程，并为进一步研究物质迁移的各种机理奠定基础。

　　粉末压块是由等径球体作为模型，随着烧结的进行，各接触点处开始形成颈部，并逐渐扩大，最后烧结成一个整体。由于颈部所处的环境和几何条件相同，所以只需确定两个颗粒形成的颈部的生长速率就基本代表了整个烧结初期的动力学关系。

　　以上三个模型对烧结初期一般是适用的，但随着烧结的进行，球形颗粒逐渐变形，因此在烧结中、后期应采用其他模型。

第二节　固态烧结

　　固态烧结完全是固体颗粒之间的高温固结过程，没有液相参与。

　　固态烧结的主要传质方式有蒸发-凝聚、扩散传质和塑性流变。

一、蒸发-凝聚传质

1. 概念

　　固体颗粒表面曲率不同，在高温时必然在系统的不同部位有不同的蒸气压。质点通过蒸发，再凝聚实现质点的迁移，促进烧结。

　　这种传质过程仅仅在高温下蒸气压较大的系统内进行，如氧化铅、氧化铍和氧化铁的烧结。这是烧结中定量计算最简单的一种传质方式，也是了解复杂烧结过程的基础。

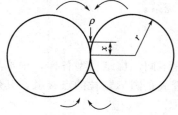

图 14-4　蒸发-凝聚传质模型

　　蒸发-凝聚传质采用的模型如图 14-4 所示。在球形颗粒表面有正曲率半径，而在两个颗粒连接处有一个小的负曲率半径的颈部，根据开尔文公式可以得出，物质将从蒸气压高的凸形颗粒表面蒸发，通过气相传递而凝聚到蒸气压低的凹形颈部，从而使颈部逐渐被填充。

2. 颈部生长速率关系式

根据开尔文公式、朗格缪尔公式，可以推导出球形颗粒接触面积颈部生长速率关系式：

$$x/r = \left(\frac{3\sqrt{\pi}\gamma M^{3/2} p_0}{\sqrt{2} R^{3/2} T^{3/2} d^2} \right)^{1/3} r^{-2/3} \cdot t^{1/3} \tag{14-4}$$

式中，x/r 为颈部生长速率；x 为颈部半径；r 为颗粒半径；γ 为颗粒表面能；M 为相对分子质量；p_0 为球型颗粒表面蒸气压；R 为气体常数；T 为温度；t 为时间。

3. 实验证实

金格尔等曾以氯化钠球进行烧结试验，氯化钠在烧结温度下有很高的蒸气压。实验证明式(14-4)是正确的。实验结果用线性坐标图 14-5(a) 和对数坐标图 14-5(b) 两种形式表示。

从方程式(14-4)可见，接触颈部的生长 x/r 随时间 t 的 1/3 次方变化。在烧结初期可以观察到这样的速率规律，如图 14-5(b) 所示。由图 14-5(a) 可见颈部增长只在开始时比较显著，随着烧结的进行，颈部增长很快就停止了。因此对这类传质过程用延长烧结时间不能达到促进烧结的效果。

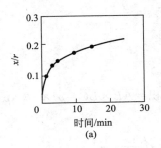 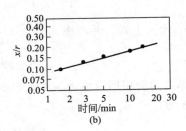

图 14-5　氯化钠在 750℃时球形颗粒之间颈部生长

(a) 线性坐标；(b) 对数坐标

从工艺控制考虑，两个重要的变量是原料起始粒度（r）和烧结温度（T）。粉末的起始粒度愈小，烧结速率愈大。由于蒸气压（p_0）随温度而呈指数地增加，因而提高温度对烧结有利。

4. 蒸发-凝聚传质的特点

坯体不发生收缩。烧结时颈部区域扩大，球的形状改变为椭圆，气孔形状改变，但球与球之间的中心距不变，也就是在这种传质过程中坯体不发生收缩。

坯体密度不变。气孔形状的变化对坯体的一些宏观性质有可观的影响，但不影响坯体密度。

气相传质过程要求把物质加热到可以产生足够蒸气压的温度。对于几微米的粉末体，要求蒸气压最低为 1~10Pa，才能看出传质的效果。而烧结氧化物材料往往达不到这样高的蒸气压，如 Al_2O_3 在 1200℃时蒸气压只有 10^{-41} Pa，因而一般硅酸盐材料的烧结中这种传质方式并不多见。但近年来一些研究报道，ZnO 在 1100℃以上烧结和 TiO_2 在 1300~1350℃烧结时，发现符合式(14-4)的烧结速率方程。

二、扩散传质

在大多数的固体材料中，由于高温下蒸气压低，则传质更易通过固态内质点扩散过程来进行。

1. 颈部应力分析

假定晶体是各向同性的。图 14-6 表示两个球形颗粒的接触颈部，从其上取一个弯曲的

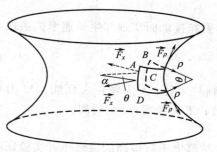

图 14-6　颈部弯曲表面上的力

曲颈基元 $ABCD$，ρ 和 x 为两个主曲率半径。假设指向接触面颈部中心的曲率半径 x 具有正号，而颈部曲率半径 ρ 为负号。又假设 x 与 ρ 各自间的夹角均为 θ，作用在曲颈基元上的表面张力 F_x 和 F_ρ 可以通过表面张力的定义来计算。由图 14-6 可得：

$$F_x = \gamma \overline{AD} = \gamma \overline{BC}$$

$$F_\rho = -\gamma \overline{AB} = -\gamma \overline{DC}$$

$$\overline{AD} = \overline{BC} = 2\rho \sin \frac{\theta}{2} = 2\rho \times \frac{\theta}{2} = \rho\theta$$

$$\overline{AB} = \overline{DC} = x\theta$$

由于 θ 很小，所以 $\sin\theta = \theta$，因而：

$$F_x = \gamma\rho\theta; \quad F_\rho = -\gamma x\theta$$

作用在垂直于 $ABCD$ 元上的力 F 为：

$$F = 2\left[F_x \sin\frac{\theta}{2} + F_\rho \sin\frac{\theta}{2} \right]$$

将 F_x 和 F_ρ 代入上式，并考虑 $\sin\frac{\theta}{2} \approx \frac{\theta}{2}$，可得：

$$F = \gamma\theta^2(\rho - x)$$

力除以其作用的面积即得应力。$ABCD$ 元的面积 $= \overline{AB} \times \overline{BC} = \rho\theta \times x\theta = \rho x\theta^2$。作用在面积元上的应力 σ 为：

$$\sigma = F/A = \frac{\gamma\theta^2(\rho-x)}{x\rho\theta^2} = \gamma\left(\frac{1}{x} - \frac{1}{\rho}\right)$$

因为 $x \gg \rho$，所以

$$\sigma \approx -\gamma/\rho \tag{14-5}$$

式(14-5) 表明作用在颈部的应力主要由 F_ρ 产生，F_x 可以忽略不计。从图 14-6 与式(14-5)可见 σ_p 是张应力。两个相互接触的晶粒系统处于平衡，如果将两晶粒看做弹性球模型，根据应力分布分析可以预料，颈部的张应力 σ_p 由两个晶粒接触中心处的同样大小的压应力 σ_2 平衡，这种应力分布如图 14-7 所示。

若有两颗粒直径均为 $2\mu m$，接触颈部半径 x 为 $0.2\mu m$，此时颈部表面的曲率半径 ρ 为 $0.001 \sim 0.01\mu m$。若表面张力为 $72J/cm^2$，由式(14-5) 可计算得 $\sigma_p \approx 10^7 N/m^2$。

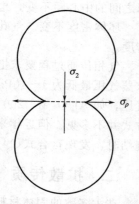

图 14-7　颈部表面的应力

综上分析可知，应力分布如下：①无应力区，即球体内部；②压应力区，两球接触的中心部位承受压应力 σ_2；③张应力区，颈部承受张应力 σ_p。

在烧结前的粉末体如果是由同径颗粒堆积而成的理想紧密堆积，颗粒接触点上最大压应力相当于外加一个静压力。在真实系统中，由于球体尺寸不一、颈部形状不规则、堆积方式不相同等原因，使接触点上应力分布产生局部的应力。因此在剪应力作用下可能出现晶粒彼此沿晶界剪切滑移，滑移方向由不平衡的应力方向而定。烧结开始阶段，在这种局部的应力和流体静压力的影响下，颗粒间出现重新排列，从而使坯体堆积密度提高，气孔率降低，坯体出现收缩，但晶粒形状没有变化，颗粒重排不可能导致气孔完全消除。

2. 颈部空位浓度分析

在扩散传质中要达到颗粒中心距离缩短必须有物质向气孔迁移，气孔作为空位源，空位进行反向迁移。颗粒点接触处的应力促使扩散传质中物质的定向迁移。

下面通过晶粒内不同部位空位浓度的计算来说明晶粒中心靠近的机理。

在无应力的晶体内空位浓度 c_0 是温度的函数，可写作：

$$c_0 = \frac{n_0}{N}\exp\left(-\frac{E_V}{kT}\right) \tag{14-6}$$

式中，N 为晶体内原子总数；n_0 为晶体内空位数；E_V 为空位生成能。

颗粒接触的颈部受到张应力，而颗粒接触中心处受到压应力。由于颗粒间不同部位所受的应力不同，不同部位形成空位所做的功也有差别。

在颈部区域和颗粒接触区域由于有张应力和压应力的存在，而使空位形成所做的附加功如下：

$$E_t = -\frac{\gamma}{\rho}\Omega = -\sigma\Omega$$

$$E_n = \frac{\gamma}{\rho}\Omega = \sigma\Omega \tag{14-7}$$

式中，E_t、E_n 分别为颈部受张应力和压应力时，形成体积为 Ω 空位所做的附加功。

在颗粒内部未受应力区域形成空位所做功为 E_V。因此在颈部或接触点区域形成一个空位做功 E_V' 为：

$$E_V' = E_V \pm \sigma\Omega \tag{14-8}$$

在压应力区（接触点） $E_V' = E_V + \sigma\Omega$

张应力区（颈表面） $E_V' = E_V - \sigma\Omega$

由式(14-8)可见，在不同部位形成一个空位所做的功的大小次序为：张应力区＜无应力区＜压应力区。由于空位形成功不同，因而不同区域会引起空位浓度差异。

若 $[c_n]$、$[c_0]$、$[c_t]$ 分别代表压应力区、无应力区和张应力区的空位浓度。则：

$$[c_n] = \exp\left(-\frac{E_V'}{kT}\right) = \exp\left[-\frac{E_V + \sigma\Omega}{kT}\right]$$

$$= [c_0]\exp\left(-\frac{\sigma\Omega}{kT}\right)$$

若 $\sigma\Omega/kT \ll 1$，当 $x \to 0$，$e^{-x} = 1 - x + \frac{x^2}{2!} - \frac{x^3}{3!} + \frac{x^4}{4!}\cdots$

则

$$\exp\left(-\frac{\sigma\Omega}{kT}\right) = 1 - \frac{\sigma\Omega}{kT}$$

$$[c_n] = [c_0]\left(1 - \frac{\sigma\Omega}{kT}\right) \tag{14-9}$$

$$[c_t] = [c_0]\left(1 + \frac{\sigma\Omega}{kT}\right) \tag{14-10}$$

由式(14-9)和式(14-10)可以得到颈表面与接触中心处之间空位浓度的最大差值 $\Delta_1[c]$：

$$\Delta_1[c] = [c_t] - [c_n] = 2[c_0]\frac{\sigma\Omega}{kT} \tag{14-11}$$

由式(14-10)可以得到颈表面与内部之间空位浓度的差值 $\Delta_2[c]$：

$$\Delta_2[c] = [c_t] - [c_0] = [c_0]\frac{\sigma\Omega}{kT} \tag{14-12}$$

由以上计算可见，$[c_t] > [c_0] > [c_n]$，$\Delta_1[c] > \Delta_2[c]$。这表明颗粒不同部位的空位浓度

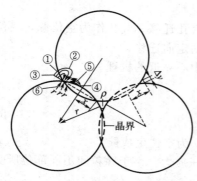

图 14-8 烧结初期物质扩散路线

不同，颈表面张应力区空位浓度大于晶粒内部，受压应力的颗粒接触中心的空位浓度最低。空位浓度差是颈至颗粒接触点大于颈至颗粒内部的值。系统内不同部位空位浓度的差异对扩散时空位的迁移方向是十分重要的。扩散首先从空位浓度最大的部位（颈表面）向空位浓度最低的部位（颗粒接触点）进行。其次是颈部向颗粒内部扩散、空位扩散即原子或离子的反向扩散。因此，扩散传质时，原子或离子由颗粒接触点向颈部迁移，从而达到气孔充填的结果。

3. 扩散传质途径

图 14-8 为扩散传质途径。从图中可以看到扩散可以沿颗粒表面进行，也可以沿着两颗粒之间的界面进行或在晶粒内部进行，我们分别称为表面扩散、界面扩散和体积扩散。不论扩散途径如何，扩散的终点是颈部。烧结初期物质迁移路线如表 14-1 所示。

表 14-1 烧结初期物质迁移路线

编号	迁移路线	迁移开始点	迁移结束点	编号	迁移路线	迁移开始点	迁移结束点
①	表面扩散	表面	颈部	④	晶界扩散	晶界	颈部
②	晶格扩散	表面	颈部	⑤	晶格扩散	晶界	颈部
③	气相转移	表面	颈部	⑥	晶格扩散	位错	颈部

当晶格内结构基元（原子或离子）移至颈部，原来结构基元所占位置成为新的空位，晶格内其他结构基元补充新出现的空位，就这样物质以"接力"方式向内部传递而空位向外部转移。空位在扩散传质中可以在以下三个部位消失，自由表面、内界面（晶界）和位错。随着烧结进行，晶界上的原子（或离子）活动频繁，排列很不规则，因此晶格内的空位一旦移动到晶界上，结构基元的排列只需稍加调整，空位就易消失。随着颈部填充和颗粒接触点处结构基元的迁移，出现了气孔的缩小和颗粒中心距逼近，宏观表现为气孔率下降和坯体的收缩。

4. 扩散传质三个阶段

扩散传质过程按烧结温度及扩散进行的程度可分为烧结初期、中期和后期三个阶段。

（1）初期阶段　在烧结初期，表面扩散的作用较显著，表面扩散开始的温度远低于体积扩散。例如 Al_2O_3 的体积扩散约在 900℃ 开始（即 $0.5T_{熔}$），表面扩散约 330℃（即 $0.26T_{熔}$）。烧结初期坯体内有大量的连通气孔，表面扩散使颈部充填（此阶段 $x/r < 0.3$），促使孔隙表面光滑和气孔球形化。由于表面扩散对孔隙的消失和烧结体的收缩无显著影响，因而该阶段坯体的气孔率大，收缩约在 1%。

由式（14-12）得知颈部与晶粒内部空位浓度差为：

$$\Delta_2 c = [c_0] \sigma \Omega$$

代入 $\sigma = \gamma/\rho$，得：

$$\Delta c = [c_0] \gamma \Omega / \rho \tag{14-13}$$

在此空位浓度差下，每秒内从每厘米周长上扩散离开颈部的空位扩散流量 J，可以用图解法确定并由下式给出：

$$J = 4D_V \Delta c \tag{14-14}$$

式中，D_V 为空位扩散系数，假如 D^* 为自扩散系数，则 $D_V = D^*/\Omega c_0$。

颈部总长度为 $2\pi x$，每秒钟颈部周长上扩散出去的总体积为 $J2\pi x\Omega$，由于空位扩散速率等于颈部体积增长速率，即

$$J2\pi x\Omega = dV/dx \tag{14-15}$$

将式(14-13)、式(14-14)、式(14-4)代入式(14-15)，然后积分得：

$$x/r = \left(\frac{160\gamma\Omega D^*}{kT}\right)^{1/5} r^{-3/5} t^{1/5} \tag{14-16}$$

在扩散传质时除颗粒间接触面积增加外，颗粒中心距逼近的速率为：

$$\frac{d(2\rho)}{dt} = \frac{d(x^2/2r)}{dt}$$

$$\frac{\Delta V}{V} = 3\frac{\Delta L}{L} = 3\left(\frac{5\gamma\Omega D^*}{kT}\right)^{2/5} r^{-6/5} t^{2/5} \tag{14-17}$$

式(14-16)和式(14-17)是扩散传质初期动力学公式，这两个公式的正确性已由实验所证实。

当以扩散传质为主的初期烧结中，影响因素主要有以下几方面。

① 烧结时间。接触颈部半径 (x/r) 与时间 1/5 次方成正比，颗粒中心距逼近与时间的 2/5 次方成正比。即致密化速率随时间增长而稳定下降，并产生一个明显的终点密度。从扩散传质机理可知，随细颈部扩大，曲率半径增大。传质的推动力——空位浓度差逐渐减小。因此以扩散传质为主要传质手段的烧结，用延长烧结时间来达到坯体致密化的目的是不妥当的。对这一类烧结宜采用较短的保温时间，如 99.99% 的 Al_2O_3 瓷保温时间为 1~2h，不宜过长。

② 原料的起始粒度。由式(14-16)可见，$x/r\propto r^{-3/5}$，即颈部增长约与粒度的 3/5 次方成反比。大颗粒原料在很长时间内也不能充分烧结 $(x/r$ 始终小于 0.1)，而小颗粒原料在同样时间内致密化速率很高 $(x/r\rightarrow 0.4)$。因此在扩散传质的烧结过程中，起始粒度的控制是相当重要的。

③ 温度对烧结过程有决定性的作用。由式(14-16)和式(14-17)知，温度 (T) 出现在分母上，似乎温度升高，$\Delta L/L$、x/r 会减小。但实际上温度升高自扩散系数 $D^* = D_0 \exp(-Q/RT)$，扩散系数 D^* 明显增大，因此升高温度必然加快烧结的进行。

如果将式(14-16)和式(14-17)中各项可以测定的常数归纳起来，可以写成：

$$Y^p = Kt \tag{14-18}$$

式中，Y 为烧结收缩率 $\Delta L/L$；K 为烧结速率常数；当温度不变时，界面张力 γ、扩散系数 D^* 等均为常数。在此式中颗粒半径 r 也归入 K 中；t 为烧结时间。将式(14-18)取对数得：

$$\lg Y = (1/p)\lg t + k' \tag{14-19}$$

用收缩率 Y 的对数和时间对数作图，应得一条直线，其截距为 K'（截距 K' 随烧结温度升高而增加），而斜率为 $1/p$（斜率不随温度变化）。

烧结速率常数和温度关系与化学反应速率常数与温度关系一样，也服从阿仑尼乌斯方程，即

$$\ln K = A - Q/RT \tag{14-20}$$

式中，Q 为相应的烧结过程激活能；A 为常数。在烧结实验中通过式(14-20)可以求得 Al_2O_3 烧结的扩散激活能。

在以扩散传质为主的烧结过程中，除体积扩散外，质点还可以沿表面、界面或位错等处进行多种途径的扩散。这样相应的烧结动力学公式也不相同。库软斯基综合各种烧结过程的

典型方程为：

$$\left(\frac{x}{r}\right)^n = \frac{F_T}{r^m}t \tag{14-21}$$

式中，F_T 是温度的函数。在不同的烧结机构中，包含不同的物理常数，如扩散系数、饱和蒸气压、黏滞系数和表面张力等，这些常数均与温度有关。各种烧结机制的区别反映在指数 m 与 n 的不同上。其值如表 14-2 所示。

表 14-2 式（14-21）中的指数

传质方式	黏性流动	蒸发-凝聚	体积扩散	晶界扩散	表面扩散
M	1	1	3	2	3
n	2	3	5	6	7

（2）中期阶段　烧结进入中期，颗粒开始黏结。颈部扩大，气孔由不规则形状逐渐变成由三个颗粒包围的圆柱形管道，气孔相互连通，晶界开始移动，晶粒正常生长。这一阶段以晶界和晶格扩散为主。坯体气孔率降低 5%，收缩达 80%～90%。

经过初期烧结后，由于颈部生长使球形颗粒逐渐变成多面体形。此时晶粒分布及空间堆积方式等均很复杂，使定量描述更为困难。科布尔（Coble）提出一个简单的多面体模型。他假设烧结体此时由众多十四面体构成的。十四面体顶点是四个晶粒交汇点，每个边是三个晶粒交界线。它相当于圆柱形气孔通道，成为烧结时的空位源。空位从圆柱形空隙向晶粒接触面扩散，而原子反向扩散使坯体致密。

Coble 根据十四面体模型确定烧结中期坯体气孔率（P_c）随烧结时间（t）变化的关系式：

$$P_c = \frac{10\pi D^* \Omega \gamma}{KTL^3}(t_f - t) \tag{14-22}$$

式中，L 为圆柱形空隙的长度；t 为烧结时间；t_f 为烧结进入中期的时间。

由式（14-22）可见，烧结中期气孔率与时间 t 成一次方关系，因而烧结中期致密化速率较快。

（3）后期阶段　烧结进入后期，气孔已完全孤立，气孔位于四个晶粒包围的顶点，晶粒已明显长大。坯体收缩达 90%～100%。

由十四面体模型来看气孔已由圆柱形孔道收缩成位于十四面体的 24 个顶点处的孤立气孔。根据此模型 Coble 导出后期孔隙率为：

$$P_t = \frac{6\pi D^* \Omega \gamma}{\sqrt{2}KTL^3}(t_f - t) \tag{14-23}$$

上式表明，烧结中期和后期并无显著的差异，当温度和晶粒尺寸不变时，气孔率随烧结时间而线性地减少。

第三节　液态烧结

一、液态烧结特点

1. 液态烧结概念

凡有液相参加的烧结过程称为液态烧结。

由于粉末中总含有少量的杂质，因而大多数材料在烧结中都会或多或少地出现液相。即使在没有杂质的纯固相系统中，高温下还会出现"接触"熔融现象。因而纯粹的固态烧结实际上不易实现。在无机材料制造过程中，液相烧结的应用范围很广泛。如长石质瓷、水泥熟料、高温材料（如氮化物、碳化物）等都采用液相烧结原理。

2. 液态烧结特点

共同点：液相烧结与固态烧结的推动力都是表面能。烧结过程也是由颗粒重排、气孔充填和晶粒生长等阶段组成。

不同点：由于流动传质速率比扩散传质快，因而液相烧结致密化速率高，可使坯体在比固态烧结温度低得多的情况下获得致密的烧结体。此外，液相烧结过程的速率与液相数量、液相性质（黏度和表面张力等）、液相与固相润湿情况、固相在液相中的溶解度等有密切的关系。因此，影响液相烧结的因素比固相烧结更为复杂，为定量研究带来困难。

3. 液相烧结模型

金格尔液相烧结模型：在液相量较少时，溶解-沉淀传质过程在晶粒接触界面处溶解，通过液相传递扩散到球型晶粒自由表面上沉积。

LSW模型：当坯体内有大量的液相而且晶粒大小不等时，由于晶粒间曲率差导致小晶粒溶解通过液相传质到大晶粒上沉积。

二、流动传质机理

烧结过程就是质点迁移的过程，那么在液相参与的烧结中是如何进行质点传递的呢？因为液相的存在，质点的传递可以流动的方式进行。有黏性流动和塑性流动两种传质机理。

1. 黏性流动

（1）黏性流动传质　在液相烧结时，由于高温下黏性液体（熔融体）出现牛顿型流动而产生的传质称为黏性流动传质（或黏性蠕变传质）。

在高温下依靠黏性液体流动而致密化是大多数硅酸盐材料烧结的主要传质过程。

黏性蠕变速率：

$$\varepsilon = \sigma/\eta \tag{14-24}$$

式中，ε 为黏性蠕变速率；σ 为应力；η 为黏度系数。

由计算可得烧结系统的宏观黏度系数 $\eta = KTd^2/(8D^*\Omega)$，其中 d 为晶粒尺寸，因而 ε 写作：

$$\varepsilon = 8D^*\Omega\sigma/KTd^2 \tag{14-25}$$

对于无机材料粉体的烧结，将典型数据代入上式（$T = 2000K$，$D^* = 10^{-2} cm^2/s$，$\Omega = 1 \times 10^{-24} cm^3$）可以发现，当扩散路程分别为 $0.01\mu m$、$0.1\mu m$、$1\mu m$ 和 $10\mu m$ 时，对应的宏观黏度分别为 $10^8 dPa \cdot s$，$10^{10} dPa \cdot s$，$10^{13} dPa \cdot s$ 和 $10^{14} dPa \cdot s$，而烧结时宏观黏度系数的数量级为 $10^8 \sim 10^9 dPa \cdot s$，由此推测在烧结时黏性蠕变传质起决定性作用的仅限于路程为 $0.01 \sim 0.1\mu m$ 数量级的扩散，即通常限于晶界区域或位错区域，尤其是在无外力的作用下。烧结晶态物质形变只限于局部区域。如图 14-9 所示，黏性蠕变使空位通过对称晶界上的刃型位错攀移而消失。然而当烧结体内出现液相时，由于液相中扩散系数比结晶体中大几个数量级，因而整排原子的移动甚至整个颗粒的形变也是能发生的。

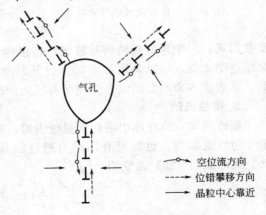

图 14-9　空位移动与位错攀移的烧结过程

（2）**黏性流动初期**　在高温下物质的黏性流动可以分为两个阶段。首先是相邻颗粒接触面增大，颗粒黏结直至孔隙封闭。然后封闭气孔的黏性压紧，残留闭气孔逐渐缩小。

弗伦克尔导出黏性流动初期颈部增长公式：

$$x/r = \left(\frac{3\gamma}{2\eta}\right)^{\frac{1}{2}} r^{-\frac{1}{2}} t^{\frac{1}{2}} \tag{14-26}$$

式中，r 为颗粒半径；x 为颈部半径；η 为液体黏度；γ 为液-气表面张力；t 为烧结时间。

由颗粒间中心距逼近而引起的收缩是：

$$\Delta V/V = 3\Delta L/L = \frac{9\gamma}{4\eta r} t \tag{14-27}$$

式（14-27）说明收缩率正比于表面张力，反比于黏度和颗粒尺寸。

（3）**黏性流动全过程的烧结速率公式**　随着烧结进行，坯体中的小气孔经过长时间烧结后，会逐渐缩小形成半径为 r 的封闭气孔。这时，每个闭口孤立气孔内部有一个负压力等于 $-2\gamma/r$，相当于作用在压块外面使其致密的一个相等的正压。麦肯基等推导了带有相等尺寸的孤立气孔的黏性流动坯体内的收缩率关系式。利用近似法得出的方程式为：

$$d\theta/dt = \frac{3}{2} \times \frac{\gamma}{\gamma \eta}(1-\theta) \tag{14-28}$$

式中，θ 为相对密度，即为体积密度/理论密度；r 为颗粒半径；μ 为液体黏度；γ 为液-气表面张力；t 为烧结时间。式（14-28）是适合黏性流动传质全过程的烧结速率公式。

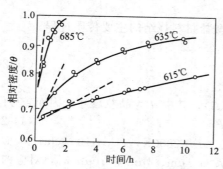

图 14-10　硅酸盐玻璃的致密化

根据硅酸盐玻璃致密化的一些试验数据作的曲线如图 14-10 所示。图中实线是由方程式（14-28）计算而得。起始烧结速率用虚线表示，它们是由方程式（14-27）计算而得。由图可见，随温度升高，因黏度降低而导致致密化速率迅速提高，图中圆点是实验结果，它与实线很吻合，说明式（14-28）适用于黏性流动的致密化过程。

由黏性流动传质动力学公式可以看出决定烧结速率的三个主要参数是颗粒起始粒径、黏度和表面张力。颗粒尺寸从 $10\mu m$ 减少至 $1\mu m$，烧结速率增大 10 倍。黏度随温度的迅速变化是需要控制的最重要因素。一个典型是钠钙硅玻璃，若温度变化 100℃，黏度约变化 1000 倍。如果某坯体烧结速率太低，可以采用加入黏度较低的液相组分来提高烧结速率。对于常见的硅酸盐玻璃，其表面张力不会因组分变化而有很大的改变。

2. 塑性流动

塑性流动：当坯体中液相含量很少时，高温下流动传质不能看成是纯牛顿型流动，而类似于塑性流动型。也即只有作用力超过屈服值（f）时，流动速率才与作用的剪应力成正比。此时式（14-28）改变为：

$$\frac{d\theta}{dt} = \frac{3\gamma}{2\eta} \times \frac{1}{r}(1-\theta)\left[1 - \frac{fr}{\sqrt{2}\gamma}\ln\left(\frac{1}{1-\theta}\right)\right] \tag{14-29}$$

式中，η 是作用力超过 f 时液体的黏度；r 为颗粒原始半径。f 值愈大，烧结速率愈低。

当屈服值 $f=0$ 时，式(14-29) 即为式(14-28)。当方括号中的数值为零时，$d\theta/dt$ 也趋于零，此时即为终点密度。为了尽可能达到致密烧结，应选择最小的 r、η 和较大的 γ。

在固态烧结中也存在塑性流动。在烧结早期，表面张力较大，塑性流动可以靠位错的运动来实现；而烧结后期，在低应力作用下靠空位自扩散而形成黏性蠕变，高温下发生的蠕变是以位错的滑移或攀移来完成的。塑性流动机理目前应用在热压烧结的动力学过程是很成功的。

三、溶解-沉淀传质机理

1. 溶解-沉淀传质概念

在有固液两相的烧结中，当固相在液相中有可溶性，这时烧结传质过程为部分固相溶解而在另一部分固相上沉积，直至晶粒长大和获得致密的烧结体。

2. 发生溶解-沉淀传质的条件

有显著数量的液相；固相在液相内有显著的可溶性；液体润湿固相。

3. 溶解-沉淀传质过程的推动力

颗粒的表面能是溶解-沉淀传质过程的推动力。由于液相润湿固相，每个颗粒之间的空间都组成一系列毛细管。表面能（表面张力）以毛细管力的方式使颗粒拉紧，毛细管中的熔体起着把分散在其中的固态颗粒结合起来的作用。微米级颗粒之间有 $0.1\sim1\mu m$ 直径的毛细管，如果其中充满硅酸盐液相，毛细管压力达 $1.23\sim12.3MPa$。可见毛细管压力所造成的烧结推动力是很大的。

4. 溶解-沉淀传质过程

（1）过程 1——颗粒重排　随烧结温度升高，出现足够量的液相。分散在液相中的固体颗粒在毛细管力的作用下，发生相对移动，重新排列，堆积更加紧密。被薄的液膜分开的颗粒之间搭桥，在那些点接触处有高的局部应力，导致塑性变形和蠕变，促进颗粒进一步重排。

颗粒在毛细管力的作用下，通过黏性流动或在一些颗粒间接触点上由于局部应力的作用而进行重新排列，结果得到了更紧密的堆积。在这阶段可粗略地认为，致密化速率是与黏性流动相应，线收缩与时间呈线性关系。

$$\Delta L/L\sim t^{1+x} \tag{14-30}$$

式中，指数 $1+x$ 的意义是约大于 1，这是考虑到烧结进行时，被包裹的小尺寸气孔减小，作为烧结推动力的毛细管压力增大，所以略大于 1。

颗粒重排对坯体致密度的影响取决于液体的数量。如果溶液数量不足，则溶液既不能完全包围颗粒，也不能填充粒子间空隙。当溶液由甲处流到乙处后，在甲处留下空隙，这时能产生颗粒重排但不足以消除气孔。当液相数量超过颗粒边界薄层变形所需的量时，在重排完成后，固体颗粒约占总体积的 $60\%\sim70\%$，多余的液相可以进一步通过流动传质、溶解-沉淀传质，达到填充气孔的目的。这样可使坯体在这一阶段的烧结收缩率达总收缩率的 60% 以上。图 14-11 表示液相含量与坯体气孔率的关系。

颗粒重排促进致密化的效果还与固-液两面角及固-液的润湿性有关。当两面角愈大，熔体对固体的润湿性愈差时，对致密化愈不利。

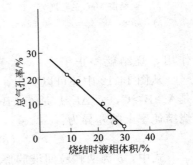

图 14-11　黏土煅烧时的液相含量和气孔率的关系

（2）过程2——溶解-沉淀　　由于较小的颗粒在颗粒接触点处溶解，通过液相传质在较大的颗粒或颗粒的自由表面上沉积，从而出现晶粒长大和晶粒形状的变化，同时颗粒不断进行重排而致密化。

溶解-沉淀传质根据液相数量不同可以有金格尔模型（颗粒在接触点处溶解到自由表面上沉积）或 LSW 模型（小晶粒溶解至大晶粒处沉淀）。其原理都是由于颗粒接触点处（或小晶粒）在液相中的溶解度大于自由表面（或大晶粒）处的溶解度。这样就在两个对应部位上产生化学位梯度 $\Delta\mu$。$\Delta\mu = RT\ln a/a_0$。a 为凸面处（或小晶粒处）离子活度，a_0 为平面（或大晶粒）离子活度。化学位梯度使物质发生迁移，通过液相传递而导致晶粒生长和坯体致密化。

金格尔运用与固相烧结动力学公式类似的方法并作了合理的分析，导出溶解沉淀过程收缩率为：

$$\Delta L/L = \Delta\rho/\gamma = \left(\frac{K\gamma_{LV}\delta Dc_0 V_0}{RT}\right)^{1/3} r^{-4/3} t^{1/3} \qquad (14\text{-}31)$$

式中，$\Delta\rho$ 为中心距收缩的距离；K 为常数；γ_{LV} 为液-气表面张力；D 为被溶解物质在液相中的扩散系数；δ 为颗粒间液膜厚度；c_0 为固相在液相中的溶解度；V_0 为液相体积；r 为颗粒起始粒度；t 为烧结时间。

式（14-31）中 γ_{LV}、δ、D、C_0、V_0 均是与温度有关的物理量，因此当烧结温度和起始粒度固定以后，上式可写为

$$\Delta L/L = K t^{1/3} \qquad (14\text{-}32)$$

由式（14-31）、式（14-30）可以看出溶解-沉淀致密化速率与时间 t 的 1/3 次方成正比。影响溶解-沉淀传质过程的因素还有颗粒起始粒度、粉末特性（溶解度、润湿性）、液相数量、烧结温度等。由于固相在液相中的溶解度、扩散系数以及固液润湿性等目前几乎没有确切的数值可以利用，因此液相烧结的研究远比固相烧结更为复杂。

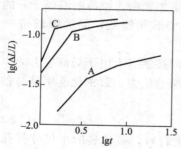

图 14-12 列出 MgO＋2％（质量分数）高岭土在 1730℃时测得的 $\lg(\Delta L/L)$-$\lg t$ 关系图。由图可以明显看出液相烧结三个不同的传质阶段。开始阶段直线斜率约为 1，符合颗粒重排过程即方程式（14-30）；第二阶段直线斜率约为 1/3，符合方程式（14-32），即为溶解-沉淀传质过程；最后阶段曲线趋于水平，说明致密化速率更缓慢，坯体已接近终点密度。此时在高温反应产生的气泡包入液相形成封闭气孔，只有依靠扩散传质充填气孔。若气孔内气体不溶入液相，则随着烧结温度的升高，气泡内气压增高，抵消了表面张力的

图 14-12　MgO＋2％（质量分数）高岭土在 1730℃下的烧结情况

烧结前 MgO 的粒度为：

A—3μm，B—1μm，C—0.52μm

作用，烧结就停止了。

从图 14-12 中还可以看出，在这类烧结中，起始粒度对促进烧结有显著作用。图中粒度是A＞B＞C，而 $\Delta L/L$ 是 C＜B＜A。溶解沉淀传质中，金格尔模型与 LSW 模型两种机理在烧结速率上的差异为：

$$(dV/dt)_K : (dV dt)_{LSW} = (\delta/h) : 1$$

式中，δ 为两颗粒间液膜厚度，一般估计为 3～10μm；h 为两颗粒中心相互接近程度。h 随烧结进行很快达到和超过 1μm，因此 LSW 机理烧结速率往往比金格尔机理大几个数量级。

四、各种传质机理分析比较

在本章中分别讨论了四种烧结传质过程，在实际的固相或液相烧结中，这四种传质过程可以单独进行或几种传质同时进行，但每种传质的产生都有其特有的条件。现用表 14-3 对各种传质进行综合比较。

表 14-3　各种传质产生原因、条件、特点等综合比较

项目	蒸发-凝聚	扩　散	流　动	溶解-沉淀
原因	压力差 Δp	空位浓度差 Δc	应力-应变	溶解度 ΔC
条件	$\Delta p > 1 \sim 10\mathrm{Pa}$ $r < 10\mu m$	空位浓度 $\Delta c > \dfrac{n_0}{N}$ $r < 5\mu m$	黏性流动 η 小 塑性流动 $\tau > f$	可观的液相量 固相在液相中溶解度大 固-液润湿
特点	凸面蒸发-凹面凝聚 $\Delta L/L = 0$	空位与结构基元相对扩散 中心距缩短	流动同时引起颗粒重排 $\dfrac{\Delta L}{L} \propto t$ 致密化速率最高	接触点溶解到平面上沉积，小晶粒处溶解到大晶粒沉积 传质同时又是晶粒生长过程
公式	$\dfrac{x}{r} = Kr^{-2/3}t^{1/3}$	$\dfrac{x}{r} = Kr^{-3/5}t^{1/5}$ $\Delta L/L = Kr^{-6/5}t^{2/5}$	$\Delta L/L = \dfrac{3}{2}\dfrac{\gamma}{\eta r}t$ $d\theta/dt = K(1-\theta)/r$	$\Delta L/L = Kr^{-4/3}t^{1/3}$ $x/r = Kr^{-2/3}t^{1/6}$
工艺控制	温度（蒸气压） 粒度	温度（扩散系数） 粒度	黏度 粒度	温度（溶解度） 黏度 液相数量

从固态烧结和有液相参与的烧结过程传质机理的讨论可以看出烧结无疑是一个很复杂的过程。前面的讨论主要是限于单元纯固态烧结或纯液相烧结，并假定在高温下不发生固相反应，纯固态烧结时不出现液相，此外在作烧结动力学分析时是以十分简单的两颗粒圆球模型为基础。这样就把问题简化了许多，这对于纯固态烧结的氧化物材料和纯液相烧结的玻璃料来说，情况还是比较接近的。从科学的观点看，把复杂的问题作这样的分解与简化，以求得比较接近的定量了解是必要的。但从制造材料的角度看，问题常常要复杂得多，就以固态烧结而论，实际上经常是几种可能的传质机理在互相起作用，有时是一种机理起主导作用，有时则是几种机理同时出现。有时条件改变了传质方式也随之变化。例如 BeO 材料的烧结，气氛中的水汽就是一个重要的因素。在干燥的气氛中，扩散是主导的传质方式，当气氛中水汽分压很高时，则蒸发凝聚变为传质主导方式。又例如，长石瓷或滑石瓷都是有液相参与的烧结，随着烧结进行，往往是几种传质交替发生的。致密化与烧结时间的关系如图 14-13 所示。图中表示坯体分别由流动传质、溶解-沉淀传质和扩散传质而导致致密化。

再如近年来研究较多的氧化钛的烧结，TiO_2 在真空中的烧结符合体积扩散传质的结果，氧空位的扩散是控制因素。但又有些研究者将氧化钛在空气和湿氢条件下烧结，测得出与塑性流动传质相符的结果，并认为大量空位产生位错从而导致塑性流动。事实上空位扩散和晶体内塑性流动并不是没有联系的。塑性流动是位错运

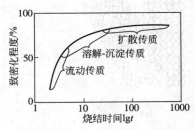

图 14-13　液相烧结的致密化过程

动的结果，而一整排原子的运动（位错运动）可能同样会导致缺陷的消除。处于晶界上的气孔，在剪切应力下也可能通过两个晶粒的相对滑移，在晶界上吸收空位（来自气孔表面）而把气孔消除，从而使这两个机理又能在某种程度上协调起来。

总之，烧结体在高温下的变化是很复杂的，影响烧结体致密化的因素也是众多的，产生典型的传质方式都是有一定条件的。因此，必须对烧结全过程的各个方面（原料、粒度、粒度分布、杂质、成型条件、烧结气氛、温度时间等）都有充分的了解，才能真正掌握和控制整个烧结过程。

第四节　晶粒生长与二次再结晶

晶粒生长与二次再结晶过程往往与烧结中、后期的传质过程是同时进行的。

晶粒生长：无应变的材料在热处理时，平衡晶粒尺寸在不改变其分布的情况下，连续增大的过程。

初次再结晶：在已发生塑性形变的基质中出现新生的无应变晶粒的成核和长大过程。

二次再结晶：是少数巨大晶粒在细晶消耗时成核长大的过程。

一、晶粒生长

在烧结的中后期，细晶粒要逐渐长大，而一些晶粒生长过程也是另一部分晶粒缩小或消灭的过程，其结果是平均晶粒尺寸都增长了。这种晶粒长大并不是小晶粒的相互黏结，而是晶界移动的结果。在晶界两边物质的自由焓之差是使界面向曲率中心移动的驱动力。小晶粒生长为大晶粒，则使界面面积和界面能降低。晶粒尺寸由 $1\mu m$ 变化到 $1cm$，对应的能量变化约为 $0.42 \sim 21 J/g$。

1. 界面能与晶界移动

图 14-14(a) 表示两个晶粒之间的晶界结构，弯曲晶界两边各为一晶粒，小圆代表各个晶粒中的原子。对凸面晶粒表面 A 处与凹面晶粒的 B 处而言，曲率较大的 A 点自由焓高于曲率小的 B 点。位于 A 点晶粒内的原子必然有向能量低的位置跃迁的自发趋势。当 A 点原子到达 B 点并释放出 ΔG^*［图 14-14(b)］的能量后就稳定在 B 晶粒内。如果这种跃迁不断发生，则晶界就向着 A 晶粒的曲率中心不断推移，导致 B 晶粒长大而 A 晶粒缩小，直至晶界平直化，界面两侧自由焓相等为止。由此可见晶粒生长是晶界移动的结果，而不是简单的晶粒之间的黏结。

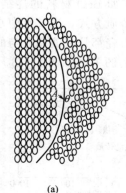

(a)

图 14-14　液相烧结的致密化过程

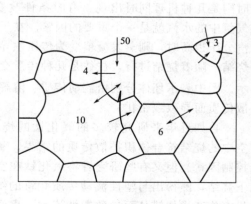

图 14-15　多晶粒增长示意

由许多颗粒组成的多晶体界面移动情况如图 14-15 所示。从图 14-15 看出大多数晶界都是弯曲的。从晶粒中心往外看，大于六条边时边界向内凹，由于凸面界面能大于凹面，因此晶界向凸面曲率中心移动。结果小于六条边的晶粒缩小，甚至消灭，而大于六条边的晶粒长大，总的结果是平均晶粒增长。

2. 晶界移动的速率

晶粒生长取决于晶界移动的速率。图 14-14（a）中，A、B 晶粒之间由于曲率不同而产生的压力差为：

$$\Delta p = \gamma(1/r_1 + 1/r_2)$$

式中，γ 为表面张力；r_1、r_2 为曲面的主曲率半径。

由热力学可知，当系统只做膨胀功时：

$$\Delta G = -S\Delta T + V\Delta p$$

当温度不变时：

$$\Delta G = V\Delta p = \gamma V'(1/r_1 + 1/r_2)$$

式中，ΔG 为跨越一个弯曲界面的自由焓变化；V' 为摩尔体积。

粒界移动速率还与原子跃过粒界的速率有关。原子由 A→B 的频率 f 为原子振动频率（v）与获得 ΔG^* 能量的粒子的概率（P）的乘积。

$$f = Pv = v\exp\left(\frac{\Delta G^*}{RT}\right)$$

由于可跃迁的原子的能量是量子化的，即 $E = hv$，一个原子平均振动能量 $E = kT$，所以：

$$v = E/h = kT/h = \frac{RT}{Nh}$$

式中，h 为普朗克常数；k 为玻耳兹曼常数；R 为气体常数；N 为阿伏伽德罗常数。因此，原子由 A→B 跳跃频率为：

$$f_{AB} = \frac{RT}{Nh}\exp\left(-\frac{\Delta G^*}{RT}\right)$$

原子由 B→A 跳跃频率：

$$f_{BA} = \frac{RT}{Nh}\exp\left(-\frac{\Delta G^* + \Delta G}{RT}\right)$$

粒界移动速率 $v = \lambda f$，λ 为每次跃迁的距离。

$$v = \lambda(f_{AB} - f_{BA}) = \frac{RT}{Nh}\lambda\exp\left(-\frac{\Delta G^*}{RT}\right)\left[1 - \exp\left(-\frac{\Delta G}{RT}\right)\right]$$

因为 $1 - \exp\left(-\dfrac{\Delta G}{RT}\right) \approx \dfrac{\Delta G}{RT}$；

式中 $\Delta G = \gamma \overline{V}\left(\dfrac{1}{r_1} + \dfrac{1}{r_2}\right)$，$\Delta G^* = \Delta H^* - T\Delta S^*$

所以

$$v = \frac{RT}{Nh}\lambda\left[\frac{\gamma \overline{V}}{RT}\left(\frac{1}{r_1} + \frac{1}{r_2}\right)\right]\exp\frac{\Delta S^*}{R}\left(-\frac{\Delta H^*}{RT}\right) \tag{14-33}$$

由式（14-33）得出晶粒生长速率随温度成指数规律增加。因此，晶界移动的速率是与晶曲率以及系统的温度有关。温度愈高，曲率半径愈小，晶界向其曲率中心移动的速率也愈快。

3. 晶粒长大的几何学原则

① 晶界上有晶界能的作用，因此晶粒形成一个在几何学上与肥皂泡沫相似的三维阵列。

② 晶粒边界如果都具有基本上相同的表面张力，则界面间交角成 120°，晶粒呈正六边

形。实际多晶系统中多数晶粒间界面能不等，因此从一个三界汇合点延伸至另一个三界汇合点的晶界都具有一定的曲率，表面张力将使晶界移向其曲率中心。

③ 在晶界上的第二相夹杂物（杂质或气泡），如果它们在烧结温度下不与主晶相形成液相，则将阻碍晶界移动。

4. 晶粒长大平均速率

晶界移动速率与弯曲晶界的半径成反比，因而晶粒长大的平均速率与晶粒的直径成反比。晶粒长大定律为：

$$dD/dt = K/D$$

式中，D 为时刻 t 时的晶粒直径；K 为常数，积分后得：

$$D^2 - D_0^2 = Kt \tag{14-34}$$

式中，D_0 为时间 $t = 0$ 时的晶粒平均尺寸。当达到晶粒生长后期，$D \gg D_0$，此时式 (14-34) 为 $D = Kt^{1/2}$。用 $\lg D$ 对 $\lg t$ 作图得到直线，其斜率为 1/2。然而一些氧化物材料的晶粒生长实验表明，直线的斜率常常在 (1/2)~(1/3)，且经常还更接近 1/3。主要原因是晶界移动时遇到杂质或气孔而限制了晶粒的生长。

5. 晶粒生长影响因素

(1) 夹杂物如杂质、气孔等阻碍作用　经相当长时间的烧结后，应当从多晶材料烧结至一个单晶，但实际上由于存在第二相夹杂物如杂质、气孔等阻碍作用使晶粒长大受到阻止。晶界移动时遇到夹杂物如图 14-16 所示。晶界为了通过夹杂物，界面能就被降低，降低的量正比于夹杂物的横截面积。通过障碍以后，弥补界面又要付出能量，结果使界面继续前进能力减弱，界面变得平直，晶粒生长就逐渐停止。

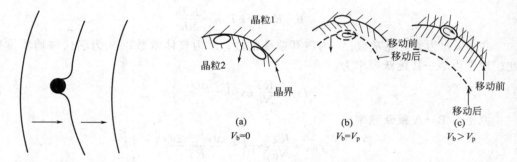

图 14-16　晶界通过夹杂物的　　　　　图 14-17　晶界通过气孔的
　　　　　形态示意　　　　　　　　　　　　　　　形态示意

随着烧结的进行，气孔往往位于晶界上或三个晶粒交汇点上。气孔在晶界上是随晶界移动还是阻止晶界移动，这与晶界曲率有关，也与气孔直径、数量、气孔作为空位源向晶界扩散的速度、包围气孔的晶粒数等因素有关。当气孔汇集在晶界上时，晶界移动会出现以下情况，如图 14-17 所示。在烧结初期，晶界上气孔数目很多，气孔牵制了晶界的移动，如果晶界移动速率为 V_b，气孔移动速率为 V_p，此时气孔阻止晶界移动，因而 $V_b = 0$ [图 14-17(a)]。烧结中、后期，温度控制适当，气孔逐渐减少。可以出现 $V_b = V_p$，此时晶界带动气孔以正常速率移动，使气孔保持在晶界上，如图 14-17(b) 所示，气孔可以利用晶界作为空位传递的快速通道而迅速汇集或消失。图 14-18 说明气孔随晶界移动而聚集在三晶粒交汇点的情况。

当烧结达到 $V_b = V_p$ 时，烧结过程已接近完成，严格控制温度是十分重要的。继续维持 $V_b = V_p$，气孔易迅速排除而实现致密化，如图 14-19 所示。此时烧结体应适当保温，如果再继续升高温度，由于晶界移动速率随温度而呈指数增加，必然导致 $V_b \gg V_p$，晶界越过气孔而向曲率中心移动,一旦气孔包入晶体内部(图 14-19),只能通过体积扩散来排除,这是十分困难的。在烧结初期,当晶界曲率很大和晶界迁移驱动力也大时,气孔常常被遗留在晶体内,结果在个别大晶粒中心会留下小气孔群。烧结后期,若局部温度过高或以个别大晶粒为核出现二次再结晶,由于晶界移动太快,也会把气孔包入晶粒内,晶粒内的气孔不仅使坯体难以致密化,而且还会严重影响材料的各种性能。因此,烧结中控制晶界的移动速率是十分重要的。

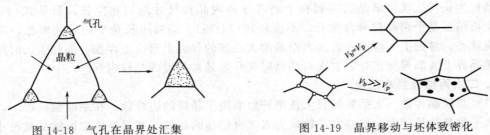

图 14-18 气孔在晶界处汇集   图 14-19 晶界移动与坯体致密化

　　气孔在烧结过程中能否排除,除了与晶界移动速率有关外,还与气孔内压力的大小有关。随着烧结的进行,气孔逐渐缩小,而气孔内的气压不断增高,当气压增加至 $2\gamma/r$ 时,即气孔内气压等于烧结推动力,此时烧结就停止了。如果继续升高温度气孔内气压大于 $2\gamma/r$,这时气孔不仅不能缩小反而膨胀,对致密化不利。烧结如果不采取特殊措施是不可能达到坯体完全致密化的。如要获得接近理论密度的制品,必须采用气氛或真空烧结和热压烧结等方法。

　　(2) 晶界上液相的影响　约束晶粒生长的另一个因素是有少量的液相出现在晶界上。少量的液相使晶界上形成两个新的固-液界面,从而界面移动的推动力降低,扩散距离增加。因此少量的液相可以起到抑制晶粒长大的作用。例如,95% Al_2O_3 中加入少量石英、黏土,使之产生少量硅酸盐液相,阻止晶粒异常生长。但当坯体中有大量液相时,可以促进晶粒生长和出现二次再结晶。

　　(3) 晶粒生长极限尺寸　在晶粒正常的生长过程中,由于夹杂物对晶界移动的牵制而使晶粒大小不能超过某一极限尺寸。晶粒正常生长时的极限尺寸 D_1 由下式决定:

$$D_1 \propto d/f \qquad (14\text{-}35)$$

　　式中,d 是夹杂物或气孔的平均直径;f 是夹杂物或气孔的体积分数。D_1 在烧结过程中是随 d 和 f 的改变而变化。当 f 愈大时则 D_1 将愈小,当 f 一定时,d 愈大则晶界移动时与夹杂物相遇的机会愈小,于是晶粒长大而形成的平均晶粒尺寸就愈大。烧结初期,坯体内有许多小而数量多的气孔,因而 f 相当大。此时晶粒的起始尺寸 D_0 总大于 D_1,这时晶粒不会长大。随着烧结的进行,小气孔不断沿晶界聚集或排除,d 由小增大,f 由大变小,D_1 也随之增大,当 $D_1 > D_0$ 时晶粒开始均匀生长。烧结后期,一般可以假定气孔的尺寸为晶粒初期平均尺寸的 $1/10$,$f = d/D_1 = d/10d = 0.1$。这就表示烧结达到气孔的体积分数为 10% 时,晶粒长大就停止了。这也是普通烧结中坯体终点密度低于理论密度的原因。

二、二次再结晶

1. 二次再结晶概念

二次再结晶:在细晶消耗时,成核长大形成少数巨大晶粒的过程。

当正常的晶粒生长由于夹杂物或气孔等的阻碍作用而停止以后,如果在均匀基相中有若干大晶粒,这个晶粒的边界比邻近晶粒的边界多,晶界曲率也较大,导致晶界可以越过气孔或夹杂物而进一步向邻近小晶粒曲率中心推进,而使大晶粒成为二次再结晶的核心,不断吞并周围小晶粒而迅速长大，直至与邻近大晶粒接触为止。

2. 二次再结晶的推动力

二次再结晶的推动力是表面能差，即大晶粒晶面与邻近高表面能的小曲率半径的晶面相比有较低的表面能。在表面能驱动下，大晶粒界面向曲率半径小的晶粒中心推进，以致造成大晶粒进一步长大与小晶粒的消失。

3. 晶粒生长与二次再结晶的区别

晶粒生长与二次再结晶的区别在于前者坯体内晶粒尺寸均匀地生长，服从式（14-35）；而二次再结晶是个别晶粒异常生长，不服从式（14-35）。晶粒生长是平均尺寸增长，界面处于平衡状态，界面上无应力；二次再结晶的大晶粒的界面上有应力存在。晶粒生长时气孔都维持在晶界上或晶界交汇处，二次再结晶时气孔容易被包裹到晶粒内部。

4. 二次再结晶影响因素

（1）晶粒晶界数　大晶粒的长大速率开始取决于晶粒的边缘数。在细晶粒基相中，少数晶粒比平均晶粒尺寸大，这些大晶粒成为二次再结晶的晶核。如果坯体中原始晶粒尺寸是均匀的，在烧结时，晶粒长大按式（14-34）进行，直至达到式（14-35）的极限尺寸为止。此时烧结体中每个晶粒的晶界数为 $3\sim7$ 或 $3\sim8$ 个。晶界弯曲率都不大，不能使晶界超过夹杂物运动，则晶粒生长停止。如果烧结体中有大于晶界数为 10 的大晶粒，当长大达到某一程度时，大晶粒直径（d_g）远大于基质晶粒直径（d_m），即 $d_g \gg d_m$，大晶粒长大的驱动力随着晶粒长大而增加，晶界移动时快速扫过气孔，在短时间内第一代小晶粒为大晶粒吞并，而生成含有封闭气孔的大晶粒。这就导致不连续的晶粒生长。

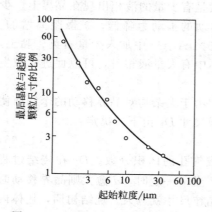

图 14-20　BeO 在 2000℃下保温 0.5h
晶粒生长率与物料粒度关系

（2）起始物料颗粒的大小　当由细粉料制成多晶体时，则二次再结晶的程度取决于起始物料颗粒的大小。粗的起始粉料的二次再结晶的程度要小得多，图 14-20 为 BeO 晶粒相对生长率与原始粒度的关系。由图可推算出：起始粒度为 $2\mu m$，二次再结晶后晶粒尺寸为 $60\mu m$；而起始粒度为 $10\mu m$，二次再结晶粒度约为 $30\mu m$。

（3）工艺因素　从工艺控制考虑，造成二次再结晶的原因主要是原始粒度不均匀、烧结温度偏高和烧结速率太快。其他还有坯体成型压力不均匀、局部有不均匀液相等。

为避免气孔封闭在晶粒内，避免晶粒异常生长，应防止致密化速率太快。在烧结体达到一定的体积密度以前，应该用控制温度来抑制晶界移动速率。

5. 控制二次再结晶的方法

防止二次再结晶的最好方法是引入适当的添加剂，它能抑制晶界迁移，有效地加速气孔的排除。如 MgO 加入 Al_2O_3 中可制成达到理论密度的制品。当采用晶界迁移抑制剂时，晶粒生长公式（14-35）应写成以下形式：

$$G^3 - G_0^3 = Kt \qquad (14-36)$$

烧结体中出现二次再结晶，由于大晶粒受到周围晶界应力的作用或由于本身易产生缺陷，结果常在大晶粒内出现隐裂纹，导致材料机电性能恶化，因而工艺上需采取适当的措施防止其发生。但在硬磁铁氧体 $BaFe_{12}O_{14}$ 的烧结中，在形成择优取向方面利用二次再结晶是有益的。在成型时通过高强磁场的作用，使颗粒取向，烧结时控制大晶粒为二次再结晶的核心，从而得到高度取向、高磁导率的材料。

三、晶界在烧结中的应用

晶界是多晶体中不同晶粒之间的交界面，据估计，晶界宽度为 $5\sim60nm$，晶界上原子排列疏松混乱，在烧结传质和晶粒生长过程中晶界对坯体致密化起着十分重要的作用。

晶界是气孔（空位源）通向烧结体外的主要扩散通道。如图 14-21 所示，在烧结过程中坯体内空位流与原子流利用晶界作相对扩散，空位经过无数个晶界传递最后排泄出表面，同时导致坯体的收缩。接近晶界的空位最易扩散至晶界，并于晶界上消失。

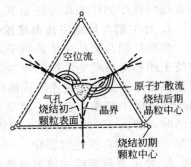

图 14-21　晶界上气孔的排除

阴、阳离子必须同时扩散才能导致物质的传递与烧结。究竟何种离子的扩散取决于扩散速率。一些实验表明，在氧化铝中，O^{2-} 在 $20\sim30\mu m$ 多晶体中的自扩散系数比在单晶体中约大两个数量级，而 Al^{3+} 自扩散系数则与晶粒尺寸无关。Coble 等提出在晶粒尺寸很小的多晶体中，O^{2-} 依靠晶界区域所提供的通道而大大加速其扩散速率，并有可能 Al^{3+} 的体积扩散成为控制因素。

晶界上溶质的偏聚可以延缓晶界的移动，加速坯体致密化。为了从坯体中完全排除气孔获得致密烧结体，空位扩散必须在晶界上保持相当高的速率。只有通过抑制晶界的移动才能使气孔在烧结的始终都保持在晶界上，避免晶粒的不连续生长。利用溶质易在晶界上偏析的特征，在坯体中添加少量的溶质（烧结助剂），就能达到抑制晶界移动的目的。

晶界对扩散传质烧结过程是有利的。在多晶体中晶界阻碍位错滑移，因而对位错滑移传质不利。

晶界组成、结构和特性是一个比较复杂的问题，晶界范围仅几十个原子间距，由于研究手段的限制，其特性还有待进一步探索。

第五节　影响烧结的因素

一、原始粉料的粒度

无论在固态或液态的烧结中，细颗粒由于增加了烧结的推动力，缩短了原子扩散距离，提高颗粒在液相中的溶解度而导致烧结过程的加速。如果烧结速率与起始粒度的 $1/3$ 次方成比例，从理论上计算，当起始粒度从 $2\mu m$ 缩小到 $0.5\mu m$，烧结速率增加 64 倍。这结果相当于粒径小的粉料烧结温度降低 $150\sim300$℃。

有资料报道 MgO 的起始粒度为 $20\mu m$ 以上时，即使在 1400℃ 保持很长时间，仅能达相对密度 70% 而不能进一步致密化；若粒径在 $20\mu m$ 以下，温度为 1400℃，或粒径在 $1\mu m$ 以下，温度为 1000℃ 时烧结速率很快；如果粒径在 $0.1\mu m$ 以下时，其烧结速率与热压烧结相差无几。

从防止二次再结晶考虑，起始粒径必须细而均匀，如果细颗粒内有少量的大颗粒存在，则易发生晶粒异常生长而不利烧结。一般氧化物材料最适宜的粉末粒度为 $0.05\sim0.5\mu m$。

原料粉末的粒度不同，烧结机理有时也会发生变化。例如 AlN 烧结，据报道，当粒度为 $0.78\sim4.4\mu m$ 时，粗颗粒按体积扩散机理进行烧结，而细颗粒按晶界扩散或表面扩散机理进行烧结。

二、外加剂的作用

在固相烧结中，少量的外加剂（烧结助剂）可与主晶相形成固溶体促进缺陷增加；在液用烧结中外加剂能改变液相的性质（如黏度、组成等），因而都能起促进烧结的作用。外加剂在烧结体中的作用现分述如下。

1. 外加剂与烧结主体形成固溶体

当外加剂与烧结主体的离子大小、晶格类型及电价数接近时，它们能互溶形成固溶体，致使主晶相晶格畸变，缺陷增加，便于结构基元移动而促进烧结。一般地说它们之间形成有限置换型固溶体比形成连续固溶体更有助于促进烧结。外加剂离子的电价和半径与烧结主体离子的电价半径相差愈大，使晶格畸变程度增加，促进烧结的作用也愈明显。例如 Al_2O_3 烧结时，加入 3％的 Cr_2O_3 形成连续固溶体可以在 1860℃烧结，而加入 1％～2％的 TiO_2 只需在 1600℃左右就能致密化。

2. 外加剂与烧结主体形成液相

外加剂与烧结体的某些组分生成液相。由于液相中扩散传质阻力小、流动传质速率快，因而降低了烧结温度，提高了坯体的致密度。例如，在制造 95％ Al_2O_3 材料时，一般加入 CaO、SiO_2，在 CaO：SiO_2＝1 时，由于生成 CaO-Al_2O_3-SiO_2 液相，而使材料在 1540℃即能烧结。

3. 外加剂与烧结主体形成化合物

在烧结透明的 Al_2O_3 制品时，为抑制二次再结晶，消除晶界上的气孔，一般加入 MgO 或 MgF_2。高温下形成镁铝尖晶石（$MgAl_2O_4$）而包裹在 Al_2O_3 晶粒表面，抑制晶界移动速率，充分排除晶界上的气孔，对促进坯体致密化有显著作用。

4. 外加剂阻止多晶转变

ZrO_2 由于有多晶转变，体积变化较大而使烧结发生困难。当加入 5％CaO 以后，Ca^{2+} 进入晶格置换 Zr^{4+}，由于电价不等而生成阴离子缺位固溶体，同时抑制晶形转变，使之致密。

5. 外加剂能扩大烧结温度范围

加入适当外加剂能扩大烧结温度范围，给工艺控制带来方便。例如，锆钛酸铅材料的烧结范围只有 20～40℃，如加入适量的 La_2O_3 和 Nb_2O_5 以后，烧结范围可以扩大到 80℃。

必须指出的是外加剂只有加入量适当时才能促进烧结，如不恰当地选择外加剂或加入量过多，反而会引起阻碍烧结的作用。因为，过多量的外加剂会妨碍烧结相颗粒的直接接触，影响传质过程的进行。Al_2O_3 烧结时外加剂种类和数量对烧结活化能的影响较大。加入 2％的 MgO 使 Al_2O_3 烧结活化能降低到 398kJ/mol，比纯 Al_2O_3 活化能 502kJ/mol 低，因而促进烧结过程。而加入 5％MgO 时，烧结活化能升高到 645kJ/mol，则起抑制烧结的作用。

三、烧结温度和保温时间

在晶体中晶格能愈大，离子结合也愈牢固，离子的扩散也愈困难，所需烧结温度也就愈高。各种晶体键合情况不同，因此烧结温度也相差很大，即使对同一种晶体烧结温度也不是一个固定不变的值。提高烧结温度无论对固相扩散或对溶解-沉淀等传质都是有利的。但是单纯提高烧结温度不仅浪费燃料，很不经济，而且还会促使二次再结晶而使制品性能恶化。在有液相的烧结中温度过高使液相量增加，黏度下降，使制品变形。因此不同制品的烧结温度必须仔细试验来确定。

由烧结机理可知，只有体积扩散导致坯体致密化，表明扩散只能改变气孔形状而不能引起颗粒中心距的逼近，因此不出现致密化过程。在烧结高温阶段主要以体积扩散为主，而在低温阶段以表面扩散为主。如果材料的烧结在低温时间较长，不仅不引起致密化，反而会因表面扩散改变了气孔的形状而给制品性能带来了损害。因此从理论上分析应尽可能快地从低温升到高温以创造体积扩散的条件。高温短时间烧结是制造致密陶瓷材料的好方法，但还要结合考虑材料的传热系数、二次再结晶温度、扩散系数等各种因素，合理制定烧结温度。

四、盐类的选择及其煅烧条件

在通常条件下，原始配料均以盐类形式加入，经过加热后以氧化物的形式发生烧结。盐类具有层状结构，当将其分解时，这种结构往往不能完全破坏。原料盐类与生成物之间若保持结构上的关联性，那么盐类的种类、分解温度和时间将影响烧结氧化物的结构缺陷和内部应变，从而影响烧结速率与性能。

1. 煅烧条件

关于盐类的分解温度与生成氧化物性质之间的关系有大量的研究报道。例如，$Mg(OH)_2$ 分解温度与生成的 MgO 的性质关系，低温下煅烧所得的 MgO，其晶格常数较大，结构缺陷较多，随着煅烧温度升高，结晶性较好，烧结温度相应提高。随 $Mg(OH)_2$ 煅烧温度的变化，烧结表观活化能 E 及频率因子 A 的变化，实验结果显示在 900℃ 煅烧的 $Mg(OH)_2$ 所得的烧结活化能最小，烧结活性较高。可以认为，煅烧温度愈高，烧结性愈低的原因是由于 MgO 的结晶良好，活化能增高。

2. 盐类的选择

比较用不同的镁的化合物分解制得活性 MgO 烧结性能，随着原料盐的种类不同，所制得的 MgO 烧结性能有明显差别，由碱式碳酸镁、醋酸铁、草酸镁、氢氧化铁制得的 MgO，其烧结体可以分别达到理论密度的 $82\%\sim93\%$，而由氯化镁、硝酸镁、硫酸镁等制得的 MgO，在同样条件下烧结，仅能达到理论密度的 $50\%\sim66\%$，如果对煅烧获得的 MgO 性质进行比较，则可看出，用能够生成粒度小、晶格常数较大、微晶较小、结构松弛的 MgO 的原料盐来获得活性 MgO 其烧结性良好；反之，用生成结晶性较高、粒度大的 MgO 的原料来制备 MgO，其烧结性差。

五、气氛的影响

烧结气氛一般分为氧化、还原和中性三种，在烧结中气氛的影响是很复杂的。

一般地说，在由扩散控制的氧化物烧结中，气氛的影响与扩散控制因素有关，与气孔内气体的扩散和溶解能力有关。例如，Al_2O_3 材料是由阴离子（O^{2-}）扩散速率控制烧结过程。当它在还原气氛中烧结时，晶体中的氧从表面脱离，从而在晶格表面产生很多氧离子空位，使 O^{2-} 扩散系数增大，导致烧结过程加速。用透明氧化铝制造的钠光灯管必须在氢气炉内烧结，就是利用加速 O^{2-} 扩散使气孔内气体在还原气氛下易于逸出的原理来使材料致密，从而提高透光度。若氧化物的烧结是由阳离子扩散速率控制，则在氧化气氛中烧结，表面积聚了大量氧使阳离子的空位增加，有利于阳离子扩散的加速而促进烧结。

进入封闭气孔内气体的原子尺寸愈小愈易于扩散，气孔消除也愈容易。如像氩或氮那样的大分子气体，在氧化物晶格内不易自由扩散最终残留在坯体中。但若像氢或氦那样的小分子气体，扩散性强，可以在晶格内自由扩散，因而烧结与这些气体的存在无关。

当样品中含有铅、锂、铋等易挥发物质时，控制烧结时的气氛更为重要。如锆钛酸铅材料烧结时，必须要控制一定分压的铅气氛，以抑制坯体中铅的大量逸出，并保持坯体严格的化学组成，否则将影响材料的性能。

关于烧结气氛的影响，常会出现不同的结论。这与材料组成、烧结条件、外加剂种类和数量等因素有关，必须根据具体情况慎重选择。

六、成型压力的影响

粉料成型时必须加一定的压力，除了使其有一定形状和一定强度外，同时也给烧结创造颗粒间紧密接触的条件，使其烧结时扩散阻力减小。一般地说，成型压力愈大，颗粒间接触愈紧密，对烧结愈有利。但若压力过大使粉料超过塑性变形限度，就会发生脆性断裂。适当的成型压力可以提高生坯的密度，而生坯的密度与烧结体的致密化程度有正比关系。

第六节　特种烧结简介

一、热压烧结

热压烧结：同时加热、加压（外压力）的烧结。

普通烧结（无压烧结）的制品一般还存在小于 5％ 的气孔。这是因为一方面随着气孔的收缩，气孔中的气压逐渐增大而抵消了作为推动力的界面能的作用；另一方面封闭气孔只能由晶格内扩散物质填充。为了克服这两个弱点而制备高致密度的材料，可以采用热压烧结。

热压烧结的实例有氧化铝、铁氧体、碳化硼、硼化物、氮化硼等工程陶瓷。这些陶瓷大多都是以共价键结合为主的材料。由于它们在烧结温度下有高的分解压力和低的原子迁移率，因此用无压烧结是很难使其致密化的。例如 BN 粉末，用等静压在 200MPa 压力下成型后，在 2500℃ 下无压烧结相对密度为 0.66，而采用压力为 25MPa 在 1700℃ 下热压烧结能制得相对密度为 0.97 的 BN 材料。由此可见，热压烧结对提高材料的致密度和降低烧结温度有显著的效果。一般无机非金属材料烧结温度 $T_s = (0.7 \sim 0.8)T_m$（熔点），而热压烧结温度 $T_{HP} = (0.5 \sim 0.6)T_m$。但以上关系也并非绝对，$T_{HP}$ 与压力有关。如 MgO 的熔点为 2800℃，用 $0.05\mu m$ 的 MgO 在 140MPa 压力下仅在 800℃ 就能烧结，此时 T_{HP} 约为 $0.33T_m$（熔点）。

在实际应用上往往对某些材料提出各种苛刻的要求，传统烧结难于满足要求。而热压烧结在制造无气孔多晶透明无机材料方面以及控制材料显微结构上与无压烧结相比，有无可比拟的优越性，因此热压烧结适用范围也越来越广泛。

热压烧结具有一系列的特点。如热压烧结由于加热加压同时进行，粉料处于热塑性状态，有助于颗粒的接触扩散、流动传质过程的进行；还能降低烧结温度，缩短烧结时间。从而抑制晶粒长大，得到晶粒细小、致密度高和机械、电学性能良好的产品。在无需添加烧结助剂或成型助剂的情况下，可生产超高纯度的陶瓷产品。

热压烧结的缺点是过程及设备复杂，生产控制要求严，模具材料要求高，能源消耗大，生产效率较低，生产成本高。

热压设备：常用的热压机主要由加热炉、加压装置、模具和测温测压装置组成。加热炉以电作为加热源，加热元件有 SiC、MoSi 或镍铬丝、白金丝、钼丝等。加压装置要求加压速度平缓、保压恒定、压力灵活调节。一般有杠杆式和液压式。根据材料性质的要求，压力气氛可以是空气也可以是还原气氛或惰性气氛。模具要求高强度、耐高温、抗氧化且不与热压材料黏结，模具热膨胀系数应与热压材料一致或近似。根据产品烧结特征可选用热合金钢、石墨、碳化硅、氧化铝、氧化锆、金属陶瓷等，最广泛使用的是石墨模具，如氮化硅的热压烧结就是使用石墨模具。在石墨模型内涂上一层氮化硼，以防止氮化硅与石墨模型发生反应生成碳化硅，并便于脱模。在氮化硅粉末中，加入氧化镁等烧结辅助剂，在1700℃下，施以30MPa的压力，即可热压烧结达到致密化。

关于热压烧结机理，由于热压烧结比普通烧结又增加了外压力的因素，所以致密化机理比普通烧结更为复杂。热压烧结的致密化速率比普通烧结高得多（常常可以在几分钟内达到接近理论密度），单纯靠扩散传质是不可能有这么高的致密化速率。根据很多学者的研究，认为在热压烧结中像玻璃那样的非结晶物质主要靠黏性流动实现致密化。而离子晶体和金属主要靠塑性流动实现致密化。如对热压温度低而压力大的Au、Pb之类软质金属的致密化尤以塑性流动为主。而对氧化物、碳化物之类硬质粉末的热压在后期阶段致密化速度变得非常慢，此时又以扩散传质致密化为主。一般来说，对于各种不同材料的热压机理是随着各种条件而发生变化的，不是固定不变的。

热压烧结的技术可以分为真空热压、气氛热压、震动热压、均衡热压、热等静压、反应热压和超高压烧结等。

热压烧结技术一直很受材料研究者的瞩目，但是在实际材料工业领域应用却并不是主流，只有少数的特殊材料应用热压技术。比如核工业的致密碳化硼、军工的氟化镁、特殊碳化钨以及切割工具等。限制应用主要原因是设备及配套复杂且耗资高、生产效率低下、样品的几何形状受到限制等。当然，随着科学的进步，热压设备技术也会不断发展，应用范围也会不断扩大，相信会有更多的新材料通过热压烧结技术开发研究出来。

二、微波烧结技术

微波烧结是利用微波加热对材料进行烧结。

微波烧结是一种材料烧结工艺的新方法，具有升温速度快、加热效率高、能源利用率高和卫生无污染等特点。对某些产品进行微波烧结，其均匀性和成品率较高。此外，微波烧结易于控制、安全、无污染，是广受材料研究者关注的材料烧结新技术。

微波烧结与传统烧结方法相比具有明显不同的特点。

微波与材料直接耦合，导致整体加热。可以实现材料中大区域的零梯度均匀加热，使材料内部热应力减少，从而减少开裂、变形倾向。同时由于微波能被材料直接吸收而转化为热能，所以，能量利用率极高，比常规烧结节能80%左右。

微波烧结升温速度快，烧结时间短。某些材料在温度高于临界温度后，其损耗因子迅速增大，导致升温极快。另外，微波的存在降低了活化能，加快了材料的烧结进程，缩短了烧结时间。短时间烧结晶粒不易长大，易得到均匀的细晶粒显微结构，内部孔隙少，空隙形状比传统烧结得圆，因而具有更好的延展性和韧性。同时，烧结温度亦有不同程度的降低。微波可对物相进行选择性加热。由于不同的材料、不同的物相对微波的吸收存在差异，因此，可以通过选择性加热或选择性化学反应获得新材料和新结构。还可以通过添加吸波物相来控制加热区域，也可利用强吸收材料来预热微波透明材料，利用混合加热烧结低损耗材料。

微波烧结同传统的烧结方式、烧结原理不同。传统的烧结是加热体通过材料将热能进行对流、传导或辐射方式传递至被加热物而加热，特点是热量从外向内传递，烧结时间长。微波烧结则是利用微波特殊波段与材料的结构耦合而产生热量，材料的介质损耗使其材料整体加热至烧结温度而实现致密化的方法。材料对微波的吸收是关键，材料能够吸收微波与微波电场或磁场耦合使微波能转化热能才能实现烧结。材料对微波的吸收源于材料对微波的电导损耗和极化损耗，且高温下电导损耗将占主要地位。在导电材料中，电磁能量损耗以电导损耗为主。而在陶瓷等介电材料中，由于大量的空间电荷能形成的电偶极子的取向极化，在交变电场中，极化响应跟不上快速变化的外电场，出现极化弛豫。极化弛豫的结果就是粒子的能量交换表现为能量损耗，产生热量，实现烧结。

微波烧结机理有众多学者研究，虽然由于各种材料烧结各异使烧结机制不尽相同，但是，探索烧结原理是科学研究的一致目标。

微波不仅仅只是作为一种加热能源，微波烧结本身也是一种活化烧结过程。有学者比较测定了高纯 Al_2O_3 微波烧结表观活化能 $E_a=170kJ/mol$，比常规加热烧结中 $E_a=575kJ/mol$ 低得多，说明微波促进活化，加强了质点扩散。也有实验结果证明微波场具有增强离子电导的效应，认为高频电场能促进晶粒表层带电空位的迁移，从而使晶粒产生类似于扩散蠕动的塑性变形，从而促进了烧结的进行。还有学者研究了微波场在两个相互接触的介电球颗粒间的分布，发现在烧结颈形成区域，电场被聚焦。颈区域内电场强度大约是所加外场的 10 倍，而颈区空隙中的场强则是外场的约 30 倍。并且，在外场与两颗粒中心连线间 0°~80°的夹角范围内，都发现电场沿平行于连线方向极化，从而促使传质过程以极快的速度进行。另外，烧结颈区受高度聚焦电场的作用还可能使局部区域电离，进一步加速传质过程。这种电离对共价化合物中产生加速传质尤为重要。由此推测，局部区域电离引起的加速度传质过程可能是微波促进烧结的根本原因。

微波烧结应用的范围很广。例如，电子陶瓷的干燥、合成、烧结；分子筛催化材料及化工原料的干燥、焙烧；耐火材料与工程陶瓷的干燥、烧成；电瓷、日用陶瓷、建筑卫生陶瓷的干燥、烧成；锂离子电池正负极材料的干燥、烧成；各种氢氧化物、无机盐、金属氧化物碳化物氮化物材料的煅烧、焙烧、烧成；铁氧体磁性材料（硬磁、软磁）的干燥、预烧、烧结；蜂窝陶瓷的干燥、烧成；玻璃器皿的烧成、烤花；稀土荧光材料（LED、灯用三基色、长余辉等）的干燥、合成；人造金刚石原料的还原焙烧；柔性染料敏化太阳电池阳极薄膜的低温微波烧结等。

三、水热反应烧结

水热反应烧结：高温、高压的水热环境下进行的反应烧结。

人们仿照自然界的水热反应用来合成矿石，是从用硅溶胶合成低温型石英水晶开始的。从那以后，除了特殊的矿物外，几乎所有的天然产出的矿物，都用水热反应合成出来了。进入 21 世纪以来，随着高温高压技术的飞跃进步，使得一些条件很严苛的实验也能顺利地进行。

水热反应烧结法对氧化物陶瓷烧结尤其适用。使氧化物微粉处于高温高压下的水或溶液条件下发生反应，形成活性，在等静压下加热烧结成陶瓷。这种方法与一般通常烧结法相比，优点明显：烧结温度低；无需添加烧结助剂；可制得高密度烧结体；由于是低温烧结，不出现团粒生长，而是生长成由微细、均匀粒子组成的烧结体；烧结体结构各向同性。

水热反应烧结法在高温下产生分解、蒸发、迁移等现象，因而很适用于对难以烧结物质的烧结以及由微细粒子所构成的烧结体的制作等。

水热反应烧结包括的内容很广，诸如水热合成、水热育成、水热处理、水热交换和水热分解等。

水热反应烧结是利用在常温下难溶的物质，在水热条件下其溶解度便可大为增加的特点进行某些材料烧结合成。如果把某种难溶性的物质，置于容器内处于水热条件下的高温区，而将相应的晶种置于容器的低温区时，那么在高温区形成的饱和溶液，扩散到晶种所在的低温区时，便成为低温下的过饱和溶液，于是便在晶种周围结晶析出。只要在一个特制的容器中保持适当的温差，就可以实现晶体的转移。这种培育单晶的过程，就叫做水热烧结育成。

水热反应烧结不同于传统烧结，烧结机理有其独特之处。

在水热条件下，可以加速离子反应，温度上升时水的电离常数增大促进水解反应。

一切化学反应大致可分为离子反应和游离基反应两种类型。无机化合物中瞬间便可完成的复分解反应以及有机化合物的爆炸反应，就是这两类反应的两个极端，其余的大部分反应都介于两者之间。对于大量的介于离子和游离基之间的反应来说，其反应速率随反应物的本性和反应条件温度、压力、浓度以及催化剂等而定，在其他条件一定的情况下速率常数随着温度的增加而呈指数函数的增大。因此，在常温下从热力学观点看能够反应，而从动力学角度看反应极慢，几乎难以实现反应，在水热的条件下，由于加快了反应速率，使反应可以实现。例如，在水热条件下，由于使反应速率显著地增大，可以在较短的时间内使一些无机微粒硬化，生成人工晶体。

虽然水热烧结所说是在高温高压下进行的，但实际温度多半远低于常规烧结温度。比相应晶体的熔点低许多，因此用这种方法培育的晶体，比用熔融法生成的晶体耗热量少。水热法培育的晶体，无论晶格中的空穴浓度或缺陷密度都是比较小的。由于生成的温度比较低，因此这是制备低温型的晶体的有效方法。用水热法培育低温型的石英水晶便属于此例。此外，由于水热育成是在密闭体系中进行的，因此便于控制反应气氛。

水热烧结虽然有其优点，但目前还不是一个很普及的烧结方法。这是因为这种反应条件比较苛刻，要求反应器材耐高温、高压。此外，为得到高纯度的晶体，必须使容器保持严格的化学稳定性。反应多数是在密闭的金属釜反应装置进行的，反应进行的状况也难以直接观察，并且是间歇式操作，不适合连续化大规模工业化生产。

习　　题

14-1　名词解释：烧成温度、烧结温度；体积密度、理论密度、相对密度；液相烧结、固相烧结；晶粒生长、二次再结晶。

14-2　叙述烧结的推动力。

14-3　设有粉料粒度为 $5\mu m$，若经 2h 烧结后，$x/r = 0.1$。如果不考虑晶粒生长，若烧结至 $x/r = 0.2$。并分别通过蒸发-凝聚，体积扩散，黏性流动，溶解-沉淀传质，各需多少时间？若烧结 8h，各个传质过程的颈部增长 x/r 又是多少？

14-4　晶界遇到夹杂物时会出现几种情况。从实现致密化目的考虑，晶界应如何移动，怎样控制？

14-5　在烧结时，晶粒生长能促进坯体致密化吗？晶粒生长会影响烧结速率吗？试说明之。

14-6　解释说明蒸发-凝聚、表面扩散对坯体致密化影响不大的原因。

14-7　试说明气氛对 Al_2O_3 材料的烧结的影响。

14-8　烧结体内的气孔的来源有哪些，在烧结过程中如何排除？

14-9　烧结体内的晶粒的大小对烧结体的宏观性质有什么影响，怎样控制晶粒尺寸？

14-10　影响烧结的因素有哪些？最易控制的因素是哪几个？

附录

附录一 146种结晶学单形

三斜晶系之单形

对称型	单 形 名 称
L^1	1. 单面
C	2. 平行双面

单斜晶系之单形

对称型	单 形 名 称		
L^2	3.（轴）双面（2）	4.（平行）双面（2）	5. 单面（1）
P	6.（反映）双面（2）	7. 单面（1）	8. 平行双面（2）
L^2PC	9. 菱方柱（4）	10. 平行双面（2）	11. 平行双面（2）

正交晶系之单形

对称型	单 形 名 称				
$3L^2$	12. 菱方四面体（4）	13. 菱方柱（4）		14. 平行双面（2）	
$L^2 2P$	15. 菱方锥（4）	16. 双面（2）	17. 菱方柱（4）	18. 平行双面（2）	19. 单面（1）
$3L^2 3PC$	20. 菱方双锥（8）	21. 菱方柱（4）		22. 平行双面（	

三方晶系之单形

对称型	单形名称						
L^3	23. 三方锥（3）			24. 三方柱（3）			25. 单面（1）
$L^3 C$	26. 菱面体			27. 六方柱（6）			28. 平行双面（2）
$L^3 3P$	29. 复三方锥（6）	30. 六方锥（6）	31. 三方锥（3）	32. 复三方柱（6）	33. 六方柱（6）	34. 三方柱（3）	35. 单面（1）
$L^3 3L^2$	36. 三方偏方面体（6）	37. 三方双锥（6）	38. 菱面体（6）	39. 复三方柱（6）	40. 三方柱（3）	41. 六方柱（6）	42. 平行双面（2）
$L^3 3L^2 3PC$	43. 复三方偏三角面体（12）	44. 六方双锥（12）	45. 菱面体（6）	46. 复六方柱（12）	47. 六方柱（6）	48. 六方柱（6）	49. 平行双面（2）

288

四方晶系之单形

对称型	单 形 名 称				
L^4	50. 四方锥(4)		51. 四方柱(4)		52. 单面(1)
L^4PC	53. 四方双锥(8)		54. 四方柱(4)		55. 平行双面(2)
L^44P	56. 复四方锥(8)	57. 四方锥(4)	58. 复四方柱(8)	59. 四方柱(4)	60. 单面(1)
L^44L^2	61. 四方偏方面体(8)	62. 四方双锥(8)	63. 复四方柱(8)	64. 四方柱(4)	65. 平行双面(2)
L^44L^25PC	66. 复四方双锥(16)	67. 四方双锥(8)	68. 复四方柱(8)	69. 四方柱(4)	70. 平行双面(2)
L_i^4	71. 四方四面体(4)		72. 四方柱(4)		73. 平行双面(2)
$L_i^42\,L^22P$	74. 四方偏方面体(8)	75. 四方四面体(4)	76. 四方双锥(8)	77. 复四方柱(8)	78. 四方柱(4)	79. 四方柱(4)	80. 平行双面(2)

六方晶系之单形

对称型	单 形 名 称				
L^6	81. 六方锥(6)		82. 六方柱(6)		83. 单面(1)
L^6PC	84. 六方双锥(12)		85. 六方柱(6)		86. 平行双面(2)
L^66P	87. 复六方锥(12)	88. 六方锥(6)	89. 复六方柱(12)	90. 六方柱(6)	91. 单面(1)
L^66L^2	92. 六方偏方面体(12)	93. 六方双锥(12)	94. 复六方柱(12)	95. 六方柱(6)	96. 平行双面(2)
L^66L^27PC	97. 复六方双锥(24)	98. 六方双锥(12)	99. 复六方柱(12)	100. 六方柱(6)	101. 平行双面(2)
L_i^6	102. 三方双锥(6)		103. 三方柱(3)		104. 平行双面(2)
$L_i^63L^23P$	105. 复三方双锥(6)	106. 六方双锥(12)	107. 三方双锥(6)	108. 复三方柱(6)	109. 六方柱(6)	110. 三方柱(3)	111. 平行双面(2)

等轴晶系之单形

对称型	单 形 名 称						
$3L^24L^3$	112. 五角三四面体(12)	113. 四角三四面体(12)	114. 三角三四面体(12)	115. 四面体(4)	116. 五角十二面体(12)	117. 菱形十二面体(12)	118. 立方体(6)
$3L^24L^33PC$	119. 偏方复十二面体(24)	120. 三角三八面体(24)	121. 四角三八面体(24)	122. 八面体(8)	123. 五角十二面体(12)	124. 菱形十二面体(12)	125. 立方体(6)
$3L_i^44L^36P$	126. 六四面体(24)	127. 四角三四面体(12)	128. 三角三四面体(12)	129. 四面体(4)	130. 四六面体(24)	131. 菱形十二面体(12)	132. 立方体(6)
$3L^44L^36L^2$	133. 五角三八面体(24)	134. 三角三八面体(24)	135. 四角三八面体(24)	136. 八面体(8)	137. 四六面体(24)	138. 菱形十二面体(12)	139. 立方体(6)
$3L^44L^36L^29PC$	140. 六八面体(48)	141. 三角三八面体(24)	142. 四角三八面体(24)	143. 八面体(8)	144. 四六面体(24)	145. 菱形十二面体(12)	146. 立方体(6)

附录二　晶体的230种空间群

对称型	国际符号	圣佛利斯符号
$1\,C_1$	$P1$	C_1^1
$\bar{1}\,C_1$	$P\bar{1}$	C_i^1
2 C_2	$P2$	C_2^1
	$P2_1$	C_2^2
	$C2$	C_2^3
m C_s	Pm	C_s^1
	Pc	C_s^2
	Cm	C_s^3
	Cc	C_s^4
$2/m$ C_{2h}	$P2/m$	C_{2h}^1
	$P2_1/m$	C_{2h}^2
	$C2/m$	C_{2h}^3
	$P2/c$	C_{2h}^4
	$P2_1/c$	C_{2h}^5
	$C2/c$	C_{2h}^6
222 D_2	$P222$	D_2^1
	$P222_1$	D_2^2
	$P2_12_12$	D_2^3
	$P2_12_12_1$	D_2^4
	$C222_1$	D_2^5
	$C222$	D_2^6
	$F222$	D_2^7
	$I222$	D_2^8
	$I2_12_12_1$	D_2^9
$mm2$ C_{2v}	$Pmm2$	C_{2v}^1
	$Pmc2_1$	C_{2v}^2
	$Pcc2$	C_{2v}^3
	$Pma2$	C_{2v}^4
	$Pca2_1$	C_{2v}^5
	$Pnc2$	C_{2v}^6
$mm2$ C_{2v}	$Pmn2_1$	C_{2v}^7
	$Pba2$	C_{2v}^8
	$Pna2_1$	C_{2v}^9
	$Pnn2$	C_{2v}^{10}
	$Cmm2$	C_{2v}^{11}
	$Cmc2_1$	C_{2v}^{12}
	$Ccc2$	C_{2v}^{13}
	$Amm2$	C_{2v}^{14}
	$Abm2$	C_{2v}^{15}
	$Ama2$	C_{2v}^{16}
	$Aba2$	C_{2v}^{17}
	$Fmm2$	C_{2v}^{18}
	$Fdd2$	C_{2v}^{19}
	$Imm2$	C_{2v}^{20}
	$Iba2$	C_{2v}^{21}
	$Ima2$	C_{2v}^{22}
mmm D_{2h}	$Pmmm$	D_{2h}^1
	$Pnnn$	D_{2h}^2
	$Pccm$	D_{2h}^3
	$Pban$	D_{2h}^4
	$Pmma$	D_{2h}^5
	$Pnna$	D_{2h}^6
	$Pmna$	D_{2h}^7
	$Pcca$	D_{2h}^8
	$Pbam$	D_{2h}^9
	$Pccn$	D_{2h}^{10}
	$Pbcm$	D_{2h}^{11}
	$Pnnm$	D_{2h}^{12}
	$Pmmn$	D_{2h}^{13}
	$Pbcn$	D_{2h}^{14}
	$Pbca$	D_{2h}^{15}
	$Pnma$	D_{2h}^{16}
	$Cmcm$	D_{2h}^{17}
mmm D_{2h}	$Cmca$	D_{2h}^{18}
	$Cmmm$	D_{2h}^{19}
	$Cccm$	D_{2h}^{20}
	$Cmma$	D_{2h}^{21}
	$Ccca$	D_{2h}^{22}
	$Fmmm$	D_{2h}^{23}
	$Fddd$	D_{2h}^{24}
	$Immm$	D_{2h}^{25}
	$Ibam$	D_{2h}^{26}
	$Ibca$	D_{2h}^{27}
	$Imma$	D_{2h}^{28}
4 C_4	$P4$	C_4^1
	$P4_1$	C_4^2
	$P4_2$	C_4^3
	$P4_3$	C_4^4
	$I4$	C_4^5
	$I4_1$	C_4^6
$\bar{4}$ S_4	$P\bar{4}$	S_4^1
	$I\bar{4}$	S_4^2
$4/m$ C_{4h}	$P4/m$	C_{4h}^1
	$P4_2/m$	C_{4h}^2
	$P4/n$	C_{4h}^3
	$P4_2/n$	C_{4h}^4
	$I4/m$	C_{4h}^5
	$I4_1/a$	C_{4h}^6
422 D_4	$P422$	D_4^1
	$P42_12$	D_4^2
	$P4_122$	D_4^3
	$P4_12_12$	D_4^4
	$P4_222$	D_4^5
	$P4_22_12$	D_4^6

续表

对称型	国际符号	圣佛利斯符号	对称型	国际符号	圣佛利斯符号	对称型	国际符号	圣佛利斯符号
422 D_4	$P4_322$	D_4^7	$4/mmm$ D_{4h}	$P4/nnc$	D_{4h}^4	$3m$ C_{3v}	$P3m1$	C_{3v}^1
	$P4_32_12$	D_4^8		$P4/mbm$	D_{4h}^5		$P31m$	C_{3v}^2
	$I422$	D_4^9		$P4/mnc$	D_{4h}^6		$P3c1$	C_{3v}^3
	$I4_122$	D_4^{10}		$P4/nmm$	D_{4h}^7		$P31c$	C_{3v}^4
$4mm$ C_{4v}	$P4mm$	C_{4v}^1		$P4/ncc$	D_{4h}^8		$R3m$	C_{3v}^5
	$P4bm$	C_{4v}^2		$P4_2/mmc$	D_{4h}^9		$R3c$	C_{3v}^6
	$P4_2cm$	C_{4v}^3		$P4_2/mcm$	D_{4h}^{10}	$\bar{3}m$ D_{3d}	$P\bar{3}1m$	D_{3d}^1
	$P4_2nm$	C_{4v}^4		$P4_2/nbc$	D_{4h}^{11}		$P\bar{3}1c$	D_{3d}^2
	$P4cc$	C_{4v}^5		$P4_2/nnm$	D_{4h}^{12}		$P\bar{3}m1$	D_{3d}^3
	$P4nc$	C_{4v}^6		$P4_2/mbc$	D_{4h}^{13}		$P\bar{3}c1$	D_{3d}^4
	$P4_2mc$	C_{4v}^7		$P4_2/mnm$	D_{4h}^{14}		$R\bar{3}m$	D_{5d}^5
	$P4_2bc$	C_{4v}^8		$P4_2/nmc$	D_{4h}^{15}		$R\bar{3}c$	D_{6d}^6
	$I4mm$	C_{4v}^9		$P4_2/ncm$	D_{4h}^{16}	6 C_6	$P6$	C_6^1
	$I4cm$	C_{4v}^{10}		$I4/mmm$	D_{4h}^{17}		$P6_1$	C_6^2
	$I4_1md$	C_{4v}^{11}		$I4/mcm$	D_{4h}^{18}		$P6_5$	C_6^3
	$I4_1cd$	C_{4v}^{12}		$I4_1/amd$	D_{4h}^{19}		$P6_2$	C_6^4
$\bar{4}2m$ D_{2d}	$P\bar{4}2m$	D_{2d}^1		$I4_1/acd$	D_{4h}^{20}		$P6_4$	C_6^5
	$P\bar{4}2c$	D_{2d}^2	3 C_3	$P3$	C_3^1		$P6_3$	C_6^6
	$P\bar{4}2_1m$	D_{2d}^3		$P3_1$	C_3^2	$\bar{6}$ C_{3h}	$P\bar{6}$	C_{3h}^1
	$P\bar{4}2_1c$	D_{2d}^4		$P3_2$	C_3^3	$6/m$ C_{6h}	$P6/m$	C_{6h}^1
	$P\bar{4}m2$	D_{2d}^5		$R3$	C_3^4		$P6_3/m$	C_{6h}^2
	$P\bar{4}c2$	D_{2d}^6	$\bar{3}$ C_{3i}	$P\bar{3}$	C_{3i}^1	622 $D6$	$P622$	D_6^1
	$P\bar{4}b2$	D_{2d}^7		$R\bar{3}$	C_{3i}^2		$P6_122$	D_6^2
	$P\bar{4}n2$	D_{2d}^8	32 D_3	$P312$	D_3^1		$P6_522$	D_6^3
	$I\bar{4}m2$	D_{2d}^9		$P321$	D_3^2		$P6_222$	D_6^4
	$I\bar{4}c2$	D_{2d}^{10}		$P3_112$	D_3^3		$P6_422$	D_6^5
	$I\bar{4}2m$	D_{2d}^{11}		$P3_121$	D_3^4		$P6_322$	D_6^6
	$I\bar{4}2d$	D_{2d}^{12}		$P3_212$	D_3^5	$6mm$ C_{6v}	$P6mm$	C_{6v}^1
$4/mmm$ D_{4h}	$P4/mmm$	D_{4h}^1		$P3_221$	D_3^6		$P6cc$	C_{6v}^2
	$P4/mcc$	D_{4h}^2		$R32$	D_3^7			
	$P4/nbm$	D_{4h}^3						

对称型	空间群		对称型	空间群		对称型	空间群	
	国际符号	圣佛利斯符号		国际符号	圣佛利斯符号		国际符号	圣佛利斯符号
$6mm$	$P6_3cm$	C_{6v}^3		$Pm3$	T_h^1		$P\bar{4}3m$	T_d^1
C_{6v}	$P6_3mc$	C_{6v}^3		$Pn3$	T_n^2	$\bar{4}3m$	$F\bar{4}3m$	T_d^2
$\bar{6}m2$	$P\bar{6}m2$	D_{3h}^1	$m3$				$I\bar{4}3m$	T^3
	$P\bar{6}c2$	D_{3h}^2		$Fm3$	T_h^3	T_d		
	$P\bar{6}2m$	D_{3h}^3	T_h				$P\bar{4}3n$	T_d^4
				$Fd3$	T_h^4		$F\bar{4}3c$	T_d^5
D_{3h}	$P\bar{6}2c$	D_{3h}^4		$Im3$	T_h^5		$I\bar{4}3d$	T_d^6
	$P6/mmm$	D_{6h}^1		$Pa3$	T_h^6		$Pm3m$	O_h^1
$6/mmm$	$P6/mcc$	D_{6h}^2		$Ia3$	T_h^7		$Pn3n$	O_h^2
D_{6h}	$P6_3/mcm$	D_{6h}^3		$P432$	O^1		$Pm3n$	O_h^3
	$P6_3/mmc$	D_{6h}^4	432	$P4_232$	O^2	$m3m$		
	$P23$	T^1					$Pn3m$	O_h^4
	$F23$	T^2	O	$F432$	O^3	O_h		
23	$I23$	T^3		$F4_132$	O^4		$Fm3m$	O_h^5
				$I432$	O^5		$Fm3c$	O_h^6
T	$P2_13$	T^4		$P4_332$	O^6		$Fd3m$	O_h^7
	$I2_13$	T^5		$P4_132$	O^7		$Fd3c$	O_h^8
				$I4_132$	O^8		$Im3m$	O_h^9
							$Ia3d$	O_h^{10}

附录三　原子和离子半径

原子序数	符　　号	原子半径/nm	离　子	离子半径/nm
1	H	0.046	H^-	0.154
2	He	—	—	—
3	Li	0.152	Li^+	0.078
4	Be	0.114	Be^{2+}	0.054
5	B	0.097	B^{3+}	0.02
6	C	0.077	C^{4+}	<0.02
7	N	0.071	N^{5+}	$0.01\sim0.02$
8	O	0.060	O^{2-}	0.132
9	F	—	F^-	0.133
10	Ne	0.160		
11	Na	0.186	Na^+	0.098
12	Mg	0.160	Mg^{2+}	0.078
13	Al	0.143	Al^{3+}	0.057
14	Si	0.117	Si^{4-}	0.198
			Si^{4+}	0.039
15	P	0.109	P^{5+}	$0.03\sim0.04$
16	S	0.106	S^{2+}	0.174
			S^{6+}	0.034
17	Cl	0.107	Cl^-	0.181
18	Ar	0.192	—	—
19	K	0.231	K^+	0.133
20	Ca	0.197	Ca^{2+}	0.106
21	Sc	0.160	Sc^{2+}	0.083
22	Ti	0.147	Ti^{2+}	0.076
			Ti^{3+}	0.069
			Ti^{4+}	0.064
23	V	0.132	V^{3+}	0.065
			V^{4+}	0.061
			V^{5+}	约 0.04
24	Cr	0.125	Cr^{3+}	0.064
			Cr^{6+}	$0.03\sim0.04$
25	Mn^{2+}	0.112	Mn^{2+}	0.091
			Mn^{3+}	0.070
			Mn^{4+}	0.052
26	Fe	0.124	Fe^{2+}	0.087
			Fe^{3+}	0.067
27	Co	0.125	Co^{2+}	0.082
			Co^{3+}	0.065
28	Ni	0.125	Ni^{2+}	0.078
29	Cu	0.128	Cu^+	0.096
30	Zn	0.133	Zn^{2+}	0.083

原子序数	符　号	原子半径/nm	离　子	离子半径/nm
31	Ga	0.135	Ga^{3+}	0.062
32	Ge	0.122	Ge^{4+}	0.044
33	As	0.125	As^{3+}	0.069
			As^{5+}	约 0.04
34	Se	0.116	Se^{2-}	0.191
			Se^{6+}	$0.03 \sim 0.04$
35	Br	0.119	Br^-	0.196
36	Kr	0.197	—	—
37	Rb	0.251	Rb^+	0.149
38	Sr	0.215	Sr^{2+}	0.127
39	Y	0.181	Y^{3+}	0.106
40	Zr	0.158	Zr^{4+}	0.087
41	Nb	0.143	Nb^{4+}	0.074
			Nb^{5+}	0.069
42	Mo	0.136	Mo^{4+}	0.068
			Mo^{6+}	0.065
43	Tc	—		—
44	Ru	0.134	Ru^{4+}	0.065
45	Rh	0.134	Rh^{3+}	0.068
			Rh^{4+}	0.065
46	Pd	0.137	Pd^{2+}	0.050
47	Ag	0.144	Ag^+	0.113
48	Cd	0.150	Cd^{2+}	0.103
49	In	0.157	In^{3+}	0.092
50	Sn	0.158	Sn^{4-}	0.215
			Sn^{4+}	0.074
51	Sb	0.161	Sb^{3+}	0.090
52	Te	0.143	Te^{2-}	0.211
			Te^{4+}	0.089
53	I	0.136	I^-	0.220
			I^{5+}	0.094
54	Xe	0.218	—	—
55	Cs	0.265	Cs^+	0.165
56	Ba	0.217	Ba^{2+}	0.143
57	La	0.187	La^{3+}	0.122
58	Ce	0.182	Ce^{3+}	0.118
			Ce^{4+}	0.102
59	Pr	0.183	Pr^{3+}	0.116
			Pr^{4+}	0.100
60	Nd	0.182	Nd^{3+}	0.115
61	Pm	—	Pm^{3+}	0.106
62	Sm	0.181	Sm^{3+}	0.113
63	Eu	0.204	Eu^{3+}	0.113
64	Gd	0.180	Gd^{3+}	0.111
65	Tb	0.177	Tb^{3+}	0.109
			Tb^{4+}	0.089
66	Dy	0.177	Dy^{3+}	0.107
67	Ho	0.176	Ho^{3+}	0.105
68	Er	0.175	Er^{3+}	0.104
69	Tm	0.174	Tm^{3+}	0.104
70	Yb	0.193	Yb^{3+}	0.100

原子序数	符 号	原子半径/nm	离 子	离子半径/nm
71	Lu	0.173	Lu^{2+}	0.099
72	Hf	0.159	Hf^{4+}	0.084
73	Ta	0.147	Ta^{5+}	0.068
74	W	0.137	W^{4+}	0.068
			W^{6+}	0.065
75	Re	0.138	Re^{4+}	0.072
76	Os	0.135	Os^{4+}	0.067
77	Ir	0.135	Ir^{4+}	0.066
78	Pt	0.138	Pt^{2+}	0.052
			Pt^{4+}	0.055
79	Au	0.144	Au^{+}	0.137
80	Hg	0.150	Hg^{2+}	0.112
81	Tl	0.171	Tl^{+}	0.149
			Tl^{3+}	0.106
82	Pb	0.175	Pb^{4-}	0.215
			Pb^{2+}	0.132
			Pb^{4+}	0.084
83	Bi	0.182	Bi^{3+}	0.120
84	Po	0.140	Po^{6+}	0.067
85	At	—	At^{7+}	0.062
86	Rn	—		
87	Fr	—	Fr^{+}	0.180
88	Ra	—	Ra^{+}	0.152
89	Ac	—	Ac^{3+}	0.118
90	Th	0.180	Th^{4+}	0.110
91	Pa	—		
92	U	0.138	U^{4+}	0.105

附录四　单位换算和基本物理常数

1 微米（μm）$=10^{-6}$ 米（m）$=1000$ 纳米（nm）

1 纳米（nm）$=10^{-9}$ 米（m）$=10$ 埃（Å）

1 埃（Å）$=10^{-10}$ 米（m）

1 英寸（in）$=25.44$ 毫米（mm）

1 达因（dyn）$=10^{-5}$ 牛（N）

1 达因/厘米（dyn/cm）$=1$ 毫牛/米（mN/m）

1 巴（bar）$=10^5$ 帕（Pa）$=10^5$ 牛/米^2（N/m^2）

1 毫米汞柱（mmHg）$=133.322$ 帕（Pa）

1 大气压（atm）$=1.01325\times10^5$ 帕（Pa）

1 磅/英寸^2（psi）$=6.8946\times10^3$ 帕（Pa）

1 泊（P）$=0.1$ 帕·秒（Pa·s）

1 帕·秒（Pa·s）$=1$ 千克/米·秒（kg/m·s）

1 焦（J）$=10^7$ 尔格（erg）

1 热化学卡（cal）$=4.184$ 焦（J）

1 电子伏特（eV）$=1.6022\times10^{-19}$ 焦（J）

附录五 国际单位制(SI)中基本常数的值

物 理 量	符 号	值
真空中光速	c	2.98×10^8 m/s(米/秒)
真空介电常数	ε_0	8.854×10^{-12} F/m(法/米)
真空磁导率	μ_0	$4\pi \times 10^{-7}$ N/A^2(牛/安培^2)
电子的电荷	e	1.602×10^{-19} C(库仑)
电子的质量	m_e	9.109×10^{-31} kg(千克)
质子的质量	m_p	1.672×10^{-27} kg(千克)
原子的质量	m_u	1.660×10^{-27} kg(千克)
玻耳兹曼常数	k	1.380×10^{-23} J/K(焦/开尔文)
普朗克常数	h	6.626×10^{-23} J·s(焦·秒)
阿伏伽德罗数	N	6.023×10^{23} mol^{-1}(摩尔$^{-1}$)
摩尔气体常数	R	8.314 J/mol·K(焦/摩尔·开)
标准状况下理想气体摩尔体积	V_m	22.41×10^{-3} m^3/mol(米^3/摩尔)

参 考 文 献

［1］ 冯端，师昌绪，刘志国. 材料科学导论. 北京：化学工业出版社，2002.

［2］ 陆佩文. 无机材料科学基础（硅酸盐物理化学）. 武汉：武汉工业大学出版社，1996.

［3］ Shackelford J F. Introduction to Materials Science for Engineers. 3rd ed. New York：Mcmillan Pub, Co., 1992.

［4］ 徐祖耀，李鹏兴. 材料科学导论. 上海：上海科学技术出版社，1986.

［5］ 浙江大学，武汉建筑材料工业学院，上海化工学院，华南工学院. 硅酸盐物理化学. 北京：中国建筑工业出版社，1980，7.

［6］ 徐恒钧. 材料科学基础. 北京：北京工业大学出版社，2001.

［7］ 潘金生等. 材料科学基础. 北京：中国建筑工业出版社，1998.

［8］ 杜丕一. 材料科学基础. 北京：中国建筑工业出版社，2002.

［9］ 周亚栋. 无机材料科学基础. 武汉：武汉工业大学出版社，1994.

［10］ Cahn R W, Kramer E J. Materials Science and Technology：a Comprehensive Treatment. New York：VCH，1991.

［11］ W. D. 金格瑞等著. 陶瓷导论. 清华大学译. 北京：中国建筑工业出版社，1982.

［12］ K. M. 罗尔斯等著. 材料科学与材料工程导论. 北京：科学出版社，1982.

［13］ 徐祖耀. 相变原理. 北京：科学出版社，1988.

［14］ 黄勇，崔国文. 相图与相变. 北京：清华大学出版社，1987.

［15］ 崔国文. 缺陷、扩散与烧结. 北京：清华大学出版社，1990.

［16］ 日本化学会编. 无机固态反应. 董万堂等译. 北京：科学出版社，1985.

［17］ H. 舒尔兹著. 陶瓷物理及化学原理. 黄照柏译. 北京：中国建筑工业出版社，1983.

［18］ 水田进，河本邦仁. 材料科学. 日本：东京大学出版会，1996.

［19］ 小村浩夫等编. 固体物理学. 日本：朝仓书店，1994.

［20］ 加藤诚轨等. 新セラミックス结晶化学. 日本：朝仓书店，1996.

［21］ 顾宜. 材料科学与工程基础. 北京：化学工业出版社，2002.

［22］ 王承遇等. 玻璃材料手册. 北京：化学工业出版社，2007.

［23］ 李世普. 特种陶瓷工艺学. 武汉：武汉工业大学出版社，1990.

［24］ 邱关明. 新型陶瓷. 北京：兵器工业出版社，1993.

［25］ 石德珂. 材料科学基础. 北京：机械工业出版社，1999.

［26］ H·范·奥尔芬著. 黏土胶体化学导轮. 许冀泉等译. 北京：农业出版社，1982.

［27］ 加藤悦朗，中重治等. 無機材料化学（Ⅰ、Ⅱ）. 日本：コロナ社，1981.

［28］ 田中哲朗，冈崎清等著. 圧電セラミックス材料. 日本：学献社，1973.

［29］ 钦征骑等. 新型陶瓷材料手册. 南京：江苏科学技术出版社，1996.

［30］ M. V 斯温等. 陶瓷结构与性能. 北京：科学出版社，1998.